駿台受験シリーズ

短期攻略

大学入学 共通テスト

数学Ⅱ・B・C 改訂版

基礎編

吉川浩之・榎　明夫　共著

はじめに

本書は，**3段階の学習で共通テスト数学Ⅱ・B・Cの基礎力養成から本格的な対策ができる自習書**です。

ここで共通テストの重要性を細かく説明する必要はないでしょうが，国公立大受験生にとっては共通テストで多少失敗しても二次試験で挽回することはまったく不可能というわけではありません。その場合，いわゆる「二次力」で勝負ということになります。しかし，特に難易度の高い大学で，二次試験で挽回できるほどの点をとるのは至極困難です。また，国公立大学文系学部や私立大学では，共通テストである程度点がとれれば合格を確保できるところも多くあります。時代は，**共通テストの成否が合否を決める**ようになってきているのです。

共通テストでは以下の項目を意識した出題がされます。

- **数学的な問題解決の過程を重視する。**
- **事象の数量等に着目して数学的な問題を見いだすこと。**
- **目的に応じて数・式，図，表，グラフなどを活用し，数学的に処理する。**
- **解決過程を振り返り，得られた結果を意味付けしたり，活用したりする。**
- **日常の事象，数学のよさを実感できる題材，定理等を導くような題材を扱う。**

したがって，共通テストで正解するためには，共通テスト専用の「質と量」を兼ね備えたトレーニングが非常に重要です。

そこで本書は，レベルを3段階に分け，共通テストの問題を解くために必要な**教科書に載っている基本事項，公式等をしっかり理解し，計算力をつける** **STAGE 1**，教科書から少し踏み出した**応用的な問題を解くための解法を理解し，その使い方をマスターする** **STAGE 2**，上記で触れた新たに**共通テストで出題が予想される問題に慣れるための総合演習問題**を設け，共通テスト対策初心者の皆さんにとって，**「とりあえずはこれだけで十分」**という内容にしています。そして，取り組みやすさを重視したため，本書は参考書形式としています。「私は基礎力は十分です。満点を目指して，もっと本試験レベルの問題に力を注ぎたい！」という皆さんには，姉妹編の『**実戦編**』をお薦めします。詳しくは次の利用法をお読みください。

末尾となりますが，本書の発行にあたりましては駿台文庫の加藤達也氏，林拓実氏に大変お世話になりました。紙面をお借りして御礼申し上げます。

吉川浩之
榎　明夫

本書の特長と利用法

本書の特長

1　1か月間で共通テスト数学Ⅱ・B・Cを基礎から攻略

本文は86テーマからなりますので，1日3テーマ分の例題(6題程度)を進めれば，約1か月で共通テスト数学Ⅱ・B・Cの基礎力と応用力の養成ができます。

2　基本事項と実戦的な解法パターンが身につく

共通テストでは，教科書や一般的な参考書や問題集には載っていないような問題が出題されているとは言っても，そのような問題を解くためにも，まずは**基本事項をしっかり理解した上で解法パターンを「体に覚えこませてしまう」ことが重要**です。本書は，レベル別に以下の2つのSTAGEと総合演習問題とに内容を分けました(目次も参照してください)ので，**レベルにあわせて解法パターンを身につけられます**。

STAGE 1　基本的な解法パターンのまとめと**例題・類題**です。

STAGE 2　応用的な解法パターンのまとめと**例題・類題**です。

総合演習問題　**本試験レベルの問題**です。本番で満点を目指すにはここまで取り組んでおきましょう。全部で9題あります。

3　STAGE 1・STAGE 2の完成で，共通テストで合格点が確実

STAGE 1・STAGE 2の類題まで完全にこなせば，通常の入試で合格点とされる**6割は確実で，8割も十分可能でしょう**。

例題・類題は各131題，計262題あります。例題と類題は互いにリンクしていますので，**例題の後は，すぐに同じ問題番号の類題で力試し**できます！

4　やる気が持続する！

本書に掲載した問題のすべてに，**目標解答時間**と**配点を明示**しました。「どのくらいの時間で解くべき問題か」「これを解いたら本番では何点ぐらいだろうか」がわかりますので，勉強の励みにしてください。

利用法の一例

共通テストでは，数学Ⅱからは全分野が出題範囲になっていますので，数学Ⅱについてはすべての分野を学習して下さい。また，数学Bからは「数列」「統計的な推測」，数学Cからは「ベクトル」「平面上の曲線と複素数平面」の合計4つの分野から3つを選択して解答することになっていますので，学習する分野を3つに絞ることも可能です。分野を決めかねている人や二次試験などで全範囲を学習する必要がある人は，4つとも学習してください。以下に本書を利用して学習する具体例を紹介します。

Ⅰ　教科書はなんとかわかるけど，その後どうしたらいいのだろう？

① 目次を参照して，STAGE 1 の内容のうち，自分の苦手なところや出来そうなところから始めてみましょう。

② STAGE 1 は，**左ページが基本事項のまとめ，右ページがその例題**となっています。左ページをよく読み，「なんとなくわかったな」と思ったら，すぐに右の例題に取り組んでください。このとき，「例題はあとでもいいか」と後回しにしてはいけません。**知識が抜けないうちに問題にあたること**が数学の基礎力をつけるには大変重要なことなのです。

③ 問題には，「３分・６点」などと記されています。**時間は，実際の共通テストでかけてよい時間の目安**です。いきなり時間内ではできないと思いますが，**共通テストで許容される制限時間はこの程度**なのです。**点数は**，実際の共通テストで予想される**100 点満点中のウエイト**です。

④ １つのセクションで STAGE 1 の内容が理解できたかなと思えたら，STAGE 1 **類題**に挑戦してください。例題の番号と類題の番号が同じであれば内容はほぼ同じです。**類題が自力でできるようになれば，本番で６割の得点が十分可能となります。**

⑤ 次は STAGE 2 です。勉強の要領は STAGE 1 と同様ですが，レベル的に**最低２回は繰り返し学習**してほしいところです。この類題までを自力で出来るようになれば，**本番で８割の得点も十分可能です。**

Ⅱ　基礎力はあると思うので，どんどん腕試しをしたい

⑥ ①～⑤によって基礎力をアップさせた人，また，「もう基礎力は十分だ」という自信がある人は，**総合演習問題**に取り組んでください。

⑦ **総合演習問題**は，共通テスト本番で出題されるレベル・分量を予想した問題です。そのため，制限時間・配点とも例題・類題に比べて長く・多くなっています。１問１問，本番の共通テストに取り組むつもりで解いてください。

⑧ **総合演習問題**までこなしたけれど物足りない人，「満点を目指すんだ！」という人には姉妹編の『実戦編』をお薦めします。『実戦編』の問題は本書の**総合演習問題**レベルで，すべてオリジナルですので歯応え十分かと思います。

以上，いろいろと書きましたが，とにかく必要なのは「ガンバルゾ！」と思っているいまのやる気を持続させることです。どうか頑張ってやり遂げてください！

解答上の注意

- 問題の文中の $\boxed{\text{ア}}$, $\boxed{\text{イウ}}$ などには，符号(－)又は数字(0 ～ 9)が入ります。ア，イ，ウ，… の一つ一つは，これらのいずれか一つに対応します。
- 分数形で解答する場合，分数の符号は分子につけ，分母につけてはいけません。

  例えば，$\dfrac{\boxed{\text{エオ}}}{\boxed{\text{カ}}}$ に $-\dfrac{4}{5}$ と答えたいときは，$\dfrac{-4}{5}$ として答えます。

  また，それ以上約分できない形で答えます。

  例えば，$\dfrac{3}{4}$ と答えるところを，$\dfrac{6}{8}$ のように答えてはいけません。
- 小数の形で解答する場合，指定された桁数の一つ下の桁を四捨五入して答えます。また，必要に応じて，指定された桁まで0を入れて答えます。

  例えば，$\boxed{\text{キ}}.\boxed{\text{クケ}}$ に2.5と答えたいときは，2.50として答えます。
- 根号を含む形で解答する場合，根号の中に現れる自然数が最小となる形で答えます。

  例えば，$\boxed{\text{コ}}\sqrt{\boxed{\text{サ}}}$ に $4\sqrt{2}$ と答えるところを，$2\sqrt{8}$ のように答えてはいけません。
- 根号を含む分数形で解答する場合，例えば $\dfrac{\boxed{\text{シ}}+\boxed{\text{ス}}\sqrt{\boxed{\text{セ}}}}{\boxed{\text{ソ}}}$ に $\dfrac{3+2\sqrt{2}}{2}$ と答えるところを，$\dfrac{6+4\sqrt{2}}{4}$ や $\dfrac{6+2\sqrt{8}}{4}$ のように答えてはいけません。
- 問題の文中の二重四角で表記された $\boxed{\boxed{\text{タ}}}$ などには，選択肢から一つを選んで答えます。

目　次

§1　いろいろな式（数学Ⅱ）

§2　図形と方程式（数学Ⅱ）

§3　三角関数（数学Ⅱ）

§4　指数関数・対数関数（数学Ⅱ）

§5　微分・積分の考え（数学Ⅱ）

§6　数　列（数学B）

§7　統計的な推測（数学B）

§8　ベクトル（数学C）

§9　平面上の曲線と複素数平面（数学C）

総合演習問題

類題・総合演習問題の解答・解説は別冊です。

STAGE 1　1　二項定理，整式の割り算

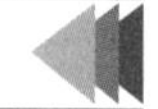

■ 1　乗法公式と二項定理 ■

(1)　**乗法公式**

$$(a+b)^3=a^3+3a^2b+3ab^2+b^3,\quad (a-b)^3=a^3-3a^2b+3ab^2-b^3$$

$$(a+b)(a^2-ab+b^2)=a^3+b^3,\quad (a-b)(a^2+ab+b^2)=a^3-b^3$$

(2)　**二項定理**

$$\boldsymbol{(a+b)^n={}_n\mathrm{C}_0a^n+{}_n\mathrm{C}_1a^{n-1}b+{}_n\mathrm{C}_2a^{n-2}b^2+\cdots\cdots}$$

$$\boldsymbol{\cdots\cdots+{}_n\mathrm{C}_ra^{n-r}b^r+\cdots\cdots+{}_n\mathrm{C}_{n-1}ab^{n-1}+{}_n\mathrm{C}_nb^n}$$

(例)　$(a+b)^5={}_5\mathrm{C}_0a^5+{}_5\mathrm{C}_1a^4b+{}_5\mathrm{C}_2a^3b^2+{}_5\mathrm{C}_3a^2b^3+{}_5\mathrm{C}_4ab^4+{}_5\mathrm{C}_5b^5$

$$=a^5+5a^4b+10a^3b^2+10a^2b^3+5ab^4+b^5$$

■ 2　整式の割り算 ■

(例)　$A=4x^3-9x^2+7$，$B=3-2x+x^2$ のとき，A を B で割ると

$$\begin{array}{rl} & 4x\ \ -1 \\ x^2-2x+3\ \big) & 4x^3-9x^2\qquad\quad +\ 7 \\ & 4x^3-8x^2+12x \\ \hline & -x^2-12x+\ 7 \\ & -x^2+\ 2x-\ 3 \\ \hline & -14x+10 \end{array}$$

←xの項を空ける

←$B\times 4x$

←$B\times(-1)$

↑ Bを降べきの順に並べる

よって

商 $Q=4x-1$，　余り $R=-14x+10$

(注)　$A=B(4x-1)-14x+10$

2つの整式 A，B に対して A を B で割ったときの商を Q，余りを R とすると

$A=BQ+R$

(R の次数)＜(B の次数)

例題 1　3分・6点

(1)　$(3x+2y)^5$ を展開したとき，x^2y^3 の係数は [アイウ] である。

(2)　$\{(3x+2y)+z\}^8$ を展開したとき，z についての3次の項をまとめると

$${}_8\mathrm{C}_{\boxed{エ}}(3x+2y)^{\boxed{オ}}z^3$$

で表される。このとき，$(3x+2y+z)^8$ の展開式で $x^2y^3z^3$ の係数は [カキクケコ] である。

解答

(1)　x^2y^3 の項は ${}_5\mathrm{C}_3(3x)^2(2y)^3=720x^2y^3$ より　**720**

(2)　z についての3次の項は

$${}_8\mathrm{C}_3(3x+2y)^5z^3$$

であり，$(3x+2y)^5$ を展開したときの x^2y^3 の係数は(1)より 720 であるから，$x^2y^3z^3$ の係数は

$${}_8\mathrm{C}_3\cdot720=56\cdot720=\mathbf{40320}$$

⬅ 二項定理。

⬅ ${}_8\mathrm{C}_3$ は ${}_8\mathrm{C}_5$ でもよい。

⬅ $\frac{8!}{2!3!3!}\cdot3^2\cdot2^3$ として求めることもできる。

例題 2　3分・6点

x の整式 $x^3-4ax^2+(4-b)x+11$ を $x^2-2ax-2a$ で割ったときの余りが $-2x+7$ になるとき，$a=$ [ア]，$b=$ [イ] である。ただし，a，b は正の数とする。

解答

割り算を実行すると

$$\begin{array}{r|l}
 & x\ -2a \\ \hline
x^2-2ax-2a & x^3-4ax^2\qquad+(4-b)x\qquad+11 \\
 & x^3-2ax^2\qquad\quad-2ax \\ \hline
 & \quad-2ax^2+(2a-b+4)x\qquad+11 \\
 & \quad-2ax^2\qquad\quad+4a^2x+4a^2 \\ \hline
 & \quad(-4a^2+2a-b+4)x-4a^2+11
\end{array}$$

余りが $-2x+7$ になるので

$$\begin{cases}-4a^2+2a-b+4=-2\\-4a^2+11=7\end{cases}$$

⬅ 係数を比べる。

$a>0$，$b>0$ より

$$\mathbf{a=1,\ b=4}$$

STAGE 1　2　恒等式，複素数

■ 3　恒等式 ■

多項式 $P(x)$，$Q(x)$ について

$P(x)=Q(x)$ が恒等式

$\iff$ $P(x)$ と $Q(x)$ の次数が等しく，同じ次数の項の係数が等しい
（**係数比較**）

2 次式の場合

$ax^2+bx+c=a'x^2+b'x+c'$ が x についての恒等式

$\iff$ $a=a'$ かつ $b=b'$ かつ $c=c'$

（注） $P(x)=Q(x)$ が恒等式のとき，x にどのような値を代入しても，この等式が成り立つ。

■ 4　複素数の計算 ■

(1) **複素数**

$a+bi$ （i を**虚数単位**という。$i=\sqrt{-1}$，$i^2=-1$）

↑ a：実部　↑ bi：虚部

実数 $\iff$ $b=0$，**虚数** $\iff$ $b\neq 0$ （**純虚数** $\iff$ $a=0$，$b\neq 0$）

(2) **複素数の計算**

i は文字のように扱って計算し，i^2 は -1 に直す。分母の i は分母と共役な複素数を分子，分母にかけて分母を実数にする。

（例） $\dfrac{i}{2+i}=\dfrac{i(2-i)}{(2+i)(2-i)}=\dfrac{2i-i^2}{4-i^2}=\dfrac{1+2i}{5}$

(3) **相等**

a，b，c，d が実数のとき

$a+bi=c+di \iff a=c$，$b=d$

特に　$a+bi=0 \iff a=0$，$b=0$

$a+bi$ ←**共役な複素数**→ $a-bi$

例題 3　2分・4点

a，b，c，d を定数とする。x についての恒等式

$$x^4+8x^3-4x^2+ax+b=(x^2+cx+d)^2$$

が成り立つとき

$a=$ アイウ ，$b=$ エオカ ，$c=$ キ ，$d=$ クケコ

である。

解答

$$(x^2+cx+d)^2$$
$$=x^4+2cx^3+(c^2+2d)x^2+2cdx+d^2$$

であるから，与式の両辺の係数を比べると

$$\begin{cases} 8=2c \\ -4=c^2+2d \\ a=2cd \\ b=d^2 \end{cases} \quad \therefore \quad \begin{cases} a=\mathbf{-80} \\ b=\mathbf{100} \\ c=\mathbf{4} \\ d=\mathbf{-10} \end{cases}$$

⬅ 係数比較。

例題 4　2分・4点

(1) $\dfrac{(\sqrt{3}+i)^2}{\sqrt{3}-i}=$ ア i

(2) $\dfrac{2+i}{3-2i}+\dfrac{2-i}{3+2i}=\dfrac{\boxed{イ}}{\boxed{ウエ}}$

解答

(1) $(与式)=\dfrac{(\sqrt{3}+i)^3}{(\sqrt{3}-i)(\sqrt{3}+i)}$

$$=\frac{3\sqrt{3}+3\cdot3i+3\cdot\sqrt{3}i^2+i^3}{3-i^2}$$

$$=\frac{8i}{4}$$

$$=\mathbf{2}i$$

⬅ 分母を実数化する。

⬅ $i^2=-1$，$i^3=-i$

(2) $(与式)=\dfrac{(2+i)(3+2i)+(2-i)(3-2i)}{(3-2i)(3+2i)}$

$$=\frac{6+7i+2i^2+6-7i+2i^2}{9-4i^2}$$

$$=\frac{\mathbf{8}}{\mathbf{13}}$$

⬅ 通分。

STAGE 1　3　2次方程式

■ 5　2次方程式の解 ■

(1)　**解の公式**

$ax^2+bx+c=0$　の解　$x=\dfrac{-b\pm\sqrt{b^2-4ac}}{2a}$

$ax^2+2b'x+c=0$ の解　$x=\dfrac{-b'\pm\sqrt{b'^2-ac}}{a}$

(2)　**解と係数の関係**

2次方程式 $ax^2+bx+c=0$ の2解を α，β とすると

$$\boldsymbol{\alpha+\beta=-\frac{b}{a},\ \ \alpha\beta=\frac{c}{a}}$$

(注)　解と係数の関係は，重解や虚数解の場合も成り立つ。

式の値を求めるときは，次のような式変形を利用する。

$$\alpha^2+\beta^2=(\alpha+\beta)^2-2\alpha\beta$$

$$\alpha^3+\beta^3=(\alpha+\beta)(\alpha^2-\alpha\beta+\beta^2)$$

$$=(\alpha+\beta)^3-3\alpha\beta(\alpha+\beta)$$

$$\frac{1}{\alpha}+\frac{1}{\beta}=\frac{\alpha+\beta}{\alpha\beta}$$

■ 6　解の判別 ■

2次方程式 $ax^2+bx+c=0$ について

$D=b^2-4ac$　**(判別式)**

とする。

$D>0$　$\Longleftrightarrow$　異なる2つの実数解をもつ

$D=0$　$\Longleftrightarrow$　重解(実数解)をもつ

$D<0$　$\Longleftrightarrow$　異なる2つの虚数解をもつ

(注)　2次方程式 $ax^2+2b'x+c=0$ のとき

$D/4=b'^2-ac$

を用いる。

(例)

(1)　$x^2+3x-1=0$ は

$D=3^2-4\cdot1\cdot(-1)=13>0$ より，異なる2つの実数解をもつ。

(2)　$2x^2-6x+5=0$ は

$D/4=(-3)^2-2\cdot5=-1<0$ より，異なる2つの虚数解をもつ。

例題 5　2分・6点

(1)　方程式

$$(x^2-2x)^2+2(x^2-2x)-3=0$$

の解は $x=$ ア $\pm\sqrt{\text{イ}}$，ウ $\pm\sqrt{\text{エ}}\,i$ である。

(2)　2次方程式 $2x^2-2x+3=0$ の二つの解を α，β とするとき

$$\alpha+\beta=\boxed{\text{オ}},\quad \alpha\beta=\frac{\boxed{\text{カ}}}{\boxed{\text{キ}}},\quad \alpha^2+\beta^2=\boxed{\text{クケ}}$$

である。

解答

(1)　$x^2-2x=t$ とおくと，与式より

$$t^2+2t-3=0$$

$$(t-1)(t+3)=0 \qquad \therefore\quad t=1,\ -3$$

$t=1$ のとき

$$x^2-2x-1=0 \qquad \therefore\quad x=\mathbf{1}\pm\sqrt{\mathbf{2}}$$

$t=-3$ のとき

$$x^2-2x+3=0 \qquad \therefore\quad x=\mathbf{1}\pm\sqrt{\mathbf{2}}\,i$$

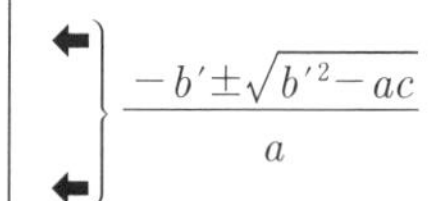

(2)　解と係数の関係より

$$\alpha+\beta=-\frac{-2}{2}=\mathbf{1},\quad \alpha\beta=\frac{\mathbf{3}}{\mathbf{2}}$$

$$\alpha^2+\beta^2=(\alpha+\beta)^2-2\alpha\beta=1^2-2\cdot\frac{3}{2}=\mathbf{-2}$$

例題 6　1分・2点

x の2次方程式

$$x^2+2(a+1)x+a+3=0$$

が虚数解をもつような実数 a の値の範囲は

$$\boxed{\text{アイ}}<a<\boxed{\text{ウ}}$$

である。

解答

2次方程式が虚数解をもつための条件は，$D<0$ であるから，与式より

⬅ D は判別式。

$$D/4=(a+1)^2-(a+3)<0$$

$$a^2+a-2<0$$

$$(a+2)(a-1)<0 \qquad \therefore\quad \mathbf{-2}<a<\mathbf{1}$$

STAGE 1　4　因数定理，高次方程式

■ 7　定理の利用 ■

(1)　**剰余の定理**

多項式 $P(x)$ を1次式 $x-\alpha$ で割ったときの余りは $P(\alpha)$ に等しい。

(注)　多項式 $P(x)$ を1次式 $ax+b$ で割ったときの余りは $P\left(-\dfrac{b}{a}\right)$ に等しい。

(2)　**因数定理**

多項式 $P(x)$ が1次式 $x-\alpha$ で割り切れるための条件は $P(\alpha)=0$ であるから　$x-\alpha$ が $P(x)$ の因数である　$\iff$　$P(\alpha)=0$

■ 8　高次方程式の解法 ■

高次方程式 $f(x)=0$ は，因数定理などを利用して $f(x)$ を因数分解する。

(例1)　$x^3+8=0$

因数分解すると

$$(x+2)(x^2-2x+4)=0 \qquad \therefore \quad x=-2,\ 1\pm\sqrt{3}i$$

(例2)　$x^4+x^2-12=0$

因数分解すると

$$(x^2-3)(x^2+4)=0 \qquad \therefore \quad x=\pm\sqrt{3},\ \pm 2i$$

(例3)　$x^3-5x^2+3x+1=0$

$f(x)=x^3-5x^2+3x+1$ とおくと，$f(1)=0$ より

$$f(x)=(x-1)(x^2-4x-1)$$

と因数分解できる(組立除法の利用)ので，

求める解は

$$x=1,\ 2\pm\sqrt{5}$$

組立除法

1	−5	3	1	1
	1	−4	−1	
1	−4	−1	0	

(注)　$P(x)=ax^3+bx^2+cx+d$ の場合，α として $\alpha=\pm\dfrac{(d\text{の約数})}{(a\text{の約数})}$ を用いると，$P(\alpha)=0$ を満たす α を見つけることができる。

(組立除法)　$P(x)=ax^3+bx^2+cx+d$ を $x-\alpha$ で割ったときの

商 lx^2+mx+n，余り R

を求めるには，右のような方法がある。

a	b	c	d	α
↓	$l\alpha$	$m\alpha$	$n\alpha$	
a	$b+l\alpha$	$c+m\alpha$	$d+n\alpha$	
‖	‖	‖	‖	
l	m	n	R	

例題 7　**2分・4点**

整式 $f(x)=x^3-ax^2+(a+1)x+b$ は $x-2$ で割り切れ，$f(x)$を $x-3$ で割ったときの余りは8である。このとき

$a=$ ア ，$b=$ イウ

である。

解答

$f(x)$は $x-2$ で割り切れるので

$f(2)=8-4a+2(a+1)+b=0$

$\therefore\ 2a-b=10$ ……①

$f(x)$を $x-3$ で割ったときの余りは8であるから

$f(3)=27-9a+3(a+1)+b=8$

$\therefore\ 6a-b=22$ ……②

①，②より

$\boldsymbol{a=3,\ b=-4}$

⬅ 因数定理。

⬅ 剰余の定理。

例題 8　**3分・6点**

(1)　方程式 $x^4+2x^2-8=0$ の解は

$x=\pm\sqrt{\text{ア}}$，$\pm$ イ i

である。

(2)　方程式 $x^3-2x^2-x+14=0$ の解は

$x=$ ウエ ，オ $\pm\sqrt{\text{カ}}\,i$

である。

解答

(1)　$(x^2-2)(x^2+4)=0$

$x^2=2,\ -4$

$\therefore\ x=\boldsymbol{\pm\sqrt{2},\ \pm 2i}$

(2)　$f(x)=x^3-2x^2-x+14$ とおく。

$f(-2)=0$ より $f(x)$を $x+2$ で割って因数分解すると

$f(x)=(x+2)(x^2-4x+7)$

よって，$f(x)=0$ の解は

$x=\boldsymbol{-2,\ 2\pm\sqrt{3}\,i}$

⬅ $\sqrt{-4}=\sqrt{4}\,i=2i$

⬅ 14の約数：±1，±2，…を代入する。

⬅ 組立除法。

1	−2	−1	14	−2
	−2	8	−14	
1	−4	7	0	

STAGE 1　類　題

類題　1　　(10分・16点)

(1)　次の式を展開せよ。また，因数分解せよ。

(i)　$(2x-1)^3=$ ア x^3- イウ x^2+ エ $x-$ オ

(ii)　$(3x+2)(9x^2-6x+4)=$ カキ x^3+ ク

(iii)　$x^3+27=(x+$ ケ $)(x^2-$ コ $x+$ サ $)$

(iv)　$x^6-64=(x+$ シ $)(x-$ ス $)(x^2+$ セ $x+$ ソ $)(x^2-$ タ $x+$ チ $)$

(2)　$(2x-3y)^4$ を展開したとき，x^3y の係数は ツテト である。

また，$\{(2x-3y)+2z\}^7$ を展開したとき，z についての3次の項をまとめると

ナニヌ $(2x-3y)^{\text{ネ}}z^3$

で表される。このとき，$(2x-3y+2z)^7$ の展開式で x^3yz^3 の係数は

ノハヒフヘホ である。

類題　2　　(6分・10点)

(1)　x の整式 $x^4-(a+8)x^2-2ax+4a+1$ を x^2-2x-a で割ったときの

商は　x^2+ ア $x-$ イ

余りは　ウエ $x+$ オ

である。

(2)　x の整式

$$A=x^4-(a-2)x^3-(3a-1)x^2+(2a^2+5a+8)x+a^2+2a+2$$

を x の整式 $B=x^2-ax+1$ で割ったときの余りを $px+q$ とすれば

$p=a^2+$ カ $a+$ キ，$q=a^2+$ ク $a+$ ケ

である。とくに $a=$ コサ のとき，A は B で割り切れる。

類題　3　（6分・12点）

(1)　x についての二つの整式

$$A=x^2+ax+b,\ B=x^2+x+1$$

について

$$A^2+B^2=2x^4+6x^3+3x^2+cx+d$$

が成り立つとき，実数 a，b，c，d の値は

$a=$ [ア]，$b=$ [イウ]，$c=$ [エオ]，$d=$ [カ]

である。

(2)　等式

$$\frac{4x+9}{(2x+1)(x-3)}=\frac{a}{2x+1}+\frac{b}{x-3}$$

が x についての恒等式であるとき

$a=$ [キク]，$b=$ [ケ]

である。

類題　4　（6分・12点）

(1)　$(1+\sqrt{3}\,i)^2=$ [アイ] $+$ [ウ] $\sqrt{3}\,i$

$(1+\sqrt{3}\,i)^3=$ [エオ]

$(1+\sqrt{3}\,i)^4=$ [カキ] $-$ [ク] $\sqrt{3}\,i$

(2)　$\dfrac{5+2i}{3-3i}+\dfrac{5-2i}{3+3i}=$ [ケ]

(3)　等式

$$x^2+(y+2+i)x+y(1+i)-(2+i)=0$$

を満たす実数 x，y の値は

$x=\dfrac{[コ]}{[サ]}$，$y=\dfrac{[シ]}{[ス]}$

である。

類題　5　　(6分・8点)

(1)　方程式 $2x^2-x+2=0$ の解は $x=\dfrac{\boxed{ア}\pm\sqrt{\boxed{イウ}}\,i}{\boxed{エ}}$ である。

(2)　2次方程式 $3x^2-2x+4=0$ の二つの解を α，β とするとき

$$\frac{1}{\alpha}+\frac{1}{\beta}=\frac{\boxed{オ}}{\boxed{カ}},\quad \alpha^3+\beta^3=\frac{\boxed{キクケ}}{\boxed{コサ}}$$

である。

(3)　2次方程式 $x^2-ax+b=0$ の二つの解を α，β とするとき，2次方程式 $x^2+bx+a=0$ の二つの解は $\alpha-1$，$\beta-1$ であるという。このとき

$$a=\boxed{シ},\quad b=\boxed{ス}$$

である。

類題　6　　(4分・8点)

(1)　x の2次方程式

$$x^2+2ax+2a+6=0$$

が虚数解をもつような実数 a の値の範囲は

$$p=\boxed{ア}-\sqrt{\boxed{イ}},\quad q=\boxed{ア}+\sqrt{\boxed{イ}}$$

として，$\boxed{ウ}$ である。

$\boxed{ウ}$ の解答群

⓪　$p<a<q$　　①　$p\leqq a\leqq q$　　②　$a<p$，$q<a$　　③　$a\leqq p$，$q\leqq a$

(2)　x の2次方程式

$$x^2+(a+2)x+2a+b+2=0$$

が重解をもつ条件は

$$b=\frac{\boxed{エ}}{\boxed{オ}}a^2-a-\boxed{カ}$$

であり，このとき重解は $x=\dfrac{\boxed{キク}}{\boxed{ケ}}a-\boxed{コ}$ と表せる。

類題　7　　(8分・10点)

(1)　整式 $f(x)=3x^3+ax^2+bx+c$ は $x+2$ で割り切れ，$f(x)$ を $x+1$，$x-2$ で割ったときの余りは，それぞれ -3，12 である。このとき

$a=$[ア]，$b=$[イウ]，$c=$[エオカ]

である。

(2)　x の整式 $P(x)=ax^4+bx^3+abx^2-(a+3b-4)x-(3a-2)$ を $x-1$ で割った余りは

$ab-$[キ]$a-$[ク]$b+$[ケ]

であるから，$P(x)$ が $x-1$ で割り切れるならば

$a=$[コ] または $b=$[サ]

である。

また，$P(x)$ が $x+1$ で割り切れるならば

$a=$[シス] または $b=$[セ]

である。

類題　8　　(12分・12点)

(1)　3次方程式 $x(x+1)(x+2)=1\cdot2\cdot3$ の実数解は $x=$[ア] であり，虚数解は $x=$[イウ]$\pm\sqrt{\text{[エ]}}\,i$ である。

(2)　4次方程式 $x^4-x^3+2x^2-14x+12=0$ の解は

$x=$[オ]，[カ]，[キク]$\pm\sqrt{\text{[ケ]}}\,i$

である。ただし，[オ]$<$[カ] とする。

(3)　$x^4-31x^2+20x+5=(x^2+a)^2-(bx-2)^2$ が x についての恒等式であるように a，b の値を定めると，$a=$[コサ]，$b=$[シ] である。したがって，4次方程式 $x^4-31x^2+20x+5=0$ の解は

$$x=\frac{\text{[スセ]}\pm\text{[ソ]}\sqrt{\text{[タ]}}}{2},\quad \frac{\text{[チ]}\pm\sqrt{\text{[ツテ]}}}{2}$$

である。

STAGE 2　5　相加平均と相乗平均の関係 

■ 9　相加平均と相乗平均 ■

$a>0$，$b>0$ のとき

$$\frac{a+b}{2} \geqq \sqrt{ab} \iff a+b \geqq 2\sqrt{ab}$$

（相加平均）（相乗平均）

等号が成り立つのは，$a=b$ のときである。

（注） 相加平均と相乗平均の関係は，最大値，最小値を求めるときに利用される。つまり

積 ab が一定のとき，$a+b$ の最小値は $2\sqrt{ab}$ である

和 $a+b$ が一定のとき，ab の最大値は $\left(\frac{a+b}{2}\right)^2$ である

（例） $x>0$ のとき，$x+\frac{1}{x}$ の最小値

$$x+\frac{1}{x} \geqq 2\sqrt{x \cdot \frac{1}{x}}=2$$

等号は，$x=\frac{1}{x}$ つまり $x=1$ のとき成り立つ。

よって，$x=1$ のとき，$x+\frac{1}{x}$ は最小値 2 をとる。

（例） $x>0$ のとき，$x+\frac{2}{x}$ の最小値

$$x+\frac{2}{x} \geqq 2\sqrt{x \cdot \frac{2}{x}}=2\sqrt{2}$$

等号は，$x=\frac{2}{x}$ つまり $x=\sqrt{2}$ のとき成り立つ。

よって，$x=\sqrt{2}$ のとき，$x+\frac{2}{x}$ は最小値 $2\sqrt{2}$ をとる。

例題 9　**2分・4点**

【問題】　x，yを正の実数とするとき，$\left(x+\dfrac{1}{y}\right)\left(y+\dfrac{4}{x}\right)$の最小値を求めよ。

上の**問題**に対する次の**解答**が誤りである理由は［ア］であり，正しい最小値は［イ］である。

【解答】

$x>0$，$\dfrac{1}{y}>0$ であるから，相加平均と相乗平均の関係により

$$x+\frac{1}{y}\geqq 2\sqrt{x\cdot\frac{1}{y}}=2\sqrt{\frac{x}{y}} \quad \cdots\cdots①$$

$y>0$，$\dfrac{4}{x}>0$ であるから，相加平均と相乗平均の関係により

$$y+\frac{4}{x}\geqq 2\sqrt{y\cdot\frac{4}{x}}=4\sqrt{\frac{y}{x}} \quad \cdots\cdots②$$

である。①，②の両辺は正であるから

$$\left(x+\frac{1}{y}\right)\left(y+\frac{4}{x}\right)\geqq 2\sqrt{\frac{x}{y}}\cdot 4\sqrt{\frac{y}{x}}=8 \quad \cdots\cdots③$$

よって，求める最小値は8である。

［ア］の解答群

⓪　$x+\dfrac{1}{y}=2\sqrt{\dfrac{x}{y}}$ を満たす x，y の値がない

①　$y+\dfrac{4}{x}=4\sqrt{\dfrac{y}{x}}$ を満たす x，y の値がない

②　$x+\dfrac{1}{y}=2\sqrt{\dfrac{x}{y}}$ かつ $y+\dfrac{4}{x}=4\sqrt{\dfrac{y}{x}}$ を満たす x，y の値がない

③　$x+\dfrac{1}{y}=2\sqrt{\dfrac{x}{y}}$ かつ $y+\dfrac{4}{x}=4\sqrt{\dfrac{y}{x}}$ を満たす x，y の値がある

解答

①で等号が成り立つのは，$x=\dfrac{1}{y}$ つまり $xy=1$ のとき。

②で等号が成り立つのは，$y=\dfrac{4}{x}$ つまり $xy=4$ のとき。

したがって，③の等号が成り立つような x,y の値はない。(**②**)

$$\left(x+\frac{1}{y}\right)\left(y+\frac{4}{x}\right)=xy+\frac{4}{xy}+5$$

であり，$xy>0$ より　$xy+\dfrac{4}{xy}\geqq 2\sqrt{xy\cdot\dfrac{4}{xy}}=4$

よって，最小値は　$4+5=$**9**

⬅ $xy=1$ かつ $xy=4$ は成り立たない。

⬅ 等号は，$xy=\dfrac{4}{xy}$ つまり $xy=2$ のとき成り立つ。

STAGE 2　6　割り算の応用 I

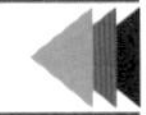

■10　割り算の応用 I ■

xの整式$A(x)$を$B(x)$で割ったときの商を$Q(x)$，余りを$R(x)$とおくと

$$A(x)=B(x)Q(x)+R(x)$$

が成り立つ。この式はxについての恒等式である。

$x=\alpha$ のときの$A(x)$の値を求めるとき，上式を利用して

$$A(\alpha)=B(\alpha)Q(\alpha)+R(\alpha)$$

とすると，計算が簡単になる。

(例)　$A(x)=x^3-x^2-5x+4$ として，$x=-1+\sqrt{2}$ のときの$A(x)$の値を求める。

$x=-1+\sqrt{2}$ のとき，$x+1=\sqrt{2}$ より

$$(x+1)^2=(\sqrt{2})^2 \qquad \therefore \quad x^2+2x-1=0 \qquad \cdots\cdots①$$

$A(x)$を x^2+2x-1 で割ったときの商と余りを求めると

$$\begin{array}{r|l} & x-3 \\ \hline x^2+2x-1 & x^3-x^2-5x+4 \\ & x^3+2x^2-x \\ \hline & -3x^2-4x+4 \\ & -3x^2-6x+3 \\ \hline & 2x+1 \end{array}$$

これより

$$A(x)=(x^2+2x-1)(x-3)+2x+1$$

$x=-1+\sqrt{2}$ とおくと

$$A(-1+\sqrt{2})=0+2(-1+\sqrt{2})+1=-1+2\sqrt{2} \quad (①より)$$

(別解)　①より

$$x^2=-2x+1$$

$$x^3=-2x^2+x=-2(-2x+1)+x=5x-2$$

よって，$x=-1+\sqrt{2}$ のとき

$$\begin{aligned} A(x)&=(5x-2)-(-2x+1)-5x+4 \\ &=2x+1 \\ &=2(-1+\sqrt{2})+1 \\ &=-1+2\sqrt{2} \end{aligned}$$

例題 10　4分・8点

xの整式

$$A=x^4-8x^3+14x^2+8x-1$$

がある。

(1)　A を x^2-5x-2 で割ったとき

商は　x^2- [ア] $x+$ [イ]

余りは　[ウ] $x+$ [エ]

である。

(2)　$x=2+\sqrt{3}$ のとき

$x^2-4x=$ [オカ]

であり，そのときのAの値は [キ] である。

解答

(1)　割り算を実行すると

$$\begin{array}{r} x^2-3x+1 \\ x^2-5x-2 \overline{\smash{)}\, x^4-8x^3+14x^2+8x-1} \\ x^4-5x^3-\ \ 2x^2 \qquad\qquad \\ \hline -3x^3+16x^2+8x \qquad \\ -3x^3+15x^2+6x \qquad \\ \hline x^2+2x-1 \\ x^2-5x-2 \\ \hline 7x+1 \end{array}$$

商は　$\boldsymbol{x^2-3x+1}$

余りは　$\boldsymbol{7x+1}$

(2)　$x=2+\sqrt{3}$ のとき

$$(x-2)^2=(\sqrt{3})^2 \qquad \therefore \quad x^2-4x=\boldsymbol{-1} \quad \cdots\cdots①$$

⬅ $x=2+\sqrt{3}$ は①の解の1つ。

(1)より

$$A=(x^2-5x-2)(x^2-3x+1)+7x+1$$

と変形できるので，この式に①を代入して

⬅ ① $\Longleftrightarrow$ $x^2=4x-1$

$$\begin{aligned} A&=(-x-3)\cdot x+7x+1 \\ &=-x^2+4x+1 \\ &=\boldsymbol{2} \quad (①より) \end{aligned}$$

STAGE 2　7　割り算の応用Ⅱ

■11　割り算の応用Ⅱ■

xの整式$f(x)$を2次以上の整式$g(x)$で割ったときの余りを，剰余の定理，因数定理を利用して求めることができる。

(例1)　整式$f(x)$を $x+1$ で割ったときの余りは3であり，$x-1$ で割ったときの余りは -7 である。このとき，$f(x)$を x^2-1 で割ったときの余りを求める。

$f(x)$を x^2-1 で割ったときの商を$g(x)$とし，余りは1次式か定数であるから $ax+b$ とおくと

$$f(x)=(x^2-1)g(x)+ax+b$$

条件より，剰余の定理を用いて

$$f(-1)=3,\ f(1)=-7$$

であるから

$$\begin{cases} f(-1)=-a+b=3 \\ f(1)=a+b=-7 \end{cases} \quad \therefore \quad \begin{cases} a=-5 \\ b=-2 \end{cases}$$

よって，余りは $-5x-2$ である。

(例2)　整式$f(x)$は $x-1$ で割り切れる。また，$f(x)$を x^2-x-2 で割ったときの余りは $x+3$ である。このとき，$f(x)$を x^2-3x+2 で割ったときの余りを求める。

$f(x)$を $x^2-3x+2=(x-1)(x-2)$ で割ったときの商を$g(x)$とし，余りは1次式か定数であるから $ax+b$ とおくと

$$f(x)=(x-1)(x-2)g(x)+ax+b$$

条件より，因数定理を用いて $f(1)=0$ であるから

$$f(1)=a+b=0 \qquad \cdots\cdots①$$

また，条件より，$f(x)$を $x^2-x-2=(x+1)(x-2)$ で割ったときの商を$h(x)$とおくと，余りは $x+3$ であるから

$$f(x)=(x+1)(x-2)h(x)+x+3$$

このとき，$f(2)=5$ であるから

$$f(2)=2a+b=5 \qquad \cdots\cdots②$$

①，②より，$a=5$，$b=-5$ となり，余りは $5x-5$ である。

例題 11　3分・6点

整式 $f(x)$ は次の条件(A)，(B)，(C)を満たすものとする。

(A)　$f(x)$ を $x-1$ で割ったときの余りは7である

(B)　$f(x)$ を $x+1$ で割ったときの余りは3である

(C)　$f(x)$ を $x+3$ で割ったときの余りは15である

このとき，$f(x)$ を x^3+3x^2-x-3 で割ったときの余り ax^2+bx+c を求めよう。

条件(A)，(B)より

$a+c=$ ア ，$b=$ イ

条件(C)と $b=$ イ より

ウ $a+c=$ エオ

である。したがって

$a=$ カ ，$c=$ キ

である。

解答

$f(x)$ を

$$x^3+3x^2-x-3=(x-1)(x+1)(x+3)$$

で割ったときの商を $g(x)$ とすると

$$f(x)=(x-1)(x+1)(x+3)g(x)+ax^2+bx+c$$

とおける。条件(A)，(B)より

$$\begin{cases} f(1)=7 \\ f(-1)=3 \end{cases} \quad \therefore \quad \begin{cases} a+b+c=7 \\ a-b+c=3 \end{cases}$$

⬅ 剰余の定理。

$$\therefore \quad \begin{cases} a+c=\mathbf{5} \\ b=\mathbf{2} \end{cases} \quad \cdots\cdots①$$

条件(C)より

$$f(-3)=15$$

⬅ 剰余の定理。

$$\therefore \quad 9a-3b+c=15$$

これと $b=2$ より

$$\mathbf{9}a+c=\mathbf{21} \quad \cdots\cdots②$$

①，②より

$$a=\mathbf{2},\quad c=\mathbf{3}$$

よって，余りは $2x^2+2x+3$ となる。

STAGE 2　8　高次方程式の応用

■12 高次方程式の応用■

(1) **因数分解**

3次方程式 $ax^3+bx^2+cx+d=0$ の3つの解を α, β, γ とすると

$$ax^3+bx^2+cx+d=a(x-\alpha)(x-\beta)(x-\gamma)$$

3次方程式の解と係数の関係

$$\boldsymbol{\alpha+\beta+\gamma=-\frac{b}{a},\quad \alpha\beta+\beta\gamma+\gamma\alpha=\frac{c}{a},\quad \alpha\beta\gamma=-\frac{d}{a}}$$

(例1)　3次方程式 $2x^3+7x^2+9x+3=0$ の3つの解を α, β, γ とすると

$$\alpha+\beta+\gamma=-\frac{7}{2}$$

$$\alpha\beta+\beta\gamma+\gamma\alpha=\frac{9}{2}$$

$$\alpha\beta\gamma=-\frac{3}{2}$$

(例2)　3次方程式 $x^3+ax^2+bx-9=0$ が $1\pm\sqrt{2}i$ を解にもつとき

$$\alpha=1+\sqrt{2}i,\quad \beta=1-\sqrt{2}i,\quad \gamma=c$$

として，解と係数の関係を用いると

$$\begin{cases}(1+\sqrt{2}i)+(1-\sqrt{2}i)+c=-a\\(1+\sqrt{2}i)(1-\sqrt{2}i)+(1-\sqrt{2}i)c+c(1+\sqrt{2}i)=b\\(1+\sqrt{2}i)(1-\sqrt{2}i)c=9\end{cases}$$

これを解いて　$a=-5$, $b=9$, $c=3$

(2) **1の3乗根**

$$x^3=1$$

$$\iff (x-1)(x^2+x+1)=0$$

$$\iff x=1,\ \frac{-1\pm\sqrt{3}i}{2}$$

ここで，$\omega=\dfrac{-1+\sqrt{3}i}{2}$ とおくと，$\omega^2=\dfrac{-1-\sqrt{3}i}{2}$ になるので，1の3乗根は

$$1,\ \omega,\ \omega^2$$

と表される。ω は

$$\boldsymbol{\omega^3=1,\quad \omega^2+\omega+1=0}$$

を満たす。

例題 12　**5分・10点**

二つの方程式

$$x^3+3x^2+5x+3=0 \quad \cdots\cdots①$$

$$x^3+px^2+qx+r=0 \quad \cdots\cdots②$$

を考える。①の三つの解は［アイ］，［ウエ］$\pm\sqrt{［オ］}\,i$ である。①の三つの解を α，β，γ とするとき，②の三つの解は α^2，β^2，γ^2 であるという。このとき　$p=$［カ］，$q=$［キ］，$r=$［クケ］　である。

解答

$f(x)=x^3+3x^2+5x+3$ とおく。

$f(-1)=0$ より $f(x)$を $x+1$ で割って因数分解すると

$$f(x)=(x+1)(x^2+2x+3)$$

← 因数定理。

← 組立除法。

1	3	5	3	-1
	-1	-2	-3	
1	2	3	0	

よって，①の三つの解は

$$x=\mathbf{-1},\ \mathbf{-1}\pm\sqrt{\mathbf{2}}\,i$$

$\alpha=-1$，$\beta=-1+\sqrt{2}i$，$\gamma=-1-\sqrt{2}i$ として

$$g(x)=x^3+px^2+qx+r$$

とおく。②の三つの解が α^2，β^2，γ^2 であることより

$$g(x)=(x-\alpha^2)(x-\beta^2)(x-\gamma^2)$$

$$=(x-1)\{x^2-(\beta^2+\gamma^2)x+\beta^2\gamma^2\}$$

← $\alpha=-1$ より $\alpha^2=1$

← 解と係数の関係を用いてもよい。

と表される。ここで $\beta+\gamma=-2$，$\beta\gamma=3$ より

$$\beta^2+\gamma^2=(\beta+\gamma)^2-2\beta\gamma=(-2)^2-2\cdot3=-2$$

$$\beta^2\gamma^2=(\beta\gamma)^2=3^2=9$$

であるから

$$g(x)=(x-1)(x^2+2x+9)=x^3+x^2+7x-9$$

ゆえに　$p=\mathbf{1}$，$q=\mathbf{7}$，$r=\mathbf{-9}$

(注)　3次方程式の解と係数の関係より，

$\alpha+\beta+\gamma=-3$，$\alpha\beta+\beta\gamma+\gamma\alpha=5$，$\alpha\beta\gamma=-3$ であり

$$\alpha^2+\beta^2+\gamma^2=(\alpha+\beta+\gamma)^2-2(\alpha\beta+\beta\gamma+\gamma\alpha)$$

$$=-1$$

$$\alpha^2\beta^2+\beta^2\gamma^2+\gamma^2\alpha^2$$

$$=(\alpha\beta+\beta\gamma+\gamma\alpha)^2-2\alpha\beta\gamma(\alpha+\beta+\gamma)=7$$

$$\alpha^2\beta^2\gamma^2=(\alpha\beta\gamma)^2=9$$

よって，α^2，β^2，γ^2 を解とする3次方程式は

$$x^3+x^2+7x-9=0$$

STAGE 2 類　題

類題 9　　(6分・12点)

(1) $x>0$, $y>0$ のとき

$\left(x+\dfrac{2}{y}\right)\left(y+\dfrac{3}{x}\right)$ の最小値は $\boxed{\text{ア}}+\boxed{\text{イ}}\sqrt{\boxed{\text{ウ}}}$

である。このとき，x，y は $xy=\sqrt{\boxed{\text{エ}}}$ を満たす。

(2) $x \neq 0$ とする。$\dfrac{x^4-2x^2+4}{x^2}$ は $x=\pm\sqrt{\boxed{\text{オ}}}$ のとき最小値 $\boxed{\text{カ}}$ をとる。

(3) $x>0$ とする。

$\dfrac{2x}{x^2+x+9}$ は $x=\boxed{\text{キ}}$ のとき最大値 $\dfrac{\boxed{\text{ク}}}{\boxed{\text{ケ}}}$ をとる。

類題 10　　(4分・8点)

xについての二つの整式

$A=x^2+x-3$

$B=x^4-x^3-2x^2+16x-10$

がある。

(1) BをAで割ったとき

商は　$x^2-\boxed{\text{ア}}x+\boxed{\text{イ}}$

余りは　$\boxed{\text{ウ}}x-\boxed{\text{エ}}$

である。

(2) $x=\dfrac{-1+\sqrt{17}}{2}$ のとき

$A=\boxed{\text{オ}}$，$B=\boxed{\text{カ}}+\boxed{\text{キ}}\sqrt{17}$

である。

類題 11　（4分・8点）

整式 $f(x)$ は次の条件(A)，(B)を満たすものとする。

(A)　$f(x)$ を x^2-4x+3 で割ると，余りは $65x-68$ である

(B)　$f(x)$ を x^2+6x-7 で割ると，余りは $-5x+a$ である

このとき，$a=$［ア］であることがわかる。

$f(x)$ を $x^2+4x-21$ で割ったときの余り $bx+c$ を求めよう。

条件(A)より

［イ］$b+c=$［ウエオ］

条件(B)と $a=$［ア］より

［カキ］$b+c=$［クケ］

である。したがって

$b=$［コ］，$c=$［サシス］

である。

類題 12　（5分・9点）

n を整数とする。3次式 x^3-2x^2+nx+6 の因数分解を

$$x^3-2x^2+nx+6=(x-\alpha)(x-\beta)(x-\gamma)$$

とする。α，β，γ がすべて整数であるならば，α，β，γ の値は小さい方から順に［アイ］，［ウ］，［エ］である。

このとき，3次方程式 $x^3+px^2+qx+r=0$ の三つの解が α，$\beta+\gamma i$，$\beta-\gamma i$ であるならば

$p=$［オ］，$q=$［カ］，$r=$［キク］

である。

STAGE 1　9　点と直線

■13　点の座標■

(1)　2点間の距離

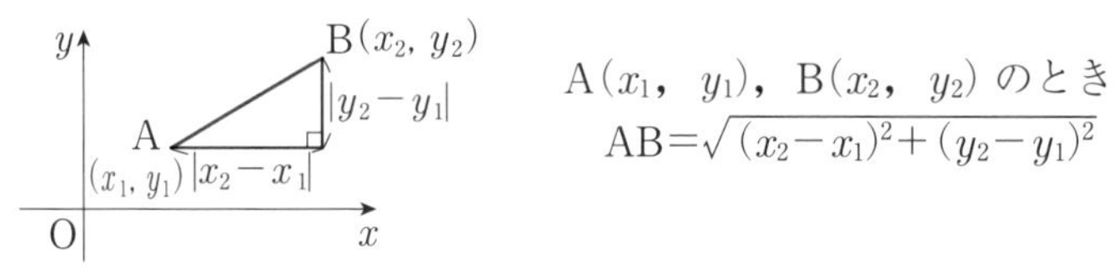

A$(x_1,\ y_1)$，B$(x_2,\ y_2)$ のとき

$$AB=\sqrt{(x_2-x_1)^2+(y_2-y_1)^2}$$

(2)　分点の座標

A$(x_1,\ y_1)$，B$(x_2,\ y_2)$ を結ぶ線分 AB を

$m:n$ に**内分**する点 P

A　P　B　(m)　(n)

$$P\left(\frac{nx_1+mx_2}{m+n},\ \frac{ny_1+my_2}{m+n}\right)\qquad \begin{pmatrix}A & B\\ m & n\end{pmatrix}$$

特に，P が中点のとき $\left(\dfrac{x_1+x_2}{2},\ \dfrac{y_1+y_2}{2}\right)$

$m:n$ に**外分**する点 Q

A　B　Q　(n)　(m)

（$m>n$ の場合）

$$Q\left(\frac{-nx_1+mx_2}{m-n},\ \frac{-ny_1+my_2}{m-n}\right)\qquad \begin{pmatrix}A & B\\ m & -n\end{pmatrix}$$

■14　直線の方程式■

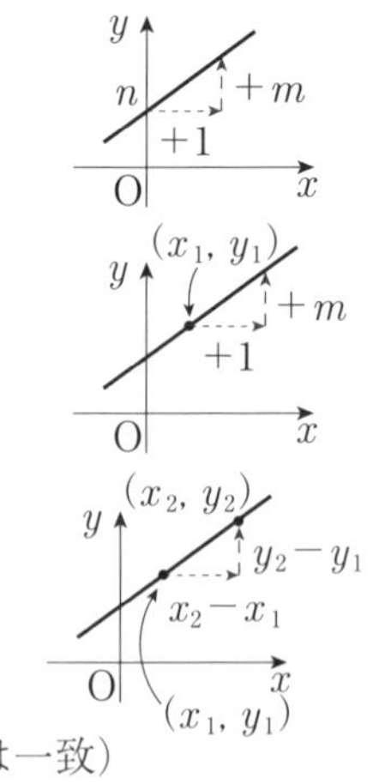

(1)　傾き m，y 切片 n の直線

$$y=mx+n$$

(2)　点$(x_1,\ y_1)$を通り傾き m の直線

$$y-y_1=m(x-x_1)$$

(3)　2点$(x_1,\ y_1)$，$(x_2,\ y_2)$を通る直線

$x_1 \neq x_2$ のとき

$$y-y_1=\frac{y_2-y_1}{x_2-x_1}(x-x_1)$$

$x_1=x_2$ のとき

$$x=x_1$$

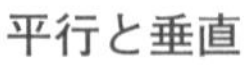

平行と垂直

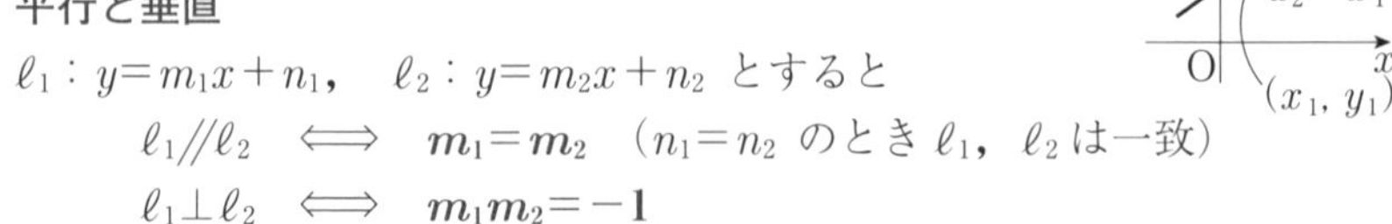

$\ell_1 : y=m_1x+n_1$，　$\ell_2 : y=m_2x+n_2$ とすると

$\ell_1 /\!/ \ell_2 \iff \boldsymbol{m_1=m_2}$　（$n_1=n_2$ のとき ℓ_1，ℓ_2 は一致）

$\ell_1 \perp \ell_2 \iff \boldsymbol{m_1m_2=-1}$

例題 13　3分・8点

座標平面上に3点 A(3, −1)，B(−2, 4)，C(p, q) がある。

(1)　AB=［ア］$\sqrt{［イ］}$ である。また，2点 A，B から等距離にある x 軸上の点を D とすると，D の x 座標は［ウエ］である。

(2)　線分 AB を 2：1 に内分する点の座標は $\left(\dfrac{［オカ］}{［キ］},\ \dfrac{［ク］}{［ケ］}\right)$ であり，線分 AC を 1：3 に外分する点が B であるとき，p=［コサ］，q=［シスセ］である。

解答

(1)　$AB=\sqrt{(-2-3)^2+(4+1)^2}=\mathbf{5\sqrt{2}}$

D の座標を $(a,\ 0)$ とすると，AD=BD より

$$\sqrt{(a-3)^2+1^2}=\sqrt{(a+2)^2+4^2}$$

$$a^2-6a+10=a^2+4a+20 \qquad \therefore\quad a=\mathbf{-1}$$

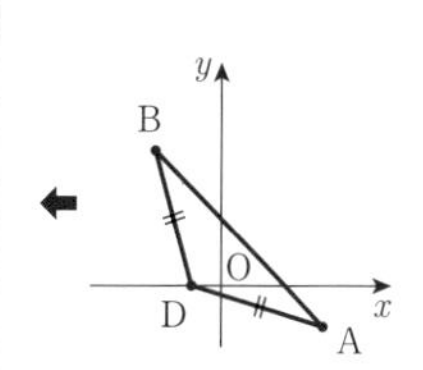

(2)　線分 AB を 2：1 に内分する点の座標は

$$\left(\frac{1\cdot3+2\cdot(-2)}{2+1},\ \frac{1\cdot(-1)+2\cdot4}{2+1}\right)=\left(-\frac{\mathbf{1}}{\mathbf{3}},\ \frac{\mathbf{7}}{\mathbf{3}}\right)$$

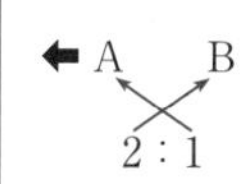

また，線分 AC を 1：3 に外分する点が B であるとき

$$\left(\frac{3\cdot3-1\cdot p}{-1+3},\ \frac{3\cdot(-1)-1\cdot q}{-1+3}\right)=(-2,\ 4)$$

$$\therefore\quad p=\mathbf{13},\quad q=\mathbf{-11}$$

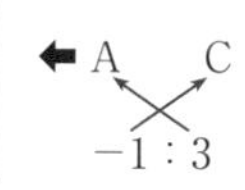

例題 14　2分・4点

座標平面上に2点 P(12, 0)，Q(15, 9) がある。

2点 P，Q を通る直線の方程式は y=［ア］x−［イウ］であり，線分 PQ の垂直二等分線の方程式は $y=\dfrac{［エオ］}{［カ］}x+$［キ］である。

解答

直線 PQ の方程式は

$$y-0=\frac{9-0}{15-12}(x-12) \qquad \therefore\quad y=\mathbf{3}x-\mathbf{36}$$

線分 PQ の中点は $\left(\dfrac{12+15}{2},\ \dfrac{0+9}{2}\right)=\left(\dfrac{27}{2},\ \dfrac{9}{2}\right)$ であるから，線分 PQ の垂直二等分線の方程式は

$$y-\frac{9}{2}=-\frac{1}{3}\left(x-\frac{27}{2}\right) \qquad \therefore\quad y=\mathbf{-\frac{1}{3}}x+\mathbf{9}$$

傾き3の直線に垂直な直線の傾きは $-\dfrac{1}{3}$

STAGE 1　10　円の方程式

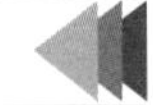

■15　円の方程式■

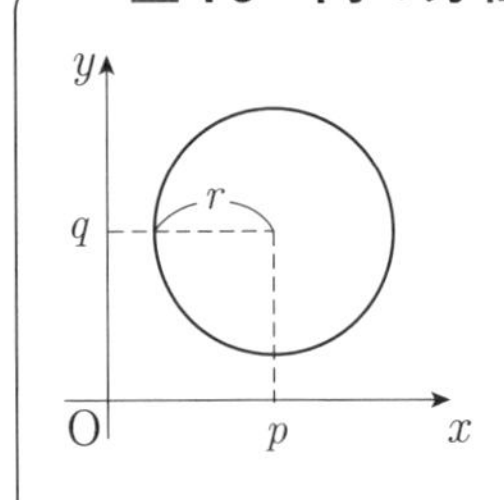

点$(p,\ q)$を中心とする半径 r の円の方程式は

$$(\boldsymbol{x}-\boldsymbol{p})^2+(\boldsymbol{y}-\boldsymbol{q})^2=\boldsymbol{r}^2$$

中心が原点のとき

$$\boldsymbol{x}^2+\boldsymbol{y}^2=\boldsymbol{r}^2$$

一般形

$$x^2+y^2+ax+by+c=0$$

↓ 平方完成

$$\left(x+\frac{a}{2}\right)^2+\left(y+\frac{b}{2}\right)^2=\frac{a^2}{4}+\frac{b^2}{4}-c$$

$\dfrac{\boldsymbol{a}^2}{4}+\dfrac{\boldsymbol{b}^2}{4}-\boldsymbol{c}>\boldsymbol{0}$ **のとき，**

点$\left(-\dfrac{a}{2},\ -\dfrac{b}{2}\right)$を中心とする半径 $\sqrt{\dfrac{a^2}{4}+\dfrac{b^2}{4}-c}$ の円

■16　円の決定■

条件から円の方程式を求める計算

(1)　**中心$(p,\ q)$と半径 r を求めることを考える。**

(例)

(ア)　直径の両端の点 A，B の座標が与えられた場合

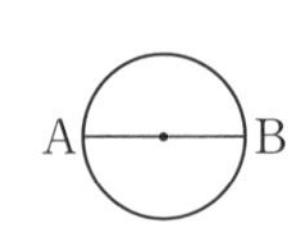

中心は線分 AB の中点，半径は $\dfrac{1}{2}$AB

(イ)　円が x 軸と接する場合

(中心と x 軸との距離)＝|中心の y 座標|＝(半径)

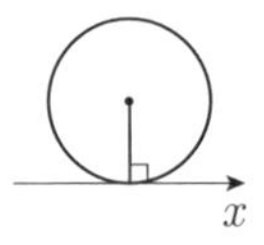

(2)　**通る点が与えられた場合**

$$(x-p)^2+(y-q)^2=r^2$$

または

$$x^2+y^2+ax+by+c=0$$

に点の座標を代入する。

例題 15　2分・4点

x, y の方程式 $x^2+y^2-6ax+4ay+10a^2-6a=0$ が半径3の円を表すとき $a=$ [アイ], [ウ] である。

$a=$ [アイ] のとき，中心の座標は([エオ], [カ])である。

解答

$$x^2+y^2-6ax+4ay+10a^2-6a=0$$
$$\therefore\quad (x-3a)^2+(y+2a)^2=3a^2+6a$$

⬅ 平方完成して中心と半径を求める。

これが半径3の円を表すとき

$$3a^2+6a=9$$

⬅ (半径)^2

$$(a+3)(a-1)=0 \qquad \therefore\quad a=\mathbf{-3},\ \mathbf{1}$$

$a=-3$ のとき，中心の座標は

$$(3a,\ -2a)=(\mathbf{-9},\ \mathbf{6})$$

例題 16　2分・4点

円 $x^2+y^2=4$ を平行移動して，中心が直線 $y=2x$ 上にあり，直線 $y=-1$ に接する円となるとき，その方程式は

$$x^2+y^2-x-\boxed{ア}\,y-\frac{\boxed{イウ}}{\boxed{エ}}=0$$

または　$x^2+y^2+\boxed{オ}\,x+\boxed{カ}\,y+\dfrac{\boxed{キク}}{\boxed{ケ}}=0$　である。

解答

中心が直線 $y=2x$ 上にあるから，中心の座標を$(p,\,2p)$とおける。中心と直線 $y=-1$ の距離は

$$|2p-(-1)|=|2p+1|$$

であり，これが円の半径2に等しいことから

$$|2p+1|=2 \qquad \therefore\quad 2p+1=\pm2$$
$$\therefore\quad p=\frac{1}{2},\ -\frac{3}{2}$$

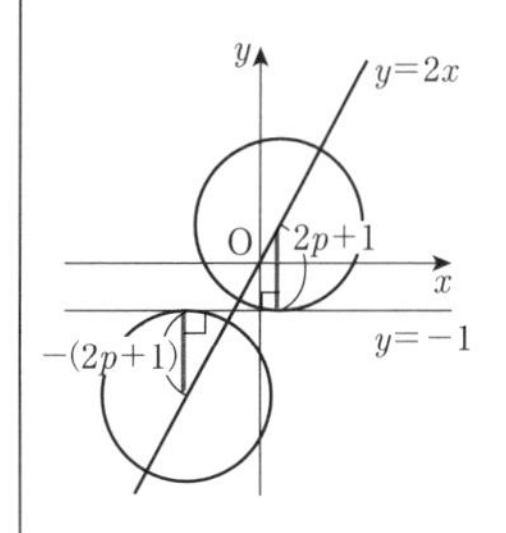

よって，中心は$\left(\dfrac{1}{2},\ 1\right)$または$\left(-\dfrac{3}{2},\ -3\right)$であるから

$$\left(x-\frac{1}{2}\right)^2+(y-1)^2=4 \quad \text{または} \quad \left(x+\frac{3}{2}\right)^2+(y+3)^2=4$$
$$\therefore\quad x^2+y^2-x-\mathbf{2}y-\frac{\mathbf{11}}{\mathbf{4}}=0$$
$$\text{または}\quad x^2+y^2+\mathbf{3}x+\mathbf{6}y+\frac{\mathbf{29}}{\mathbf{4}}=0$$

STAGE 1　11　対称点，定点通過

■17　対称点■

直線に関する対称点

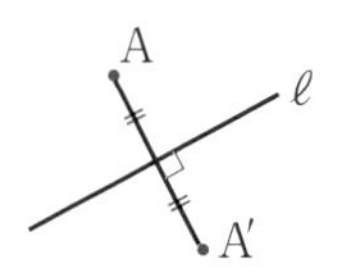

2点A，A′が直線 ℓ に関して対称であるとき

$$\begin{cases} AA' \perp \ell \\ AA'\text{の中点が}\ \ell\ \text{上にある} \end{cases}$$

$A(a,\ b)$，$A'(X,\ Y)$，$\ell : y=mx+n$ とすると

$AA' \perp \ell$ から

$$\frac{Y-b}{X-a}\cdot m=-1$$

AA' の中点 $\left(\dfrac{X+a}{2},\ \dfrac{Y+b}{2}\right)$ を ℓ に代入して

$$\frac{Y+b}{2}=m\cdot\frac{X+a}{2}+n$$

■18　定点通過■

文字定数 a を含むある図形(直線や円など)が a の値にかかわらず通る点があるとすると

$x,\ y,\ a$ の方程式	$\Longrightarrow$ aについて整理	$(x,\ y\text{の式})+a(x,\ y\text{の式})=0$ ① ②

a の値にかかわらず ①=0 かつ ②=0 を満たす点 $(x,\ y)$ を通る。

(例)　直線 $\ell : (2a-1)x+(2-a)y-3a+3=0$

これを a について整理すると

$$(-x+2y+3)+a(2x-y-3)=0$$

ここで

$$\begin{cases} -x+2y+3=0 \\ 2x-y-3=0 \end{cases}$$

とすると，$(x,\ y)=(1,\ -1)$ であるから

直線 ℓ は a の値にかかわらず点 $(1,\ -1)$ を通る。

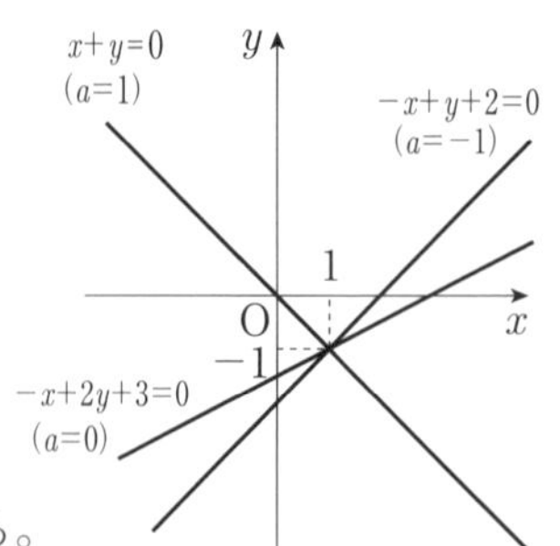

例題 17　3分・6点

点 A(3, 0) と直線 $\ell : y=2x+1$ があり，A の ℓ に関する対称点を B(a, b) とする。直線 AB と ℓ が垂直であり，AB の中点が ℓ 上にあることから

$a+$ ア $b=$ イ ， ウ $a-b=$ エオ

が成り立つ。よって，$a=\dfrac{\text{カキク}}{\text{ケ}}$，$b=\dfrac{\text{コサ}}{\text{シ}}$ である。

解答

直線 AB の傾きは $\dfrac{b}{a-3}$ であるから，AB⊥ℓ より

$$2\cdot\frac{b}{a-3}=-1 \quad \therefore \quad a+2b=3 \quad \cdots\cdots①$$

線分 AB の中点 $\left(\dfrac{a+3}{2},\ \dfrac{b}{2}\right)$ が ℓ 上にあるから

$$\frac{b}{2}=2\cdot\frac{a+3}{2}+1 \quad \therefore \quad \mathbf{2}a-b=\mathbf{-8} \quad \cdots\cdots②$$

①，②より　$a=\mathbf{-\dfrac{13}{5}}$，$b=\mathbf{\dfrac{14}{5}}$

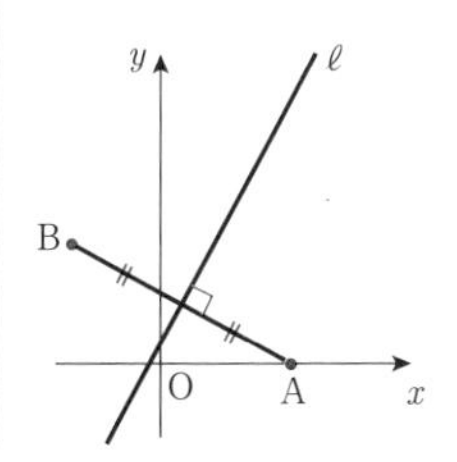

例題 18　2分・4点

円 $x^2+y^2-6ax-4ay+26a-65=0$ は，a の値にかかわらず 2 定点(アイ ， ウ)，(エ ， オカ)を通る。

解答

円の方程式を a について整理すると

$$x^2+y^2-65-2a(3x+2y-13)=0$$

となり，ここで

$$\begin{cases} x^2+y^2-65=0 & \cdots\cdots① \\ 3x+2y-13=0 & \cdots\cdots② \end{cases}$$

とする。②より $y=\dfrac{-3x+13}{2}$，①に代入して

$$x^2+\left(\frac{-3x+13}{2}\right)^2-65=0$$

$$x^2-6x-7=0 \quad \therefore \quad x=7,\ -1$$

よって，円は，a の値にかかわらず 2 定点(**−1**, **8**)，(**7**, **−4**)を通る。

⬅ a についての恒等式とみる。

⬅ $x=7$ のとき，$y=-4$
$x=-1$ のとき，$y=8$

STAGE 1　12　軌跡と領域

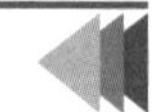

■19　軌　跡■

(1)　動点の座標を$(x,\ y)$とおく（または$(X,\ Y)$とおく）。

(2)　条件を x，y の方程式で表す。

x，y が他の変数で表されているときはその変数を消去する。

$$\begin{cases} x=(t\text{の式}) \\ y=(t\text{の式}) \end{cases} \underset{t\text{を消去}}{\Longrightarrow} x,\ y\text{の方程式}$$

(3)　動点が描く図形を具体的に示す。

(4)　必要があれば，動点が動くことができる範囲を考える。

■20　領　域■

(1)　$y>ax+b$

直線 $y=ax+b$ の上側

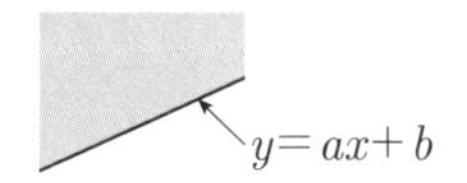

(2)　$y<ax+b$

直線 $y=ax+b$ の下側

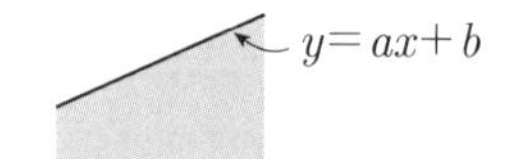

(3)　$y>x^2+ax+b$

放物線 $y=x^2+ax+b$ の上側

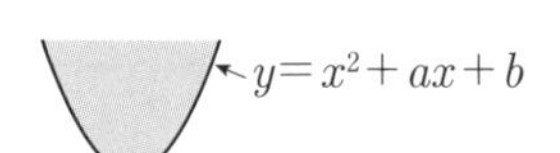

(4)　$y<x^2+ax+b$

放物線 $y=x^2+ax+b$ の下側

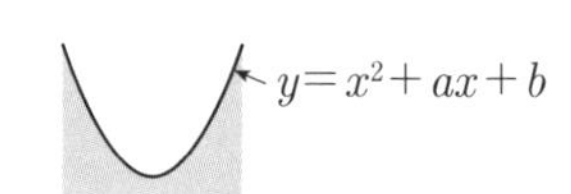

(5)　$(x-a)^2+(y-b)^2>r^2$

円 $(x-a)^2+(y-b)^2=r^2$ の外側

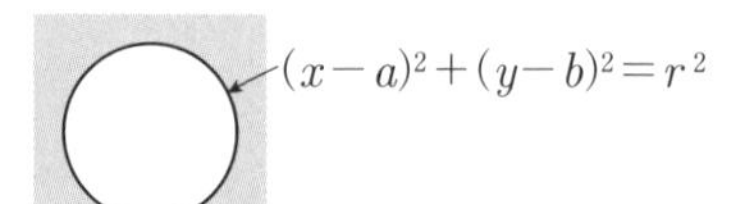

(6)　$(x-a)^2+(y-b)^2<r^2$

円 $(x-a)^2+(y-b)^2=r^2$ の内側

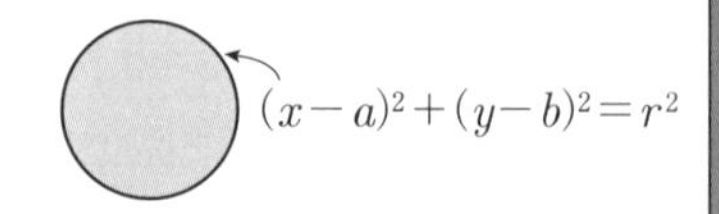

（不等式に等号が入る場合は境界線上も含まれる）

§2 1

例題 19　2分・4点

座標平面上の2点 O(0, 0), A(6, 4) に対して, $\mathrm{OP}:\mathrm{AP}=\sqrt{3}:1$ を満たす点 P の軌跡は点(ア , イ)を中心とする半径 $\sqrt{\text{ウエ}}$ の円である。

解答

P$(x,\ y)$ とすると, $\mathrm{OP}=\sqrt{3}\mathrm{AP}$ より　$\mathrm{OP}^2=3\mathrm{AP}^2$

$$\therefore\quad x^2+y^2=3\{(x-6)^2+(y-4)^2\}$$

整理すると

$$x^2+y^2-18x-12y+78=0$$

$$\therefore\quad (x-9)^2+(y-6)^2=39$$

よって, P の軌跡は中心(**9**, **6**), 半径 $\sqrt{\mathbf{39}}$ の円。

⬅ 点 P の座標を $(x,\ y)$ とおく。

例題 20　2分・6点

右図において, △PQR は正三角形である。網目部分(境界を含まない)は連立不等式

$$\begin{cases} x^2+y^2>\boxed{\text{ア}} \\ x^2+y^2<\boxed{\text{イ}} \\ y\ \boxed{\text{ウ}}\ \boxed{\text{エオ}} \\ y\ \boxed{\text{カ}} -\sqrt{\boxed{\text{キ}}}\,x+\boxed{\text{ク}} \end{cases}$$

によって表される。

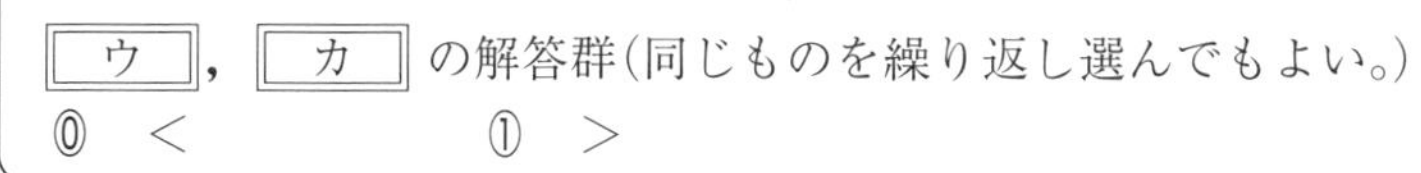

ウ , カ の解答群(同じものを繰り返し選んでもよい。)

⓪ ＜　　　① ＞

解答

原点を中心とする半径1の円の外部にあるので

$$x^2+y^2>\mathbf{1}$$

原点を中心とする半径2の円の内部にあるので

$$x^2+y^2<\mathbf{4}$$

直線 QR ($y=-1$) の上側にあるので　$y>\mathbf{-1}$ (**①**)

直線 PR ($y=-\sqrt{3}x+2$) の下側にあるので

$$y<-\sqrt{\mathbf{3}}x+\mathbf{2}\ (\text{⓪})$$

⬅ 直線 PR は傾きが $-\tan 60^\circ=-\sqrt{3}$, 点(0, 2)を通る。

STAGE 1　類　題

類題 13　　(3分・8点)

座標平面上に3点A(2, 4), B(5, −2), C(p, q)がある。

(1)　AB=[ア]$\sqrt{[イ]}$ である。また，2点A，Bから等距離にある y 軸上の点の座標は$\left(0,\ \dfrac{[ウエ]}{[オ]}\right)$である。

(2)　線分ABを1：2に内分する点の座標は([カ], [キ])であり，線分ACを3：1に外分する点がBであるとき，p=[ク]，q=[ケ] である。

類題 14　　(2分・4点)

座標平面上に2点A(a, a^2), B(−2, 4)がある。ただし，$a \neq -2$ とする。

2点A，Bを通る直線の方程式は

$$y=(a-[ア])x+[イ]a$$

であり，線分ABの垂直二等分線の方程式は

$$[ウ]x+[エ](a-[オ])y-(a-[カ])(a^2+[キ])=0$$

である。

類題 15　　(2分・4点)

x, yの方程式 $x^2+y^2+2ax-4ay+2a+3=0$ ……① が円を表すようなaの値の範囲は, $a<\dfrac{\boxed{\text{アイ}}}{\boxed{\text{ウ}}}$, $\boxed{\text{エ}}<a$ である。このとき, 円①がx軸と接するならば, $a=\boxed{\text{オカ}}$, $\boxed{\text{キ}}$ である。

類題 16　　(3分・6点)

(1) x軸上に中心をもち, 2点(2, 2), (0, 4)を通る円の方程式は

$$x^2+y^2+\boxed{\text{ア}}\,x-\boxed{\text{イウ}}=0$$

である。

(2) 3点(4, 5), (−4, 1), (6, 1)を通る円の方程式は

$$(x-\boxed{\text{エ}})^2+(y-\boxed{\text{オ}})^2=\boxed{\text{カキ}}$$

である。

類題 17　（3分・4点）

直線 $\ell : 2x+y-2=0$ に関して，点(1，2)と対称な点の座標は

$$\left(\frac{\boxed{アイ}}{\boxed{ウ}},\ \frac{\boxed{エ}}{\boxed{オ}}\right)$$

である。

類題 18　（4分・6点）

Oを原点とする座標平面上において，2点(0，3)と(3，0)を結ぶ線分上に点P$(a,\ 3-a)$ $(0<a<3)$をとり，Pの x 軸に関する対称点をP′とする。Pから直線OP′に引いた垂線が直線OP′と交わる点をHとすると，直線PHの方程式は

$$ax+(a-\boxed{ア})y-\boxed{イ}a+\boxed{ウ}=0$$

であるから，直線PHは点Pのとり方によらず点($\boxed{エ}$，$\boxed{オ}$)を通る。

類題　19　　（5分・10点）

(1)　座標平面上に2点A(2，4)，B(10，0)がある。AP：BP=1：3であるような点Pの軌跡は，中心$\left(\boxed{ア},\ \dfrac{\boxed{イ}}{\boxed{ウ}}\right)$，半径$\dfrac{\boxed{エ}\sqrt{\boxed{オ}}}{\boxed{カ}}$の円である。

(2)　放物線$C：y=2x^2$と点A(1，-2)がある。点Q(u，v)に関して，点Aと対称な点をP(x，y)とすると

$$u=\frac{x+\boxed{キ}}{\boxed{ク}},\quad v=\frac{y-\boxed{ケ}}{\boxed{コ}}$$

が成り立つ。点Qが放物線C上を動くとき，点Pの軌跡は放物線

$$y=x^2+\boxed{サ}x+\boxed{シ}$$

である。

類題　20　　（3分・6点）

(1)　不等式$x^2+y^2\leqq 4$，$y\geqq\sqrt{3}x-2$，$y\geqq 0$で表される領域の面積は

$$\frac{\boxed{ア}\pi+\sqrt{\boxed{イ}}}{\boxed{ウ}}$$

である。

(2)　直線$x-2y+6=0$と円$x^2+y^2-2x-6y=0$は座標平面を四つの領域に分ける。点(0，4)を含む領域(境界を含まない)は，$\boxed{エ}$と$\boxed{オ}$の連立不等式で表される。

$\boxed{エ}$，$\boxed{オ}$の解答群(解答の順序は問わない。)

⓪　$x-2y+6>0$　　①　$x-2y+6<0$

②　$x^2+y^2-2x-6y>0$　　③　$x^2+y^2-2x-6y<0$

STAGE 2　13　距離の応用

■21　距離の応用■

(1)　三角形の面積

(i)　座標平面上における三角形の面積は，x 軸または y 軸に平行な線分を考える。

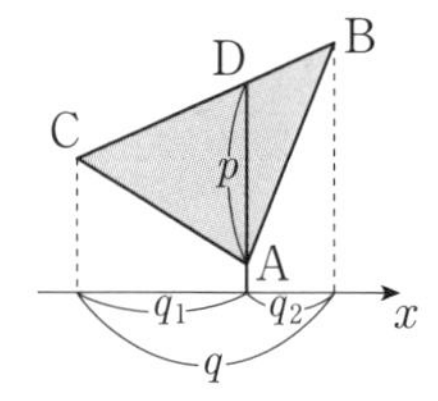

$$\triangle ABC = \triangle ACD + \triangle ABD = \frac{1}{2}pq_1 + \frac{1}{2}pq_2 = \frac{1}{2}pq$$

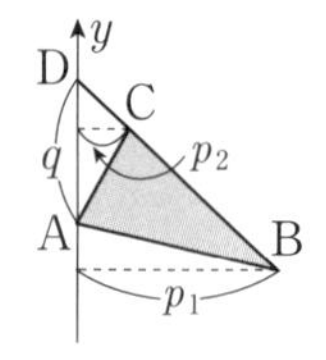

$$\triangle ABC = \triangle ABD - \triangle ACD = \frac{1}{2}p_1q - \frac{1}{2}p_2q = \frac{1}{2}q(p_1 - p_2)$$

(ii)　三角形の面積公式

原点 O と 2 点 A$(x_1,\ y_1)$，B$(x_2,\ y_2)$を頂点とする△OAB の面積は

$$\boldsymbol{\frac{1}{2}|x_1y_2 - x_2y_1|}$$

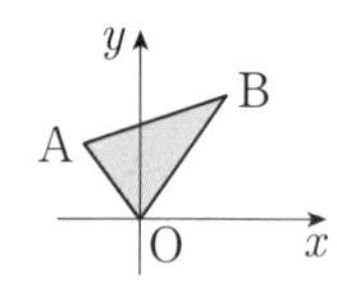

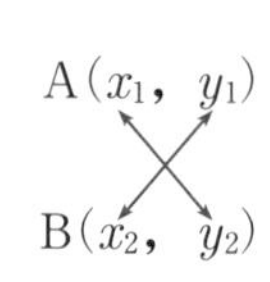

(2)　円周上の点との距離の最大・最小

円外の定点 A と円周上の点 P との距離 d の最大・最小は，
円の中心を C として直線 AC を考える。

d の最大値 …… AC＋(半径)
d の最小値 …… AC－(半径)

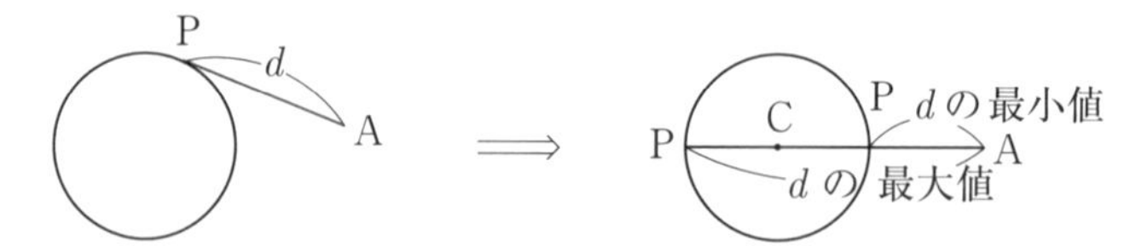

例題 21　4分・8点

円 C: $(x-6)^2+(y-8)^2=2$ と点A(2, 4)がある。円 C 上に点Pを線分APの長さが最小になるようにとる。このとき，AP= ア $\sqrt{\text{イ}}$ であり，点Pの座標は(ウ , エ)である。また，△OAPの面積は オ である。

解答

円 C の中心をDとすると，Dの座標は(6, 8)であり，線分ADと円 C との交点がPのとき，線分APの長さは最小になる。このとき

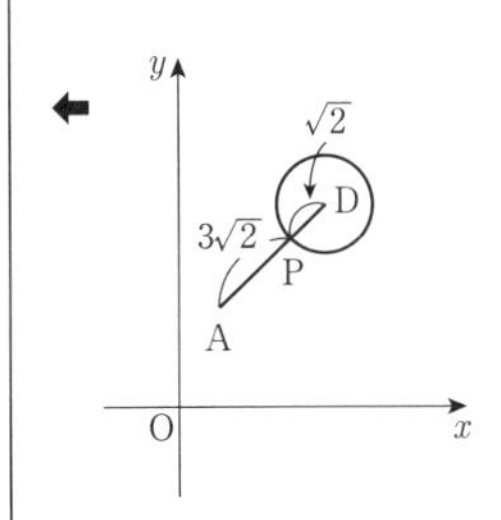

$$AD=\sqrt{(6-2)^2+(8-4)^2}$$
$$=4\sqrt{2}$$
$$PD=\sqrt{2}$$

であるから

$$AP=AD-PD=4\sqrt{2}-\sqrt{2}$$
$$=\mathbf{3\sqrt{2}}$$

点Pは線分ADを3：1に内分する点であるから，Pの座標は

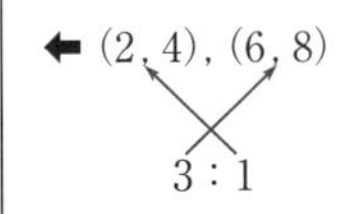

$$\left(\frac{1\cdot2+3\cdot6}{3+1},\ \frac{1\cdot4+3\cdot8}{3+1}\right)=(\mathbf{5},\ \mathbf{7})$$

また，直線ADの方程式は

$$y=x+2$$

であり，直線ADと y 軸との交点をEとすると

$$E(0,\ 2)$$

△OAPの面積は

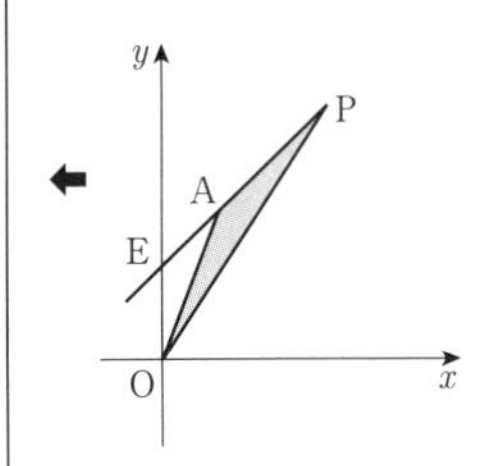

$$\triangle OAP=\triangle OEP-\triangle OEA$$
$$=\frac{1}{2}\cdot2\cdot5-\frac{1}{2}\cdot2\cdot2$$
$$=\mathbf{3}$$

(別解)

$$\triangle OAP=\frac{1}{2}|2\cdot7-5\cdot4|$$
$$=\mathbf{3}$$

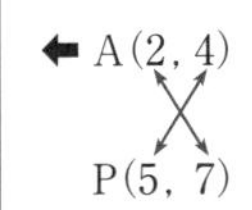

STAGE 2　14　円と直線

■22　円と直線■

(1)　点と直線の距離

点 A$(x_1,\ y_1)$と直線 ℓ：$ax+by+c=0$ との距離を d とすると

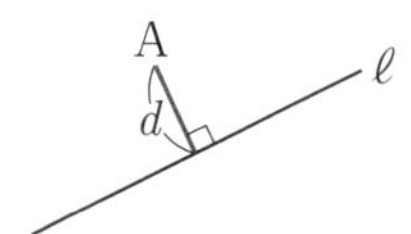

$$d=\frac{|ax_1+by_1+c|}{\sqrt{a^2+b^2}}$$

← 点の座標を代入
← √係数の平方和

(2)　円と直線との位置関係

(i)　円の中心と直線との距離を d，円の半径を r とする。
位置関係と d，r の大小関係は，次のようになる。

交わる

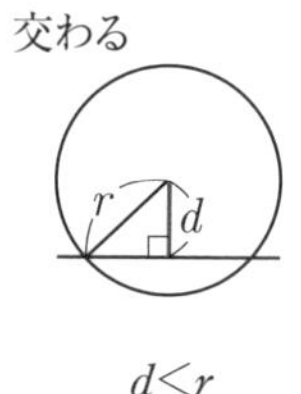

$d<r$

接する

$d=r$

共有点をもたない

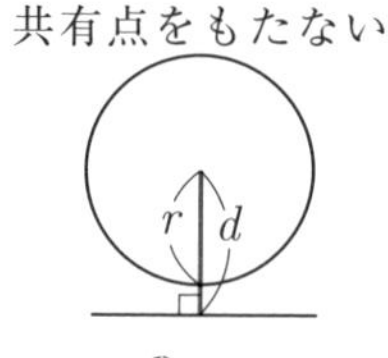

$d>r$

(ii)　連立方程式の解を考える

円 C：$x^2+y^2+ax+by+c=0$
直線 ℓ：$y=mx+n$　$\underset{y\text{消去}}{\Longrightarrow}$　x の2次方程式　……(＊)

(＊)の判別式を D として

$D>0$ …… C と ℓ は2点で交わる(2実数解が交点の x 座標)
$D=0$ …… C と ℓ は接する(重解が接点の x 座標)
$D<0$ …… C と ℓ は共有点をもたない

(3)　弦の長さ

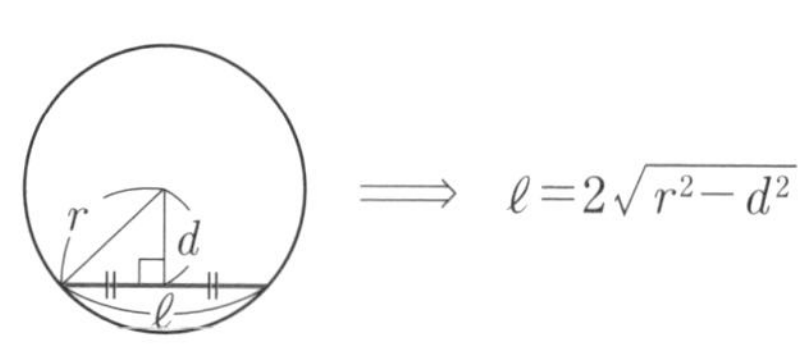

$\Longrightarrow$　$\ell=2\sqrt{r^2-d^2}$

例題 22　4分・6点

円 $C:(x-6)^2+(y-5)^2=25$ と直線 $\ell:y=ax$ が2点で交わるとき，a の値の範囲は $\boxed{ア}<a<\dfrac{\boxed{イウ}}{\boxed{エオ}}$ であり，このとき，ℓ が C から切り取られる線分の長さが6であるときの a の値は $a=\dfrac{\boxed{カキ}\pm\boxed{ク}\sqrt{\boxed{ケ}}}{\boxed{コサ}}$ である。

解答

円の中心(6，5)と $\ell:ax-y=0$ との距離を d とすると

$$d=\frac{|6a-5|}{\sqrt{a^2+1}}$$

2点で交わるのは $d<5$ のときであるから

$$\frac{|6a-5|}{\sqrt{a^2+1}}<5$$

2乗して整理すると

$$(6a-5)^2<25(a^2+1)$$

$$a(11a-60)<0 \qquad \therefore \quad \mathbf{0}<a<\frac{\mathbf{60}}{\mathbf{11}}$$

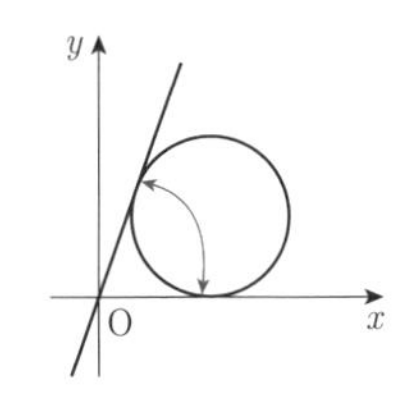

また，ℓ が C から切り取られる線分の長さが6のとき，
$d=\sqrt{5^2-3^2}=4$ より

$$\frac{|6a-5|}{\sqrt{a^2+1}}=4$$

2乗して整理すると

$$(6a-5)^2=16(a^2+1)$$

$$20a^2-60a+9=0$$

$$\therefore \quad a=\frac{30\pm12\sqrt{5}}{20}=\frac{\mathbf{15\pm6\sqrt{5}}}{\mathbf{10}}$$

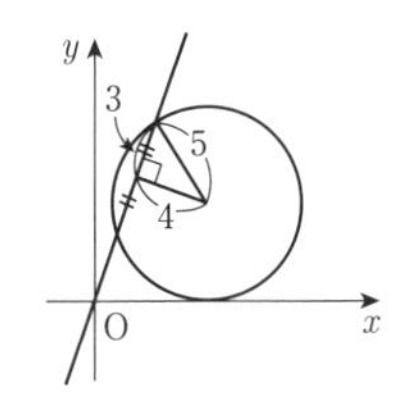

(別解)

$(x-6)^2+(y-5)^2=25$ に $y=ax$ を代入して

$$(x-6)^2+(ax-5)^2=25$$

展開して整理すると

$$(a^2+1)x^2-2(5a+6)x+36=0$$

判別式を D とすると

$$D/4=(5a+6)^2-36(a^2+1)>0$$

$$a(11a-60)<0 \qquad \therefore \quad \mathbf{0}<a<\frac{\mathbf{60}}{\mathbf{11}}$$

STAGE 2　15　円と接線

■23　円と接線 ■

(1)　原点を中心とする円の接線

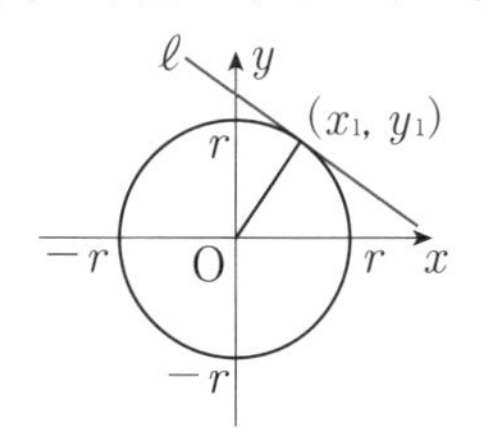

円 $x^2+y^2=r^2$ 上の点$(x_1,\ y_1)$における接線 ℓ の方程式は

$$\ell:x_1x+y_1y=r^2$$

(2)　中心と接点から求める接線

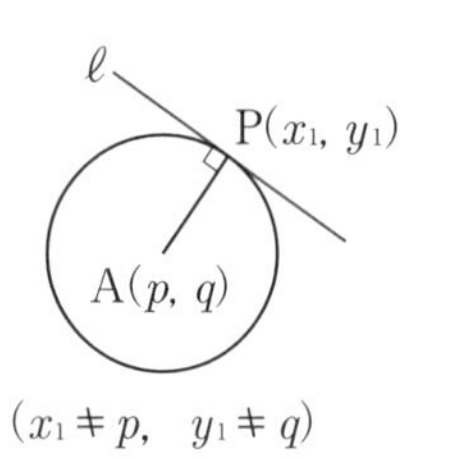

$(x_1 \neq p,\ \ y_1 \neq q)$

円 $(x-p)^2+(y-q)^2=r^2$ 上の点 $\mathrm{P}(x_1,\ y_1)$における接線を ℓ，円の中心を $\mathrm{A}(p,\ q)$とすると

AP の傾き　$\dfrac{y_1-q}{x_1-p}$　$\Longrightarrow$　接線の傾き　$-\dfrac{x_1-p}{y_1-q}$

$$\ell:y-y_1=-\frac{x_1-p}{y_1-q}(x-x_1)$$

(3)　円と直線が接する条件

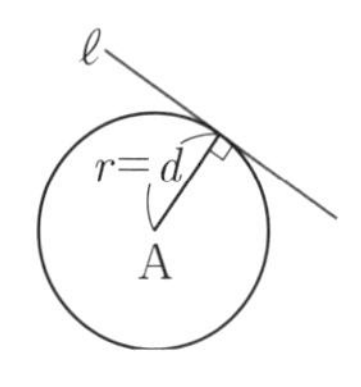

円 $(x-p)^2+(y-q)^2=r^2$ と直線 $\ell:ax+by+c=0$ が接する条件は，円の中心 $\mathrm{A}(p,\ q)$と ℓ との距離 dが半径 rに等しいことであるから

$$d=\frac{|ap+bq+c|}{\sqrt{a^2+b^2}}=r$$

(4)　接線の長さ

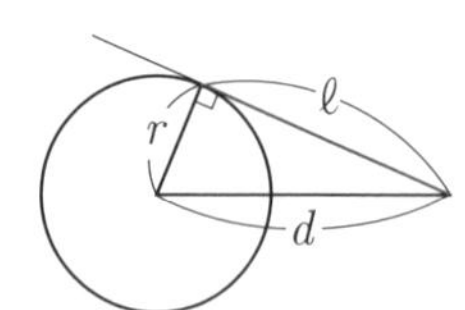

$$\ell=\sqrt{d^2-r^2}$$

例題 23　6分・8点

(1)　原点を中心とする半径1の円を C とし，Pを C 上の点とする。
Pにおける C の接線が点$(5,\ -5)$を通るのは，Pの座標が

$\left(\dfrac{\boxed{ア}}{\boxed{イ}},\ \dfrac{\boxed{ウ}}{\boxed{エ}}\right)$ または $\left(-\dfrac{\boxed{オ}}{\boxed{カ}},\ -\dfrac{\boxed{キ}}{\boxed{ク}}\right)$

のときである。

(2)　点 $\left(-\dfrac{1}{2},\ -1\right)$ を通り，円 $\left(x-\dfrac{1}{2}\right)^2+(y-1)^2=4$ に接する直線のうち，
傾きが負であるものの方程式は

$\boxed{ケ}x+\boxed{コ}y+5=0$

である。

解答

(1)　Pの座標を$(a,\ b)$とおくと，Pは円 C 上にあるから

$$a^2+b^2=1 \quad \cdots\cdots①$$

Pにおける接線の方程式は $ax+by=1$ であり，これが$(5,\ -5)$を通るとき

⬅ $x_1x+y_1y=r^2$

$$5a-5b=1 \qquad \therefore\quad b=a-\frac{1}{5} \quad \cdots\cdots②$$

②を①に代入して

$$a^2+\left(a-\frac{1}{5}\right)^2=1 \qquad 25a^2-5a-12=0$$

$$(5a+3)(5a-4)=0 \qquad \therefore\quad a=-\frac{3}{5},\ \frac{4}{5}$$

よって，Pの座標は

$$\left(\frac{4}{5},\ \frac{3}{5}\right) \text{ または } \left(-\frac{3}{5},\ -\frac{4}{5}\right)$$

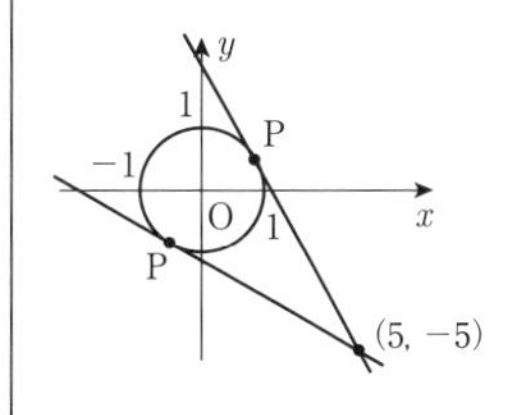

(2)　点 $\left(-\dfrac{1}{2},\ -1\right)$ を通る直線を

$$y+1=m\left(x+\frac{1}{2}\right) \qquad \therefore\quad 2mx-2y+m-2=0$$

⬅ 接線は y 軸に平行ではない。

とおくと，円の中心 $\left(\dfrac{1}{2},\ 1\right)$ と直線との距離が半径2に等しいから

$$\frac{|2m-4|}{\sqrt{(2m)^2+4}}=2 \qquad (m-2)^2=4(m^2+1)$$

$$\therefore\quad m(3m+4)=0$$

$m<0$ より　$m=-\dfrac{4}{3}$　　よって　$4x+3y+5=0$

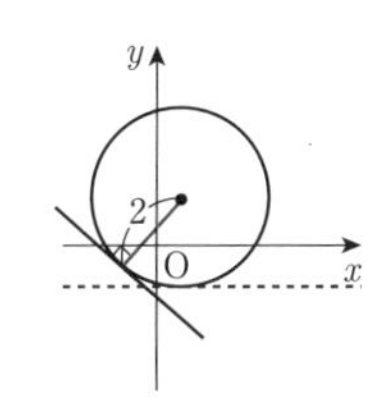

STAGE 2　16　領域と最大・最小

■24　領域と最大・最小■

不等式を満たす2変数の式の最大・最小

(1)　x，y がある不等式を満たすとき，領域として図示する。

　（x，y の不等式）$\underset{\text{図示}}{\Longrightarrow}$ xy 平面での領域

(2)　最大，最小を求める式を k とおき，図形としてとらえる。

(求める式)$=k$	表す図形
$ax+by=k$	傾き一定の直線
$x^2+y^2=k$	原点を中心とする円
$x^2+y=k$	y 軸を軸とする上に凸の放物線
$\dfrac{y-q}{x-p}=k$	点$(p,\ q)$を通る直線
$(x-p)^2+(y-q)^2=k$	点$(p,\ q)$を中心とする円

(3)　(2)の図形を動かすことで(1)の領域と共有点をもつような k のとり得る値の範囲を考える。

下の各図では，x，y の不等式の表す領域を D として，

$ax+by=k$，$x^2+y^2=k$ の最大，最小を求めるときの様子を表している。

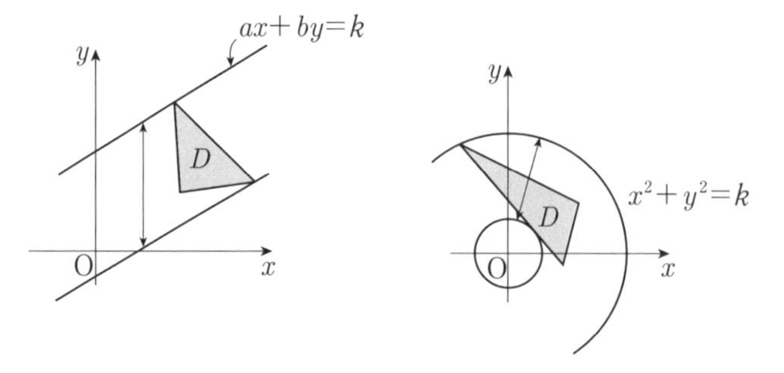

図形が領域の頂点を通る場合，または，領域の境界線と接する場合の k を求める。

例題 24　8分・12点

座標平面上に2点 A(3, 0), B(0, 6)と動点P(x, y)がある。

$K=2\mathrm{AP}^2+\mathrm{BP}^2$ とするとき

$$K=\boxed{ア}(x^2+y^2-\boxed{イ}x-\boxed{ウ}y+\boxed{エオ})$$
$$=\boxed{ア}\{(x-\boxed{カ})^2+(y-\boxed{キ})^2\}+\boxed{クケ}$$

となる。連立不等式 $\begin{cases}(x-3)^2+(y-3)^2\leqq 9\\ y\geqq -2x+9\end{cases}$ で表される領域をDとする。

Pが領域D内を動くとき，Kは $x=\dfrac{\boxed{コ}+\boxed{サ}\sqrt{\boxed{シ}}}{\boxed{ス}}$,

$y=\dfrac{\boxed{セ}+\boxed{ソ}\sqrt{\boxed{タ}}}{\boxed{チ}}$ のとき最大値をとり，$x=\dfrac{\boxed{ツテ}}{\boxed{ト}}$, $y=\dfrac{\boxed{ナニ}}{\boxed{ヌ}}$

のとき最小値をとる。

解答

$\mathrm{AP}^2=(x-3)^2+y^2$, $\mathrm{BP}^2=x^2+(y-6)^2$ より

$$K=2\{(x-3)^2+y^2\}+\{x^2+(y-6)^2\}$$
$$=\mathbf{3}(x^2+y^2-\mathbf{4}x-\mathbf{4}y+\mathbf{18})$$
$$=3\{(x-\mathbf{2})^2+(y-\mathbf{2})^2\}+\mathbf{30}$$

点C(2, 2)とすると

$$(x-2)^2+(y-2)^2=\mathrm{CP}^2$$

であるから，CPの最大，最小を考えればよい。

円 $(x-3)^2+(y-3)^2=9$ と直線 $y=x$ の交点のうち，点Cから遠い方の点をPとするときCPは最大。

交点の座標を求めて

$$x=\frac{\mathbf{6}+\mathbf{3}\sqrt{\mathbf{2}}}{\mathbf{2}},\quad y=\frac{\mathbf{6}+\mathbf{3}\sqrt{\mathbf{2}}}{\mathbf{2}}$$

直線 $\ell: y=-2x+9$ と，点Cを通りℓに垂直な直線との交点をPとするとき，CPは最小。

$\begin{cases}y=-2x+9\\ y=\dfrac{1}{2}(x-2)+2\end{cases}$ より　$x=\dfrac{\mathbf{16}}{\mathbf{5}}$, $y=\dfrac{\mathbf{13}}{\mathbf{5}}$

⬅ 直線 $y=x$ は円 $(x-3)^2+(y-3)^2=9$ の中心とCを結ぶ直線。

⬅ $\begin{cases}(x-3)^2+(y-3)^2=9\\ y=x\end{cases}$

⬅ 直線 $y=\dfrac{1}{2}(x-2)+2$ は点Cを通り，直線 $y=-2x+9$ に垂直な直線。

STAGE 2　類　題

類題 21　（4分・10点）

Oを原点とする座標平面上に点A(3，1)をとり，2点O，Aからの距離の比が$\sqrt{2}$：1である点の軌跡をCとする。

点PがC上を動くとき，△OAPの面積の最大値を求めよう。

点PがC上にあるとき，$\mathrm{OP}^2=$ ア AP^2であるから，Cは円

$(x-$ イ $)^2+(y-$ ウ $)^2=$ エオ

である。

点Pが円C上を動くとき，線分OAを底辺とする△OAPの高さの最大値は カ $\sqrt{\text{キ}}$ であるから，△OAPの面積の最大値は ク $\sqrt{\text{ケ}}$ である。また，そのときの点Pの座標は

(コ $+\sqrt{\text{サ}}$，シ $-$ ス $\sqrt{\text{セ}}$)

または

(コ $-\sqrt{\text{サ}}$，シ $+$ ス $\sqrt{\text{セ}}$)

である。

類題 22　（4分・8点）

円 $C：x^2+y^2-4x-6y+8=0$ と直線 $\ell：ax-y+a+2=0$ がある。

ℓはaの値にかかわらず点(アイ ，ウ)を通る。

Cとℓが2点で交わるようなaの値の範囲は，$\dfrac{\text{エオ}}{\text{カ}}<a<$ キ である。

また，Cとℓが2点で交わるとき，その交点をA，Bとする。AB=4となるとき，$a=$ ク ，$\dfrac{\text{ケ}}{\text{コ}}$ である。

類題 23 （12分・20点）

円 $x^2+y^2=5$ を C とし，点 A$(-3,\ 4)$を通り，C に接する直線を ℓ とする。ℓ の方程式を次の2通りの方法で求めよう。

(i) 接点をP$(a,\ b)$とすると，ℓ の方程式は $ax+by=$ ア と表される。

点Aは ℓ 上にあり，点Pは C 上にあるので $\begin{cases} \text{イウ}\,a+\text{エ}\,b=\text{オ} \\ a^2+b^2=\text{カ} \end{cases}$ が

成り立つ。これより，$(a,\ b)=(\text{キ},\ \text{ク})$，$\left(-\dfrac{\text{ケコ}}{\text{サ}},\ -\dfrac{\text{シ}}{\text{ス}}\right)$ である。

(ii) ℓ は y 軸に平行ではないので，ℓ の傾きを m とすると，点Aを通ることから，ℓ の方程式は $y=m(x+\text{セ})+\text{ソ}$ と表される。ℓ が円 C と接することから

$$\frac{|\,\text{タ}\,m+\text{チ}\,|}{\sqrt{m^2+\text{ツ}}}=\sqrt{\text{テ}}$$

が成り立つ。これより，$m=-\dfrac{\text{ト}}{\text{ナ}}$，$-\dfrac{\text{ニヌ}}{\text{ネ}}$ である。

(i)，(ii)より，ℓ の方程式は

$$y=-\frac{\text{ト}}{\text{ナ}}x+\frac{\text{ノ}}{\text{ハ}},\quad y=-\frac{\text{ニヌ}}{\text{ネ}}x-\frac{\text{ヒフ}}{\text{ヘ}}$$ である。

類題 24 （8分・12点）

座標平面上で，連立不等式 $\begin{cases} x^2+y^2\leqq 1 \\ 3y-x\leqq 1 \end{cases}$ の表す領域を D とし，原点を中心とする半径1の円を C とする。a を実数とし，点 A$\left(\dfrac{5}{3},\ 0\right)$を通り，傾きが a の直線を ℓ とする。ℓ と D が共有点をもつような a の最大値と最小値を求めよう。

(1) C と直線 $3y-x=1$ との共有点の座標は，$(\text{アイ},\ \text{ウ})$，$\left(\dfrac{\text{エ}}{\text{オ}},\ \dfrac{\text{カ}}{\text{キ}}\right)$ である。

(2) C と ℓ が接するのは，$a=\dfrac{\text{ク}}{\text{ケ}}$ または $a=-\dfrac{\text{ク}}{\text{ケ}}$ のときであり，このときの接点の x 座標は $\dfrac{\text{コ}}{\text{サ}}$ である。

したがって，ℓ と D が共有点をもつような a の最大値は $\dfrac{\text{シ}}{\text{ス}}$ であり，最小値は $-\dfrac{\text{セ}}{\text{ソタ}}$ である。

STAGE 1　17　三角関数の性質

■25　値の計算■

(1)　弧度法

π ラジアン$=180^\circ$，$\dfrac{\pi}{180}$ラジアン$=1^\circ$

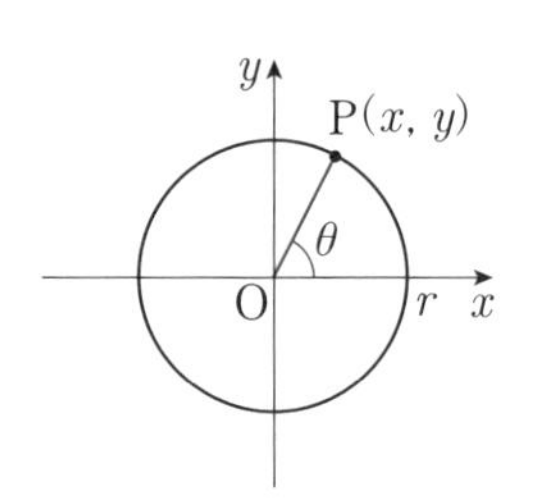

(2)　三角関数

$\sin\theta=\dfrac{y}{r}$，$\cos\theta=\dfrac{x}{r}$，$\tan\theta=\dfrac{y}{x}$

特に $r=1$ のとき　$\mathrm{P}(\cos\theta,\ \sin\theta)$

三角関数の表

θ	0	$\frac{\pi}{6}$	$\frac{\pi}{4}$	$\frac{\pi}{3}$	$\frac{\pi}{2}$	$\frac{2}{3}\pi$	$\frac{3}{4}\pi$	$\frac{5}{6}\pi$	π
$\sin\theta$	0	$\frac{1}{2}$	$\frac{\sqrt{2}}{2}$	$\frac{\sqrt{3}}{2}$	1	$\frac{\sqrt{3}}{2}$	$\frac{\sqrt{2}}{2}$	$\frac{1}{2}$	0
$\cos\theta$	1	$\frac{\sqrt{3}}{2}$	$\frac{\sqrt{2}}{2}$	$\frac{1}{2}$	0	$-\frac{1}{2}$	$-\frac{\sqrt{2}}{2}$	$-\frac{\sqrt{3}}{2}$	-1
$\tan\theta$	0	$\frac{1}{\sqrt{3}}$	1	$\sqrt{3}$	／	$-\sqrt{3}$	-1	$-\frac{1}{\sqrt{3}}$	0

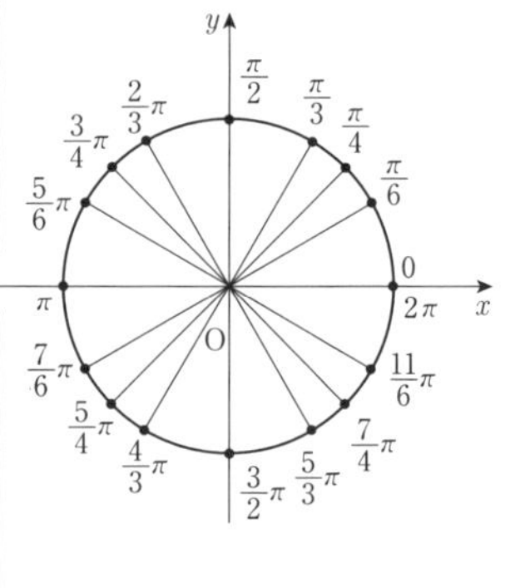

θ	π	$\frac{7}{6}\pi$	$\frac{5}{4}\pi$	$\frac{4}{3}\pi$	$\frac{3}{2}\pi$	$\frac{5}{3}\pi$	$\frac{7}{4}\pi$	$\frac{11}{6}\pi$	2π
$\sin\theta$	0	$-\frac{1}{2}$	$-\frac{\sqrt{2}}{2}$	$-\frac{\sqrt{3}}{2}$	-1	$-\frac{\sqrt{3}}{2}$	$-\frac{\sqrt{2}}{2}$	$-\frac{1}{2}$	0
$\cos\theta$	-1	$-\frac{\sqrt{3}}{2}$	$-\frac{\sqrt{2}}{2}$	$-\frac{1}{2}$	0	$\frac{1}{2}$	$\frac{\sqrt{2}}{2}$	$\frac{\sqrt{3}}{2}$	1
$\tan\theta$	0	$\frac{1}{\sqrt{3}}$	1	$\sqrt{3}$	／	$-\sqrt{3}$	-1	$-\frac{1}{\sqrt{3}}$	0

■26　相互関係■

$\tan\theta=\dfrac{\sin\theta}{\cos\theta}$，$\sin^2\theta+\cos^2\theta=1$，$1+\tan^2\theta=\dfrac{1}{\cos^2\theta}$

$(\sin\theta\pm\cos\theta)^2=1\pm2\sin\theta\cos\theta$　（複号同順）

例題 25　3分・6点

(1)　$3\sin\frac{5}{6}\pi+\sqrt{3}\sin\frac{4}{3}\pi=$ ア　　(2)　$2\cos\frac{2}{3}\pi-\sqrt{2}\cos\frac{7}{4}\pi=$ イウ

(3)　$\frac{1}{2}\tan\frac{5}{4}\pi-\sqrt{3}\tan\frac{11}{6}\pi=\frac{\boxed{エ}}{\boxed{オ}}$

解答

(1)　(与式)$=3\cdot\frac{1}{2}+\sqrt{3}\cdot\left(-\frac{\sqrt{3}}{2}\right)=\mathbf{0}$

(2)　(与式)$=2\cdot\left(-\frac{1}{2}\right)-\sqrt{2}\cdot\frac{1}{\sqrt{2}}=\mathbf{-2}$

(3)　(与式)$=\frac{1}{2}\cdot1-\sqrt{3}\cdot\left(-\frac{1}{\sqrt{3}}\right)=\frac{\mathbf{3}}{\mathbf{2}}$

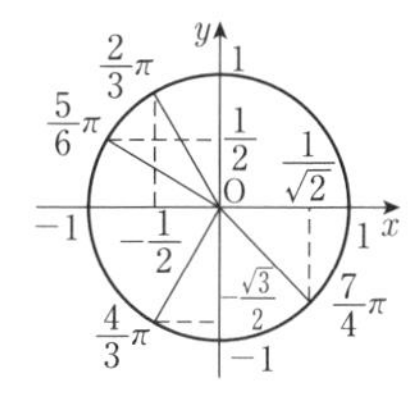

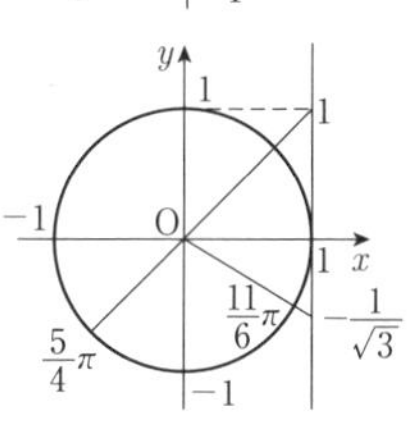

例題 26　3分・6点

(1)　$0<\alpha<\pi$, $\tan\alpha=-\frac{1}{2}$ のとき，$\cos\alpha=\frac{\boxed{アイ}\sqrt{\boxed{ウ}}}{\boxed{エ}}$, $\sin\alpha=\frac{\sqrt{\boxed{オ}}}{\boxed{カ}}$

(2)　$\sin\theta+\cos\theta=\frac{4}{5}$ のとき, $\sin\theta\cos\theta=\frac{\boxed{キク}}{\boxed{ケコ}}$, $\frac{1}{\sin\theta}+\frac{1}{\cos\theta}=\frac{\boxed{サシス}}{\boxed{セ}}$

解答

(1)　$\frac{1}{\cos^2\alpha}=1+\tan^2\alpha=1+\left(-\frac{1}{2}\right)^2=\frac{5}{4}$　　⬅ $1+\tan^2\alpha=\frac{1}{\cos^2\alpha}$

$\tan\alpha<0$ より $\frac{\pi}{2}<\alpha<\pi$ であり　$\cos\alpha<0$

$\therefore$　$\cos\alpha=-\sqrt{\frac{4}{5}}=-\frac{\mathbf{2}\sqrt{\mathbf{5}}}{\mathbf{5}}$，$\sin\alpha=\frac{\sqrt{\mathbf{5}}}{\mathbf{5}}$　　⬅ $\sin\alpha=\tan\alpha\cos\alpha$

(2)　与式の両辺を2乗して

$(\sin\theta+\cos\theta)^2=1+2\sin\theta\cos\theta=\frac{16}{25}$ より　　⬅ $\sin^2\theta+\cos^2\theta=1$

$\sin\theta\cos\theta=-\frac{\mathbf{9}}{\mathbf{50}}$

$\frac{1}{\sin\theta}+\frac{1}{\cos\theta}=\frac{\sin\theta+\cos\theta}{\sin\theta\cos\theta}=-\frac{\mathbf{40}}{\mathbf{9}}$

STAGE 1　18　三角関数のグラフと最大・最小

■27　グラフの応用■

(1)　グラフ

・$y=\sin\theta$ のグラフ

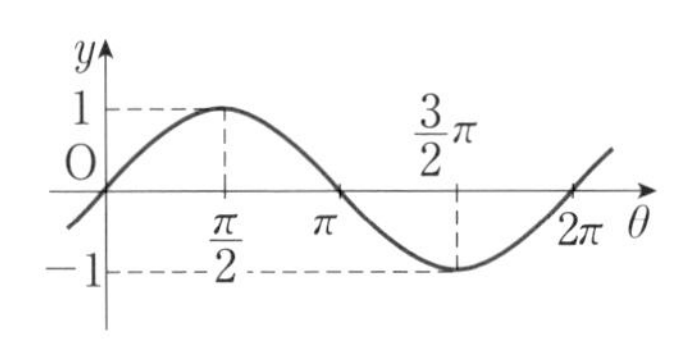

・$y=\cos\theta$ のグラフ

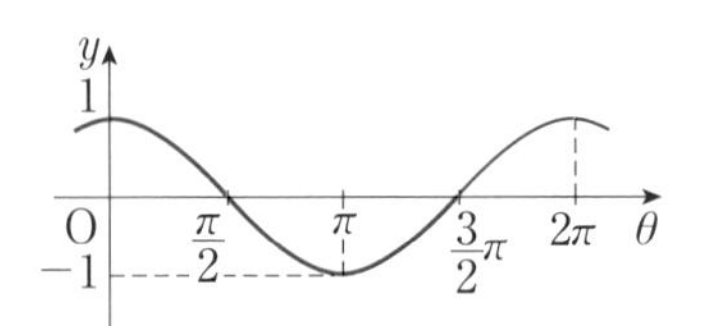

・$y=\tan\theta$ のグラフ

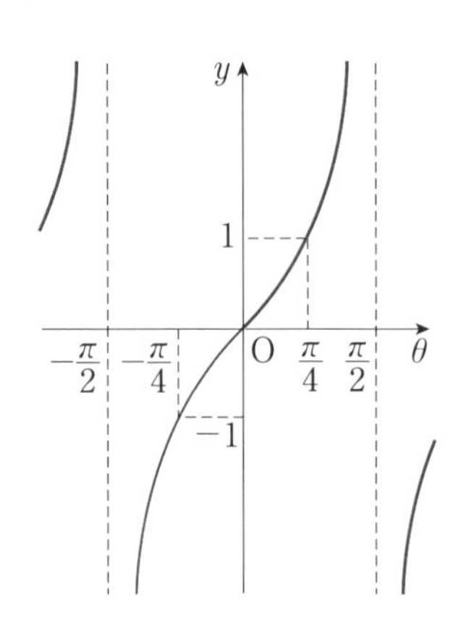

(2)　性質

関　数	$y=\sin\theta$	$y=\cos\theta$	$y=\tan\theta$
定義域	実数全体	実数全体	$\frac{\pi}{2}+n\pi$ 以外の実数全体 (n：整数)
値　域	$-1\leqq y\leqq 1$	$-1\leqq y\leqq 1$	実数全体
周　期	2π	2π	π

(注)　$y=\sin m\theta$, $y=\cos m\theta$ の周期は $\dfrac{2\pi}{|m|}$，$y=\tan m\theta$ の周期は $\dfrac{\pi}{|m|}$

■28　最大・最小■

θ の関数 $y=f(\theta)$ において

$$\sin\theta=t,\ \cos\theta=t,\ \tan\theta=t$$

などと置くことによって，y を t の２次(３次)関数に変形できる場合，θ の範囲から t の変域を調べて，y の最大値，最小値を求める。

例題 27　3分・8点

関数 $y=4\sin 4\theta$ の周期のうち正で最小のものは $\dfrac{\boxed{ア}}{\boxed{イ}}\pi$ である。

$0\leqq\theta\leqq\pi$ の範囲で，$y=3$ となる θ の値は $\boxed{ウ}$ 個ある。また，$0\leqq\theta\leqq\dfrac{\pi}{3}$ のとき，y の値域は $\boxed{エオ}\sqrt{\boxed{カ}}\leqq y\leqq\boxed{キ}$ である。

§3 1

解答

正の最小の周期は $\dfrac{2\pi}{4}=\dfrac{1}{2}\pi$ である。

$y=\sin m\theta$ の周期は $\dfrac{2\pi}{|m|}$ である。

$0\leqq\theta\leqq\pi$ の範囲で，$y=4\sin 4\theta$ のグラフと $y=3$ の共有点は **4** 個ある。また，$0\leqq\theta\leqq\dfrac{\pi}{3}$ のときの y の値域は $\mathbf{-2\sqrt{3}}\leqq y\leqq\mathbf{4}$ である。

グラフを利用する。

単位円で考えると $0\leqq 4\theta\leqq\dfrac{4}{3}\pi$ より $-\dfrac{\sqrt{3}}{2}\leqq\sin 4\theta\leqq 1$

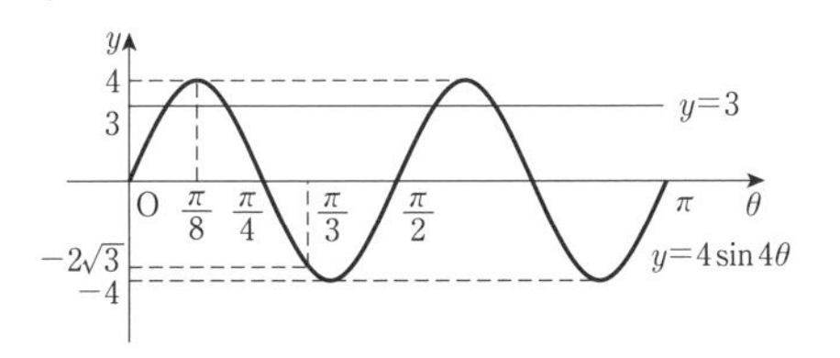

例題 28　2分・4点

$0\leqq\theta\leqq 2\pi$ のとき，関数

$$y=\cos^2\theta-\sqrt{5}\sin\theta-3$$

は，$\theta=\dfrac{\boxed{ア}}{\boxed{イ}}\pi$ のとき最大値 $\boxed{ウエ}+\sqrt{\boxed{オ}}$ をとる。

解答

$$y=1-\sin^2\theta-\sqrt{5}\sin\theta-3$$
$$=-\sin^2\theta-\sqrt{5}\sin\theta-2$$

← 変数を $\sin\theta$ に統一する。

$\sin\theta=t$ とおくと，$0\leqq\theta\leqq 2\pi$ のとき　$-1\leqq t\leqq 1$

$0\leqq\theta\leqq 2\pi$ のとき $-1\leqq\sin\theta\leqq 1$

$$y=-t^2-\sqrt{5}t-2$$
$$=-\left(t+\frac{\sqrt{5}}{2}\right)^2-\frac{3}{4}$$

よって，$t=-1$ つまり $\theta=\dfrac{3}{2}\pi$ のとき

最大値 $\mathbf{-3+\sqrt{5}}$ をとる。

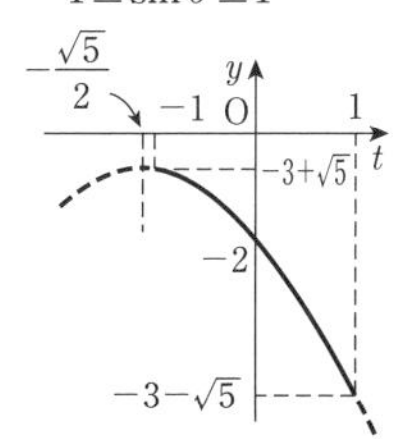

STAGE 1　19　加法定理

■29　加法定理■

正弦(sin)の加法定理

$$\sin(\alpha+\beta)=\sin\alpha\cos\beta+\cos\alpha\sin\beta$$
$$\sin(\alpha-\beta)=\sin\alpha\cos\beta-\cos\alpha\sin\beta$$

余弦(cos)の加法定理

$$\cos(\alpha+\beta)=\cos\alpha\cos\beta-\sin\alpha\sin\beta$$
$$\cos(\alpha-\beta)=\cos\alpha\cos\beta+\sin\alpha\sin\beta$$

正接(tan)の加法定理

$$\tan(\alpha+\beta)=\frac{\tan\alpha+\tan\beta}{1-\tan\alpha\tan\beta}$$
$$\tan(\alpha-\beta)=\frac{\tan\alpha-\tan\beta}{1+\tan\alpha\tan\beta}$$

■30　2倍角，半角の公式■

2倍角の公式

$$\sin 2\alpha=2\sin\alpha\cos\alpha$$
$$\cos 2\alpha=\cos^2\alpha-\sin^2\alpha=2\cos^2\alpha-1=1-2\sin^2\alpha$$
$$\tan 2\alpha=\frac{2\tan\alpha}{1-\tan^2\alpha}$$

半角の公式

$$\sin^2\alpha=\frac{1-\cos 2\alpha}{2}$$
$$\cos^2\alpha=\frac{1+\cos 2\alpha}{2}$$
$$\tan^2\alpha=\frac{1-\cos 2\alpha}{1+\cos 2\alpha}$$

2倍角の公式は，加法定理(■29)において $\beta=\alpha$ とおく。
半角の公式は，cosの2倍角の公式を変形する。

例題 29　2分・4点

(1)　$\cos\frac{7}{12}\pi=\frac{\sqrt{\boxed{\text{ア}}}-\sqrt{\boxed{\text{イ}}}}{\boxed{\text{ウ}}}$

(2)　α が第 4 象限の角で，$\cos\alpha=\frac{3}{5}$ のとき

$$\sin\left(\alpha-\frac{2}{3}\pi\right)=\frac{\boxed{\text{エ}}-\boxed{\text{オ}}\sqrt{\boxed{\text{カ}}}}{\boxed{\text{キク}}}$$

である。

解答

(1)　$\cos\frac{7}{12}\pi=\cos\left(\frac{\pi}{3}+\frac{\pi}{4}\right)$

$$=\cos\frac{\pi}{3}\cos\frac{\pi}{4}-\sin\frac{\pi}{3}\sin\frac{\pi}{4}$$

$$=\frac{1}{2}\cdot\frac{\sqrt{2}}{2}-\frac{\sqrt{3}}{2}\cdot\frac{\sqrt{2}}{2}$$

$$=\mathbf{\frac{\sqrt{2}-\sqrt{6}}{4}}$$

⬅ $\frac{7}{12}\pi=105^\circ$
$=60^\circ+45^\circ$
$=\frac{\pi}{3}+\frac{\pi}{4}$

(2)　$\cos\alpha=\frac{3}{5}$ のとき $\sin\alpha=-\frac{4}{5}$ であるから

$$(\text{与式})=\sin\alpha\cos\frac{2}{3}\pi-\cos\alpha\sin\frac{2}{3}\pi$$

$$=-\frac{4}{5}\cdot\left(-\frac{1}{2}\right)-\frac{3}{5}\cdot\frac{\sqrt{3}}{2}=\mathbf{\frac{4-3\sqrt{3}}{10}}$$

⬅ $\sin^2\alpha=1-\cos^2\alpha$
$=\frac{16}{25}$
α が第 4 象限の角のとき，$\sin\alpha<0$

例題 30　2分・4点

$\sin^2\theta+5\cos^2\theta=\boxed{\text{ア}}+\boxed{\text{イ}}\cos2\theta$，$\frac{3\tan\theta}{1+\tan^2\theta}=\frac{\boxed{\text{ウ}}}{\boxed{\text{エ}}}\sin2\theta$

解答

$$\sin^2\theta+5\cos^2\theta=\frac{1-\cos2\theta}{2}+5\cdot\frac{1+\cos2\theta}{2}$$

$$=\mathbf{3}+\mathbf{2}\cos2\theta$$

$$\frac{3\tan\theta}{1+\tan^2\theta}=3\tan\theta\cdot\cos^2\theta$$

$$=3\sin\theta\cos\theta$$

$$=\mathbf{\frac{3}{2}}\sin2\theta$$

⬅ $1+\tan^2\theta=\frac{1}{\cos^2\theta}$

STAGE 1　20　方程式，不等式

■31　方程式■

n を整数として

(1)　$\sin\theta=k$ $(-1\leqq k\leqq 1)$ のとき

$\theta=\alpha+2n\pi,$

$\quad\pi-\alpha+2n\pi$

(2)　$\cos\theta=k$ $(-1\leqq k\leqq 1)$ のとき

$\theta=\pm\alpha+2n\pi$

(3)　$\tan\theta=k$ のとき

$\theta=\alpha+n\pi$

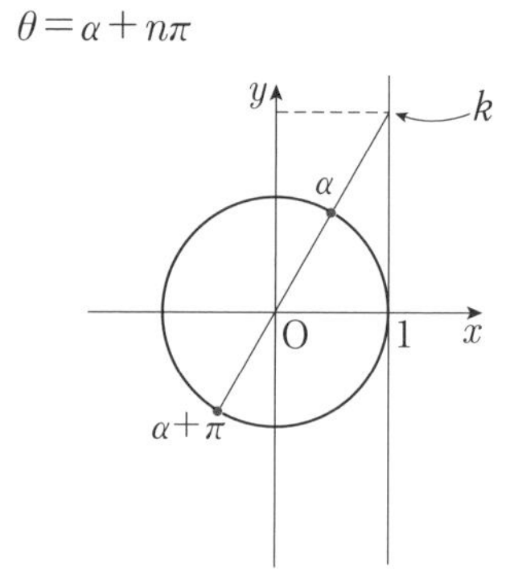

(注)　sin の場合は，直線 $y=k$ と単位円の交点を求める。

cos の場合は，直線 $x=k$ と単位円の交点を求める。

tan の場合は，原点と点$(1,\ k)$を結ぶ直線と単位円の交点を求める。

■32　不等式■

(1)　$\sin\theta\gtrless k$ $(-1\leqq k\leqq 1)$ のとき

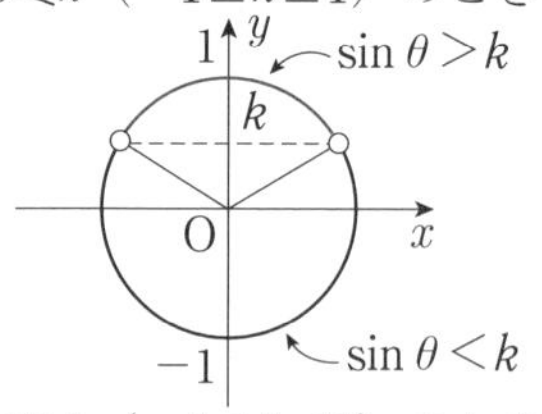

(2)　$\cos\theta\gtrless k$ $(-1\leqq k\leqq 1)$ のとき

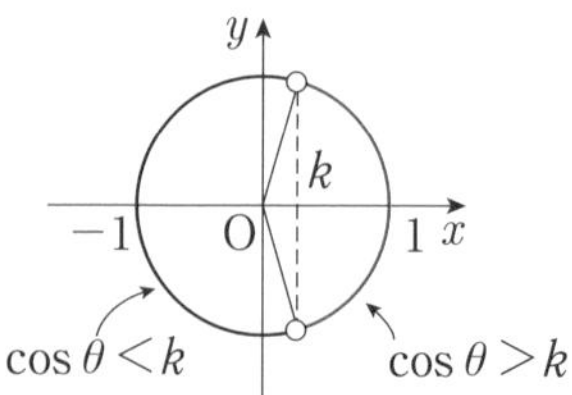

(3)　$\tan\theta\gtrless k$ のとき

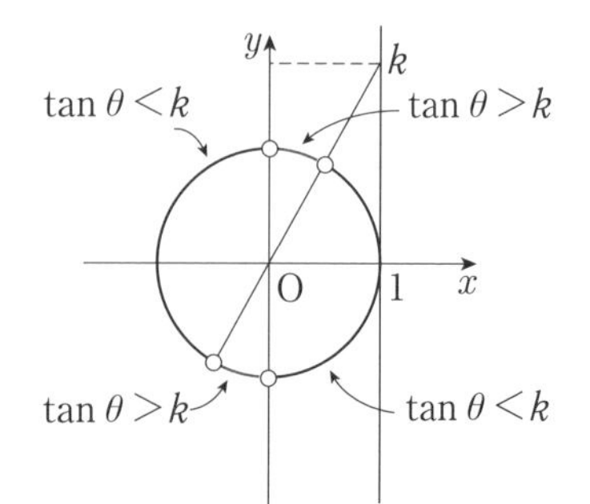

例題 31　3分・6点

$0 \leqq \theta < 2\pi$ の範囲で

$$y = \cos 2\theta + \sin\left(\theta + \frac{\pi}{3}\right) + \cos\left(\theta + \frac{\pi}{6}\right) + 1$$

を考える。

$$y = (\sqrt{\boxed{\text{ア}}} + \boxed{\text{イ}}\cos\theta)\cos\theta$$

と表されるので，$y=0$ を満たす角 θ の値は，小さいものから順に

$$\theta = \frac{\pi}{\boxed{\text{ウ}}},\ \frac{\boxed{\text{エ}}}{\boxed{\text{オ}}}\pi,\ \frac{\boxed{\text{カ}}}{\boxed{\text{キ}}}\pi,\ \frac{\boxed{\text{ク}}}{\boxed{\text{ケ}}}\pi$$ である。

解答

$$y = (2\cos^2\theta - 1) + \left(\frac{1}{2}\sin\theta + \frac{\sqrt{3}}{2}\cos\theta\right) + \left(\frac{\sqrt{3}}{2}\cos\theta - \frac{1}{2}\sin\theta\right) + 1$$

$$= (\sqrt{3} + 2\cos\theta)\cos\theta$$

と表されるので，$y=0$ のとき

$$\cos\theta = 0,\ -\frac{\sqrt{3}}{2} \qquad \therefore\ \theta = \frac{\pi}{2},\ \frac{5}{6}\pi,\ \frac{7}{6}\pi,\ \frac{3}{2}\pi$$

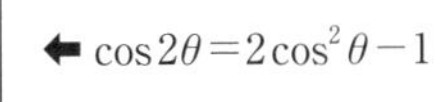

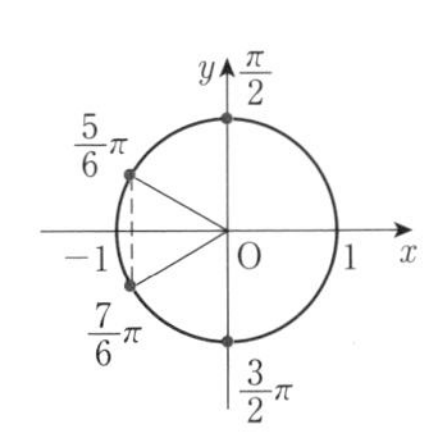

例題 32　3分・4点

$0 \leqq \theta < 2\pi$ の範囲で

$$\sin\theta > \frac{1}{2} \quad \text{または} \quad \cos\theta < -\frac{\sqrt{2}}{2}$$

が成り立つのは

$$\frac{\pi}{\boxed{\text{ア}}} < \theta < \frac{\boxed{\text{イ}}}{\boxed{\text{ウ}}}\pi$$ のときである。

解答

$0 \leqq \theta < 2\pi$ において

$\sin\theta > \frac{1}{2}$ となるのは　$\frac{\pi}{6} < \theta < \frac{5}{6}\pi$

$\cos\theta < -\frac{\sqrt{2}}{2}$ となるのは　$\frac{3}{4}\pi < \theta < \frac{5}{4}\pi$

であるから　$\frac{\pi}{6} < \theta < \frac{5}{4}\pi$

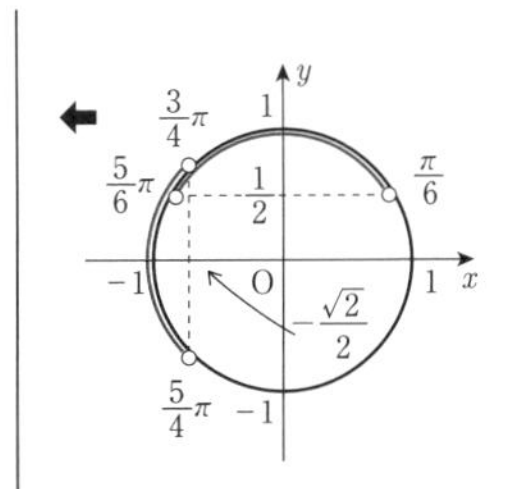

STAGE 1　21　合　成

■33　三角関数の合成■

三角関数の合成は，次のようにする。

$$a\sin\theta+b\cos\theta=r\sin(\theta+\alpha)\quad\cdots\cdots(*)$$

ここで

$$r=\sqrt{a^2+b^2}$$

であり，α は

$$\cos\alpha=\frac{a}{r},\quad \sin\alpha=\frac{b}{r}$$

を満たす角である。

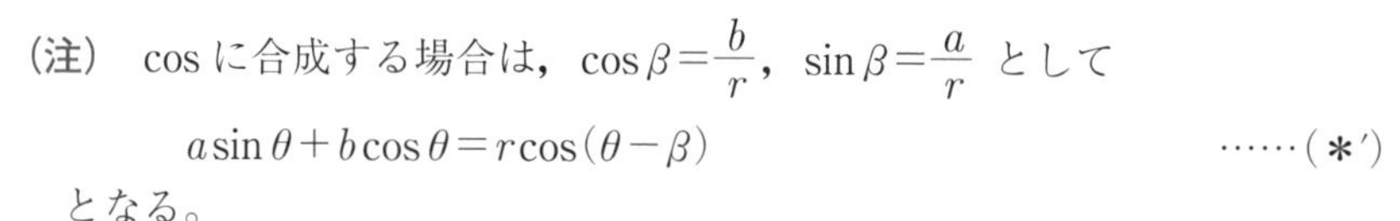

（注）　cos に合成する場合は，$\cos\beta=\dfrac{b}{r}$，$\sin\beta=\dfrac{a}{r}$ として

$$a\sin\theta+b\cos\theta=r\cos(\theta-\beta)\quad\cdots\cdots(*')$$

となる。

方程式 $a\sin\theta+b\cos\theta=k$ は，合成を用いて解くことができる。つまり

$$a\sin\theta+b\cos\theta=k \underset{\text{合成}}{\Longrightarrow} r\sin(\theta+\alpha)=k$$

すなわち　$\sin(\theta+\alpha)=\dfrac{k}{r}$

不等式 $a\sin\theta+b\cos\theta>k$ についても同様にして解くことができる。

$(*)$の証明

$$\begin{aligned}a\sin\theta+b\cos\theta&=r\left(\frac{a}{r}\sin\theta+\frac{b}{r}\cos\theta\right)\\&=r(\cos\alpha\sin\theta+\sin\alpha\cos\theta)\\&=r\sin(\theta+\alpha)\end{aligned}$$

$(*')$の証明

$$\begin{aligned}a\sin\theta+b\cos\theta&=r\left(\frac{b}{r}\cos\theta+\frac{a}{r}\sin\theta\right)\\&=r(\cos\beta\cos\theta+\sin\beta\sin\theta)\\&=r\cos(\theta-\beta)\end{aligned}$$

■34　最大・最小■

関数 $y=a\sin\theta+b\cos\theta$ の最大値，最小値を求めるときも，合成を利用する。つまり

$$\begin{aligned}y&=a\sin\theta+b\cos\theta\\&=r\sin(\theta+\alpha)\end{aligned}$$

と変形して，角 $\theta+\alpha$ の範囲を調べて，y の最大値と最小値を求める。

例題 33　3分・6点

$0 \leqq \theta < 2\pi$ とする。

$$y = 2(\sin\theta + \cos\theta) = \boxed{\text{ア}}\sqrt{\boxed{\text{イ}}}\sin\left(\theta + \frac{\pi}{\boxed{\text{ウ}}}\right)$$

であるから，$y = -\sqrt{6}$ となる θ の値は，小さいものから順に

$$\theta = \frac{\boxed{\text{エオ}}}{\boxed{\text{カキ}}}\pi,\ \frac{\boxed{\text{クケ}}}{\boxed{\text{コサ}}}\pi \quad \text{である。}$$

解答

$$y = \mathbf{2}\sqrt{\mathbf{2}}\sin\left(\theta + \frac{\pi}{\mathbf{4}}\right)$$

であり，$\dfrac{\pi}{4} \leqq \theta + \dfrac{\pi}{4} < \dfrac{9}{4}\pi$ であるから，$y = -\sqrt{6}$ のとき

$$\sin\left(\theta + \frac{\pi}{4}\right) = -\frac{\sqrt{3}}{2}$$

$$\theta + \frac{\pi}{4} = \frac{4}{3}\pi,\ \frac{5}{3}\pi \qquad \therefore\ \theta = \frac{\mathbf{13}}{\mathbf{12}}\pi,\ \frac{\mathbf{17}}{\mathbf{12}}\pi$$

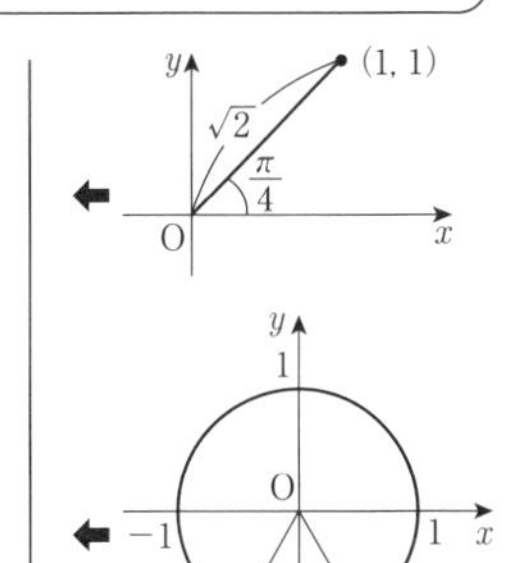

例題 34　4分・8点

$0 \leqq \theta \leqq \pi$ とする。

$$y = \sin\left(\theta - \frac{2}{3}\pi\right) - \sin\theta = \boxed{\text{ア}}\sqrt{\boxed{\text{イ}}}\sin\left(\theta + \frac{\pi}{\boxed{\text{ウ}}}\right)$$

であるから，y の最大値は $\dfrac{\sqrt{\boxed{\text{エ}}}}{\boxed{\text{オ}}}$，最小値は $\boxed{\text{カ}}\sqrt{\boxed{\text{キ}}}$ である。最小値をとるときの θ の値は $\theta = \dfrac{\pi}{\boxed{\text{ク}}}$ である。

解答

$$y = -\frac{1}{2}(3\sin\theta + \sqrt{3}\cos\theta) = -\sqrt{\mathbf{3}}\sin\left(\theta + \frac{\pi}{\mathbf{6}}\right)$$

$\dfrac{\pi}{6} \leqq \theta + \dfrac{\pi}{6} \leqq \dfrac{7}{6}\pi$ であるから

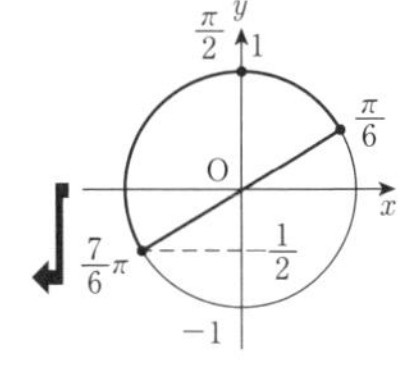

$\theta + \dfrac{\pi}{6} = \dfrac{7}{6}\pi$　つまり　$\theta = \pi$ のとき最大値

$$-\sqrt{3}\cdot\left(-\frac{1}{2}\right) = \frac{\sqrt{\mathbf{3}}}{\mathbf{2}}$$

← sin が最小のとき，y が最大。

$\dfrac{}{}\theta + \dfrac{\pi}{6} = \dfrac{\pi}{2}$　つまり　$\theta = \dfrac{\pi}{\mathbf{3}}$ のとき最小値

$$-\sqrt{3}\cdot 1 = -\sqrt{\mathbf{3}}$$

← sin が最大のとき，y が最小。

STAGE 1　類　題

類題 25　　（3分・6点）

(1) $\sin\frac{5}{3}\pi-2\cos\frac{7}{6}\pi=\frac{\sqrt{\boxed{ア}}}{\boxed{イ}}$

(2) $\sqrt{2}\cos\frac{3}{4}\pi-\sqrt{3}\tan\frac{4}{3}\pi=\boxed{ウエ}$

(3) $\frac{2}{\sqrt{3}}\tan\frac{\pi}{6}-\frac{1}{\sqrt{2}}\sin\frac{7}{4}\pi=\frac{\boxed{オ}}{\boxed{カ}}$

類題 26　　（4分・8点）

(1) $0<\theta<\pi$，$\sin\theta-\cos\theta=\frac{1}{2}$ のとき

$$\sin\theta=\frac{\boxed{ア}+\sqrt{\boxed{イ}}}{\boxed{ウ}}$$

$$\cos\theta=\frac{\boxed{エオ}+\sqrt{\boxed{カ}}}{\boxed{キ}}$$

$$\tan\theta=\frac{\boxed{ク}+\sqrt{\boxed{ケ}}}{\boxed{コ}}$$

である。

(2) $\sin\theta+\cos\theta=\sin\theta\cos\theta$ のとき

$$\sin\theta+\cos\theta=\boxed{サ}-\sqrt{\boxed{シ}}$$

である。

類題 27　　（3分・6点）

関数 $y=2\cos3\theta$ の周期のうち正で最小のものは $\frac{\boxed{ア}}{\boxed{イ}}\pi$ である。

$0\leqq\theta\leqq2\pi$ のとき，関数 $y=2\cos3\theta$ において，$y=2$ となる θ の値は $\boxed{ウ}$ 個ある。

また，$y=\sin\theta$ と $y=2\cos3\theta$ のグラフを考えることにより，方程式

$$\sin\theta=2\cos3\theta$$

は $0\leqq\theta\leqq2\pi$ のとき $\boxed{エ}$ 個の解をもつことがわかる。

類題 28　（3分・6点）

aを定数，$0<a<2$ とする。$0 \leqq \theta \leqq \pi$ のとき，関数

$$y=5-2a\cos\theta-2\sin^2\theta$$

は，$\cos\theta=\dfrac{\boxed{\text{ア}}}{\boxed{\text{イ}}}a$ のとき最小値 $\dfrac{\boxed{\text{ウ}}-a^2}{\boxed{\text{エ}}}$ をとる。また，yの最大値は $\boxed{\text{オ}}\,a+\boxed{\text{カ}}$ である。

類題 29　（3分・6点）

(1)　$\sin\dfrac{11}{12}\pi=\dfrac{\sqrt{\boxed{\text{ア}}}-\sqrt{\boxed{\text{イ}}}}{\boxed{\text{ウ}}}$

(2)　αが第2象限の角で $\sin\alpha=\sqrt{\dfrac{2}{3}}$ のとき

$$\cos\left(\alpha-\frac{5}{6}\pi\right)-\sin\left(\frac{7}{4}\pi+\alpha\right)=\frac{\boxed{\text{エ}}-\boxed{\text{オ}}\sqrt{\boxed{\text{カ}}}}{\boxed{\text{キ}}}$$

である。

類題 30　（4分・8点）

(1)　$$f(\theta)=\sin^2\theta+2\sin\theta\cos\theta-3\cos^2\theta$$

とおく。$f(\theta)$について

$$f(\theta)=\sin2\theta-\boxed{\text{ア}}\cos2\theta-\boxed{\text{イ}}$$

と変形できるので

$$f\left(\frac{\pi}{8}\right)=\frac{\boxed{\text{ウエ}}-\sqrt{\boxed{\text{オ}}}}{\boxed{\text{カ}}}$$

である。

(2)　$$g(\theta)=2\sin\theta+\cos2\theta+\cos^2\theta$$

とおく。$g(\theta)$について

$$g(\theta)=\boxed{\text{キク}}\sin^2\theta+\boxed{\text{ケ}}\sin\theta+\boxed{\text{コ}}$$

と変形できるので，$0 \leqq \theta \leqq \pi$ のとき，$g(\theta)$の

最大値は $\dfrac{\boxed{\text{サ}}}{\boxed{\text{シ}}}$，最小値は $\boxed{\text{ス}}$

である。

類題 31　（4分・8点）

$0 \leqq \theta < 2\pi$ の範囲で

$$y = \cos(2\theta + \pi) + \cos\left(\theta + \frac{\pi}{2}\right)$$

を考える。

$$y = \boxed{ア}\sin^2\theta - \sin\theta - \boxed{イ}$$

と表されるので，$y=0$ を満たす θ の値は，小さいものから順に

$$\theta = \frac{\pi}{\boxed{ウ}},\ \frac{\boxed{エ}}{\boxed{オ}}\pi,\ \frac{\boxed{カキ}}{\boxed{ク}}\pi$$

であり，$y = \frac{\sqrt{2}}{2}$ を満たす θ の値は，小さいものから順に

$$\theta = \frac{\boxed{ケ}}{\boxed{コ}}\pi,\ \frac{\boxed{サ}}{\boxed{シ}}\pi$$

である。

類題 32　（4分・8点）

$0 \leqq \theta < 2\pi$ の範囲で，不等式

$$\sin 2\theta > \sqrt{2}\cos\left(\theta + \frac{\pi}{4}\right) + \frac{1}{2}$$

を考える。$a = \sin\theta$，$b = \cos\theta$ とおくと，この不等式は

$$\boxed{ア}ab + \boxed{イ}a - \boxed{ウ}b - 1 > 0$$

となるから，左辺の因数分解を利用して θ の値の範囲を求めると

$$\frac{\pi}{\boxed{エ}} < \theta < \frac{\boxed{オ}}{\boxed{カ}}\pi,\ \frac{\boxed{キ}}{\boxed{ク}}\pi < \theta < \frac{\boxed{ケ}}{\boxed{コ}}\pi$$

である。

類題　33　　（4分・8点）

$0 \leqq \theta < 2\pi$ とする。

$$y=\sqrt{2}\sin\left(\theta-\frac{5}{3}\pi\right)-\sqrt{6}\cos\theta=\sqrt{\boxed{\text{ア}}}\sin\left(\theta-\frac{\pi}{\boxed{\text{イ}}}\right)$$

であるから，$y=1$ となる θ の値は

$$\theta=\frac{\boxed{\text{ウ}}}{\boxed{\text{エオ}}}\pi,\ \frac{\boxed{\text{カキ}}}{\boxed{\text{クケ}}}\pi$$

であり，$y>\dfrac{1}{\sqrt{2}}$ となる θ の値の範囲は

$$\frac{\pi}{\boxed{\text{コ}}}<\theta<\frac{\boxed{\text{サ}}}{\boxed{\text{シ}}}\pi$$

である。

類題　34　　（4分・8点）

$0 \leqq \theta \leqq \pi$ とする。

$$y=2\sqrt{3}\cos\left(\theta+\frac{5}{6}\pi\right)+6\cos\theta$$
$$=\boxed{\text{ア}}\sqrt{\boxed{\text{イ}}}\sin\left(\theta+\frac{\boxed{\text{ウ}}}{\boxed{\text{エ}}}\pi\right)$$

であるから，y の最大値は $\boxed{\text{オ}}$，最小値は $\boxed{\text{カキ}}\sqrt{\boxed{\text{ク}}}$ である。最小値をとるときの θ の値は $\theta=\dfrac{\boxed{\text{ケ}}}{\boxed{\text{コ}}}\pi$ である。

STAGE 2 22 三角関数のグラフ

■35 三角関数のグラフ ■

(1)　$y=\sin 2x$ …… $y=\sin x$ のグラフを x 軸方向に $\dfrac{1}{2}$ 倍に縮小

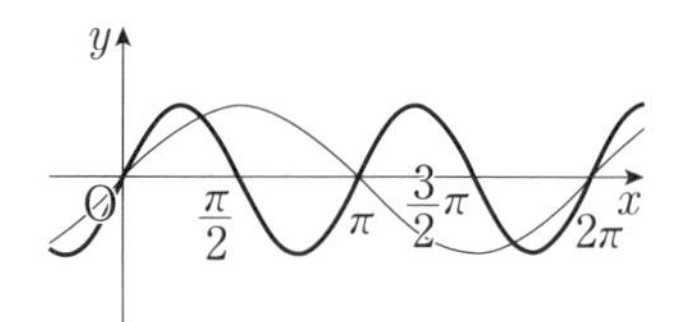

(2)　$y=2\sin x$ …… $y=\sin x$ のグラフを y 軸方向に 2 倍に拡大

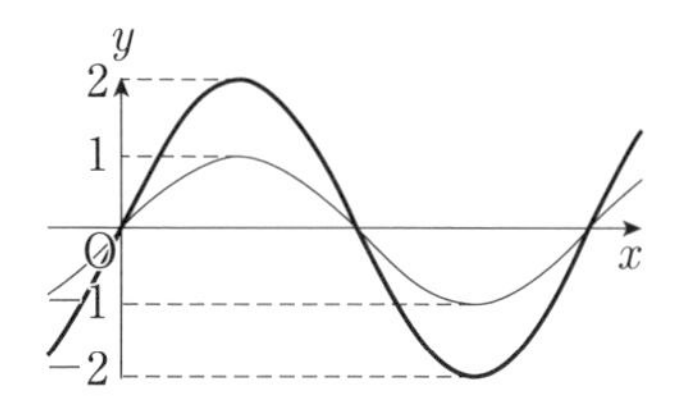

(3)　$y=\cos\left(x-\dfrac{\pi}{3}\right)$ …… $y=\cos x$ のグラフを x 軸方向に $\dfrac{\pi}{3}$ 平行移動

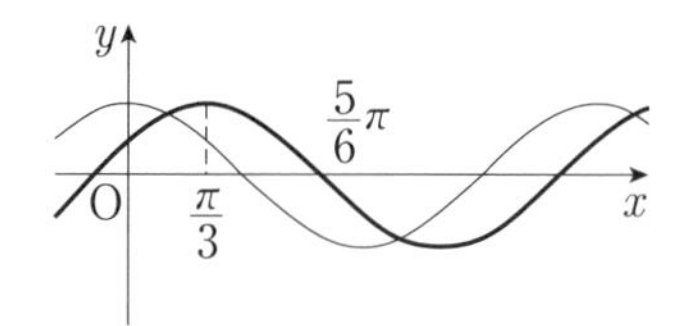

(4)　$y=\cos x-1$ …… $y=\cos x$ のグラフを y 軸方向に -1 平行移動

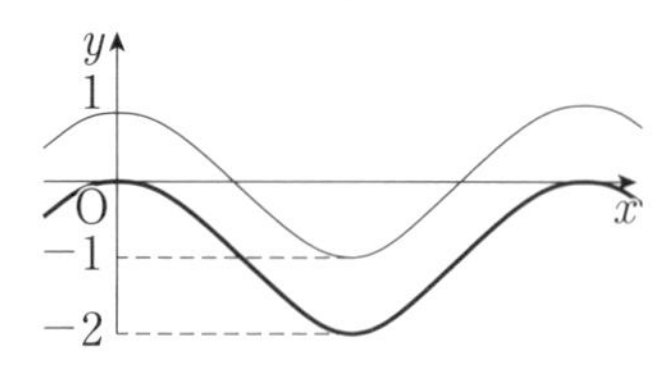

(注)　$x=0$ のときの y の値や $y=0$ となるときの x の値に注目するとよい。

例題 35　**3分・4点**

次の図はある三角関数のグラフである。その関数の式として，後の⓪～⑦のうち，正しいものは［ア］と［イ］と［ウ］である。

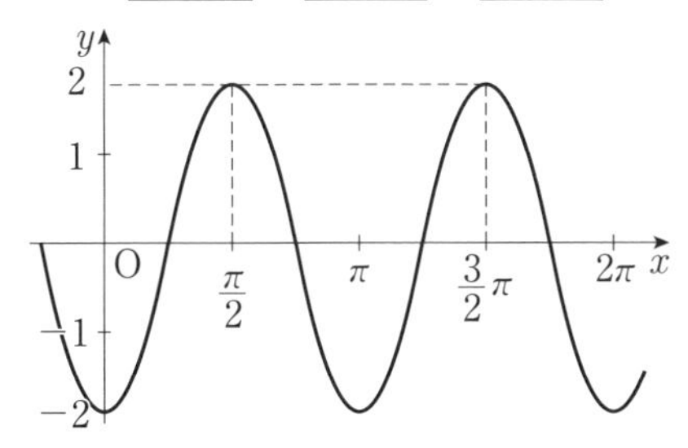

［ア］～［ウ］の解答群(解答の順序は問わない。)

⓪　$y=2\sin\left(2x+\frac{\pi}{2}\right)$　①　$y=2\sin\left(2x-\frac{\pi}{2}\right)$　②　$y=2\sin 2\left(x+\frac{\pi}{2}\right)$

③　$y=\sin 2\left(2x-\frac{\pi}{2}\right)$　④　$y=2\cos\left(2x+\frac{\pi}{2}\right)$　⑤　$y=2\cos 2\left(x-\frac{\pi}{2}\right)$

⑥　$y=2\cos 2\left(x+\frac{\pi}{2}\right)$　⑦　$y=\cos 2\left(2x-\frac{\pi}{2}\right)$

解答

$x=0$ のとき $y=-2$ となるのは

①，⑤，⑥

グラフは $y=-\cos x$ のグラフを x 軸方向に $\frac{1}{2}$ 倍，y 軸方向に 2 倍しているから

$$y=-2\cos 2x \quad \cdots\cdots (*)$$

と表せる。

① …… $2\sin\left(2x-\frac{\pi}{2}\right)=2(-\cos 2x)=-2\cos 2x$

⑤ …… $2\cos 2\left(x-\frac{\pi}{2}\right)=2\cos(2x-\pi)=-2\cos 2x$

⑥ …… $2\cos 2\left(x+\frac{\pi}{2}\right)=2\cos(2x+\pi)=-2\cos 2x$

①，⑤，⑥はいずれも(＊)に一致するので，正しいものは

①，⑤，⑥

⬅ $x=0$ のときの y の値は
⓪が 2
②，③，④が 0
⑦が −1

⬅ $\sin\left(\theta-\frac{\pi}{2}\right)=-\cos\theta$
$\cos(\theta\pm\pi)=-\cos\theta$

STAGE 2 23 角の変換

■ 36 角の変換 ■

(1) 基本的な変換

$$\begin{cases} \sin(-\theta)=-\sin\theta \\ \cos(-\theta)=\cos\theta \\ \tan(-\theta)=-\tan\theta \end{cases}$$

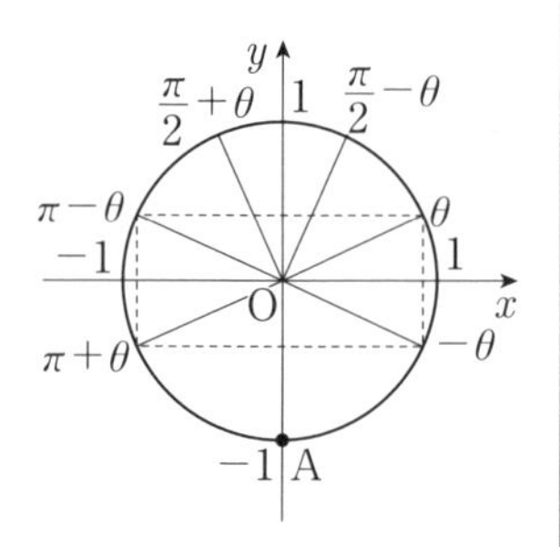

$$\begin{cases} \sin\left(\frac{\pi}{2}\pm\theta\right)=\cos\theta \\ \cos\left(\frac{\pi}{2}\pm\theta\right)=\mp\sin\theta \\ \tan\left(\frac{\pi}{2}\pm\theta\right)=\mp\frac{1}{\tan\theta} \end{cases}$$

(複号同順)

$$\begin{cases} \sin(\pi\pm\theta)=\mp\sin\theta \\ \cos(\pi\pm\theta)=-\cos\theta \\ \tan(\pi\pm\theta)=\pm\tan\theta \end{cases}$$

(複号同順)

(2) 変換の応用

$$\sin\left(\frac{3}{2}\pi-\theta\right)$$

・単位円で考える

右図で $\sin\left(\frac{3}{2}\pi-\theta\right)$ は Q の y 座標であり

$-$(P の x 座標)に等しいから $-\cos\theta$ である。

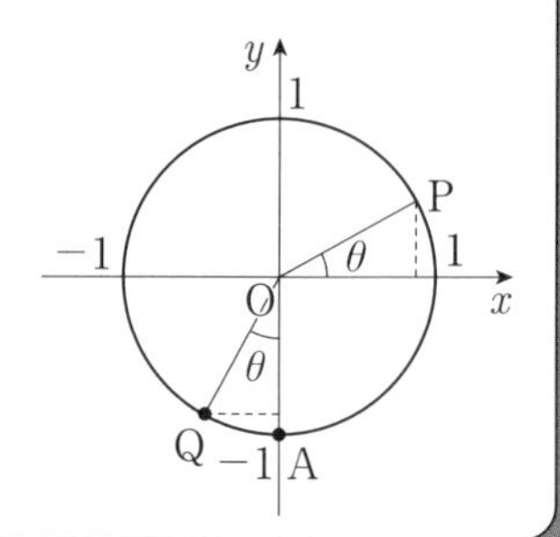

・加法定理で変形

$$\sin\left(\frac{3}{2}\pi-\theta\right)=\sin\frac{3}{2}\pi\cos\theta-\cos\frac{3}{2}\pi\sin\theta$$
$$=-\cos\theta$$

θ を $0<\theta<\frac{\pi}{4}$ として単位円周上に点をとれば考えやすい。

例題 36 4分・8点

次の式が成り立つ。

(i) $\sin\left(\theta+\frac{\pi}{2}\right)=$ ア

(ii) $\cos(\theta+\pi)=$ イ

(iii) $\tan\left(\frac{3}{2}\pi-\theta\right)=$ ウ

(iv) $\cos\left(\frac{3}{2}\pi+\theta\right)=$ エ

ア ～ エ の解答群(同じものを繰り返し選んでもよい。)

⓪ $\sin\theta$　① $\cos\theta$　② $\tan\theta$　③ $-\sin\theta$

④ $-\cos\theta$　⑤ $-\tan\theta$　⑥ $\frac{1}{\tan\theta}$　⑦ $-\frac{1}{\tan\theta}$

解答

(i) $\sin\left(\theta+\frac{\pi}{2}\right)=\cos\theta$ (①)

(ii) $\cos(\theta+\pi)=-\cos\theta$ (④)

(iii) $\tan\left(\frac{3}{2}\pi-\theta\right)=\tan\left(\pi+\frac{\pi}{2}-\theta\right)=\tan\left(\frac{\pi}{2}-\theta\right)=\frac{1}{\tan\theta}$ (⑥)

(iv) $\cos\left(\frac{3}{2}\pi+\theta\right)=\cos\left(\pi+\frac{\pi}{2}+\theta\right)=-\cos\left(\frac{\pi}{2}+\theta\right)=\sin\theta$ (⓪)

← $\cos\left(\frac{\pi}{2}+\theta\right)=-\sin\theta$

(注) θ を右図の位置にとると

$\theta+\frac{\pi}{2}$ …… Q

$\theta+\pi$ …… R

$\frac{3}{2}\pi-\theta$ …… S

$\frac{3}{2}\pi+\theta$ …… T

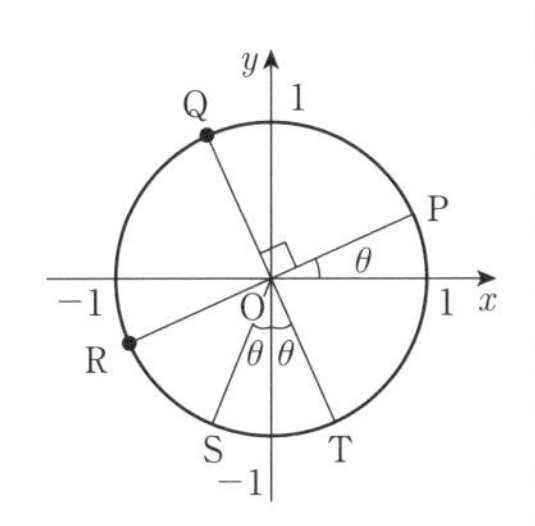

← P(cos θ, sin θ)

となる。

(i) (Q の y 座標)＝(P の x 座標)より，$\sin\left(\theta+\frac{\pi}{2}\right)=\cos\theta$

(ii) (R の x 座標)＝−(P の x 座標)より，$\cos(\theta+\pi)=-\cos\theta$

(iii) (OS の傾き)$=\frac{1}{(\text{OPの傾き})}$より，$\tan\left(\frac{3}{2}\pi-\theta\right)=\frac{1}{\tan\theta}$

(iv) (T の x 座標)＝(P の y 座標)より，$\cos\left(\frac{3}{2}\pi+\theta\right)=\sin\theta$

← $\cos\left(\frac{3}{2}\pi+\theta\right)=\cos\frac{3}{2}\pi\cos\theta-\sin\frac{3}{2}\pi\sin\theta=\sin\theta$

STAGE 2 24 方程式と不等式の解法

■37 方程式と不等式の解法■

(I) 三角方程式の解法

方程式を sin，cos，tan のどれか1つに統一する。

(1) $\sin^2\theta+\cos^2\theta=1$，$\dfrac{\sin\theta}{\cos\theta}=\tan\theta$ を利用する。

(2) 合成する。

(3) 有名角でない場合

$0\leqq\theta<2\pi$，α を定角$(0<\alpha<\pi)$とする。

(ア) $\sin\theta=\sin\alpha$ のとき　$\theta=\alpha,\ \pi-\alpha$

(イ) $\cos\theta=\cos\alpha$ のとき　$\theta=\alpha,\ 2\pi-\alpha$

(ウ) $\tan\theta=\tan\alpha$ のとき　$\theta=\alpha,\ \pi+\alpha$

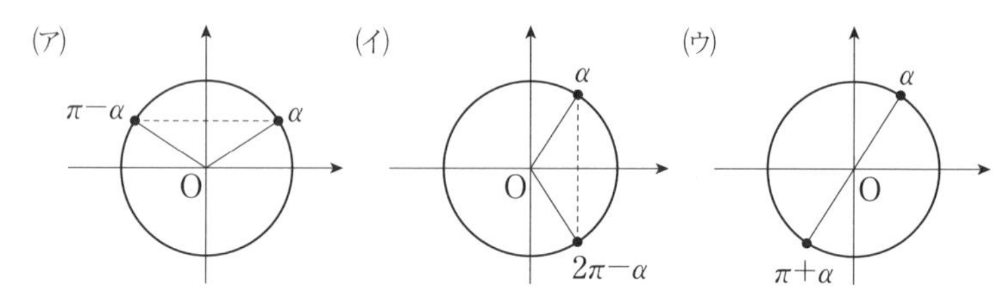

(エ) $\sin\theta=\cos\alpha$ のとき

$\cos\alpha=\sin\left(\dfrac{\pi}{2}-\alpha\right)$ より　$\theta=\dfrac{\pi}{2}-\alpha,\ \pi-\left(\dfrac{\pi}{2}-\alpha\right)$

(オ) $\cos\theta=\sin\alpha$ のとき

$\sin\alpha=\cos\left(\dfrac{\pi}{2}-\alpha\right)$ より　$\theta=\dfrac{\pi}{2}-\alpha,\ 2\pi-\left(\dfrac{\pi}{2}-\alpha\right)$

(注) その他，いくつかの解法がある。

(II) 三角不等式の解法

三角方程式の場合と同様に考えるが，不等式の性質

$$AB>0 \iff \begin{cases} A>0 \\ B>0 \end{cases} \text{または} \begin{cases} A<0 \\ B<0 \end{cases}$$

$$AB<0 \iff \begin{cases} A>0 \\ B<0 \end{cases} \text{または} \begin{cases} A<0 \\ B>0 \end{cases}$$

などに注意する。

例題 37　4分・8点

$0<\theta<\frac{\pi}{2}$ の範囲で，方程式

$$\sin 4\theta=\cos\theta \quad \cdots\cdots ①$$

を考える。

一般に，$\cos\theta=\sin($ ア $-\theta)$ であり，$0<\theta<\frac{\pi}{2}$ のとき

イ $<4\theta<$ ウ ，エ $<$ ア $-\theta<$ オ

である。

よって，①を満たす θ の値は $\theta=\frac{\pi}{\text{カキ}}$ または $\theta=\frac{\pi}{\text{ク}}$ である。

ア ～ オ の解答群(同じものを繰り返し選んでもよい。)

⓪ 0　① $\frac{\pi}{2}$　② π　③ $\frac{3}{2}\pi$　④ 2π

解答

すべての θ について $\cos\theta=\sin\left(\frac{\pi}{2}-\theta\right)$（**①**）が成り立つから，①より

$$\sin 4\theta=\sin\left(\frac{\pi}{2}-\theta\right) \quad \cdots\cdots ②$$

$0<\theta<\frac{\pi}{2}$ のとき

$$0<4\theta<2\pi\ (\text{⓪},\ \text{④}),\quad 0<\frac{\pi}{2}-\theta<\frac{\pi}{2}\ (\text{⓪},\ \text{①})$$

であるから，②より

$$4\theta=\frac{\pi}{2}-\theta \text{ または } 4\theta=\pi-\left(\frac{\pi}{2}-\theta\right)$$

$$\therefore\quad \theta=\frac{\pi}{\mathbf{10}},\ \frac{\pi}{\mathbf{6}}$$

← $\sin x=\sin\alpha$ のとき $x=\alpha,\ \pi-\alpha$

(注)

$\sin 4\theta=2\sin 2\theta\cos 2\theta=4\sin\theta\cos\theta(1-2\sin^2\theta)$ より①から

$$\cos\theta(8\sin^3\theta-4\sin\theta+1)=0$$

$$\cos\theta(2\sin\theta-1)(4\sin^2\theta+2\sin\theta-1)=0$$

$0<\theta<\frac{\pi}{2}$ より　$\sin\theta>0$，$\cos\theta>0$ から

$$\sin\theta=\frac{1}{2},\ \frac{-1+\sqrt{5}}{4}$$

← 組立除法。

8	0	−4	1	$\frac{1}{2}$
	4	2	−1	
8	4	−2	0	

STAGE 2 25　最大・最小の応用

■38　最大・最小の応用■

三角関数 $y=f(\theta)$ の最大・最小問題には，次のようなタイプがある。

(1)　三角関数をおきかえて2次(3次)関数に変形する。

(2)　合成を利用する。

(例1)

$y=\sin^2\theta+\cos\theta$ の場合

$\cos\theta=t$ とおくと

$$y=(1-t^2)+t=-t^2+t+1$$

となる。

(例2)　1次式の和

$y=\sqrt{3}\sin\theta-\cos\theta$ の場合

合成すると

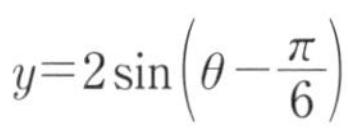

$$y=2\sin\left(\theta-\frac{\pi}{6}\right)$$

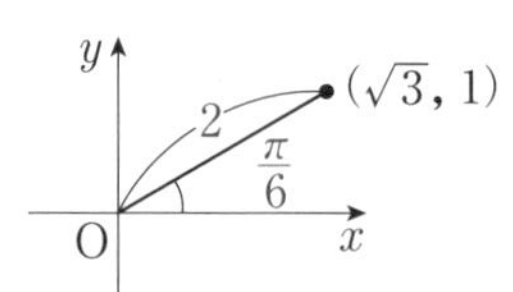

(例3)　対称式

$y=\sin\theta+\cos\theta+\sin\theta\cos\theta$ の場合

$\sin\theta+\cos\theta=t$ とおくと，$\sin\theta\cos\theta=\frac{t^2-1}{2}$ となり

$$y=t+\frac{t^2-1}{2}=\frac{t^2}{2}+t-\frac{1}{2}$$

となる。このとき，$t=\sqrt{2}\sin\left(\theta+\frac{\pi}{4}\right)$ より，t の変域を求める必要がある。

(注)　$\sin\theta-\cos\theta=t$ とおくこともある。

(例4)　2次の同次式

$y=\sin^2\theta+2\sin\theta\cos\theta+3\cos^2\theta$ の場合

$$y=\frac{1-\cos 2\theta}{2}+2\cdot\frac{1}{2}\sin 2\theta+3\cdot\frac{1+\cos 2\theta}{2}=\sin 2\theta+\cos 2\theta+2$$

となる。

例題 38　4分・10点

$0 \leqq \theta < 2\pi$ のとき

$$y = 2\sin\theta\cos\theta - 2\sin\theta - 2\cos\theta - 3$$

とする。$x = \sin\theta + \cos\theta$ とおくと，y は x の関数

$$y = x^{\boxed{ア}} - \boxed{イ}\,x - \boxed{ウ}$$

となる。$x = \sqrt{\boxed{エ}}\sin\left(\theta + \dfrac{\pi}{\boxed{オ}}\right)$ であるから，

x の範囲は $-\sqrt{\boxed{カ}} \leqq x \leqq \sqrt{\boxed{キ}}$ である。したがって，y は $\theta = \dfrac{\boxed{ク}}{\boxed{ケ}}\pi$

のとき最大値 $\boxed{コ}(\sqrt{\boxed{サ}} - \boxed{シ})$ をとる。

また，y の最小値は $\boxed{スセ}$ である。

解答

$x = \sin\theta + \cos\theta$ とおくと

$$x^2 = \sin^2\theta + 2\sin\theta\cos\theta + \cos^2\theta$$
$$= 1 + 2\sin\theta\cos\theta$$
$$\therefore\quad 2\sin\theta\cos\theta = x^2 - 1$$

よって　$y = (x^2 - 1) - 2x - 3$

$$= x^2 - \mathbf{2}x - \mathbf{4}$$
$$= (x-1)^2 - 5$$

$x = \sqrt{\mathbf{2}}\sin\left(\theta + \dfrac{\pi}{\mathbf{4}}\right)$ であり，$\dfrac{\pi}{4} \leqq \theta + \dfrac{\pi}{4} < \dfrac{9}{4}\pi$

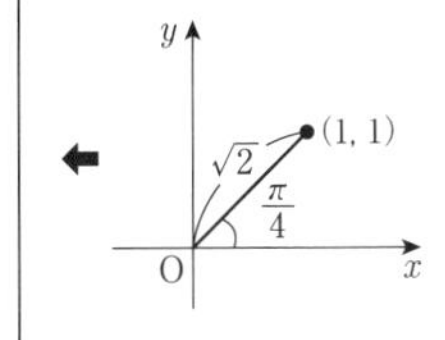

であるから，x の範囲は $-\sqrt{\mathbf{2}} \leqq x \leqq \sqrt{\mathbf{2}}$ である。

したがって，y は

$x = -\sqrt{2}$ のとき　最大値　$\mathbf{2}(\sqrt{\mathbf{2}} - \mathbf{1})$

をとる。このとき

$$\sin\left(\theta + \frac{\pi}{4}\right) = -1 \quad より \quad \theta + \frac{\pi}{4} = \frac{3}{2}\pi$$

$$\therefore\quad \theta = \frac{\mathbf{5}}{\mathbf{4}}\pi$$

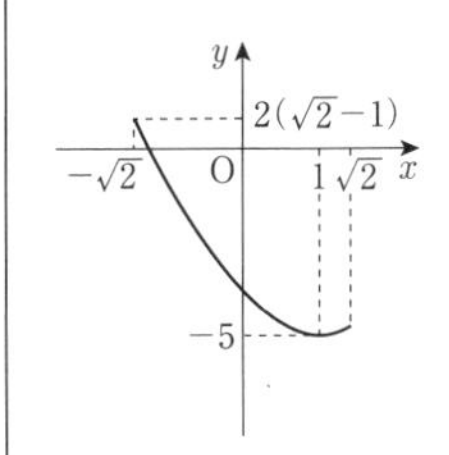

また，y は

$x = 1$ のとき　最小値　$\mathbf{-5}$

をとる。このとき

$$\sin\left(\theta + \frac{\pi}{4}\right) = \frac{1}{\sqrt{2}} \quad より \quad \theta + \frac{\pi}{4} = \frac{\pi}{4},\ \frac{3}{4}\pi$$

$$\therefore\quad \theta = 0,\ \frac{\pi}{2}$$

STAGE 2　26　円と三角関数

■ 39　円と三角関数 ■

中心O，半径 r の円

$$x^2+y^2=r^2$$

上の点 $\mathrm{P}(x,\ y)$ は

$$\begin{cases} x=r\cos\theta \\ y=r\sin\theta \end{cases}$$

とおける。

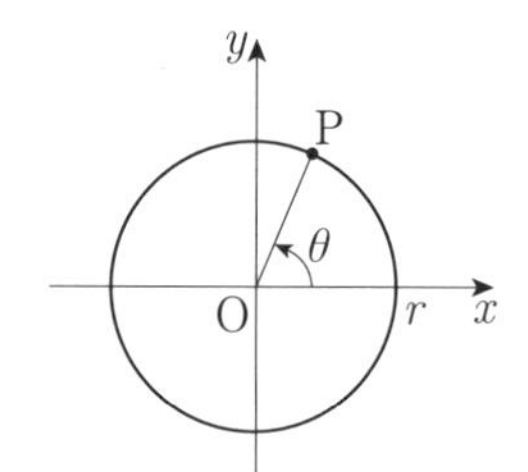

中心 $\mathrm{C}(a,\ b)$，半径 r の円

$$(x-a)^2+(y-b)^2=r^2$$

上の点 $\mathrm{P}(x,\ y)$ は

$$\begin{cases} x=a+r\cos\theta \\ y=b+r\sin\theta \end{cases}$$

とおける。

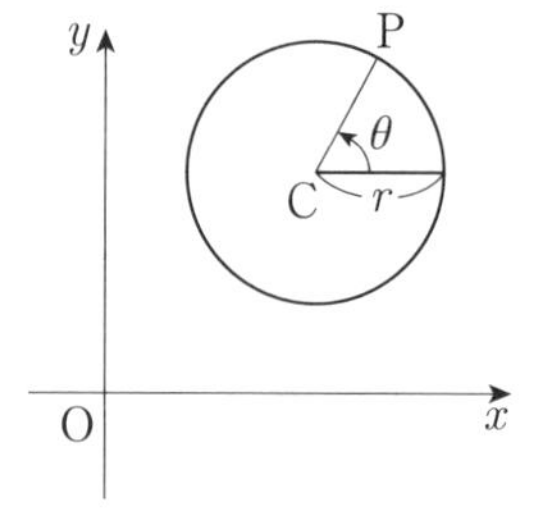

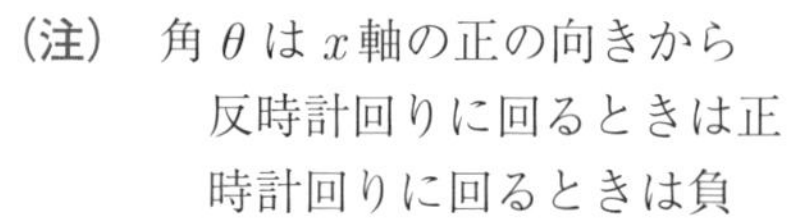

(注)　角 θ は x 軸の正の向きから
反時計回りに回るときは正
時計回りに回るときは負
とする。

(例)　点A，B，Cの座標は

$$\mathrm{A}\left(\cos\frac{\pi}{6},\ \sin\frac{\pi}{6}\right)=\left(\frac{\sqrt{3}}{2},\ \frac{1}{2}\right)$$

$$\mathrm{B}\left(2\cos\frac{3}{4}\pi,\ 2\sin\frac{3}{4}\pi\right)=(-\sqrt{2},\ \sqrt{2})$$

$$\mathrm{C}\left(2\cos\left(-\frac{2}{3}\pi\right),\ 2\sin\left(-\frac{2}{3}\pi\right)\right)$$

$$=(-1,\ -\sqrt{3})$$

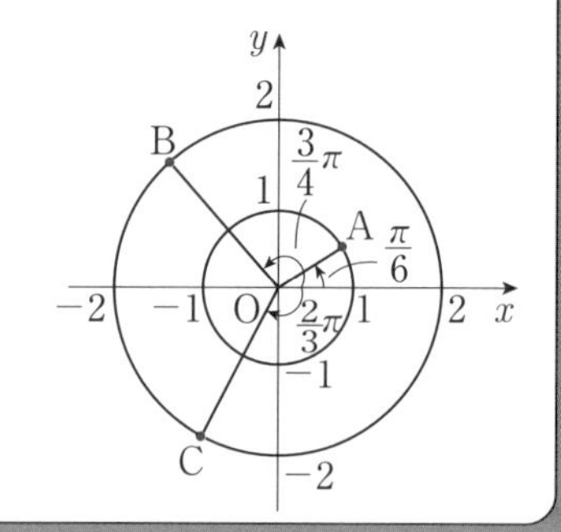

例題 39　**4分・8点**

座標平面上の原点Oを中心とし，半径2の円を S とする。円 S 上の2点A，Bを

$$\mathrm{A}(2\cos\theta,\ 2\sin\theta),\ \mathrm{B}\left(2\cos\left(\theta+\frac{2}{3}\pi\right),\ 2\sin\left(\theta+\frac{2}{3}\pi\right)\right)\quad\left(0<\theta<\frac{\pi}{2}\right)$$

とする。円 S 上の点A，Bにおける接線の交点をCとするとき，

OC＝［ア］であり，点Cの座標は

$$\left(\boxed{イ}\cos\left(\theta+\frac{\pi}{\boxed{ウ}}\right),\ \boxed{イ}\sin\left(\theta+\frac{\pi}{\boxed{ウ}}\right)\right)$$

である。また，線分ACの中点の座標は

$$\left(\boxed{エ}\cos\theta-\sqrt{\boxed{オ}}\sin\theta,\ \boxed{カ}\sin\theta+\sqrt{\boxed{キ}}\cos\theta\right)$$

である。

解答

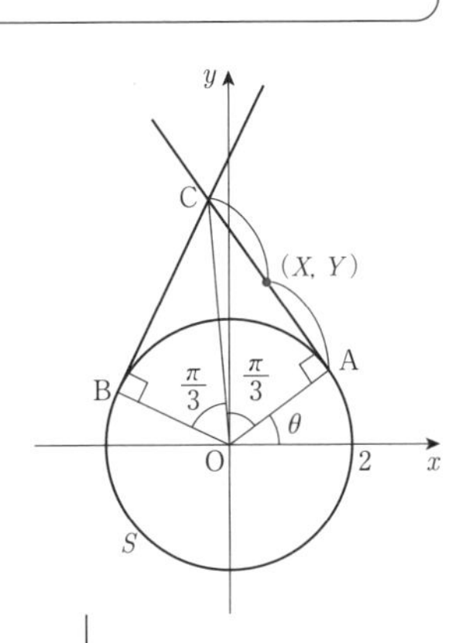

$\mathrm{OA}=\mathrm{OB}=2$，$\angle\mathrm{OAC}=\angle\mathrm{OBC}=\dfrac{\pi}{2}$ から

$\triangle\mathrm{OAC}\equiv\triangle\mathrm{OBC}$ であり，$\angle\mathrm{AOB}=\dfrac{2}{3}\pi$ より

$$\angle\mathrm{AOC}=\angle\mathrm{BOC}=\frac{\pi}{3}$$

よって　$\mathrm{OC}\cos\dfrac{\pi}{3}=2$　　$\therefore$　$\mathrm{OC}=\mathbf{4}$

直線OCと x 軸正方向のなす角は $\theta+\dfrac{\pi}{3}$ であるから，

Cの座標は

$$\left(\mathbf{4}\cos\left(\theta+\frac{\pi}{\mathbf{3}}\right),\ \mathbf{4}\sin\left(\theta+\frac{\pi}{\mathbf{3}}\right)\right)$$

線分ACの中点を $(X,\ Y)$ とすると

$$X=\frac{1}{2}\left\{2\cos\theta+4\cos\left(\theta+\frac{\pi}{3}\right)\right\}$$

$$=\frac{1}{2}\left\{2\cos\theta+4\left(\cos\theta\cos\frac{\pi}{3}-\sin\theta\sin\frac{\pi}{3}\right)\right\}$$

$$=\mathbf{2}\cos\theta-\sqrt{\mathbf{3}}\sin\theta$$

$$Y=\frac{1}{2}\left\{2\sin\theta+4\sin\left(\theta+\frac{\pi}{3}\right)\right\}$$

$$=\frac{1}{2}\left\{2\sin\theta+4\left(\sin\theta\cos\frac{\pi}{3}+\cos\theta\sin\frac{\pi}{3}\right)\right\}$$

$$=\mathbf{2}\sin\theta+\sqrt{\mathbf{3}}\cos\theta$$

STAGE 2　類　題

類題 35　　（3分・6点）

下の図の点線は $y=\sin x$ のグラフである。次の(i)〜(iii)の三角関数のグラフが実線で正しくかかれているものは

(i)　$y=\dfrac{1}{2}\sin x$ …… ア　　(ii)　$y=\sin\left(x+\dfrac{3}{2}\pi\right)$ …… イ

(iii)　$y=\cos\dfrac{x-\pi}{2}$ …… ウ

である。

ア 〜 ウ については，最も適当なものを，次の⓪〜⑨のうちから一つ選べ。ただし，同じものを繰り返し選んでもよい。

⓪
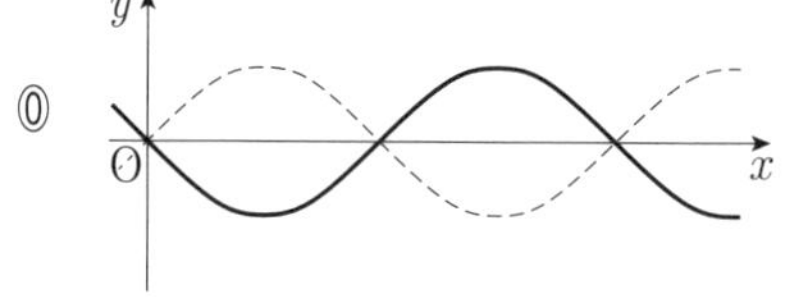

①
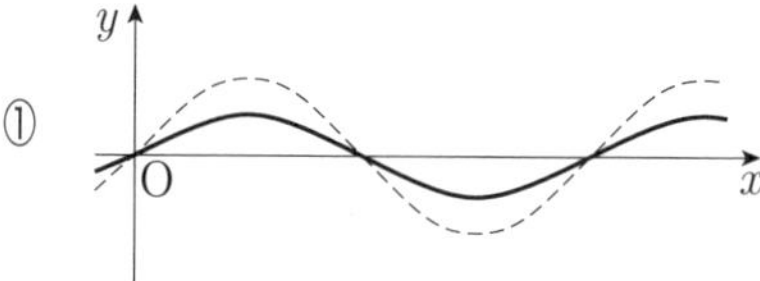

②
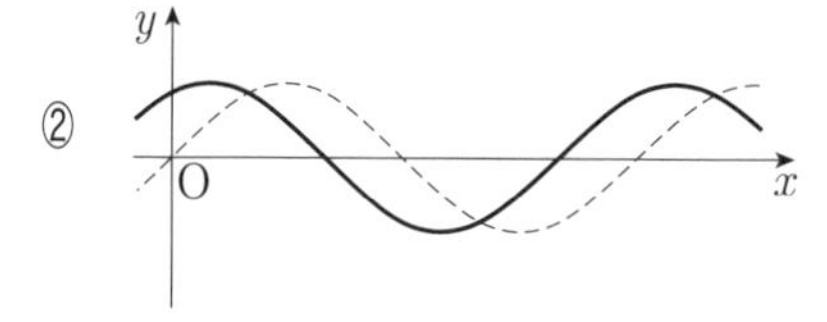

③
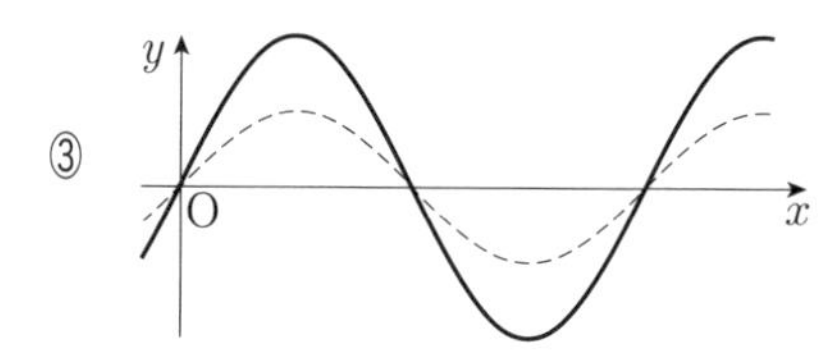

④
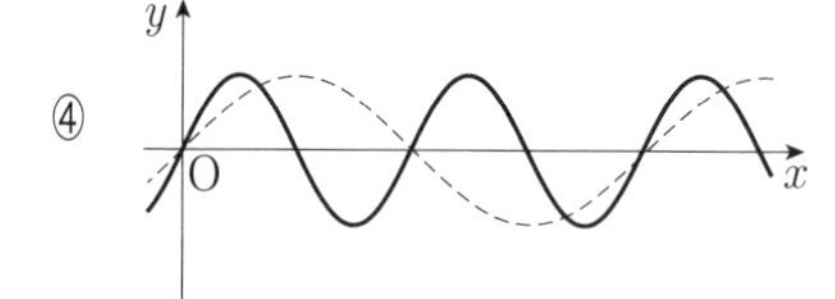

⑤
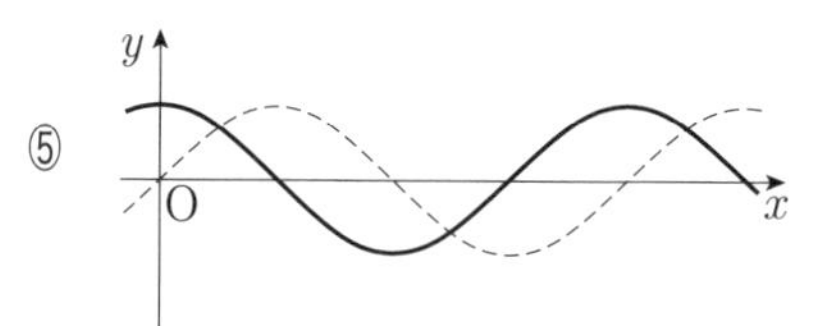

⑥
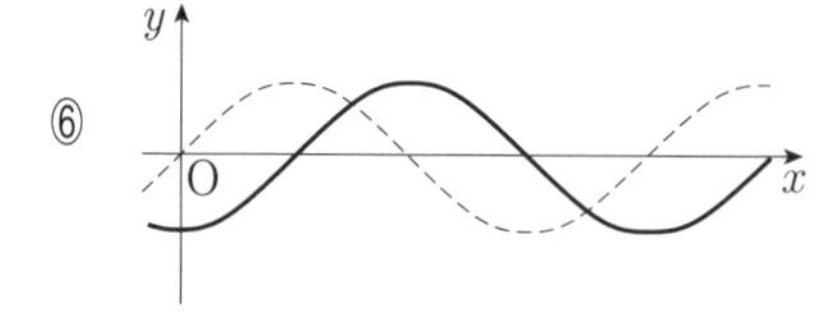

⑦
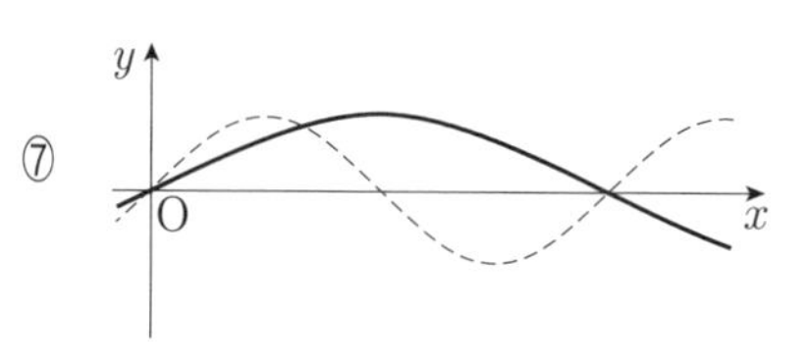

⑧
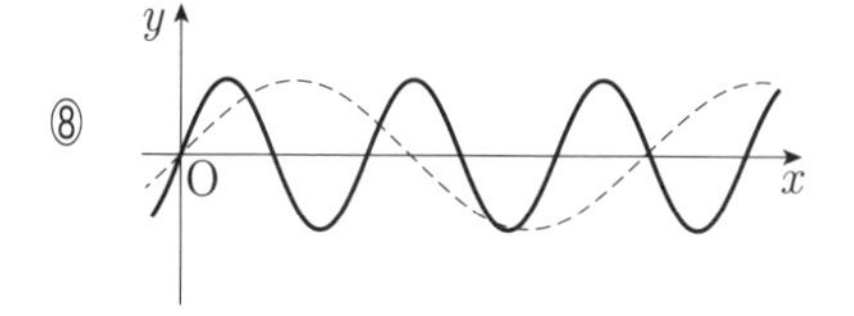

⑨
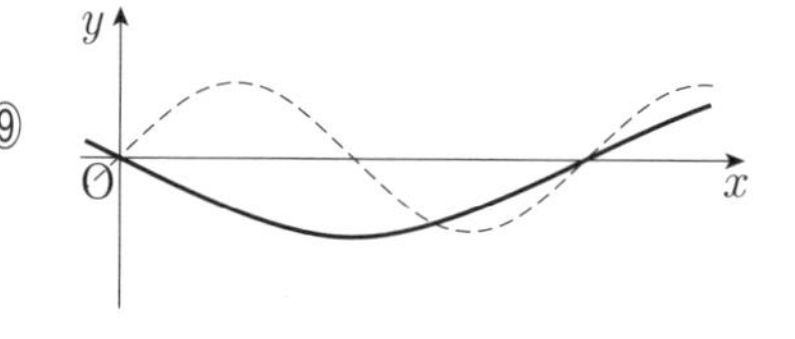

類題　36　　（4分・8点）

次の式が成り立つ。

(i)　$\sin\left(\frac{3}{2}\pi+\theta\right)=$ [ア]

(ii)　$\cos\left(\frac{3}{2}\pi-\theta\right)=$ [イ]

(iii)　$\tan\left(\frac{\pi}{2}+\theta\right)=$ [ウ]

(iv)　$\sin\left(\frac{5}{2}\pi+\theta\right)=$ [エ]

[ア]～[エ]の解答群(同じものを繰り返し選んでもよい。)

⓪　$\sin\theta$　　①　$\cos\theta$　　②　$\tan\theta$　　③　$-\sin\theta$

④　$-\cos\theta$　　⑤　$-\tan\theta$　　⑥　$\frac{1}{\tan\theta}$　　⑦　$-\frac{1}{\tan\theta}$

類題 37　　(4分・8点)

$0 \leqq \alpha \leqq \pi$ として

$$\cos 2\theta = \sin \alpha \quad \cdots\cdots ①$$

を満たす θ について考える。ただし，$0 \leqq \theta \leqq \pi$ とする。

一般に，すべての x について

$$\sin x = \cos(\boxed{ア} - x) = \cos(x - \boxed{イ}) \quad \cdots\cdots ②$$

が成り立つ。

①を満たす θ を θ_1，$\theta_2(\theta_1 < \theta_2)$として，$\theta_1$，$\theta_2$ を α を用いて表すと

$0 \leqq \alpha < \dfrac{\pi}{2}$ のとき

$$\theta_1 = \frac{\pi}{\boxed{ウ}} - \frac{\alpha}{\boxed{エ}},\quad \theta_2 = \frac{\boxed{オ}}{\boxed{カ}}\pi + \frac{\alpha}{\boxed{キ}}$$

$\dfrac{\pi}{2} \leqq \alpha \leqq \pi$ のとき

$$\theta_1 = -\frac{\pi}{\boxed{ク}} + \frac{\alpha}{\boxed{ケ}},\quad \theta_2 = \frac{\boxed{コ}}{\boxed{サ}}\pi - \frac{\alpha}{\boxed{シ}}$$

となる。

$\boxed{ア}$，$\boxed{イ}$ の解答群(同じものを繰り返し選んでもよい。)

⓪ $\dfrac{\pi}{2}$　　① π　　② $\dfrac{3}{2}\pi$

類題 38　　(12分・16点)

(1)　$-\frac{\pi}{2} \leqq \theta \leqq 0$ のとき

$$y = \cos 2\theta + \sqrt{3}\sin 2\theta - 2\sqrt{3}\cos\theta - 2\sin\theta$$

とする。$t = \sin\theta + \sqrt{3}\cos\theta$ とおくと

$$t^2 = \boxed{ア}\cos^2\theta + \boxed{イ}\sqrt{\boxed{ウ}}\sin\theta\cos\theta + \boxed{エ}$$

であるから

$$y = t^2 - \boxed{オ}\,t - \boxed{カ}$$

となる。また，$t = \boxed{キ}\sin\left(\theta + \frac{\pi}{\boxed{ク}}\right)$ であるから，t のとり得る値の範囲は

$$\boxed{ケコ} \leqq t \leqq \sqrt{\boxed{サ}}$$

である。したがって，y は $\theta = -\frac{\pi}{\boxed{シ}}$ のとき最小値 $\boxed{スセ}$ をとる。

(2)　$0 \leqq \theta \leqq \frac{\pi}{2}$ とする。

$$y = \cos^2\theta - \sin\theta\cos\theta$$

$$= \frac{\sqrt{\boxed{ソ}}}{\boxed{タ}}\sin\left(2\theta + \frac{\boxed{チ}}{\boxed{ツ}}\pi\right) + \frac{\boxed{テ}}{\boxed{ト}}$$

であるから，y の最大値は $\boxed{ナ}$，最小値は $\frac{\boxed{ニ} - \sqrt{\boxed{ヌ}}}{\boxed{ネ}}$ である。最小値をとるときの θ の値は $\frac{\boxed{ノ}}{\boxed{ハ}}\pi$ である。

§3
2

類題　39　　（5分・6点）

Oを原点とする座標平面上に，点A(0，−1)と，中心がOで半径が1の円Cがある。円C上にy座標が正である点Pをとり，線分OPとx軸の正の部分とのなす角をθ($0<\theta<\pi$)とする。また，円C上にx座標が負である点Qを，つねに$\angle\mathrm{AOQ}=\theta$となるようにとる。次の問いに答えよ。

(1)　P，Qの座標をそれぞれθを用いて表すと

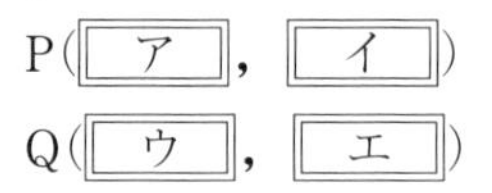

である。

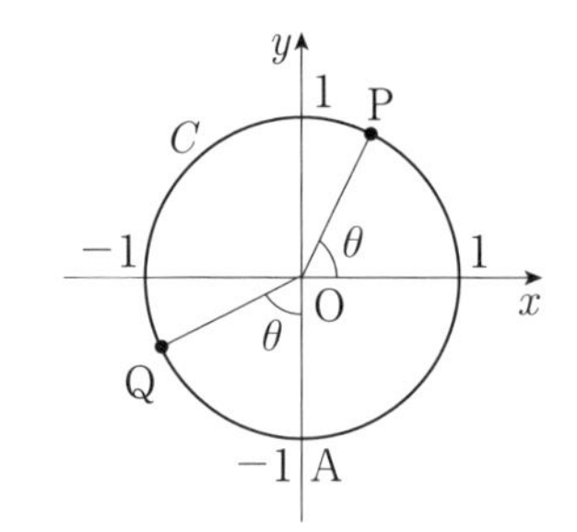

ア ～ エ の解答群(同じものを繰り返し選んでもよい。)

⓪　$\sin\theta$　　①　$\cos\theta$　　②　$\tan\theta$

③　$-\sin\theta$　　④　$-\cos\theta$　　⑤　$-\tan\theta$

(次ページに続く。)

(2)　θは $0<\theta<\pi$ の範囲を動くものとする。このとき線分 AQ の長さ ℓ は θ の関数であり，関数 ℓ のグラフは $\boxed{\text{オ}}$ である。

$\boxed{\text{オ}}$ については，最も適当なものを，次の⓪～⑤のうちから一つ選べ。

⓪
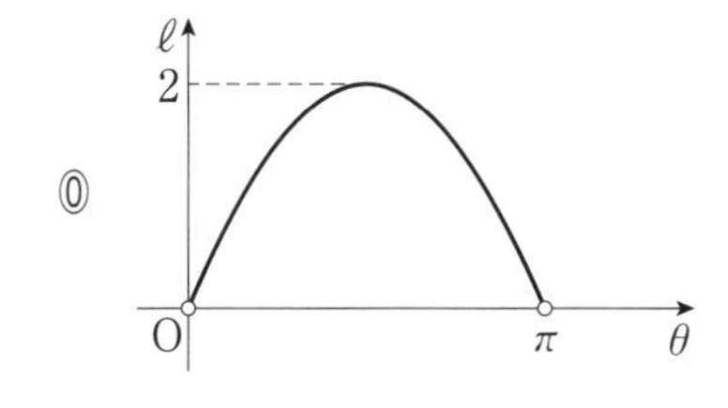

①
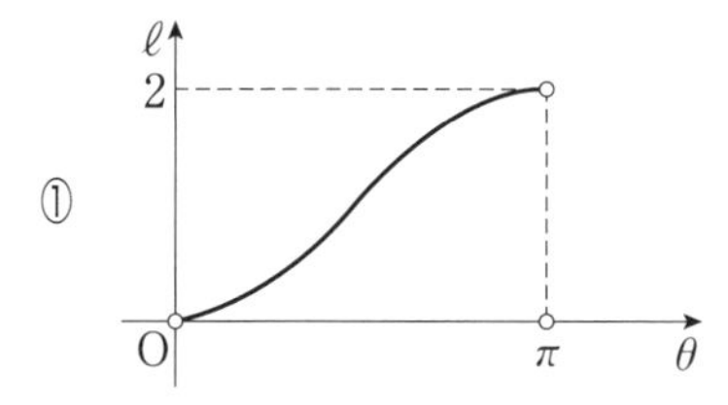

②
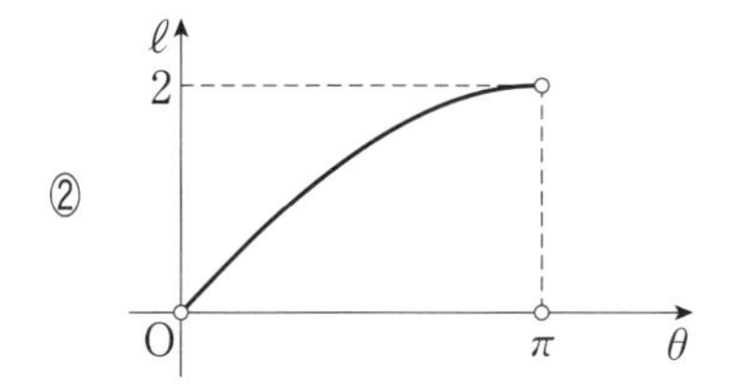

③
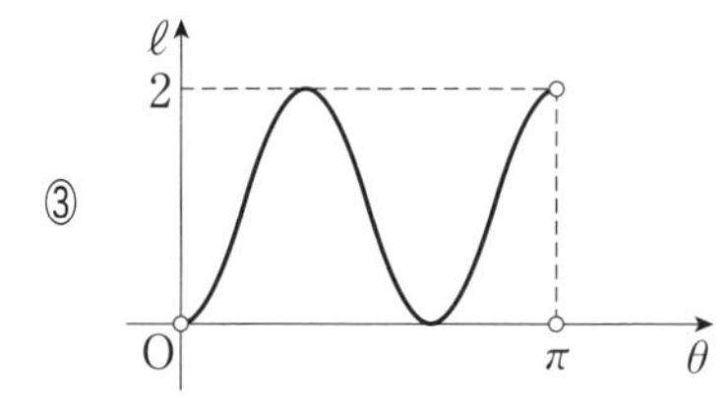

④
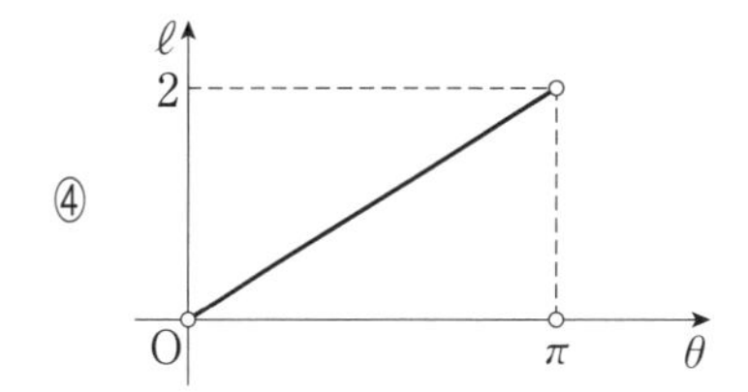

⑤
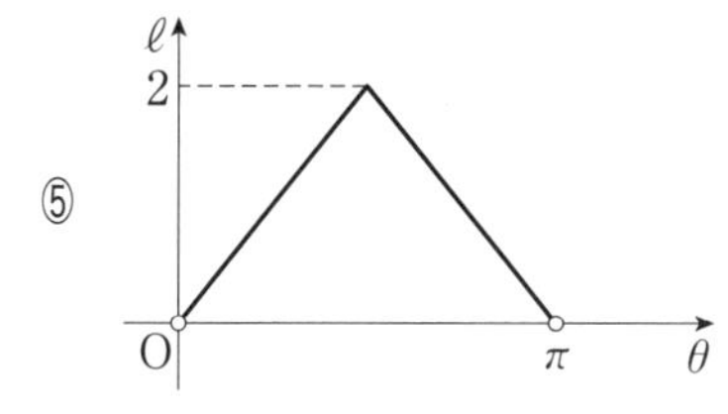

STAGE 1　27　指数・対数の計算

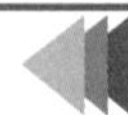

■40　指数の計算■

(1)　指数の拡張

$a>0$，m，n が正の整数のとき

$$a^0=1,\quad a^{-n}=\frac{1}{a^n},\quad a^{\frac{1}{n}}=\sqrt[n]{a},\quad a^{\frac{m}{n}}=\sqrt[n]{a^m}$$

(2)　累乗根の性質

$a>0$，$b>0$ で，m，n，p が正の整数のとき

・$(\sqrt[n]{a})^n=a$　　・$\sqrt[n]{a}\sqrt[n]{b}=\sqrt[n]{ab}$　　・$\dfrac{\sqrt[n]{a}}{\sqrt[n]{b}}=\sqrt[n]{\dfrac{a}{b}}$

・$(\sqrt[n]{a})^m=\sqrt[n]{a^m}$　　・$\sqrt[m]{\sqrt[n]{a}}=\sqrt[mn]{a}$　　・$\sqrt[n]{a^m}=\sqrt[np]{a^{mp}}$

(3)　指数法則

$a>0$，$b>0$ で，r，s が実数のとき

・$a^r\cdot a^s=a^{r+s}$　　・$(a^r)^s=a^{rs}$　　・$(ab)^r=a^rb^r$

・$\dfrac{a^r}{a^s}=a^{r-s}$　　・$\left(\dfrac{a}{b}\right)^r=\dfrac{a^r}{b^r}$

■41　対数の計算■

(1)　対数と指数の関係

$a>0$，$a\neq1$，$M>0$ のとき

$$a^p=M \iff p=\log_a M$$（a を底，M を真数という）

(2)　対数の性質

$a>0$，$a\neq1$，$M>0$，$N>0$ のとき

・$\log_a 1=0$，$\log_a a=1$，$\log_a a^r=r$

・$\log_a MN=\log_a M+\log_a N$

・$\log_a \dfrac{M}{N}=\log_a M-\log_a N$

・$\log_a M^r=r\log_a M$

a，b，c が正の数で，$a\neq1$，$c\neq1$ のとき

・$\log_a b=\dfrac{\log_c b}{\log_c a}$（底の変換公式）

例題 40　3分・6点

(1) $(\sqrt{3})^3\div\sqrt[3]{9}\times\dfrac{1}{\sqrt[4]{27}}=3^p$ とおくと $p=\dfrac{\boxed{ア}}{\boxed{イウ}}$ である。

(2) $2^x+2^{-x}=\sqrt{7}$ のとき

$$4^x+4^{-x}=\boxed{エ},\quad 4^{x+1}+4^{x-1}+4^{-x+1}+4^{-x-1}=\frac{\boxed{オカ}}{\boxed{キ}}$$

である。

解答

(1) $(\text{左辺})=\left(3^{\frac{1}{2}}\right)^3\div(3^2)^{\frac{1}{3}}\times(3^3)^{-\frac{1}{4}}=3^{\frac{3}{2}}\div3^{\frac{2}{3}}\times3^{-\frac{3}{4}}$

$=3^{\frac{3}{2}-\frac{2}{3}-\frac{3}{4}}=3^{\frac{1}{12}}$　　$\therefore\quad p=\mathbf{\dfrac{1}{12}}$

(2) $4^x+4^{-x}=(2^x+2^{-x})^2-2\cdot2^x\cdot2^{-x}=7-2=\mathbf{5}$

$4^{x+1}+4^{x-1}+4^{-x+1}+4^{-x-1}$

$=4(4^x+4^{-x})+4^{-1}(4^x+4^{-x})$

$=4\cdot5+\dfrac{1}{4}\cdot5=\mathbf{\dfrac{85}{4}}$

⬅ $\sqrt{3}=3^{\frac{1}{2}}$
$\dfrac{1}{\sqrt[4]{27}}=(3^3)^{-\frac{1}{4}}$

⬅ $4^x=2^{2x}=(2^x)^2$
$4^{-x}=2^{-2x}=(2^{-x})^2$

例題 41　2分・4点

(1) $\{\log_4 9+(\log_5 3)(\log_2 25)\}\log_3 2=\boxed{ア}$

(2) $8^{\log_2 3}=\boxed{イウ}$

解答

(1) $(\text{与式})=\left(\dfrac{\log_2 9}{\log_2 4}+\dfrac{\log_2 3}{\log_2 5}\cdot2\log_2 5\right)\cdot\dfrac{1}{\log_2 3}$

$=\left(\dfrac{2\log_2 3}{2}+2\log_2 3\right)\cdot\dfrac{1}{\log_2 3}=\mathbf{3}$

(2) $8^{\log_2 3}=(2^3)^{\log_2 3}=2^{3\log_2 3}$

$=2^{\log_2 27}=\mathbf{27}$

⬅ 底の変換公式を用いて底を2に統一する。
$25=5^2$, $9=3^2$

⬅ $a^{\log_a M}=M$

§4 1

STAGE 1　28　指数関数・対数関数のグラフ 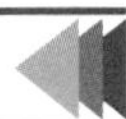

■42　グラフ■

(1)　指数関数 $y=a^x$ のグラフ

$a>1$ のとき

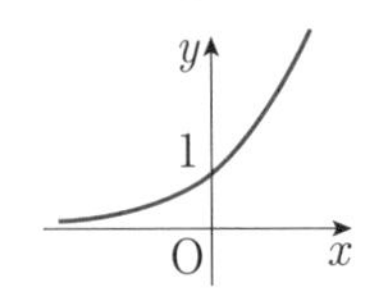

$0<a<1$ のとき

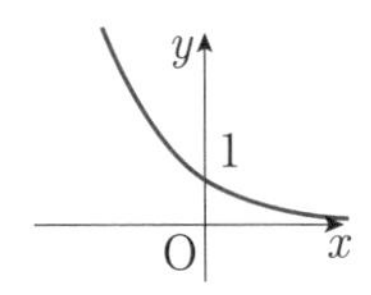

(2)　対数関数 $y=\log_a x$ のグラフ

$a>1$ のとき

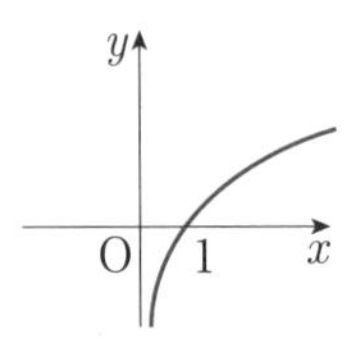

$0<a<1$ のとき

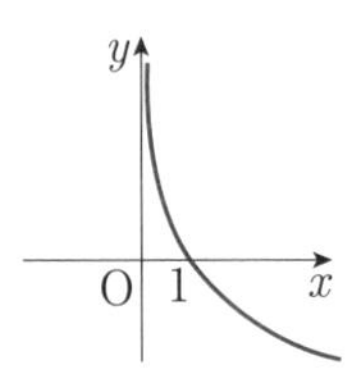

（注）　図形の対称性について

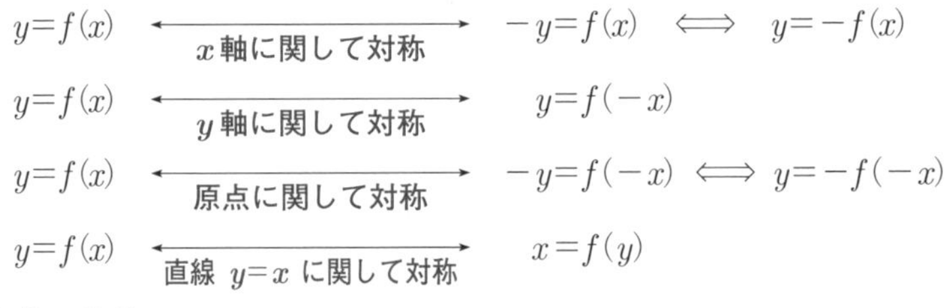

$y=f(x)$ ←（x 軸に関して対称）→ $-y=f(x)$ $\iff$ $y=-f(x)$

$y=f(x)$ ←（y 軸に関して対称）→ $y=f(-x)$

$y=f(x)$ ←（原点に関して対称）→ $-y=f(-x)$ $\iff$ $y=-f(-x)$

$y=f(x)$ ←（直線 $y=x$ に関して対称）→ $x=f(y)$

が成り立つので

$y=\log_a x$ ←（直線 $y=x$ に関して対称）→ $y=a^x$

$y=\left(\dfrac{1}{a}\right)^x=a^{-x}$ ←（y 軸対称）→ $y=a^x$

$y=\log_{\frac{1}{a}} x=-\log_a x$ ←（x 軸対称）→ $y=\log_a x$

■43　平行移動■

$y=a^x$ → $y-q=a^{x-p}$

$y=\log_a x$ → $y-q=\log_a(x-p)$

（x 軸方向に p，y 軸方向に q 平行移動）

例題 42　**3分・8点**

(1)　$y=\left(\frac{1}{2}\right)^x$ のグラフは，$y=2^x$ のグラフと [ア] であり，$y=\log_{\frac{1}{2}}x$ のグラフと [イ] である。

(2)　$y=\log_2\frac{1}{x}$ のグラフは，$y=\log_2 x$ のグラフと [ウ] であり，$y=2^{-x}$ のグラフと [エ] である。

[ア]～[エ] の解答群

⓪　同一のもの　　①　x 軸に関して対称

②　y 軸に関して対称　　③　直線 $y=x$ に関して対称

解答

(1)　$y=\left(\frac{1}{2}\right)^x=2^{-x}$ より，$y=2^x$ と y 軸に関して対称である(**②**)。また，$y=\log_{\frac{1}{2}}x$ より $x=\left(\frac{1}{2}\right)^y$ であるから，直線 $y=x$ に関して対称である(**③**)。

(2)　$y=\log_2\frac{1}{x}=-\log_2 x$ より $y=\log_2 x$ と x 軸に関して対称である(**①**)。また，$y=2^{-x}$ より $-x=\log_2 y$ であり，$x=-\log_2 y$ から 直線 $y=x$ に関して対称である(**③**)。

⬅ x の符号が異なるので y 軸対称。

⬅ x と y を入れかえているので直線 $y=x$ に関して対称。

⬅ y の符号が異なるので x 軸対称。

例題 43　**2分・8点**

関数 $y=\log_2\left(\frac{x}{2}+3\right)$ ……① のグラフは，関数 $y=\log_2 x$ のグラフを x 軸方向に [アイ]，y 軸方向に [ウエ] だけ平行移動したものである。また，①のグラフを，原点に関して対称移動したグラフの方程式は

$y=$ [オ] $\log_2($ [カ] $-x)+$ [キ] である。

解答　$y=\log_2\left(\frac{x}{2}+3\right)=\log_2\frac{1}{2}(x+6)=\log_2(x+6)-1$

より，①は $y=\log_2 x$ を x 軸方向に $\mathbf{-6}$，y 軸方向に $\mathbf{-1}$ だけ平行移動したものである。

①のグラフを原点に関して対称移動したグラフは

$$-y=\log_2(-x+6)-1$$

$$\therefore\quad y=\mathbf{-}\log_2(\mathbf{6}-x)+\mathbf{1}$$

⬅ x を $x+6$，y を $y+1$ とおきかえる。

⬅ x を $-x$，y を $-y$ とおきかえる。

§4 1

STAGE 1　29　指数・対数の方程式

■44　指数の方程式■

$a>0$，$a\neq 1$ とする。

(1)　$a^x=M$ の場合

$M>0$ のとき

$$\boldsymbol{a^x=M \iff x=\log_a M}$$

(2)　$a^p=a^q$ の場合

底を統一すると

$$\boldsymbol{a^p=a^q \iff p=q}$$

(3)　2次(3次)方程式に変形する場合

$a^x=t\ (>0)$ とおくと

$$a^{2x}=t^2,\ a^{-2x}=\frac{1}{t^2},\ a^{3x}=t^3,\ a^{x+1}=a^xa=at,\ a^{x-1}=\frac{a^x}{a}=\frac{t}{a}$$

■45　対数の方程式■

$a>0$，$a\neq 1$ とする。

(1)　$\log_a x=m$ の場合

$$\boldsymbol{\log_a x=m \iff x=a^m}$$

(2)　$\log_a p=\log_a q$ の場合

底を統一すると

真数 $p>0$，$q>0$ のもとで

$$\boldsymbol{\log_a p=\log_a q \iff p=q}$$

(3)　2次(3次)方程式に変形する場合

$\log_a x=t$ とおくと

$$(\log_a x)^2=t^2,\ \log_a x^2=2\log_a x=2t$$

(注)　対数方程式を解く場合，真数条件(**真数＞0**)に注意する必要がある。

対数方程式を解く手順は

(1)　真数と底の条件を求める。

(2)　底を統一する。

(3)　$\log_a p=\log_a q$ の形にする。

(4)　$p=q$ の解のうち，(1)を満たすものを答える。

例題 44　**2分・6点**

方程式 $5\cdot 2^{-x}+2^{x+3}=14$ ……① を考える。

$t=2^x$ とおくと，①は

$$\boxed{\text{ア}}\,t^2-\boxed{\text{イウ}}\,t+\boxed{\text{エ}}=0$$

となることより，①の解は $\boxed{\text{オカ}}$ と $\log_2\boxed{\text{キ}}-\boxed{\text{ク}}$ である。

解答

$t=2^x$ とおくと，①より

$$\frac{5}{t}+8t=14,\quad 8t^2-14t+5=0$$

$$\therefore\quad (2t-1)(4t-5)=0$$

よって，①の解は

$$t=\frac{1}{2}\quad より\quad x=-1$$

$$t=\frac{5}{4}\quad より\quad x=\log_2\frac{5}{4}=\log_2 5-2$$

⬅ $2^{x+3}=2^x\cdot 2^3$

⬅ $x=\log_2 t$

⬅ $\log_2\frac{5}{4}$
$=\log_2 5-\log_2 4$

§4 1

例題 45　**3分・6点**

方程式 $\log_2(x^2+8x+3)=2\log_2(x+5)-1$ の解を求めよう。

真数の条件より　$x>\boxed{\text{アイ}}+\sqrt{\boxed{\text{ウエ}}}$　であり，与式は

$$x^2+8x+3=\frac{(x+5)^{\boxed{\text{オ}}}}{\boxed{\text{カ}}}$$

となることより，解は $x=\boxed{\text{キ}}\sqrt{\boxed{\text{ク}}}-\boxed{\text{ケ}}$ である。

解答

(真数)>0 より

$$x^2+8x+3>0\quad かつ\quad x+5>0$$

$$\therefore\quad x>-4+\sqrt{13}\qquad\cdots\cdots①$$

与式より

$$\log_2(x^2+8x+3)=\log_2(x+5)^2-\log_2 2$$

$$\log_2(x^2+8x+3)=\log_2\frac{(x+5)^2}{2}$$

$$x^2+8x+3=\frac{(x+5)^2}{2}$$

$$x^2+6x-19=0$$

①を考えて　$x=2\sqrt{7}-3$

⬅ $x^2+8x+3>0$ より
$x<-4-\sqrt{13}$,
$-4+\sqrt{13}<x$

⬅ $2\sqrt{7}-3>0$
$0>-4+\sqrt{13}$ より
$x=2\sqrt{7}-3$ は①を満たす。

STAGE 1　30　指数・対数の不等式

■46　指数の不等式■

$a>0$，$a \neq 1$ とする。

(1)　$a^x>M$ の場合

$M>0$ のとき

$$a^x>M \begin{cases} \xrightarrow{a>1\text{ ならば}} x>\log_a M \\ \xrightarrow{0<a<1\text{ ならば}} x<\log_a M \end{cases}$$

(2)　$a^p>a^q$ の場合

底を a に統一すると

$$a^p>a^q \begin{cases} \xrightarrow{a>1\text{ ならば}} p>q \\ \xrightarrow{0<a<1\text{ ならば}} p<q \end{cases}$$

(3)　2次(3次)不等式に変形する場合

$a^x=t\,(>0)$ とおいて，方程式と同様にする。

(注)　指数不等式を解く場合，$a>1$ の場合と $0<a<1$ の場合に注意する必要がある。

■47　対数の不等式■

$a>0$，$a \neq 1$ とする。

(1)　$\log_a x>m$ の場合

$$\log_a x>m \begin{cases} \xrightarrow{a>1\text{ ならば}} x>a^m \\ \xrightarrow{0<a<1\text{ ならば}} 0<x<a^m \end{cases}$$　(真数　$x>0$)

(2)　$\log_a p>\log_a q$ の場合

底を a に統一すると

真数 $p>0$，$q>0$ のもとで

$$\log_a p>\log_a q \begin{cases} \xrightarrow{a>1\text{ ならば}} p>q(>0) \\ \xrightarrow{0<a<1\text{ ならば}} (0<)\,p<q \end{cases}$$

(3)　2次(3次)不等式に変形する場合

$\log_a x=t$ とおいて，方程式と同様にする。

(注)　対数不等式を解く場合，真数条件に加えて，$a>1$ の場合と $0<a<1$ の場合に注意する必要がある。

例題 46　3分・4点

不等式 $\dfrac{5}{(\sqrt{2})^x}-\dfrac{4}{2^x}>1$ ……① を考える。$t=\dfrac{1}{(\sqrt{2})^x}$ とおくと，①は

$$\boxed{\text{ア}}\,t^2-\boxed{\text{イ}}\,t+\boxed{\text{ウ}}<0$$

となる。このことより，①の解は $\boxed{\text{エ}}<x<\boxed{\text{オ}}$ である。

解答

$t=\dfrac{1}{(\sqrt{2})^x}=2^{-\frac{x}{2}}$ とおくと $\dfrac{1}{2^x}=2^{-x}=t^2$

であるから，①より

$$5t-4t^2>1 \qquad \mathbf{4}t^2-\mathbf{5}t+\mathbf{1}<0 \qquad \therefore\ \frac{1}{4}<t<1$$

$t=2^{-\frac{x}{2}}$，底 $2>1$ より

$$\frac{1}{4}<2^{-\frac{x}{2}}<1 \qquad -2<-\frac{x}{2}<0 \qquad \therefore\ \mathbf{0}<x<\mathbf{4}$$

⬅ $(\sqrt{2})^x=(2^{\frac{1}{2}})^x=2^{\frac{x}{2}}$

⬅ $(t-1)(4t-1)<0$

⬅ $\frac{1}{4}=2^{-2}$，$1=2^0$

§4 1

例題 47　3分・4点

$0<a<1$ として

$$f(x)=\log_a(x-2)+\log_a(x-3)-\log_a(x+1)$$

とする。$f(x)=0$ を変形すると，2次方程式

$$x^2-\boxed{\text{ア}}\,x+\boxed{\text{イ}}=0$$

を得る。したがって，$f(x)>0$ となる x の値の範囲は

$$\boxed{\text{ウ}}<x<\boxed{\text{エ}}$$

である。

解答

(真数)>0 より　$x>3$　……①

$f(x)=0$ より

$$\log_a(x-2)(x-3)=\log_a(x+1)$$
$$(x-2)(x-3)=x+1 \qquad \therefore\ x^2-\mathbf{6}x+\mathbf{5}=0$$

を得る。$f(x)>0$ のとき，底 a が $0<a<1$ より

$$\log_a(x-2)(x-3)>\log_a(x+1)$$
$$(x-2)(x-3)<x+1 \qquad x^2-6x+5<0$$
$$(x-1)(x-5)<0 \qquad \therefore\ 1<x<5$$

①より　$\mathbf{3}<x<\mathbf{5}$

⬅ (真数)>0 より $x>2$ かつ $x>3$ かつ $x>-1$　$\therefore\ x>3$

⬅ 不等号の向きに注意。

STAGE 1　類　題

類題 40

（3分・6点）

(1)　次の a，b，c，d を 2^p の形で表す。後の⓪～⑨のうちから p の値を一つずつ選べ。

$a=\dfrac{1}{4}$ のとき　$p=$ ア

$b=\sqrt[3]{4}$ のとき　$p=$ イ

$c=\sqrt{\dfrac{1}{8}}$ のとき　$p=$ ウ

$d=\dfrac{2}{\sqrt[3]{16}}$ のとき　$p=$ エ

ア ～ エ の解答群

⓪ $\dfrac{1}{2}$　① $-\dfrac{1}{2}$　② $\dfrac{1}{3}$　③ $-\dfrac{1}{3}$　④ $\dfrac{3}{2}$

⑤ $-\dfrac{3}{2}$　⑥ $\dfrac{2}{3}$　⑦ $-\dfrac{2}{3}$　⑧ 2　⑨ -2

(2)　$x^{\frac{1}{2}}+x^{-\frac{1}{2}}=1+\sqrt{2}$ のとき

$x^{\frac{3}{2}}+x^{-\frac{3}{2}}=$ オ $+$ カ $\sqrt{2}$，$x^2+x^{-2}=$ キ $+$ ク $\sqrt{2}$

である。

類題 41

（3分・6点）

(1)　$\log_{16}32=\dfrac{ア}{イ}$

(2)　$\log_2\sqrt[3]{12}-\log_4 6+\log_8\sqrt{\dfrac{3}{2}}=$ ウ

(3)　$4^{\log_2\sqrt{5}}=$ エ

類題　42　（3分・8点）

(1)　$y=-2^x$ のグラフは，$y=\left(\frac{1}{2}\right)^x$ のグラフと [ア] であり，$y=\log_2(-x)$ のグラフと [イ] である。

(2)　$y=\log_{\frac{1}{2}}\frac{1}{x}$ のグラフは，$y=-\log_2(-x)$ のグラフと [ウ] であり，$y=2\log_{\frac{1}{4}}x$ のグラフと [エ] である。

[ア]～[エ] の解答群(同じものを繰り返し選んでもよい。)

⓪　同一のもの　　①　x 軸に関して対称
②　y 軸に関して対称　　③　直線 $y=x$ に関して対称
④　原点に関して対称

類題　43　（3分・4点）

関数 $y=\log_{\frac{1}{2}}x$ ……① のグラフは，関数 $y=\log_{\frac{1}{2}}(2x+8)$ のグラフを x 軸方向に [ア]，y 軸方向に [イ] だけ平行移動したものである。また，①において x の値が16倍になると y の値は [ウ] 減少する。

類題 44　(4分・8点)

xの方程式

$$(2^x+3^x)\left(\frac{9}{2^x}+\frac{4}{3^x}\right)=50 \quad \cdots\cdots ①$$

を考える。$X=\left(\frac{3}{2}\right)^x$ とおくと，①はXを用いて

$$\boxed{\text{ア}}X+\frac{\boxed{\text{イ}}}{X}-\boxed{\text{ウエ}}=0 \quad \cdots\cdots ②$$

と表される。②の解は

$$X=\boxed{\text{オ}},\ \frac{\boxed{\text{カ}}}{\boxed{\text{キ}}}$$

であるから，①の解は

$$x=\frac{\boxed{\text{ク}}}{\log_2 3-\boxed{\text{ケ}}},\ \frac{\boxed{\text{コサ}}\log_2 3}{\log_2 3-\boxed{\text{ケ}}}$$

となる。

類題 45　(3分・6点)

$a>0$，$b>0$ として

$$f(x)=\log_2(x+a),\quad g(x)=\log_4(4x+b)$$

とする。$f(1)=g(1)$，$f\left(\frac{1}{2}\right)=g\left(\frac{1}{2}\right)$ となるのは

$$a=\frac{\boxed{\text{ア}}}{\boxed{\text{イ}}},\quad b=\frac{\boxed{\text{ウエ}}}{\boxed{\text{オカ}}}$$

のときである。

類題 46　　(4分・6点)

関数 $f(x)=3^x+3^{-x}$ に対して

$$f(x+1)=\boxed{\text{ア}}\cdot 3^x+\frac{\boxed{\text{イ}}}{\boxed{\text{ウ}}}\cdot 3^{-x}$$

である。不等式 $f(x)<f(x+1)<f(x-1)$ を満たす x の値の範囲は

$\dfrac{\boxed{\text{エオ}}}{\boxed{\text{カ}}}<x<\boxed{\text{キ}}$ である。

類題 47　　(4分・6点)

$a>0$，$a\neq 1$ として，不等式

$$2\log_a(8-x)>\log_a(x-2) \quad \cdots\cdots①$$

を考える。

真数は正であるから

$$\boxed{\text{ア}}<x<\boxed{\text{イ}}$$

が成り立つ。

$0<a<1$ のとき，①を満たす x の値の範囲は

$$\boxed{\text{ウ}}<x<\boxed{\text{エ}}$$

$a>1$ のとき，①を満たす x の値の範囲は

$$\boxed{\text{オ}}<x<\boxed{\text{カ}}$$

である。

STAGE 2　31　大小比較

■48　大小比較■

指数や対数で表される数の大小を比較する。

(1)　**底を統一して，グラフを利用する。**

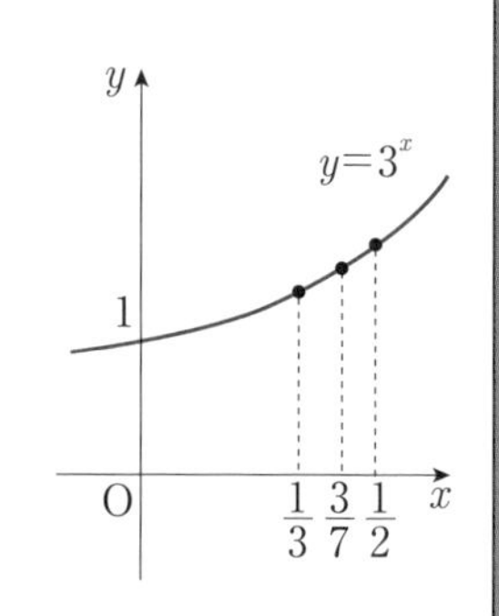

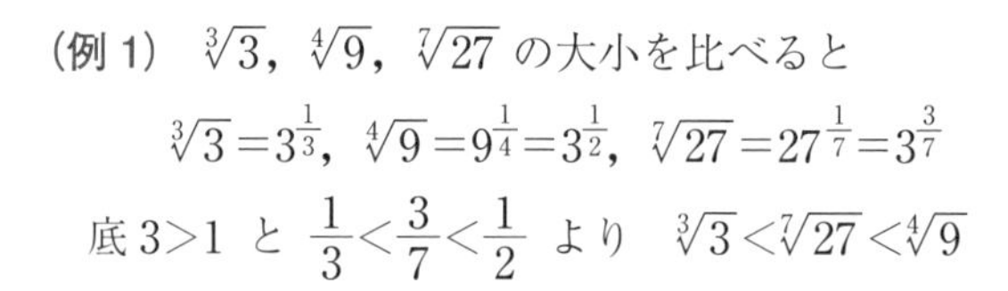

(例 1)　$\sqrt[3]{3}$，$\sqrt[4]{9}$，$\sqrt[7]{27}$ の大小を比べると

$\sqrt[3]{3}=3^{\frac{1}{3}}$，$\sqrt[4]{9}=9^{\frac{1}{4}}=3^{\frac{1}{2}}$，$\sqrt[7]{27}=27^{\frac{1}{7}}=3^{\frac{3}{7}}$

底 $3>1$ と $\frac{1}{3}<\frac{3}{7}<\frac{1}{2}$ より　$\sqrt[3]{3}<\sqrt[7]{27}<\sqrt[4]{9}$

(例 2)　$3\log_{\frac{1}{2}}3$，$2\log_{\frac{1}{2}}5$，$\frac{5}{2}\log_{\frac{1}{2}}4$ の大小を比べると

$3\log_{\frac{1}{2}}3=\log_{\frac{1}{2}}27$，$2\log_{\frac{1}{2}}5=\log_{\frac{1}{2}}25$，$\frac{5}{2}\log_{\frac{1}{2}}4=\log_{\frac{1}{2}}32$

底 $\frac{1}{2}<1$ と $25<27<32$ より

$\frac{5}{2}\log_{\frac{1}{2}}4<3\log_{\frac{1}{2}}3<2\log_{\frac{1}{2}}5$

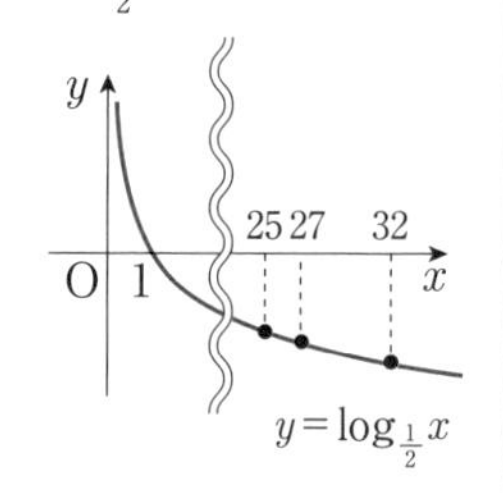

(2)　**比較するいくつかの数を 1 変数で表す。**

(例 3)　$1<x<2$ のとき，$\log_2 x$，$\log_4 2x$，$\log_8 4x$ の大小を比べる。

$\log_2 x=t$ とおくと

$\log_4 2x=\frac{\log_2 2x}{\log_2 4}=\frac{1+t}{2}$

$\log_8 4x=\frac{\log_2 4x}{\log_2 8}=\frac{2+t}{3}$

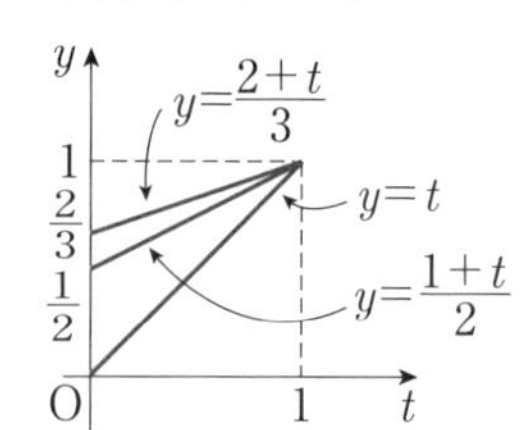

$1<x<2$ のとき $0<t<1$ であり

$t<\frac{1+t}{2}<\frac{2+t}{3}$

であるから，$1<x<2$ のとき

$\log_2 x<\log_4 2x<\log_8 4x$

例題 48　4分・4点

$27<x<27\sqrt{3}$ のとき

$$a=\log_3 x-\frac{7}{2},\quad b=\log_3 x-\frac{5}{2},\quad c=\log_9 x-\frac{5}{2},\quad d=\log_9 x-\frac{3}{2}$$

の間には大小関係

ア < イ < ウ < エ

が成り立つ。

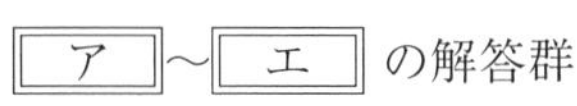
ア ～ エ の解答群

⓪ a　　① b　　② c　　③ d

解答　$27<x<27\sqrt{3}$ のとき

$$3^3<x<3^{\frac{7}{2}} \text{ より } 3<\log_3 x<\frac{7}{2} \quad \cdots\cdots①$$

← $27=3^3$, $27\sqrt{3}=3^{\frac{7}{2}}$

であるから

$$-\frac{1}{2}<a<0,\quad \frac{1}{2}<b<1 \quad \cdots\cdots②$$

また，①と $\log_9 x=\dfrac{\log_3 x}{\log_3 9}=\dfrac{1}{2}\log_3 x$ より

← 底の変換公式。

$$\frac{3}{2}<\log_9 x<\frac{7}{4}$$

であるから

$$-1<c<-\frac{3}{4},\quad 0<d<\frac{1}{4} \quad \cdots\cdots③$$

②，③より

$$c<a<d<b$$ （②，⓪，③，①）

（注）　$t=\log_3 x$ とおくと $3<t<\dfrac{7}{2}$ であり

$$a=t-\frac{7}{2},\quad b=t-\frac{5}{2},\quad c=\frac{t}{2}-\frac{5}{2},\quad d=\frac{t}{2}-\frac{3}{2}$$

であるから，次のグラフを得る。

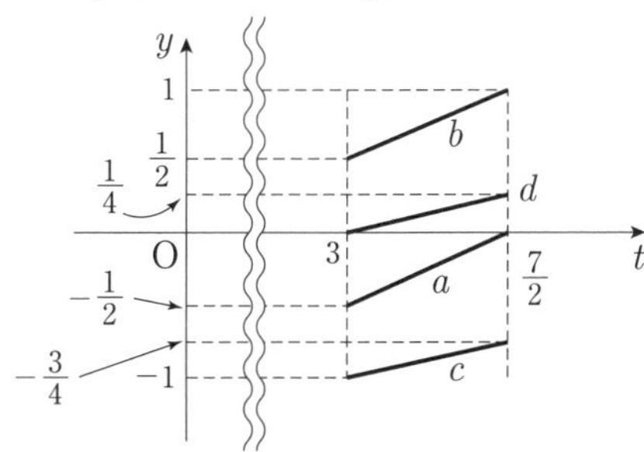

STAGE 2　32　最大・最小

■49　最大・最小■

$a>0$，$a \neq 1$ とする。

(1)　**指数関数 $y=f(x)$ の最大・最小**

底を統一し，変数の置き換えをする。

$a^x=t$ $(t>0)$ とおいて，t の変域を調べる。このとき

$$a^{2x}=(a^x)^2=t^2,\quad a^{3x}=(a^x)^3=t^3$$

$$a^{2x+1}=a^{2x}\cdot a=at^2,\quad a^{3x-1}=a^{3x}\cdot a^{-1}=\frac{1}{a}t^3$$

などとなるので，$f(x)$ を t の 2 次（3 次）関数に変形する。

(2)　**対数関数 $y=f(x)$ の最大・最小**

底を統一し，変数の置き換えをする。

$\log_a x=t$ とおいて，t の変域を調べる。このとき

$$(\log_a x)^2=t^2,\ (\log_a x)^3=t^3$$

$$\log_a ax=t+1,\quad \log_a x^2=2t$$

などとなるので，$f(x)$ を t の 2 次（3 次）関数に変形する。

(注 1)　2 変数関数 $z=f(x,\ y)$ の最大・最小問題の場合

与えられた条件より，一方の変数を消去して 1 変数の場合に帰着させる。

(注 2)　相加相乗平均の関係を利用することもある。

(例 1)　$y=2^x+2^{-x}$ の最小値は

$2^x>0$，$2^{-x}>0$ より

$$2^x+2^{-x} \geqq 2\sqrt{2^x\cdot 2^{-x}}=2$$

等号は，$x=0$ のとき成立。

よって，y の最小値は 2 である。

(例 2)　$x>1$，$y>1$，$xy=2$ のとき

$z=(\log_2 x)(\log_2 y)$ の最大値は

$\log_2 x>0$，$\log_2 y>0$ より

$$\log_2 x+\log_2 y \geqq 2\sqrt{(\log_2 x)(\log_2 y)}$$

$$\log_2 xy \geqq 2\sqrt{z}$$

$$1 \geqq 2\sqrt{z}$$

$$\therefore\quad z \leqq \frac{1}{4}$$

等号は，$x=y=\sqrt{2}$ のとき成立。

よって，z の最大値は $\frac{1}{4}$ である。

例題 49　**4分・8点**

xが $0 \leqq x \leqq 3$ の範囲にあるとき

$$y=4^x-5\cdot 2^{x+1}+21$$

の最大値と最小値を求めよう。$t=2^x$ とおくと，tのとり得る値の範囲は

[ア] $\leqq t \leqq$ [イ] であり

$$y=(t-\boxed{ウ})^{\boxed{エ}}-\boxed{オ}$$

である。したがって，yは$x=$ [カ] のとき最大値 [キク] をとり，

$x=\log_2$ [ケ] のとき最小値 [コサ] をとる。

解答

$t=2^x$ とおくと，$0 \leqq x \leqq 3$ のとき

$$\mathbf{1} \leqq t \leqq \mathbf{8}$$

← $2^0=1$，$2^3=8$

であり

$$y=(2^x)^2-10\cdot 2^x+21$$
$$=t^2-10t+21$$
$$=(t-\mathbf{5})^{\mathbf{2}}-\mathbf{4}$$

← $4^x=2^{2x}=(2^x)^2$
$2^{x+1}=2\cdot 2^x$

である。したがって，yは

$t=1$ のとき 最大値 **12**

$t=5$ のとき 最小値 **−4**

をとる。また

$t=1$ のとき $2^x=1$　∴　$x=\mathbf{0}$

$t=5$ のとき $2^x=5$　∴　$x=\log_2\mathbf{5}$

である。

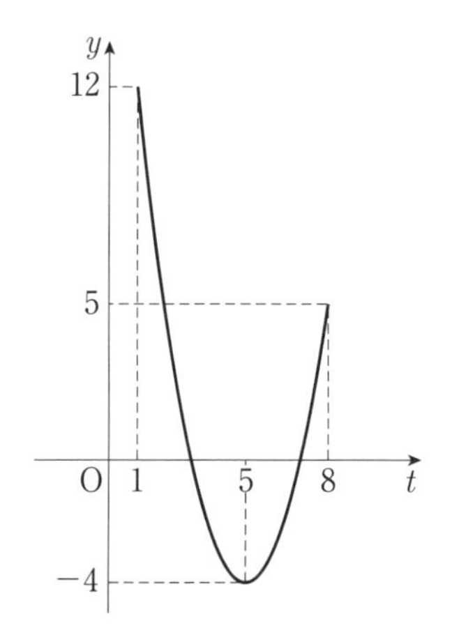

STAGE 2　33　常用対数

■50　桁数の計算■

桁数の計算(1)

$M(M \geqq 1)$を整数部分がm桁の数とすると

$$10^{m-1} \leqq M < 10^m$$

$$\iff \quad m-1 \leqq \log_{10} M < m$$

が成り立つ。

$M(0<M<1)$ を小数で表すと，小数第m位に初めて0でない数字が現れる数とすると

$$10^{-m} \leqq M < 10^{-(m-1)}$$

$$\iff \quad -m \leqq \log_{10} M < -(m-1)$$

が成り立つ。

(注1)　$M=451$ のとき，Mは3桁の整数

$$10^2 \leqq M < 10^3 \qquad \therefore \quad 2 \leqq \log_{10} M < 3$$

(注2)　$M=0.0047$ のとき

　Mは小数第3位に初めて0でない数字が現れる。よって

$$10^{-3} \leqq M < 10^{-2} \qquad \therefore \quad -3 \leqq \log_{10} M < -2$$

桁数の計算(2)

Mを整数部分がm桁の正の数とすると

$$10^{m-1} \leqq M < 10^m$$

このとき

$$10^{\frac{m-1}{2}} \leqq \sqrt{M} < 10^{\frac{m}{2}}$$

$$10^{2(m-1)} \leqq M^2 < 10^{2m}$$

などが成り立つ。

さらに，Nを整数部分がn桁の正の数とすると

$$10^{n-1} \leqq N < 10^n$$

であるから

$$10^{m-1} \cdot 10^{n-1} \leqq MN < 10^m \cdot 10^n$$

$$\therefore \quad 10^{m+n-2} \leqq MN < 10^{m+n}$$

などが成り立つ。

例題 50　4分・6点

(1)　6^{50} は ［アイ］ 桁の整数である。ただし，$\log_{10}2=0.3010$，$\log_{10}3=0.4771$ とする。

(2)　a，b は自然数で，a^2 が7桁の数，ab^3 が20桁の数であれば a は ［ウ］ 桁の数，b は ［エ］ 桁の数である。

解答

(1)

$$\begin{aligned}\log_{10}6^{50}&=50\log_{10}6\\&=50(\log_{10}2+\log_{10}3)\\&=50(0.3010+0.4771)\\&=38.9050\end{aligned}$$

← 常用対数の値を求める。

← $6=2\cdot 3$

より

$$6^{50}=10^{38.9050}$$

であるから

$$10^{38}<6^{50}<10^{39}$$

← $10^{38}=1\underbrace{00\cdots\cdots0}_{38個}$
$10^{39}=1\underbrace{00\cdots\cdots00}_{39個}$

よって，6^{50} は **39** 桁の数である。

(2)　条件より

$$10^6\leqq a^2<10^7 \quad \cdots\cdots①$$
$$10^{19}\leqq ab^3<10^{20} \quad \cdots\cdots②$$

①より

$$10^3\leqq a<10^{3.5} \quad \cdots\cdots③$$

← $10^{\frac{6}{2}}\leqq a<10^{\frac{7}{2}}$

であるから，a は **4** 桁の数である。

③より

$$10^{-3.5}<a^{-1}\leqq 10^{-3} \quad \cdots\cdots④$$

← $10^{-3}\geqq a^{-1}>10^{-3.5}$

であるから，②，④を辺々かけて

$$10^{15.5}<b^3<10^{17}$$
$$\therefore\quad 10^{5.16\cdots}<b<10^{5.66\cdots}$$

← $10^{19}\cdot 10^{-3.5}=10^{15.5}$
$10^{20}\cdot 10^{-3}=10^{17}$

よって，b は **6** 桁の数である。

(別解)　①，②の対数(底は10)をとると

$$\begin{cases}3\leqq\log_{10}a<3.5 & \cdots\cdots⑤\\ 19\leqq\log_{10}a+3\log_{10}b<20 & \cdots\cdots⑥\end{cases}$$

⑤より，a は **4** 桁の数であり，⑤，⑥より $\log_{10}a$ を消去すると

← ⑤より
$-3.5<-\log_{10}a\leqq -3$
これと⑥を辺々加える。

$$15.5<3\log_{10}b<17 \qquad \therefore\quad 5.16<\log_{10}b<5.66$$

よって，b は **6** 桁の数である。

§4 2

STAGE 2 類題

類題 48 （6分・12点）

$a=\log_3 4$，$b=\log_4 5$，$c=\log_{12} 20$ とおく。

3^5 [ア] 4^4 であるから，a [イ] $\frac{5}{4}$ が成り立つ。

4^5 [ウ] 5^4 であるから，b [エ] $\frac{5}{4}$ が成り立つ。

一方，$ab=\log_3$ [オ] であるから，c を a，b で表すと

$$c=\frac{[カ]+[キ]}{a+[ク]}$$

であり

$$c-a=\frac{a}{a+[ク]}([ケ]-[コ])$$

$$c-b=\frac{1}{a+[ク]}([サ]-[シ])$$

が成り立つ。

よって，a，b，c の大小関係は

[ス] < [セ] < [ソ]

である。

[ア]～[エ] の解答群（同じものを繰り返し選んでもよい。）

⓪ <　① ＝　② >

[カ]，[キ]，[ケ]～[ソ] の解答群（同じものを繰り返し選んでもよい。）

⓪ a　① b　② c　③ ab　④ ac　⑤ bc

類題　49　（8分・12点）

(1)　xが $\frac{1}{8} \leqq x \leqq 2$ の範囲にあるとき

$$y=2(\log_2 2x)^2+\log_2 (2x)^2+2\log_2 x+2$$

の最大値と最小値を求めよう。$t=\log_2 x$ とおくと，tのとり得る値の範囲は

［アイ］$\leqq t \leqq$［ウ］であり

$y=$［エ］t^2+［オ］$t+$［カ］

である。したがって，yは $x=$［キ］のとき最大値［クケ］をとり，$x=\frac{［コ］}{［サ］}$ のとき最小値［シス］をとる。

(2)　xがすべての実数値をとって変化するとき，$6 \cdot 2^x+2^{3-x}$ は

$x=$［セ］$-\frac{［ソ］}{［タ］}\log_2$［チ］のとき，最小値［ツ］$\sqrt{［テ］}$ をとる。

(3)　$x>1$ のとき，$\log_x 8+\log_4 x$ は $x=2^{\sqrt{［ト］}}$ のとき，最小値 $\sqrt{［ナ］}$ をとる。

§4 2

類題　50　（8分・12点）

以下の(1)，(2)，(3)においては，$\log_{10} 2=0.3010$，$\log_{10} 3=0.4771$ とする。

(1)　12^{20} は［アイ］桁の整数である。

(2)　$\left(\frac{1}{18}\right)^{15}$ を小数で表すと，小数第［ウエ］位に初めて0でない数字が現れる。

(3)　nは整数で，2^n が8桁の数，2^{n+1} が9桁の数のとき，$n=$［オカ］である。

(4)　a，bは自然数で，a^5b^5 が24桁の数，$\frac{a^5}{b^5}$ の整数部分が16桁の数であれば，aは［キ］桁の数，bは［ク］桁の数である。

STAGE 1 34 微分の計算

■51 微分の計算■

(1) **導関数**

n が自然数のとき　$(x^n)'=nx^{n-1}$

c が定数のとき　$(c)'=0$

(2) **平均変化率**

関数 $f(x)$ において，x の値が a から b まで変わるときの平均変化率は

$$\frac{f(b)-f(a)}{b-a} \quad \text{または} \quad \frac{f(a+h)-f(a)}{h} \quad (b=a+h\ \text{とおく})$$

(3) **微分係数**

関数 $f(x)$ の $x=a$ における微分係数 $f'(a)$ は

$$f'(a)=\lim_{x\to a}\frac{f(x)-f(a)}{x-a} \quad (x\text{を限りなく}a\text{に近づける})$$

$$=\lim_{h\to 0}\frac{f(a+h)-f(a)}{h} \quad (h\text{を限りなく}0\text{に近づける})$$

(注) 平均変化率は，曲線 $y=f(x)$ 上の2点 $A(a,\ f(a))$，$B(b,\ f(b))$ を結ぶ直線の傾きを表す。また，微分係数は点 $A(a,\ f(a))$ における接線の傾きを表す。

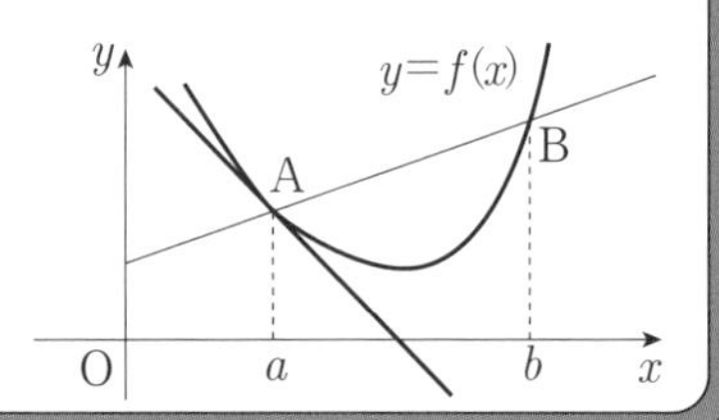

■52 接 線■

曲線 $y=f(x)$ 上の点 $(a,\ f(a))$ における接線の方程式は

$$y-f(a)=f'(a)(x-a)$$

すなわち　$y=f'(a)(x-a)+f(a)$

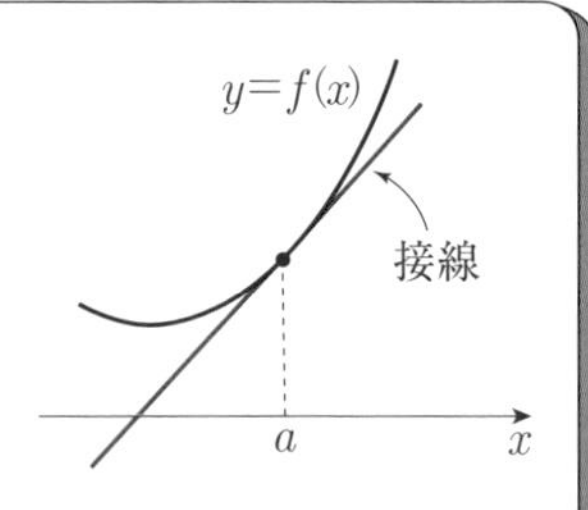

(注) 接点の座標は $(a,\ f(a))$，接線の傾きは $f'(a)$ である。

例題 51　**3分・6点**

$f(x)=3x^2-2x+1$ とする。$f(x)$の導関数は

$$f'(x)=\boxed{\text{ア}}x-\boxed{\text{イ}}$$

である。関数 $y=f(x)$ において，xの値が1から $1+h$ まで変化するときの平均変化率は $\boxed{\text{ウ}}+\boxed{\text{エ}}h$ であり，hを限りなく0に近づけるとき，この式の値は限りなく $\boxed{\text{オ}}$ に近づく。

解答

$$f'(x)=\mathbf{6x-2}$$

である。平均変化率は

$$\frac{f(1+h)-f(1)}{(1+h)-1}=\frac{3(1+h)^2-2(1+h)+1-2}{h}$$

$$=\mathbf{4+3h}$$

であり，hを限りなく0に近づけるとき，この式の値は限りなく**4**に近づく。

(注)　この極限値は関数 $y=f(x)$ の $x=1$ における微分係数 $f'(1)=4$ である。

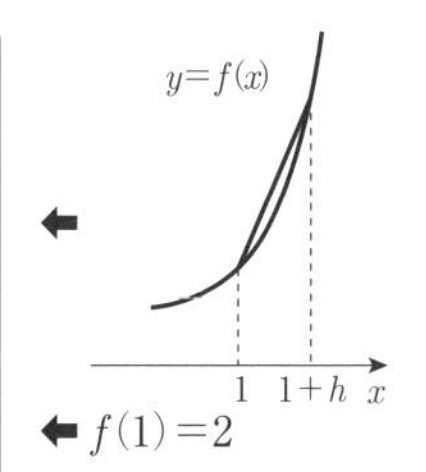

⬅ $f(1)=2$

例題 52　**3分・6点**

$f(x)=x^3+3x^2$ とする。曲線 $y=f(x)$ 上の点$(a,\ f(a))$における接線の方程式は

$$y=(\boxed{\text{ア}}a^2+\boxed{\text{イ}}a)x-\boxed{\text{ウ}}a^3-\boxed{\text{エ}}a^2$$

である。接線の傾きが最小になるのは $a=\boxed{\text{オカ}}$ のときで，このとき，接線の方程式は

$$y=\boxed{\text{キク}}x-\boxed{\text{ケ}}$$

である。

解答

$f(x)=x^3+3x^2$ より　$f'(x)=3x^2+6x$

点$(a,\ f(a))$における接線の方程式は

$$y=(3a^2+6a)(x-a)+a^3+3a^2$$

⬅ $y=f'(a)(x-a)+f(a)$

$$\therefore\quad y=(\mathbf{3}a^2+\mathbf{6}a)x-\mathbf{2}a^3-\mathbf{3}a^2$$

接線の傾きは

$$3a^2+6a=3(a+1)^2-3$$

⬅ aの2次関数とみる。

より，$a=\mathbf{-1}$ のとき最小になり，このとき，接線の方程式は　$y=\mathbf{-3}x-\mathbf{1}$

STAGE 1　35　極　値

■53　極値の計算■

関数 $y=f(x)$ の**増減表**をかくことによって，**極大・極小**を調べる。

x	$\cdots$	a	$\cdots$	b	$\cdots$
$f'(x)$	$+$	0	$-$	0	$+$
$f(x)$	↗	極大	↘	極小	↗

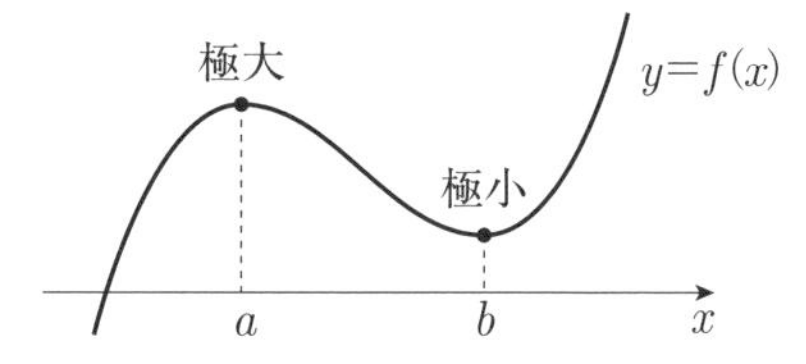

（注）　3 次関数 $f(x)=ax^3+bx^2+cx+d$ が極値をもつ条件は

$f'(x)=3ax^2+2bx+c=0$ が異なる 2 つの実数解をもつこと

であり，このとき $y=f(x)$ のグラフは次のようになる。

$a>0$ のとき

$a<0$ のとき

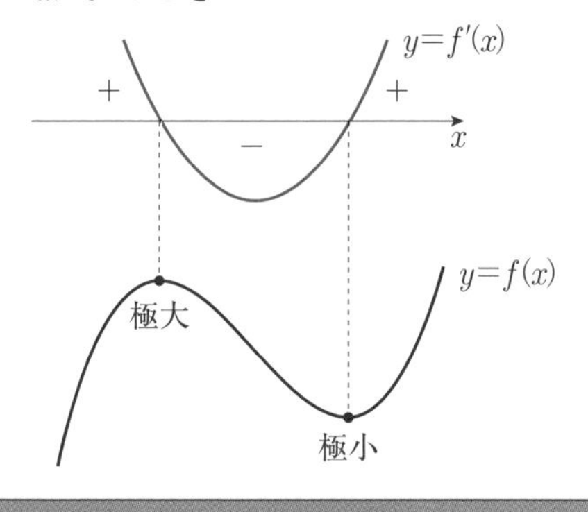

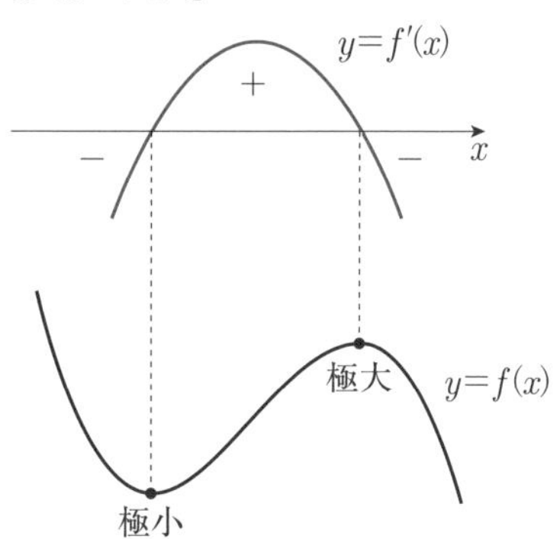

■54　係数の決定■

関数 $f(x)$ が

$x=a$ で極値(極大・極小)をとる

$\Longrightarrow$　$f'(a)=0$，極値は $f(a)$ である

（注）　$f'(a)=0$ であっても，$f(x)$ は $x=a$ で極値をとるとは限らない。

また $f'(a)=0$ となる a が存在しない場合もある。

例えば $f(x)=|x-1|$ の場合

$x=1$ のとき極小値 $f(1)=0$ をとるが，$f'(1)$ は存在しない。

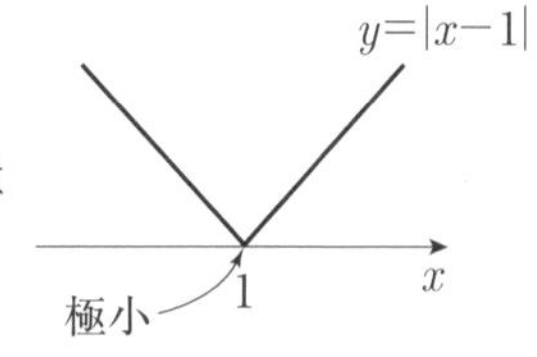

例題 53　3分・6点

関数 $f(x)=x^3-9x^2+15x+1$ は

$x=$ ア のとき極大値 イ ，$x=$ ウ のとき極小値 エオカ

をとる。極大点と極小点を通る直線の方程式は

$y=$ キク $x+$ ケコ である。

解答

$$f'(x)=3x^2-18x+15$$
$$=3(x-1)(x-5)$$

$f(x)$ の増減表は右のようになる。

よって，$f(x)$ は

$x=\mathbf{1}$ のとき　極大値　$\mathbf{8}$

$x=\mathbf{5}$ のとき　極小値　$\mathbf{-24}$

をとる。極大点 $(1,\ 8)$ と極小点 $(5,\ -24)$ を通る直線の方程式は

$$y=\frac{(-24)-8}{5-1}(x-1)+8 \qquad \therefore \quad y=\mathbf{-8}x+\mathbf{16}$$

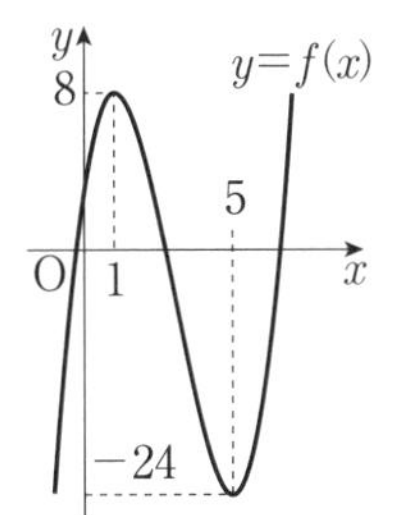

x	$\cdots$	1	$\cdots$	5	$\cdots$
$f'(x)$	$+$	0	$-$	0	$+$
$f(x)$	↗	8	↘	−24	↗

例題 54　3分・6点

関数 $f(x)=x^3+ax^2+bx+2$ が，$x=3$ で極小値 -25 をとるとき，

$a=$ アイ ，$b=$ ウエ であり，$f(x)$ は

$x=$ オカ のとき極大値 キ をとる。

解答

$$f'(x)=3x^2+2ax+b$$

条件より

$$\begin{cases} f(3)=27+9a+3b+2=-25 \\ f'(3)=27+6a+b=0 \end{cases}$$

$$\therefore \quad \begin{cases} 3a+b=-18 \\ 6a+b=-27 \end{cases}$$

$$\therefore \quad a=\mathbf{-3},\ b=\mathbf{-9}$$

このとき

$$f(x)=x^3-3x^2-9x+2$$
$$f'(x)=3x^2-6x-9=3(x-3)(x+1)$$

$f(x)$ の増減表は右のようになるので，$f(x)$ は

$x=\mathbf{-1}$ のとき極大値 $\mathbf{7}$ をとる。

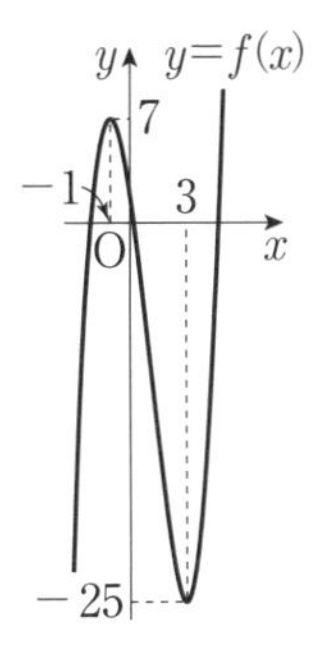

x	$\cdots$	−1	$\cdots$	3	$\cdots$
$f'(x)$	$+$	0	$-$	0	$+$
$f(x)$	↗	7	↘	−25	↗

STAGE 1 36 微分の応用

■55　最大・最小■

関数 $y=f(x)$ の区間 $a \leqq x \leqq b$ における最大値，最小値を求めるとき，この区間における増減表をかく。
この区間での関数の極値と区間の両端での関数の値の大小を比べる。
右図において

$x=c$ で最大(極大)

$x=a$ で最小

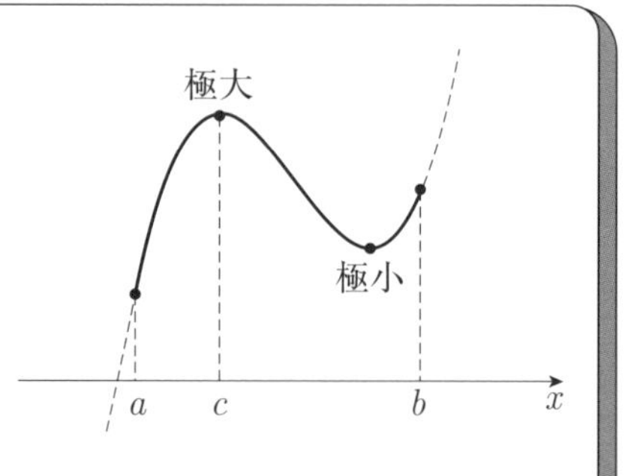

(注)　極大値，極小値が必ずしも，最大値，最小値になるとは限らない。

■56　方程式■

(1)　**実数解**

方程式 $f(x)=0$ の実数解は，$y=f(x)$ のグラフと x 軸の共有点の x 座標である。

(2)　**実数解の個数**

「方程式 $f(x)=0$ の実数解の個数」

＝「$y=f(x)$ のグラフと x 軸の共有点の個数」

「方程式 $f(x)=a$ の実数解の個数」

＝「$y=f(x)$ のグラフと直線 $y=a$ の共有点の個数」

(注)　3次方程式 $f(x)=0$ が異なる3つの実数解をもつ条件は，関数 $y=f(x)$ が極大値と極小値をもち，(極大値)>0，(極小値)<0 が成り立つこと。

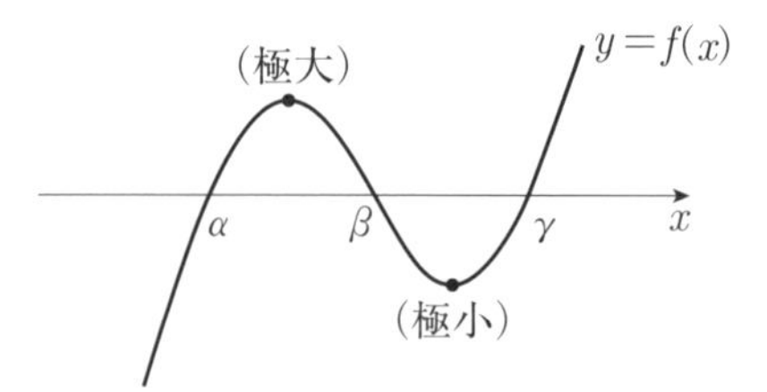

例題 55　2分・4点

$0<a<1$ とする。関数 $f(x)=x^3-3ax^2+1$ の $0\leqq x\leqq 2$ における最大値が 3 であるとき，$a=\dfrac{\boxed{ア}}{\boxed{イ}}$ であり，このとき最小値は $\dfrac{\boxed{ウ}}{\boxed{エ}}$ である。

解答

$$f'(x)=3x^2-6ax=3x(x-2a)$$

$0<2a<2$ より，$f(x)$ の増減表は右のようになる。

最大値が 3 であるから

$$f(2)=-12a+9=3 \qquad \therefore \quad a=\mathbf{\frac{1}{2}}$$

このとき，最小値は　$f(2a)=-4a^3+1=\mathbf{\dfrac{1}{2}}$

⬅ $f'(x)=0$ とおくと $x=0$，$2a$

x	0	…	$2a$	…	2
$f'(x)$	0	−	0	+	
$f(x)$	1	↘		↗	

例題 56　4分・8点

$f(x)=x^3-ax^2+a$ $(a>0)$ とする。関数 $f(x)$ は $x=\boxed{ア}$ のとき極大値をとり，$x=\dfrac{\boxed{イ}}{\boxed{ウ}}a$ のとき極小値をとる。方程式 $f(x)=0$ が，$x<3$ の範囲に，異なる三つの実数解をもつための a の値の範囲は

$\dfrac{\boxed{エ}\sqrt{\boxed{オ}}}{\boxed{カ}}<a<\dfrac{\boxed{キク}}{\boxed{ケ}}$ である。

解答

$$f'(x)=3x^2-2ax=x(3x-2a)$$

$a>0$ より $f(x)$ の増減表は右のようになる。

よって，$f(x)$ は $x=\mathbf{0}$ のとき極大値 a をとり

$$x=\mathbf{\frac{2}{3}}a \text{ のとき極小値 } -\frac{4}{27}a^3+a \text{ をとる。}$$

方程式 $f(x)=0$ が $x<3$ の範囲に異なる三つの実数解をもつための a の条件は，$y=f(x)$ のグラフを考えて

$$-\frac{4}{27}a^3+a<0 \quad かつ \quad \frac{2}{3}a<3 \quad かつ$$

$$f(3)=-8a+27>0$$

つまり $a\left(a^2-\dfrac{27}{4}\right)>0$　かつ　$a<\dfrac{9}{2}$　かつ　$a<\dfrac{27}{8}$

$$\therefore \quad \mathbf{\frac{3\sqrt{3}}{2}}<a<\mathbf{\frac{27}{8}}$$

⬅ $f'(x)=0$ とおくと $x=0$，$\dfrac{2}{3}a$

x	…	0	…	$\frac{2}{3}a$	…
$f'(x)$	+	0	−	0	+
$f(x)$	↗		↘		↗

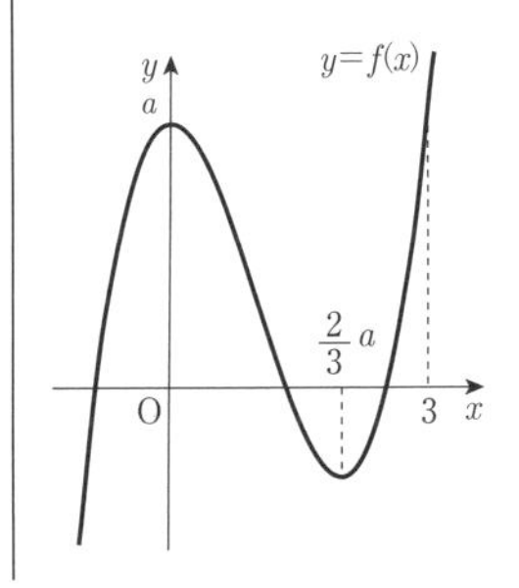

STAGE 1　37　積分の計算

■57　積分の計算■

(1)　**不定積分**

n を 0 以上の整数とするとき

$$\int x^n dx = \frac{1}{n+1} x^{n+1} + C \quad (C \text{ は積分定数；以下同})$$

(2)　**定積分**

$f(x)$ の不定積分の 1 つを $F(x)$ とするとき

$$\int_a^b f(x)\,dx = \Big[F(x)\Big]_a^b = F(b) - F(a)$$

■58　積分の工夫■

(1)　$f(x) = (x-\alpha)(x-\beta)$ の場合

$$\int_\alpha^\beta (x-\alpha)(x-\beta)\,dx = -\frac{1}{6}(\beta-\alpha)^3$$

2 次方程式 $ax^2+bx+c=0$ の 2 実数解が α，β のとき

$$\int_\alpha^\beta (ax^2+bx+c)\,dx = \int_\alpha^\beta a(x-\alpha)(x-\beta)\,dx = -\frac{a}{6}(\beta-\alpha)^3$$

(2)　$f(x) = (x+a)^2$ の場合

$$\int (x+a)^2 dx = \frac{1}{3}(x+a)^3 + C$$

(3)　積分区間が $[-a,\ a]$ の場合

$$\int_{-a}^a x^2 dx = 2\int_0^a x^2 dx,\quad \int_{-a}^a x\,dx = 0,\quad \int_{-a}^a c\,dx = 2\int_0^a c\,dx$$

(4)　定積分の計算は各項ごとにできる。

$$\int_a^b (x^2+x+1)\,dx = \left[\frac{x^3}{3} + \frac{x^2}{2} + x\right]_a^b = \frac{b^3-a^3}{3} + \frac{b^2-a^2}{2} + b - a$$

例題 57　3分・6点

(1) 関数 $f(x)$ が

$$f(1)=0,\ f'(x)=3x^2+6x+a$$

を満たすとき

$f(x)=x^3+$ ア x^2+ イ $x-a-$ ウ　である。

(2) 次の計算をせよ。

$$A=\int_0^2 (x^2-4x+3)\,dx=\frac{\boxed{エ}}{\boxed{オ}},\quad B=\int_{-1}^2 (x^2+2x-8)\,dx=\boxed{カキク}$$

解答

(1) 条件より

$$f(x)=\int(3x^2+6x+a)\,dx=x^3+3x^2+ax+C$$

← C は積分定数。

$f(1)=0$ より　$4+a+C=0$　　∴　$C=-a-4$

よって　$f(x)=x^3+\mathbf{3}x^2+\boldsymbol{a}x-a-\mathbf{4}$

(2) $A=\left[\dfrac{x^3}{3}-2x^2+3x\right]_0^2=\dfrac{8}{3}-8+6=\mathbf{\dfrac{2}{3}}$

$B=\left[\dfrac{x^3}{3}+x^2-8x\right]_{-1}^2=\dfrac{8}{3}+4-16-\left(-\dfrac{1}{3}+1+8\right)=\mathbf{-18}$

§5 1

例題 58　4分・8点

次の計算をせよ。

(1) $\displaystyle\int_{-1}^2 (x^2-x-2)\,dx=\frac{\boxed{アイ}}{\boxed{ウ}}$　　(2) $\displaystyle\int_{-2}^1 (x^2+4x+4)\,dx=\boxed{エ}$

(3) $\displaystyle\int_{-2}^2 (x^2-5x+3)\,dx=\frac{\boxed{オカ}}{\boxed{キ}}$　　(4) $\displaystyle\int_{-1}^2 (x^2+x-1)\,dx=\frac{\boxed{ク}}{\boxed{ケ}}$

解答

(1) (与式)$=\displaystyle\int_{-1}^2 (x+1)(x-2)\,dx=-\frac{\{2-(-1)\}^3}{6}=\mathbf{-\frac{9}{2}}$

← $-\dfrac{1}{6}(\beta-\alpha)^3$

(2) (与式)$=\displaystyle\int_{-2}^1 (x+2)^2dx=\left[\frac{1}{3}(x+2)^3\right]_{-2}^1=\frac{27}{3}=\mathbf{9}$

(3) (与式)$=2\displaystyle\int_0^2 (x^2+3)\,dx=2\left[\frac{x^3}{3}+3x\right]_0^2=2\left(\frac{8}{3}+6\right)=\mathbf{\frac{52}{3}}$

← $\displaystyle\int_{-2}^2 5x\,dx=0$

(4) (与式)$=\left[\dfrac{x^3}{3}+\dfrac{x^2}{2}-x\right]_{-1}^2$

$$=\frac{8-(-1)}{3}+\frac{4-1}{2}-\{2-(-1)\}=\mathbf{\frac{3}{2}}$$

STAGE 1　38　面　積

■59　定積分と面積■

(1)　曲線 $y=f(x)$ と x 軸

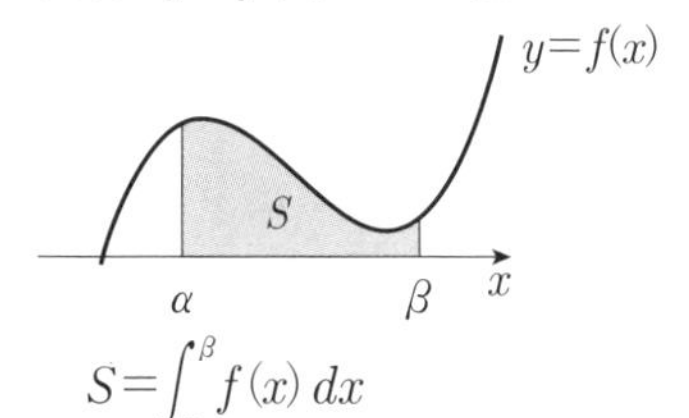

$$S=\int_{\alpha}^{\beta}f(x)\,dx$$

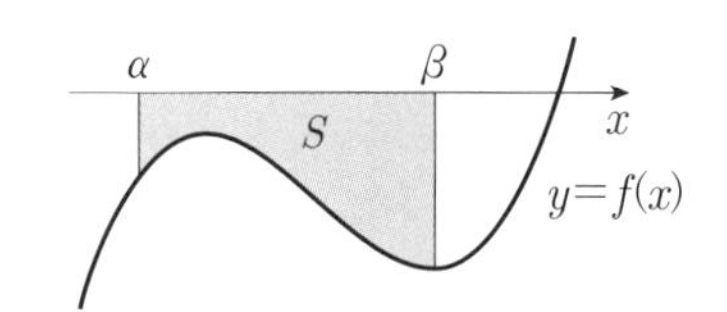

$$S=-\int_{\alpha}^{\beta}f(x)\,dx$$

(2)　2曲線 $\boldsymbol{y=f(x)}$ と $\boldsymbol{y=g(x)}$

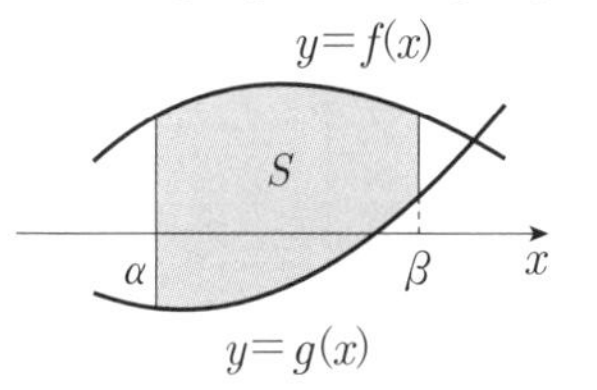

$$S=\int_{\alpha}^{\beta}\{f(x)-g(x)\}\,dx$$

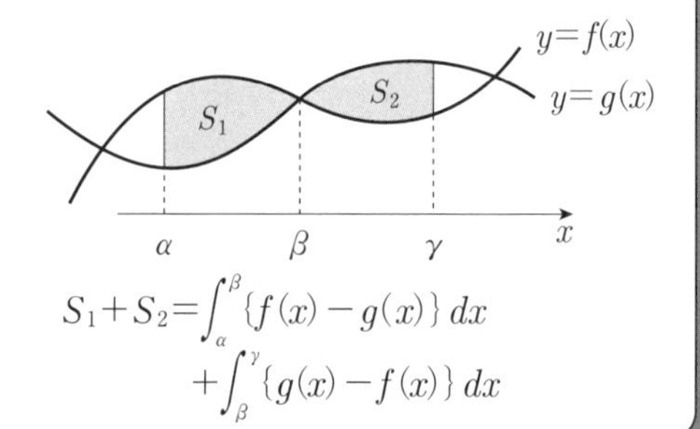

$$S_1+S_2=\int_{\alpha}^{\beta}\{f(x)-g(x)\}\,dx+\int_{\beta}^{\gamma}\{g(x)-f(x)\}\,dx$$

■60　公式の利用■

放物線 C と直線 ℓ で囲まれる図形の面積を求めるときは，定積分の公式：

$$\int_{\alpha}^{\beta}(x-\alpha)(x-\beta)\,dx=-\frac{1}{6}(\beta-\alpha)^3$$

が利用できる。

$$C：y=ax^2+bx+c\quad(a>0)$$
$$\ell：y=mx+n$$

のとき

$$S=\int_{\alpha}^{\beta}\{mx+n-(ax^2+bx+c)\}\,dx$$
$$=-a\int_{\alpha}^{\beta}(x-\alpha)(x-\beta)\,dx$$

（公式が使える形に因数分解できる）

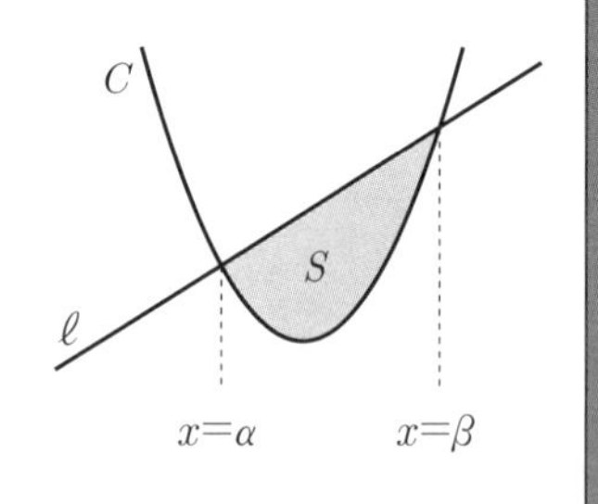

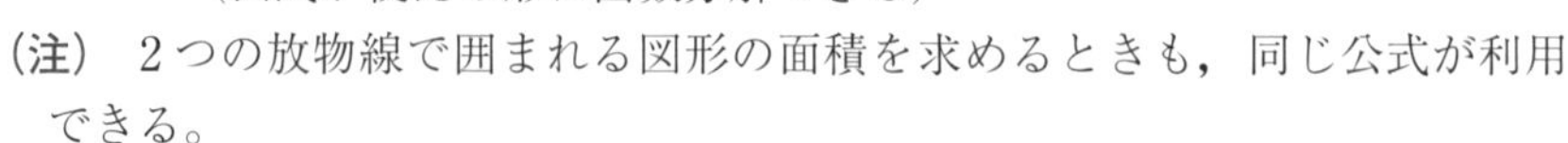

(注)　2つの放物線で囲まれる図形の面積を求めるときも，同じ公式が利用できる。

例題 59　2分・4点

放物線 $y=x^2+1$ と x 軸および2直線 $x=-1$，$x=2$ とで囲まれた部分の面積は $\boxed{\text{ア}}$ である。また，二つの放物線 $y=x^2-x$，$y=-\dfrac{1}{2}x^2-1$ と2直線 $x=-2$，$x=2$ で囲まれた部分の面積は $\boxed{\text{イウ}}$ である。

解答

右図より

$$\int_{-1}^{2}(x^2+1)\,dx=\left[\frac{x^3}{3}+x\right]_{-1}^{2}=\frac{2^3-(-1)^3}{3}+2-(-1)$$

$$=\mathbf{6}$$

$$\int_{-2}^{2}\left\{x^2-x-\left(-\frac{1}{2}x^2-1\right)\right\}dx=\int_{-2}^{2}\left(\frac{3}{2}x^2-x+1\right)dx$$

$$=2\int_{0}^{2}\left(\frac{3}{2}x^2+1\right)dx=2\left[\frac{x^3}{2}+x\right]_{0}^{2}=\mathbf{12}$$

例題 60　3分・6点

放物線 C：$y=2x^2-1$ と直線 l：$y=-4x+5$ によって囲まれる図形 D の面積は $\dfrac{\boxed{\text{アイ}}}{\boxed{\text{ウ}}}$ であり，この面積は y 軸によって $\boxed{\text{エ}}$：$\boxed{\text{オカ}}$ の比に分けられる。

解答

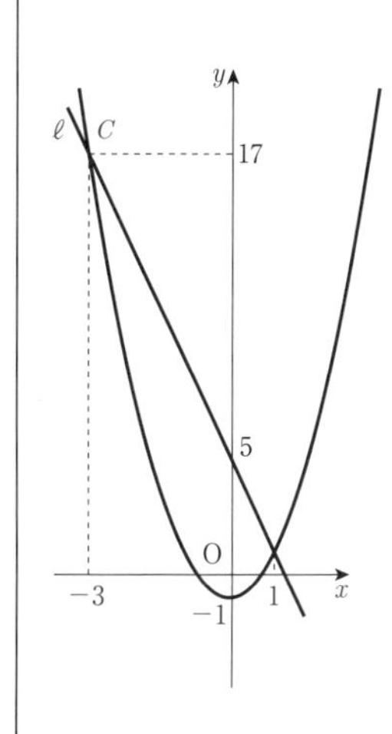

C と ℓ の交点の x 座標は

$$2x^2-1=-4x+5 \quad \text{より} \quad (x-1)(x+3)=0$$

$$\therefore \quad x=1,\ -3$$

であるから，図形 D の面積 S は

$$S=\int_{-3}^{1}\{-4x+5-(2x^2-1)\}\,dx=-2\int_{-3}^{1}(x+3)(x-1)\,dx$$

$$=2\cdot\frac{1}{6}\{1-(-3)\}^3=\mathbf{\frac{64}{3}}$$

また，D の $x\geqq 0$ の部分の面積 T は

$$T=\int_{0}^{1}\{-4x+5-(2x^2-1)\}\,dx=\left[-\frac{2}{3}x^3-2x^2+6x\right]_{0}^{1}$$

$$=-\frac{2}{3}-2+6=\frac{10}{3}$$

よって，求める比は　$T:(S-T)=\dfrac{10}{3}:\dfrac{54}{3}=\mathbf{5:27}$

STAGE 1　39　積分の応用

■61　絶対値記号で表された関数の積分■

$$\int_0^2 |x^2-1|\,dx$$

$f(x)=|x^2-1|$ のグラフをかく　⇒

$$f(x)=\begin{cases} x^2-1 & (x \leqq -1,\ 1 \leqq x) \\ -(x^2-1) & (-1 \leqq x \leqq 1) \end{cases}$$

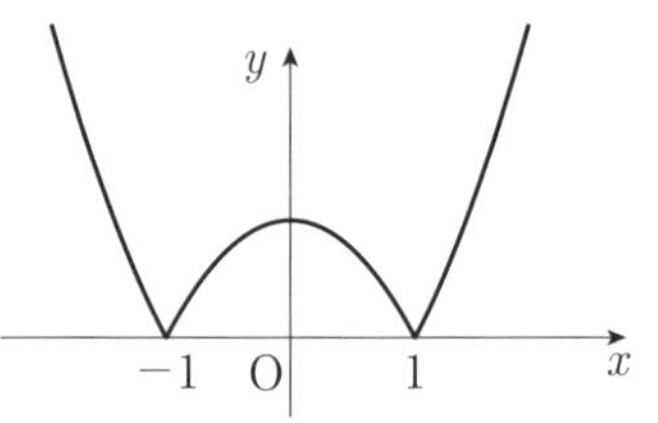

積分区間で分ける。

$$\int_0^2 |x^2-1|\,dx = -\int_0^1 (x^2-1)\,dx + \int_1^2 (x^2-1)\,dx$$

$\int_0^1 |x^2-1|\,dx = -\int_0^1 (x^2-1)\,dx$，$\int_1^2 |x^2-1|\,dx = \int_1^2 (x^2-1)\,dx$

■62　微分と積分の関係■

a を定数として

$$F(x)=\int_a^x f(t)\,dt$$

とすると

$$\boldsymbol{F'(x)=f(x)} \quad \text{かつ} \quad \boldsymbol{F(a)=0}$$

$f(x)$ の不定積分の1つを $g(x)$ とすると

$$\int_a^x f(t)\,dt = \Big[\,g(t)\,\Big]_a^x = g(x)-g(a)$$

$g(a)$ は定数であるから，この式を微分すると

$$\{g(x)-g(a)\}' = g'(x) = f(x)$$

となる。すなわち

$$\frac{d}{dx}\int_a^x f(t)\,dt = f(x)$$

また，$x=a$ とすると

$$\int_a^a f(t)\,dt = \Big[\,g(t)\,\Big]_a^a = g(a)-g(a)=0$$

例題 61 3分・4点

$$|x^2-3x|=\begin{cases} x^2-3x & (x \leqq \boxed{ア},\ \boxed{イ} \leqq x) \\ -(x^2-3x) & (\boxed{ア} \leqq x \leqq \boxed{イ}) \end{cases}$$ であるから

$\displaystyle\int_{-1}^{2}|x^2-3x|\,dx=\frac{\boxed{ウエ}}{\boxed{オ}}$ である。

解答

$x^2-3x=x(x-3)$ より

$$|x^2-3x|=\begin{cases} x^2-3x & (x \leqq \mathbf{0},\ \mathbf{3} \leqq x) \\ -(x^2-3x) & (0 \leqq x \leqq 3) \end{cases}$$

よって

$$\begin{aligned}\int_{-1}^{2}|x^2-3x|\,dx &= \int_{-1}^{0}(x^2-3x)\,dx-\int_{0}^{2}(x^2-3x)\,dx \\ &= \left[\frac{1}{3}x^3-\frac{3}{2}x^2\right]_{-1}^{0}-\left[\frac{1}{3}x^3-\frac{3}{2}x^2\right]_{0}^{2} \\ &= \frac{\mathbf{31}}{\mathbf{6}}\end{aligned}$$

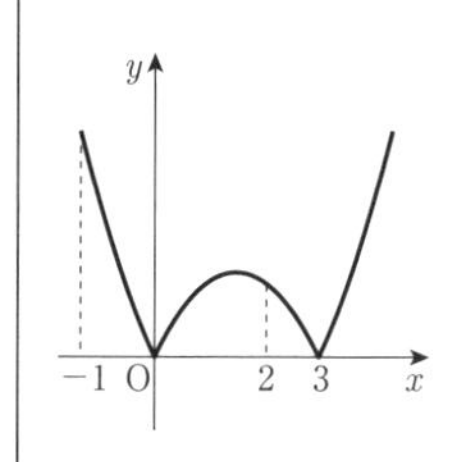

例題 62 2分・4点

a を定数として，関数 $f(x)$ が

$$\int_{a}^{x}f(t)\,dt=3x^2-2x+2-3a$$

を満たすとき

$$f(x)=\boxed{ア}x-\boxed{イ},\quad a=\boxed{ウ},\ \frac{\boxed{エ}}{\boxed{オ}}$$

である。

解答

与式の両辺を微分して

$f(x)=\mathbf{6}x-\mathbf{2}$

← $\dfrac{d}{dx}\displaystyle\int_{a}^{x}f(t)\,dt=f(x)$

与式の x に a を代入すると

$0=3a^2-2a+2-3a$

← $\displaystyle\int_{a}^{a}f(t)\,dt=0$

$3a^2-5a+2=0$

$(a-1)(3a-2)=0$

$a=\mathbf{1},\ \dfrac{\mathbf{2}}{\mathbf{3}}$

類題 51　（2分・4点）

関数 $f(x)=\dfrac{1}{2}x^2$ の $x=a$ における微分係数 $f'(a)$ を求めよう。h が0でないとき，x が a から $a+h$ まで変化するときの $f(x)$ の平均変化率は

$\boxed{ア}+\dfrac{\boxed{イ}}{\boxed{ウ}}$ である。したがって，求める微分係数は

$$f'(a)=\lim_{h\to\boxed{エ}}\left(\boxed{ア}+\dfrac{\boxed{イ}}{\boxed{ウ}}\right)=\boxed{オ}$$

である。

$\boxed{ア}$～$\boxed{オ}$ の解答群（同じものを繰り返し選んでもよい。）

⓪　0　　①　1　　②　2　　③　a　　④　h

類題 52　（4分・8点）

$f(x)=x^3-\dfrac{4}{3}x$ とする。曲線 $y=f(x)$ 上の点 A$(a,\ f(a))$ における接線の方程式は

$$y=\left(\boxed{ア}a^2-\dfrac{\boxed{イ}}{\boxed{ウ}}\right)x-\boxed{エ}a^{\boxed{オ}}$$

である。この接線が曲線上の他の点 B$(b,\ f(b))$ を通るならば，$b=\boxed{カキ}a$ であり，点Bでの接線に直交するならば $a=\pm\dfrac{\sqrt{\boxed{クケ}}}{\boxed{コ}}$ である。

類題　53　（4分・8点）

p を正の数とし，関数 $f(x)=\frac{1}{3}x^3-px^2+4$ を考える。$f(x)$ は

$x=$ [ア]　で極大値 [イ]

$x=$ [ウ] p　で極小値 $\frac{[エオ]}{[カ]}p^3+$ [キ]

をとる。$a=$ [ア]，$b=$ [ウ] p とおく。4点 $A(a,\ f(a))$，$B(a, f(b))$，$C(b, f(b))$，$D(b,\ f(a))$ を頂点とする四角形ABCDが正方形となるのは

$p=\frac{\sqrt{[ク]}}{[ケ]}$

のときである。

類題　54　（5分・10点）

3次関数

$f(x)=x^3+px^2+qx+r$

は $x=0$ で極大，$x=m$ で極小となり，極小値は0であるとする。このとき

$p=\frac{[アイ]}{[ウ]}m$，　$q=$ [エ]

であり，$f(x)$ は

$f(x)=(x-m)^2\left(x+\frac{m}{[オ]}\right)$

と因数分解できる。さらに，極大値が4であるならば

$m=$ [カ]

であり，$f(x)$ は

$f(x)=(x-[カ])^2(x+[キ])$

となる。

類題 55　　(4分・8点)

関数 $y=3\sin\theta-2\sin^3\theta\ \left(0\leqq\theta\leqq\frac{7}{6}\pi\right)$ を考える。$x=\sin\theta$ とおくと，xのとり得る値の範囲は $\frac{\boxed{アイ}}{\boxed{ウ}}\leqq x\leqq\boxed{エ}$ であるから，yは

$x=\frac{\sqrt{\boxed{オ}}}{\boxed{カ}}$ のとき 最大値 $\sqrt{\boxed{キ}}$

$x=\frac{\boxed{クケ}}{\boxed{コ}}$ のとき 最小値 $\frac{\boxed{サシ}}{\boxed{ス}}$

をとる。

類題 56　　(4分・8点)

曲線 $C：y=2x^3-3x$ 上の点$(a,\ 2a^3-3a)$における接線が点$(1,\ b)$を通るとき

$b=\boxed{アイ}a^3+\boxed{ウ}a^2-\boxed{エ}$

が成り立つ。よって，点$(1,\ b)$からCへ相異なる3本の接線が引けるのは

$\boxed{オカ}<b<\boxed{キク}$

のときである。

類題 57　　(3分・6点)

(1) 次の計算をせよ。

$$\int_0^3 \left(2x^2 - \frac{x}{3} - 1\right) dx = \frac{\boxed{\text{アイ}}}{\boxed{\text{ウ}}}$$

$$\int_{-1}^3 \left(\frac{x^2}{2} - \frac{4}{3}x + 2\right) dx = \frac{\boxed{\text{エオ}}}{\boxed{\text{カ}}}$$

(2) 関数 $f(x) = 3ax^2 + bx + c$ が

$$f(-1) = -9,\ \int_{-1}^0 f(x)\, dx = -6$$

を満たすとき，b，c は a を用いて

$$b = \boxed{\text{キ}}\,a + \boxed{\text{ク}},\quad c = a - \boxed{\text{ケ}}$$

と表される。

類題 58　　(4分・8点)

次の計算をせよ。

(1) $\displaystyle\int_{-1}^{\frac{1}{2}} (2x^2 + x - 1)\, dx = \frac{\boxed{\text{アイ}}}{\boxed{\text{ウ}}}$

(2) $\displaystyle\int_{\frac{1}{2}}^{1} (4x^2 - 4x + 1)\, dx = \frac{\boxed{\text{エ}}}{\boxed{\text{オ}}}$

(3) $\displaystyle\int_{-3}^{3} (x^2 + 6x - 2)\, dx = \boxed{\text{カ}}$

(4) $\displaystyle\int_{-\frac{1}{2}}^{1} (x^2 - x + 1)\, dx = \frac{\boxed{\text{キ}}}{\boxed{\text{ク}}}$

類題　59　　　　(6分・10点)

(1)　放物線 $y=-x^2+x+6$ と x 軸で囲まれた図形の $-1\leqq x\leqq 1$ の部分の面積は $\dfrac{\boxed{アイ}}{\boxed{ウ}}$ である。

(2)　二つの放物線 $y=x^2-4$，$y=-x^2+2x$ と2直線 $x=1$，$x=3$ で囲まれた図形の $1\leqq x\leqq 3$ の部分の面積は $\boxed{エ}$ である。

(3)　3次関数 $y=f(x)$ のグラフが右図のようになっているとする。$y=f(x)$ のグラフの $a\leqq x\leqq b$ の部分と x 軸で囲まれる図形の面積を S，$y=f(x)$ のグラフの $b\leqq x\leqq c$ の部分と x 軸で囲まれる図形の面積を T とする。このとき

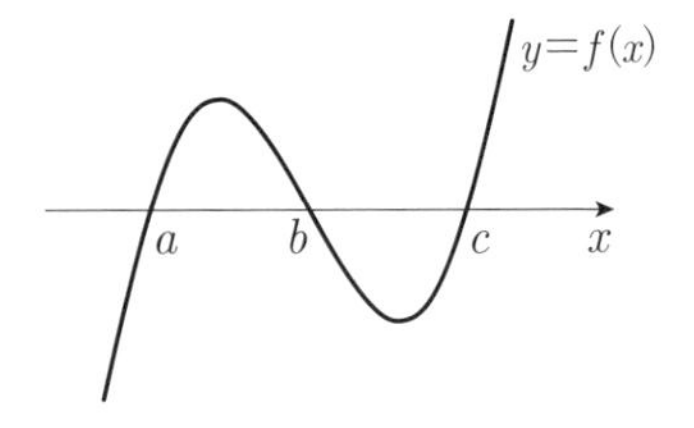

$$\int_a^c f(x)\,dx=\boxed{オ}$$

である。

$\boxed{オ}$ の解答群

⓪　0　　①　S　　②　T　　③　$-S$　　④　$-T$

⑤　$S+T$　　⑥　$S-T$　　⑦　$-S+T$　　⑧　$-S-T$

類題　60　　　　(6分・10点)

点(1，1)を通る傾き a $(a<0)$ の直線 ℓ の方程式は

$$y=\boxed{ア}x-\boxed{イ}+\boxed{ウ}$$

である。この直線 ℓ と放物線 $C：y=x^2$ の交点の x 座標は $\boxed{エ}$，$\boxed{オ}-\boxed{カ}$ であり，C と ℓ で囲まれた図形 D の $x\leqq 0$ の部分の面積は

$$\frac{(\boxed{キ}-\boxed{ク})^2(\boxed{ケ}-\boxed{コ})}{\boxed{サ}}$$

である。$a=-1$ のとき図形 D の面積は y 軸によって $\boxed{シ}:\boxed{スセ}$ の比に分けられる。

$\boxed{ア}$～$\boxed{コ}$ の解答群(同じものを繰り返し選んでもよい。)

⓪　0　　①　1　　②　2　　③　3　　④　4　　⑤　a

類題　61　（6分・8点）

(1)　$f(a)=\int_0^a |x^2-2x|\,dx$ とすると

$f(1)=\dfrac{\boxed{\text{ア}}}{\boxed{\text{イ}}}$ であり，$f(3)=\dfrac{\boxed{\text{ウ}}}{\boxed{\text{エ}}}$ である。

(2)　$f(a)=\int_0^2 |x-a|\,dx$ とする。

$a \geqq 2$ のとき　$f(a)=\boxed{\text{オ}}\,a-\boxed{\text{カ}}$

$0<a<2$ のとき　$f(a)=a^2-\boxed{\text{キ}}\,a+\boxed{\text{ク}}$

類題　62　（3分・6点）

2次関数 $f(x)$ が

$$\int_1^x f(t)\,dt=x^3-(a+2)x^2+3ax-3$$

を満たしている。このとき，$a=\boxed{\text{ア}}$ であり

$f(x)=\boxed{\text{イ}}\,x^2-\boxed{\text{ウ}}\,x+\boxed{\text{エ}}$

であるから，放物線 $y=f(x)$ 上の点 $(1,\ f(1))$ における接線の方程式は

$y=\boxed{\text{オカ}}\,x+\boxed{\text{キ}}$

である。

STAGE 2　40　接線に関する問題

■63　接線に関する問題 ■

2つの放物線

$C: y=f(x)$, $D: y=g(x)$

が接するとは，C と D が1点を共有し，その点における接線が一致することをいう。このとき，接点の x 座標を t とおくと

$$\begin{cases} f(t)=g(t) \\ f'(t)=g'(t) \end{cases}$$

が成り立つ。

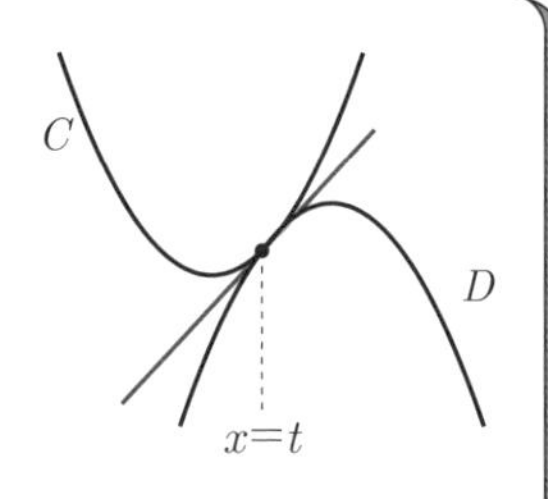

放物線 $C: y=f(x)$ と直線 $\ell: y=mx+n$ が接するときも，上と同様のことが成り立つ。つまり，接点の x 座標を t とおくと

$$\begin{cases} f(t)=mt+n \\ f'(t)=m \end{cases}$$

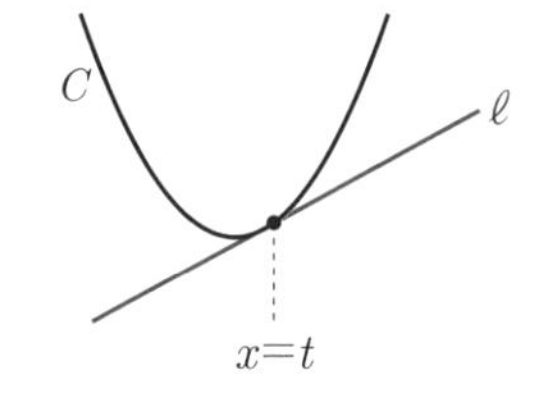

（注）　2つの放物線

$C: y=f(x)$, $D: y=g(x)$

の両方に接する接線（共通接線）ℓ は，次のようにして求める。

C 上の点 $(a,\ f(a))$ における接線：

$$y=f'(a)(x-a)+f(a)$$

と D 上の点 $(b,\ g(b))$ における接線：

$$y=g'(b)(x-b)+g(b)$$

が一致することより，傾きと y 切片について

$$\begin{cases} f'(a)=g'(b) \\ f(a)-af'(a)=g(b)-bg'(b) \end{cases}$$

が成り立つ。

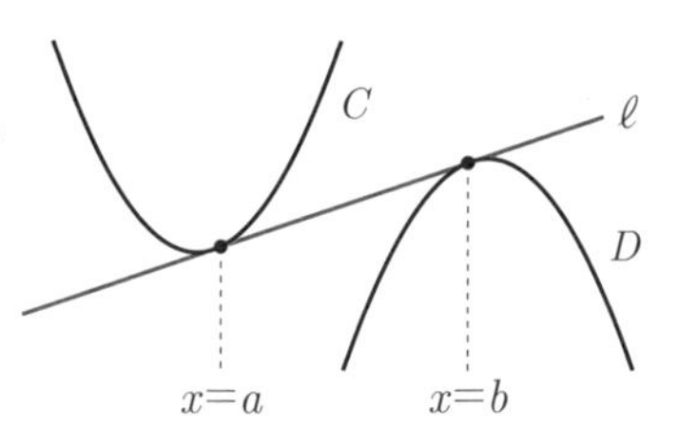

放物線 $C: y=f(x)$ と直線 $\ell: y=mx+n$ が接する条件は，2次方程式 $f(x)-mx-n=0$ が重解をもつことであり，(判別式)$=0$ である。このことを用いて計算することもできる。このときの重解が接点の x 座標である。

例題 63　**6分・10点**

二つの放物線

$y=-x^2-10x$

$y=x^2+2ax+3a^2+3a+12$

が1点を共有し，その点における接線が一致するとき，a の値は

$a=$ ア　または　$a=\dfrac{\boxed{イウ}}{\boxed{エ}}$

である。$a=$ ア のとき，共有点の座標は(オカ ， キク)であり，共通の接線の方程式は

$y=$ ケコ $x+$ サ

である。

解答

$y=-x^2-10x$　より　$y'=-2x-10$

$y=x^2+2ax+3a^2+3a+12$　より　$y'=2x+2a$

共有点の x 座標を t とおくと

$$\begin{cases} -t^2-10t=t^2+2at+3a^2+3a+12 \\ -2t-10=2t+2a \end{cases}$$

← $\begin{cases} f(t)=g(t) \\ f'(t)=g'(t) \end{cases}$

$$\therefore \quad \begin{cases} 2t^2+10t+3a^2+(2t+3)a+12=0 & \cdots\cdots① \\ 2t+a+5=0 & \cdots\cdots② \end{cases}$$

②より，$a=-(2t+5)$，これを①へ代入して

$2t^2+10t+3(2t+5)^2-(2t+3)(2t+5)+12=0$

$5t^2+27t+36=0$

$(t+3)(5t+12)=0$

これと②より

$t=-3$ のとき　$a=\mathbf{1}$

$t=-\dfrac{12}{5}$ のとき　$a=\mathbf{-\dfrac{1}{5}}$

$a=1$ のとき共有点の座標は

$(\mathbf{-3},\ \mathbf{21})$であり，共通の接線の方程式は

$y=-4(x+3)+21$

$\therefore \quad y=\mathbf{-4x+9}$

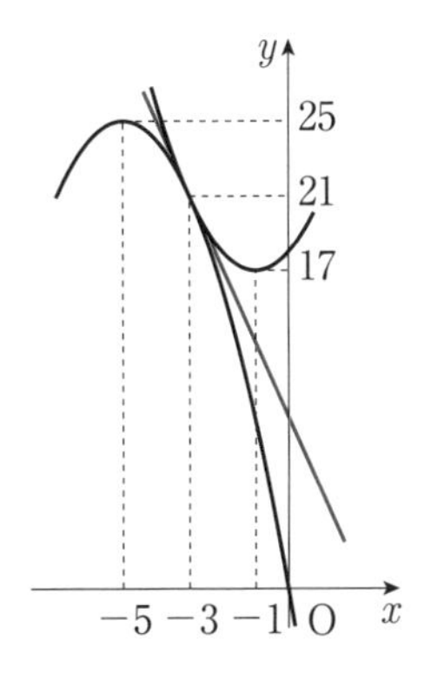

§5 2

STAGE 2　41　極値に関する問題

■64　3次関数の極値■

3次関数 $f(x)=ax^3+bx^2+cx+d$ が極値(極大値と極小値)をもつ条件は $f'(x)=3ax^2+2bx+c$ について

　　2次方程式 $f'(x)=0$ が異なる2実数解をもつこと。

・$a>0$ の場合

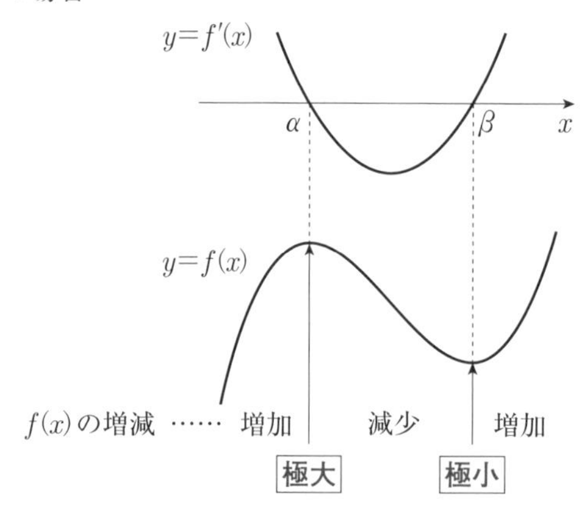

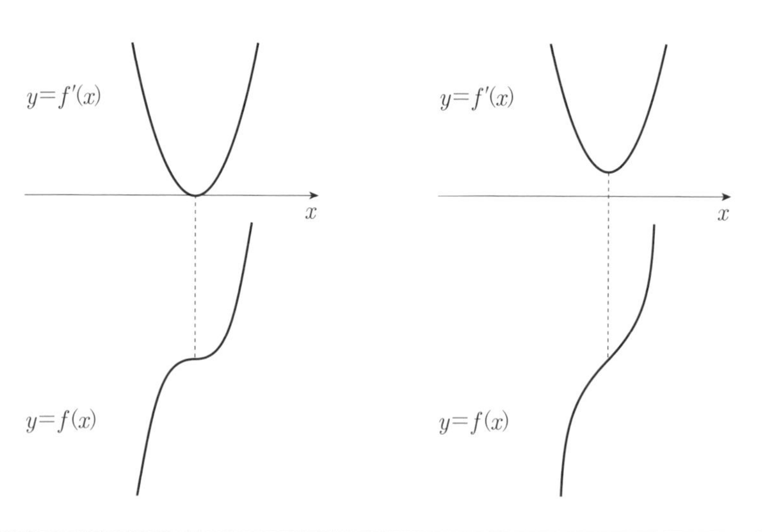

例題 64　3分・3点

(1)　p を実数とし，$f(x)=x^3-px$ とする。
$f'(x)=$ ア $x^{イ}-p$ であるから，$f(x)$ が極値をもつための条件は ウ である。

ウ の解答群
⓪ $p=0$　① $p>0$　② $p\geqq 0$　③ $p<0$　④ $p\leqq 0$

(2)　$f(x)=x^3-x^2-2x$ とする。
$-1\leqq x\leqq 0$ において，$f(x)$ は エ 。
$0\leqq x\leqq 1$ において，$f(x)$ は オ 。

エ ，オ の解答群
⓪ 減少する　① 極小値をとるが，極大値はとらない
② 増加する　③ 極大値をとるが，極小値はとらない
④ 一定である　⑤ 極小値と極大値の両方をとる

解答

(1)　$f'(x)=3x^2-p$
$f(x)$ が極値をもつ条件は $f'(x)=0$ が異なる 2 実数解をもつことであるから

$$-p<0 \qquad \therefore \quad p>0 \quad (①)$$

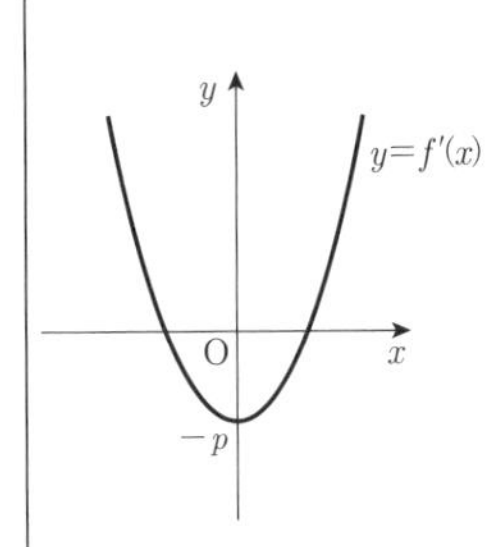

(2)　$f'(x)=3x^2-2x-2$ であり，$f'(x)=0$ とすると

$$x=\frac{1\pm\sqrt{7}}{3}=\alpha,\ \beta \quad (\alpha<\beta)\text{とおく}$$

x	$\cdots$	α	$\cdots$	β	$\cdots$
$f'(x)$	$+$	0	$-$	0	$+$
$f(x)$	↗	極大	↘	極小	↗

$-1<\alpha<0<1<\beta$ より　⬅ $2<\sqrt{7}<3$
$-1\leqq x\leqq 0$ において　⬅
極大値をとるが，極小値をとらない　(③)
$0\leqq x\leqq 1$ において
減少する　(⓪)

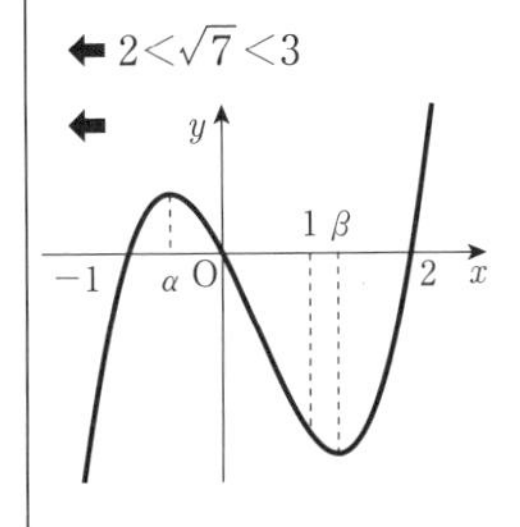

STAGE 2 42 面積に関する問題 I

■ 65 面積に関する問題 I ■

放物線と接線などで囲まれる図形の面積を求めるときには

$$\int_a^b (x-\alpha)^2 dx = \left[\frac{1}{3}(x-\alpha)^3\right]_a^b$$

を利用する。

放物線 $C: y=f(x)=px^2+qx+r$ と，C 上の点$(a,\ f(a))$における接線を $\ell_1: y=m_1x+n_1$，点$(b,\ f(b))$における接線を $\ell_2: y=m_2x+n_2$ とする。

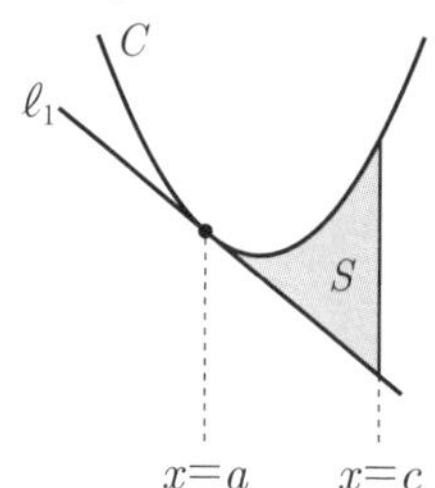

$$S=\int_a^c \{px^2+qx+r-(m_1x+n_1)\}\,dx$$
$$=p\int_a^c (x-a)^2 dx$$

（$x=a$ を重解にもつ形に平方完成できる。）

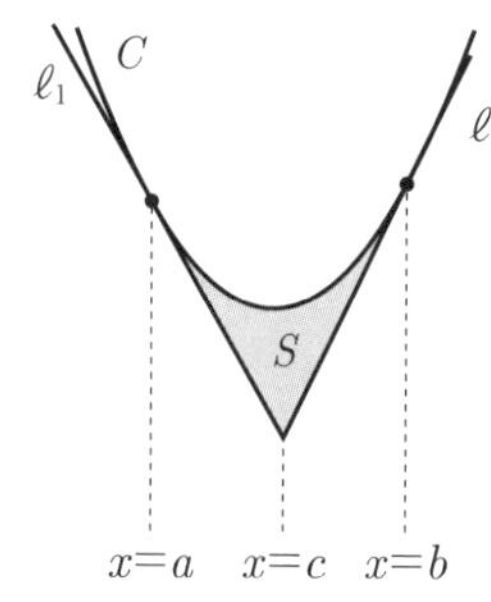

$$S=\int_a^c \{px^2+qx+r-(m_1x+n_1)\}\,dx$$
$$+\int_c^b \{px^2+qx+r-(m_2x+n_2)\}\,dx$$
$$=p\int_a^c (x-a)^2 dx+p\int_c^b (x-b)^2 dx$$

（第 1 項は $x=a$ を，第 2 項は $x=b$ を重解にもつ形に，それぞれ，平方完成できる。）

（注） $f(x)=px^2+qx+r$ より $f'(x)=2px+q$ であるから，

ℓ_1 の方程式は

$$y=(2pa+q)(x-a)+pa^2+qa+r$$
$$y=(2pa+q)x-pa^2+r$$

よって $\displaystyle\int_a^c \{px^2+qx+r-(m_1x+n_1)\}\,dx=\int_a^c (px^2-2pax+pa^2)\,dx$

$$=p\int_a^c (x-a)^2 dx$$

例題 65　**6分・10点**

放物線

$C:\ y=-x^2+2x$

上の点 $(a,\ -a^2+2a)$ $(0<a<2)$ における接線 ℓ の方程式は

$y=$ ア $($ イ $-a)x+a^{ウ}$

であり，原点Oにおける C の接線を m とすると，ℓ と m の交点の x 座標は $\dfrac{a}{エ}$ である。このとき，直線 $x=\dfrac{a}{エ}$，ℓ および C で囲まれた図形の面積は $\dfrac{オ}{カキ}a^{ク}$ である。

解答

$y=-x^2+2x$ より　$y'=-2x+2$

であるから，ℓ の方程式は

$y=(-2a+2)(x-a)-a^2+2a$

$\therefore\quad y=\mathbf{2}(\mathbf{1}-a)x+a^{\mathbf{2}}$　……①

m の方程式は

$y=2x$　……②

◀ ℓ の式で $a=0$ とおく。

であり，ℓ と m の交点の x 座標は，①，②より

$\dfrac{a}{\mathbf{2}}$

求める面積は

$$\int_{\frac{a}{2}}^{a}\{2(1-a)x+a^2-(-x^2+2x)\}\,dx=\int_{\frac{a}{2}}^{a}(x-a)^2dx$$

$$=\left[\frac{1}{3}(x-a)^3\right]_{\frac{a}{2}}^{a}=\frac{\mathbf{1}}{\mathbf{24}}a^{\mathbf{3}}$$

◀ $x=a$ を重解にもつ形に平方完成できる。

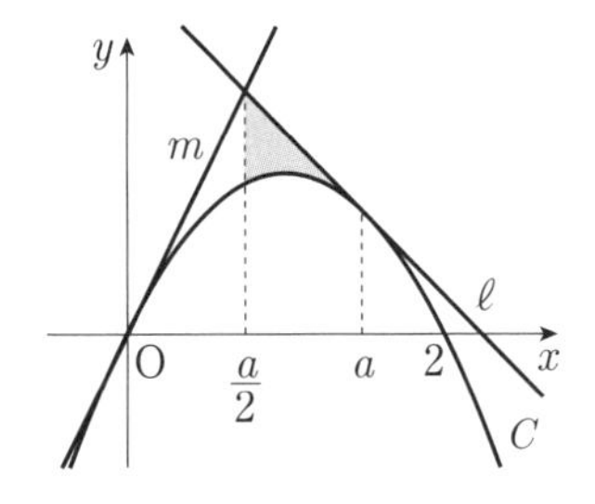

STAGE 2　43　面積に関する問題Ⅱ

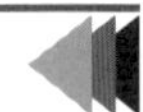

■66　面積に関する問題Ⅱ■

放物線と円弧などで囲まれる図形の面積を求めるときには，扇形の中心角を求める必要がある。

(1)　線分や半径の長さの比を考えて，次の直角三角形を発見する。

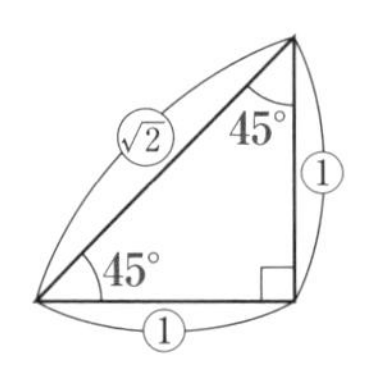

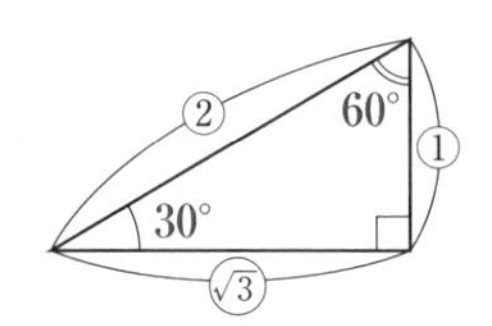

(2)　直線と x 軸のなす角を求める。

直線 ℓ の傾きが m のとき，ℓ と x 軸の正方向とのなす角 θ $(0^\circ<\theta<180^\circ)$ は，$m=\tan\theta$ を満たす。

$m>0$ のとき

$m<0$ のとき

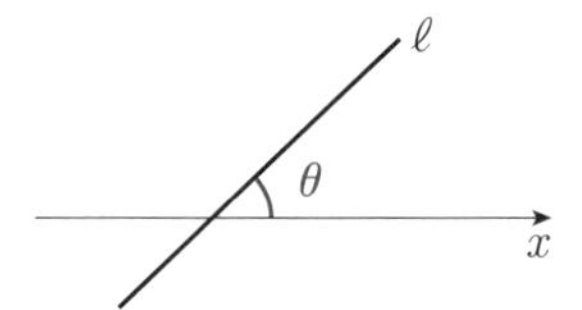

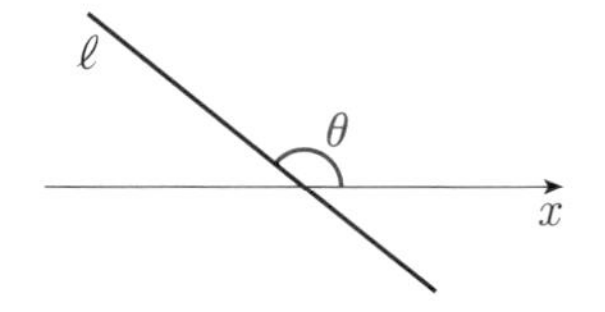

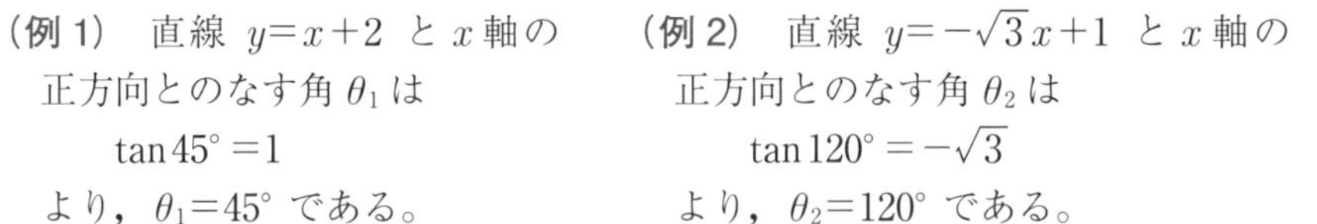

(例 1)　直線 $y=x+2$ と x 軸の正方向とのなす角 θ_1 は

$\tan 45^\circ=1$

より，$\theta_1=45^\circ$ である。

(例 2)　直線 $y=-\sqrt{3}x+1$ と x 軸の正方向とのなす角 θ_2 は

$\tan 120^\circ=-\sqrt{3}$

より，$\theta_2=120^\circ$ である。

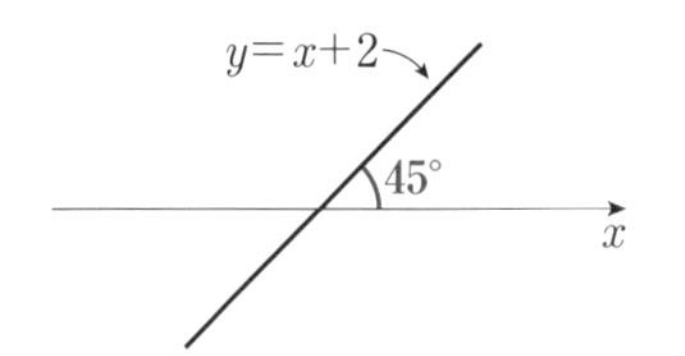

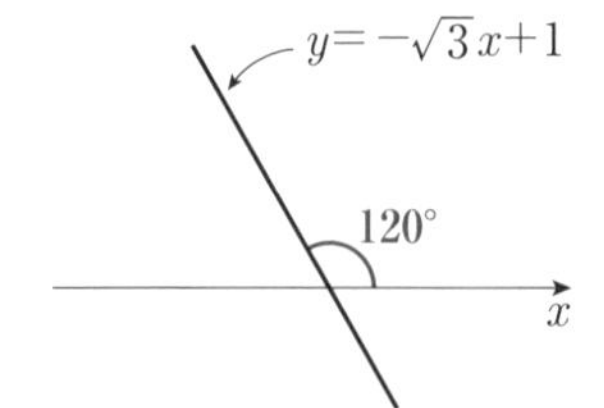

例題 66　**6分・10点**

放物線 $C: y=x^2$ 上の点 $\mathrm{P}(a,\ a^2)\ (a>0)$ における接線 ℓ と y 軸との交点Qの座標は$(0,\ \boxed{\text{ア}}\,a^{\boxed{\text{イ}}})$である。$\ell$ と y 軸のなす角が30°となるのは $a=\dfrac{\sqrt{\boxed{\text{ウ}}}}{\boxed{\text{エ}}}$ のときである。このとき線分PQの長さは $\sqrt{\boxed{\text{オ}}}$ であり，Qを中心とし線分PQを半径とする円と放物線 C とで囲まれてできる二つの図形のうち小さい方の面積は $\dfrac{\pi}{\boxed{\text{カ}}}-\dfrac{\sqrt{\boxed{\text{キ}}}}{\boxed{\text{ク}}}$ である。

解答

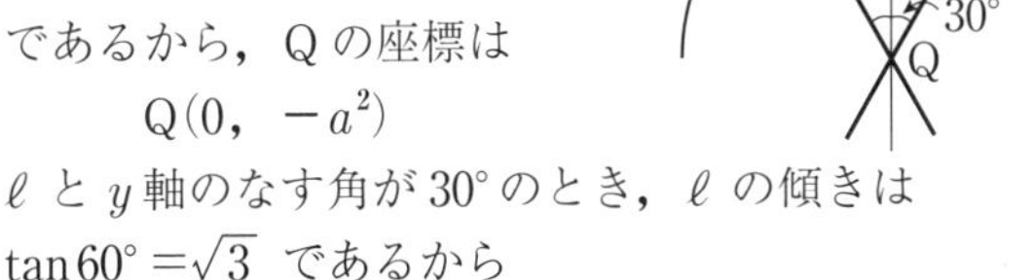

$y=x^2$ より　$y'=2x$

ℓ の方程式は

$$y=2a(x-a)+a^2$$

$$\therefore\quad y=2ax-a^2$$

であるから，Qの座標は

$$\mathrm{Q}(0,\ -a^2)$$

ℓ と y 軸のなす角が30°のとき，ℓ の傾きは $\tan 60^\circ=\sqrt{3}$ であるから

$$2a=\sqrt{3}\qquad\therefore\quad a=\frac{\sqrt{3}}{\mathbf{2}}$$

このとき

$$\mathrm{PQ}=2a=\sqrt{3}$$

であり

$$\ell: y=\sqrt{3}x-\frac{3}{4}$$

であるから，求める面積は，対称性を考えて

$$2\left[\pi\cdot(\sqrt{3})^2\cdot\frac{30}{360}-\int_0^{\frac{\sqrt{3}}{2}}\left\{x^2-\left(\sqrt{3}x-\frac{3}{4}\right)\right\}dx\right]$$

$$=2\left\{\frac{\pi}{4}-\int_0^{\frac{\sqrt{3}}{2}}\left(x-\frac{\sqrt{3}}{2}\right)^2dx\right\}$$

$$=\frac{\pi}{2}-2\left[\frac{1}{3}\left(x-\frac{\sqrt{3}}{2}\right)^3\right]_0^{\frac{\sqrt{3}}{2}}$$

$$=\frac{\pi}{\mathbf{2}}-\frac{\sqrt{\mathbf{3}}}{\mathbf{4}}$$

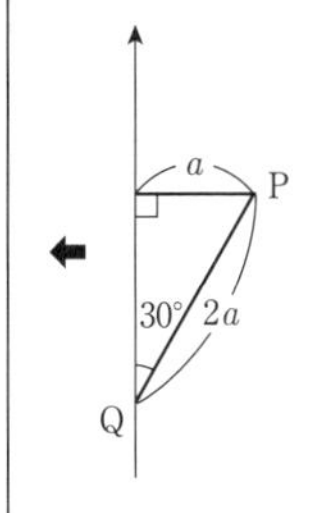

⬅ 図形は y 軸に関して対称。

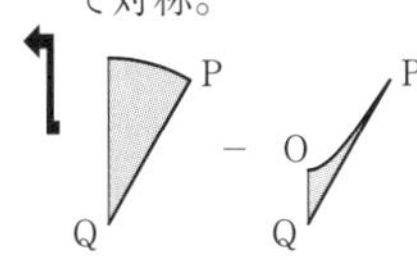

STAGE 2 44 定積分で表された関数 

■67　定積分で表された関数■

a を定数として

$$g(x)=\int_a^x f(t)\,dt$$

とすると $g(x)$ は x の関数になる。

(例)

$$\begin{aligned} g(x)&=\int_1^x (t^2-3t+1)\,dt \\ &=\left[\frac{1}{3}t^3-\frac{3}{2}t^2+t\right]_1^x \\ &=\left(\frac{1}{3}x^3-\frac{3}{2}x^2+x\right)-\left(\frac{1}{3}-\frac{3}{2}+1\right) \\ &=\frac{1}{3}x^3-\frac{3}{2}x^2+x+\frac{1}{6} \end{aligned}$$

(注)　$g'(x)=x^2-3x+1=f(x)$ となる(■62 参照)。

関数 $f(x)$ の式が区間によって異なる場合

$$f(x)=\begin{cases} f_1(x) & (x\leqq c \text{ のとき}) \\ f_2(x) & (x>c \text{ のとき}) \end{cases}$$

とする。このとき

$$\int_a^b f(x)\,dx=\int_a^c f_1(x)\,dx+\int_c^b f_2(x)\,dx$$

また

$$g(x)=\int_a^x f(t)\,dt$$

とおくと

$x\leqq c$　ならば　$g(x)=\int_a^x f_1(t)\,dt$

$x>c$　ならば　$g(x)=\int_a^c f_1(t)\,dt+\int_c^x f_2(t)\,dt$

絶対値記号を含む関数の積分の場合も上のように積分区間を分けて計算する(■61 参照)。

$$\int_0^2 |x-1|\,dx=\int_0^1 (1-x)\,dx+\int_1^2 (x-1)\,dx$$

例題 67　**3分・6点**

関数 $f(x)$ は

$x \leqq 3$ のとき　$f(x)=x$

$x>3$ のとき　$f(x)=-3x+12$

で与えられている。このとき，関数 $g(x)$ を

$$g(x)=\int_{-2}^{x} f(t)\,dt$$

と定めると

$x \leqq 3$ のとき　$g(x)=\dfrac{\boxed{\text{ア}}}{\boxed{\text{イ}}}x^2-\boxed{\text{ウ}}$

$x \geqq 3$ のとき　$g(x)=\dfrac{\boxed{\text{エオ}}}{\boxed{\text{カ}}}x^2+\boxed{\text{キク}}x-\boxed{\text{ケコ}}$

である。

解答

$x \leqq 3$ のとき

$$g(x)=\int_{-2}^{x} t\,dt=\left[\frac{t^2}{2}\right]_{-2}^{x}=\mathbf{\frac{1}{2}}x^2-\mathbf{2}$$

⬅ 区間 $[-2,\ x]$ において　$f(t)=t$

$x \geqq 3$ のとき

$$\begin{aligned} g(x)&=\int_{-2}^{3} t\,dt+\int_{3}^{x}(-3t+12)\,dt \\ &=\left[\frac{t^2}{2}\right]_{-2}^{3}+\left[-\frac{3}{2}t^2+12t\right]_{3}^{x} \\ &=\frac{5}{2}-\frac{3}{2}x^2+12x-\frac{45}{2} \\ &=\mathbf{-\frac{3}{2}}x^2+\mathbf{12}x-\mathbf{20} \end{aligned}$$

⬅ 区間 $[-2,\ 3]$ において　$f(t)=t$
区間 $[3,\ x]$ において　$f(t)=-3t+12$

(注)　関数 $y=f(x)$ と $y=g(x)$ のグラフは，次のようになる。

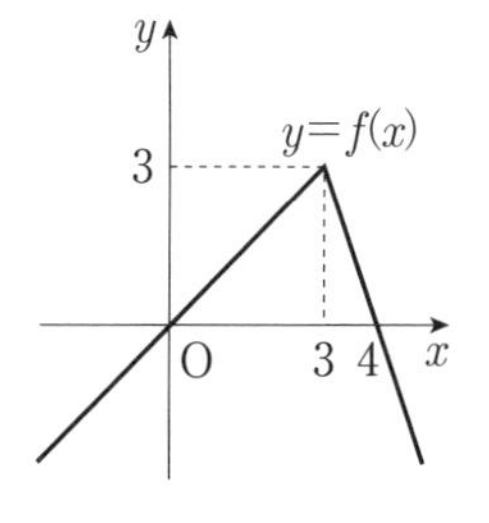

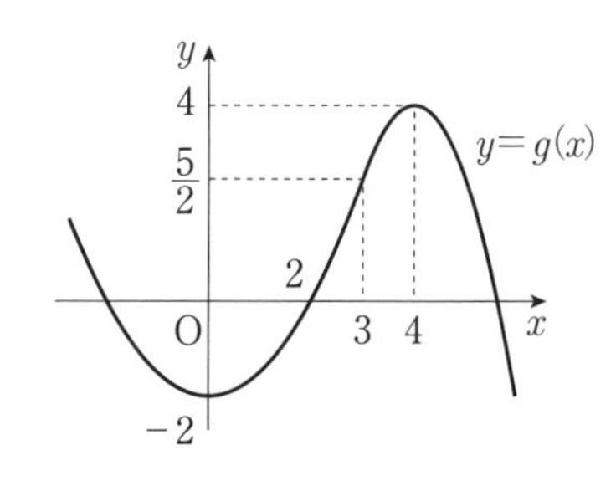

§5
2

STAGE 2　類　題

類題 63

（8分・12点）

二つの放物線

$C：y=3x^2$

$D：y=-x^2+ax+b$

は点 $\mathrm{P}(u,\ v)$ を通り，その点で同じ接線をもつとする。このとき，u，v，b を a で表すと

$u=\dfrac{\fbox{ア}}{\fbox{イ}}a$，$v=\dfrac{\fbox{ウ}}{\fbox{エオ}}a^2$，$b=\dfrac{\fbox{カキ}}{\fbox{クケ}}a^2$

である。さらに，直線 $y=-2x+1$ が D と点Qにおいて接するとき

$a=\fbox{コ}$　または　$a=\dfrac{\fbox{サシス}}{\fbox{セ}}$

であり，$a=\fbox{コ}$ のときQの座標は（$\fbox{ソ}$，$\fbox{タチ}$）である。

類題 64

（4分・8点）

(1)　a を実数とし，$f(x)=\dfrac{1}{3}x^3-2x^2+ax$ とする。

$f'(x)=x^2-\fbox{ア}\,x+a$ であるから，$f(x)$ が極値をもたないための必要十分条件は，次の⓪～④のうち，$\fbox{イ}$ である。

$\fbox{イ}$ の解答群

⓪　$a=4$　①　$a>4$　②　$a\geqq4$　③　$a<4$　④　$a\leqq4$

(2)　$f(x)=-x^3+2x^2+2x$ とする。

$-1\leqq x\leqq1$ において，$f(x)$ は $\fbox{ウ}$。

$2\leqq x\leqq4$ において，$f(x)$ は $\fbox{エ}$。

$\fbox{ウ}$，$\fbox{エ}$ の解答群（同じものを繰り返し選んでもよい。）

⓪　減少する　①　極小値をとるが極大値はとらない

②　増加する　③　極大値をとるが極小値はとらない

④　一定である　⑤　極大値と極小値の両方をとる

類題 65　　（8分・12点）

放物線 $C: y=\frac{1}{2}x^2$ 上の点 $\left(a,\ \frac{1}{2}a^2\right)$ $(a>0)$ における接線を ℓ とし，ℓ と直交する C の接線を m とする。m と C の接点の x 座標は $-$［ア］であり，m の方程式は

$y=-$［イ］$x-$［ウ］

である。ℓ と m の交点の x 座標は $\frac{1}{［エ］}$（［オ］$-$［カ］）であり，2直線 ℓ，m と放物線 C で囲まれる部分の面積は

$\frac{1}{［キク］}$（［ケ］$+$［コ］）$^{［サ］}$

である。

［ア］～［ウ］，［オ］，［カ］，［ケ］，［コ］の解答群(同じものを繰り返し選んでもよい。また，［ケ］，［コ］については，解答の順序は問わない。)

⓪ a　① $2a$　② $\frac{a}{2}$　③ $\frac{1}{a}$　④ $\frac{2}{a}$

⑤ $\frac{1}{2a}$　⑥ $\frac{1}{a^2}$　⑦ $\frac{2}{a^2}$　⑧ $\frac{1}{2a^2}$

類題 66　(10分・15点)

放物線 C：$y=\frac{1}{2}x^2$ 上の点 $\mathrm{P}\left(\sqrt{3},\ \frac{3}{2}\right)$ における接線 ℓ の方程式は

$$y=\sqrt{\boxed{ア}}\,x-\frac{\boxed{イ}}{\boxed{ウ}}$$

であり，Pを通り，ℓ に直交する直線 m の方程式は

$$y=\frac{\boxed{エ}\sqrt{\boxed{オ}}}{\boxed{カ}}x+\frac{\boxed{キ}}{\boxed{ク}}$$

である。

m 上の点 $\mathrm{Q}(a,\ b)\ (a>0)$ を中心とする円 D が，ℓ と x 軸の両方に接するとき

$$a=\frac{\boxed{ケ}\sqrt{\boxed{コ}}}{\boxed{サ}},\quad b=\boxed{シ}$$

である。

m と x 軸とのなす角は $\boxed{スセ}^\circ$ であり，2直線 $x=0$，$x=a$ の間にあって，C と D と x 軸の三つで囲まれた部分の面積は

$$\frac{\boxed{ソ}\sqrt{\boxed{タ}}}{\boxed{チ}}-\frac{\pi}{\boxed{ツ}}$$

である。

類題　67　　（6分・10点）

$a>0$ として

$$f(x)=-x^2+2ax,\quad g(x)=2x^2$$

とおく。

関数 $F(x)$ を

$$F(x)=\int_0^x \left\{f(t)-g(t)\right\}dt$$

で定めると

$$F(x)=\boxed{\text{ア}}\,x^3+ax^2$$

である。

さらに

$$T(a)=\int_0^2 |f(x)-g(x)|\,dx$$

とおくと

$0<a<\boxed{\text{イ}}$ のとき　$T(a)=\dfrac{\boxed{\text{ウ}}}{\boxed{\text{エオ}}}a^3-\boxed{\text{カ}}\,a+\boxed{\text{キ}}$

$a \geqq \boxed{\text{イ}}$ 　　のとき　$T(a)=\boxed{\text{ク}}\,a-\boxed{\text{ケ}}$

で表される。

STAGE 1　45　等差数列

■ 68 等差数列の一般項 ■

数列$\{a_n\}$を初項 a，公差 d の等差数列とすると

$\{a_n\}$：a，$a+d$，$a+2d$，……

一般項は　$\boldsymbol{a_n = a + (n-1)d}$

(例)　$\{a_n\}$：2，5，8，11，……（等差数列）

とすると，公差は $5-2=3$，一般項は $a_n = 2+3(n-1) = 3n-1$

例えば $a_{100} = 3\cdot 100 - 1 = 299$

また，$a_n = 998$ を満たす n は

$3n-1=998$

$\therefore\quad n=333$

一般項を利用して，ある項の数を求めたり，ある数が第何項かを求めたりすることができる。

■ 69 等差数列の和 ■

数列$\{a_n\}$を初項 a，公差 d の等差数列とすると，初項から第 n 項までの和 $S_n = \sum_{k=1}^{n} a_k$ は，初項，末項，項数を確認して

$$\boldsymbol{S_n = \frac{n(a_1+a_n)}{2}} \quad \Longleftarrow \quad \frac{\text{項数(初項＋末項)}}{2}$$

$$\boldsymbol{= \frac{n}{2}\{2a+(n-1)d\}}$$

(証明)

$$\begin{array}{rl} & S_n = a_1 \quad + (a_1+d) + (a_1+2d) + \cdots\cdots + (a_n-d) + a_n \\ +) & S_n = a_n \quad + (a_n-d) + (a_n-2d) + \cdots\cdots + (a_1+d) + a_1 \\ \hline & 2S_n = (a_1+a_n) + (a_1+a_n) + (a_1+a_n) + \cdots\cdots + (a_1+a_n) + (a_1+a_n) \\ & \quad = n(a_1+a_n) \end{array}$$

$$\therefore\quad S_n = \frac{n}{2}(a_1+a_n)$$

$a_1 = a$，公差を d とすると，$a_n = a+(n-1)d$ を代入して

$$S_n = \frac{n}{2}\{2a+(n-1)d\}$$

例題 68　**2分・6点**

(1)　初項13，公差15の等差数列を$\{a_n\}$とする。数列$\{a_n\}$の1000より小さい項の中で，最大の数は［アイウ］であり，それは第［エオ］項である。

(2)　数列$\{a_n\}$は初項a，公差dの等差数列とする。$a_{10}=-15$，$a_{20}=-45$ ならば，$a=$［カキ］，$d=$［クケ］である。

解答

(1)　$$a_n=13+15(n-1)=15n-2$$

⬅ $a_n=a+(n-1)d$

$a_n<1000$ とすると

$$15n-2<1000 \qquad \therefore \quad n<\frac{334}{5}=66.8$$

よって　第**66**項

$$a_{66}=15\cdot 66-2=\mathbf{988}$$

(2)　$$\begin{cases} a_{10}=a+9d=-15 \\ a_{20}=a+19d=-45 \end{cases}$$

$$\therefore \quad a=\mathbf{12} \quad d=\mathbf{-3}$$

例題 69　**3分・4点**

(1)　等差数列の和 $1+5+9+\cdots\cdots+41=$［アイウ］である。

(2)　初項2，公差3の等差数列を$\{a_n\}$とする。数列$\{a_n\}$のa_2からa_{2n}までの偶数番目の項の和は　［エ］n^2+［オ］n である。

解答

(1)　初項は1，公差は4であるから，一般項は

$$1+4(n-1)=4n-3$$

末項は41であり，$4n-3=41$ とすると　$n=11$

⬅ 項数を求める。

よって，求める和は

$$\frac{11(1+41)}{2}=\mathbf{231}$$

⬅ $\dfrac{\text{項数(初項＋末項)}}{2}$

(2)　一般項は　$a_n=2+3(n-1)=3n-1$

$$a_2=3\cdot 2-1=5,\quad a_{2n}=3(2n)-1=6n-1$$

a_2，a_4，a_6，……，a_{2n}は等差数列であるから和は

$$\frac{n(a_2+a_{2n})}{2}=\frac{n(5+6n-1)}{2}=\mathbf{3}n^2+\mathbf{2}n$$

⬅ 初項a_2，公差6
末項a_{2n}，項数nの等差数列。

STAGE 1　46　等比数列

■70 等比数列の一般項 ■

数列$\{a_n\}$を初項 a，公比 r の等比数列とすると

$\{a_n\}$: a，ar，ar^2，……

一般項は　$\boldsymbol{a_n=ar^{n-1}}$

（例）$\{a_n\}$: 2，6，18，54，……（等比数列）

とすると，公比は $\dfrac{6}{2}=3$，一般項は $a_n=2\cdot3^{n-1}$

例えば $a_{20}=2\cdot3^{19}$

また，$a_n>1000$ を満たす最小の n は

$2\cdot3^{n-1}>1000$

$\therefore\quad 3^{n-1}>500$

$3^5=243$，$3^6=729$ より $n=7$

■71 等比数列の和 ■

数列$\{a_n\}$を初項 a，公比 r の等比数列とすると，初項から第 n 項までの和 $S_n=\sum_{k=1}^{n}a_k$ は，$r\neq1$ のとき，初項，公比，項数を確認して

$$\boldsymbol{S_n=\frac{a(1-r^n)}{1-r}} \quad\Longleftarrow\quad \frac{\text{初項}(1-\text{公比}^{\text{項数}})}{1-\text{公比}}$$

（注）$r>1$ のときは

$$\frac{a(r^n-1)}{r-1}$$

で計算すればよい。

$r=1$ のときは

$$S_n=\underbrace{a+a+\cdots\cdots+a}_{n\text{個}}=na$$

となる。

（証明）

$$\begin{array}{rl} S_n= & a+ar+ar^2+\cdots\cdots+ar^{n-1} \\ -)\ rS_n= & ar+ar^2+\cdots\cdots+ar^{n-1}+ar^n \\ \hline (1-r)S_n= & a\qquad\qquad\qquad\qquad\qquad\quad -ar^n \end{array}$$

$r\neq1$ のとき

$$S_n=\frac{a(1-r^n)}{1-r}$$

例題 70 3分・6点

(1) 初項7，公比2の等比数列を$\{a_n\}$とする。数列$\{a_n\}$の1000より小さい項の中で最大の数は アイウ であり，それは第 エ 項である。

(2) 正の整数aを初項とし，1より大きい整数rを公比とする等比数列$\{a_n\}$が $a_4=54$ を満たすとき，$a=$ オ ，$r=$ カ である。

解答

(1) $a_n<1000$ を満たす最大のnは，$7\cdot2^{n-1}<1000$ より

$$2^{n-1}<\frac{1000}{7}=142.8\cdots\cdots$$

よって　$n-1=7$　　∴　$n=8$

$$a_8=7\cdot2^7=\mathbf{896}$$

(2) $a_4=ar^3$，$54=2\cdot3^3$ より　$ar^3=2\cdot3^3$

a，r は正の整数であるから

$$a=\mathbf{2},\ r=\mathbf{3}$$

⬅ $a_n=7\cdot2^{n-1}$

⬅ $2^7=128$，$2^8=256$

⬅ $r>1$

例題 71 3分・4点

(1) 等比数列の和　$4+8+\cdots\cdots+2048=$ アイウエ である。

(2) 等比数列　18，$-6\sqrt{3}$，6，……　の初項から第15項までの奇数番目の項の和は $\dfrac{\text{オカキク}}{\text{ケコサ}}$ である。

解答

(1) 初項4，公比2の等比数列であり，$2048=4\cdot2^9$ から，項数は10

よって，求める和は

$$\frac{4(2^{10}-1)}{2-1}=\mathbf{4092}$$

(2) 初項は18，公比は $\dfrac{-6\sqrt{3}}{18}=-\dfrac{\sqrt{3}}{3}$ であり，

奇数番目からなる等比数列の初項は18，公比は $\left(-\dfrac{\sqrt{3}}{3}\right)^2=\dfrac{1}{3}$，項数は8であるから

$$\frac{18\left\{1-\left(\frac{1}{3}\right)^8\right\}}{1-\frac{1}{3}}=27\left(1-\frac{1}{3^8}\right)=\mathbf{\frac{6560}{243}}$$

⬅ $a_n=4\cdot2^{n-1}$

⬅ $S_n=\dfrac{a(r^n-1)}{r-1}$

⬅ a_1，a_3，a_5，a_7，a_9，a_{11}，a_{13}，a_{15}

STAGE 1　47　和の計算 I

■72　自然数の累乗の和 ■

(1) $\displaystyle\sum_{k=1}^{n} c = c + c + c + \cdots\cdots + c = nc$

$\displaystyle\sum_{k=1}^{n} k = 1 + 2 + 3 + \cdots\cdots + n = \frac{1}{2}n(n+1)$

$\displaystyle\sum_{k=1}^{n} k^2 = 1^2 + 2^2 + 3^2 + \cdots\cdots + n^2 = \frac{1}{6}n(n+1)(2n+1)$

$\displaystyle\sum_{k=1}^{n} k^3 = 1^3 + 2^3 + 3^3 + \cdots\cdots + n^3 = \left\{\frac{1}{2}n(n+1)\right\}^2$

(2) $\displaystyle\sum_{k=1}^{n}(ak^2 + bk + c) = a\sum_{k=1}^{n} k^2 + b\sum_{k=1}^{n} k + \sum_{k=1}^{n} c$

$\displaystyle = \frac{a}{6}n(n+1)(2n+1) + \frac{b}{2}n(n+1) + cn$

一般項が２次(３次)式になる場合は，上の公式を使って計算することになる。

(2)は$\sum$の性質 $\displaystyle\sum_{k=1}^{n}(pa_k + qb_k) = p\sum_{k=1}^{n} a_k + q\sum_{k=1}^{n} b_k$ を用いている。

■73　いろいろな数列の和 ■

数　列：$1\cdot3$，$2\cdot5$，$3\cdot7$，…… の初項から第 n 項までの和を求める。

・第 k 項を k の式で表す。

初項３，公差２の等差数列 → $3+2(k-1)=2k+1$

$1\cdot3$，$2\cdot5$，$3\cdot7$

自然数列 → k

第 k 項は $k(2k+1)$

・$\sum$ の性質と自然数の累乗の和の公式を用いる。

$\displaystyle\sum_{k=1}^{n} k(2k+1) = \sum_{k=1}^{n}(2k^2 + k)$

$\displaystyle = 2\cdot\frac{1}{6}n(n+1)(2n+1) + \frac{1}{2}n(n+1)$

$\displaystyle = \frac{1}{6}n(n+1)(4n+5)$

例題 72　4分・4点

(1) $\sum_{k=1}^{10} k(k+1)=$ アイウ

(2) $\sum_{k=1}^{n}(3k^2+k-4)=n^3+$ エ n^2- オ n

解答

(1) $\sum_{k=1}^{10} k(k+1)=\sum_{k=1}^{10}(k^2+k)$

$$=\frac{1}{6}\cdot 10\cdot 11\cdot 21+\frac{1}{2}\cdot 10\cdot 11=\mathbf{440}$$

(2) $\sum_{k=1}^{n}(3k^2+k-4)=3\cdot\frac{1}{6}n(n+1)(2n+1)+\frac{1}{2}n(n+1)-4n$

$$=n^3+\mathbf{2}n^2-\mathbf{3}n$$

← $\sum_{k=1}^{n}k^2=\frac{1}{6}n(n+1)(2n+1)$

$\sum_{k=1}^{n}k=\frac{1}{2}n(n+1)$

$\sum_{k=1}^{n}c=nc$

例題 73　4分・4点

数列$\{a_n\}$：1，1+4，1+4+7，1+4+7+10，…… において，第k項は

$\frac{ア}{イ}k^2-\frac{ウ}{エ}k$ である。

また，$\sum_{k=1}^{n}a_k=\frac{オ}{カ}n^3+\frac{キ}{ク}n^2$ である。

解答

第k項a_kは初項1，公差3，項数kの等差数列の和であるから

$$a_k=\frac{k}{2}\{2\cdot 1+3(k-1)\}=\frac{\mathbf{3}}{\mathbf{2}}k^2-\frac{\mathbf{1}}{\mathbf{2}}k$$

← $a_n=\frac{n}{2}\{2a+(n-1)d\}$

よって

$$\sum_{k=1}^{n}a_k=\sum_{k=1}^{n}\left(\frac{3}{2}k^2-\frac{1}{2}k\right)$$

$$=\frac{3}{2}\cdot\frac{1}{6}n(n+1)(2n+1)-\frac{1}{2}\cdot\frac{1}{2}n(n+1)$$

$$=\frac{\mathbf{1}}{\mathbf{2}}n^3+\frac{\mathbf{1}}{\mathbf{2}}n^2$$

← $\frac{3}{2}\sum_{k=1}^{n}k^2-\frac{1}{2}\sum_{k=1}^{n}k$

STAGE 1　48　和の計算Ⅱ

■74　Σの計算■

(1) $\sum_{k=1}^{n}\{2^k+(-3)^{k-1}\}=\sum_{k=1}^{n}2^k+\sum_{k=1}^{n}(-3)^{k-1}$ ⇦(初項2，公比2の等比数列の和)+(初項1，公比−3の等比数列の和)

$$=\frac{2(2^n-1)}{2-1}+\frac{1-(-3)^n}{1-(-3)}=2^{n+1}-\frac{(-3)^n}{4}-\frac{7}{4}$$

(2) $\sum_{k=1}^{n-1}k^2=\frac{1}{6}(n-1)n(2n-1)$ ⇦ $\sum_{k=1}^{n}k^2=\frac{1}{6}n(n+1)(2n+1)$ において n を $n-1$ に置き換える

(3) $\sum_{k=3}^{n}k^2=\sum_{k=1}^{n}k^2-(1^2+2^2)=\frac{1}{6}n(n+1)(2n+1)-5$ ⇦ $k=1$ から n までの和に直して公式を適用

■75　分数型の和■

一般項が分数式の場合は，部分分数に分ける。

一般に $a_{n+1}-a_n=d$ ($a_n\neq0$，$a_{n+1}\neq0$，$d\neq0$) のとき

$\frac{1}{a_n}-\frac{1}{a_{n+1}}=\frac{a_{n+1}-a_n}{a_na_{n+1}}=\frac{d}{a_na_{n+1}}$ となることから $\frac{1}{a_na_{n+1}}=\frac{1}{d}\left(\frac{1}{a_n}-\frac{1}{a_{n+1}}\right)$

(例) $\sum_{k=1}^{n}\frac{1}{k(k+1)}=\frac{1}{1\cdot2}+\frac{1}{2\cdot3}+\frac{1}{3\cdot4}+\cdots\cdots+\frac{1}{n(n+1)}$

$$=\left(\frac{1}{1}-\frac{1}{2}\right)+\left(\frac{1}{2}-\frac{1}{3}\right)+\left(\frac{1}{3}-\frac{1}{4}\right)+\cdots\cdots+\left(\frac{1}{n}-\frac{1}{n+1}\right)$$

$$=\frac{1}{1}-\frac{1}{n+1}$$

(注) $\frac{1}{n(n+2)}=\frac{1}{2}\left(\frac{1}{n}-\frac{1}{n+2}\right)$

$\frac{1}{(n-1)(n+1)}=\frac{1}{2}\left(\frac{1}{n-1}-\frac{1}{n+1}\right)$

次のような場合もある。

$\frac{1}{n(n+1)(n+2)}=\frac{1}{2}\left\{\frac{1}{n(n+1)}-\frac{1}{(n+1)(n+2)}\right\}$

$\frac{1}{\sqrt{n}+\sqrt{n+1}}=\sqrt{n+1}-\sqrt{n}$

例題 74　4分・6点

(1) $\sum_{k=1}^{n}\left\{\left(-\frac{1}{2}\right)^k+4^{k-1}\right\}=\frac{\boxed{ア}}{\boxed{イ}}\left(-\frac{1}{2}\right)^n+\frac{\boxed{ウ}}{\boxed{エ}}\cdot 4^n-\frac{\boxed{オ}}{\boxed{カ}}$

(2) $\sum_{k=2}^{n-1}(9k^2-5k)=\sum_{k=1}^{n-1}(9k^2-5k)-\boxed{キ}$

$=\boxed{ク}n^3-\boxed{ケ}n^2+\boxed{コ}n-\boxed{サ}\quad(n\geqq 3)$

解答

(1)
$$\sum_{k=1}^{n}\left\{\left(-\frac{1}{2}\right)^k+4^{k-1}\right\}=\sum_{k=1}^{n}\left(-\frac{1}{2}\right)^k+\sum_{k=1}^{n}4^{k-1}$$
$$=\frac{-\frac{1}{2}\left\{1-\left(-\frac{1}{2}\right)^n\right\}}{1-\left(-\frac{1}{2}\right)}+\frac{4^n-1}{4-1}$$
$$=-\frac{1}{3}\left\{1-\left(-\frac{1}{2}\right)^n\right\}+\frac{1}{3}(4^n-1)$$
$$=\mathbf{\frac{1}{3}}\left(-\frac{1}{2}\right)^n+\mathbf{\frac{1}{3}}\cdot 4^n-\mathbf{\frac{2}{3}}$$

← 初項$-\frac{1}{2}$，公比$-\frac{1}{2}$，項数 n の等比数列と，初項1，公比4，項数 n の等比数列の和。

(2)
$$\sum_{k=2}^{n-1}(9k^2-5k)=\sum_{k=1}^{n-1}(9k^2-5k)-\mathbf{4}$$
$$=9\cdot\frac{1}{6}(n-1)n(2n-1)-5\cdot\frac{1}{2}(n-1)n-4$$
$$=\mathbf{3}n^3-\mathbf{7}n^2+\mathbf{4}n-\mathbf{4}$$

← $k=1$ のとき，$9k^2-5k=4$

§6 1

例題 75　2分・4点

$\frac{1}{4k^2-1}=\frac{1}{\boxed{ア}}\left(\frac{1}{\boxed{イ}k-1}-\frac{1}{\boxed{ウ}k+1}\right)$ であるから，

$\sum_{k=1}^{n}\frac{1}{4k^2-1}=\frac{n}{\boxed{エ}n+\boxed{オ}}$ である。

解答

$$\sum_{k=1}^{n}\frac{1}{4k^2-1}=\sum_{k=1}^{n}\frac{1}{(2k-1)(2k+1)}$$
$$=\mathbf{\frac{1}{2}}\sum_{k=1}^{n}\left(\frac{1}{\mathbf{2}k-1}-\frac{1}{\mathbf{2}k+1}\right)$$
$$=\frac{1}{2}\left\{\left(\frac{1}{1}-\frac{1}{3}\right)+\left(\frac{1}{3}-\frac{1}{5}\right)+\cdots\right.$$
$$\left.\cdots+\left(\frac{1}{2n-1}-\frac{1}{2n+1}\right)\right\}$$
$$=\frac{1}{2}\left(1-\frac{1}{2n+1}\right)=\frac{n}{\mathbf{2}n+\mathbf{1}}$$

← $\frac{1}{2k-1}-\frac{1}{2k+1}=\frac{2}{(2k-1)(2k+1)}$

STAGE 1　49　階差数列，和と一般項

■76　階差数列■

$a_{n+1}-a_n=b_n$ とするとき

$$\{a_n\}: a_1,\ a_2,\ a_3,\ \cdots\cdots,\ a_{n-1},\ a_n,\ \cdots\cdots$$
$$\{b_n\}: \quad b_1,\ b_2,\ \cdots\cdots,\ b_{n-1},\ \cdots\cdots$$

$$\begin{aligned} a_2-a_1&=b_1\\ a_3-a_2&=b_2\\ &\vdots\\ +)\ a_n-a_{n-1}&=b_{n-1}\\ \hline a_n-a_1&=b_1+b_2+\cdots\cdots+b_{n-1}\end{aligned}$$

$$\therefore\quad \boldsymbol{a_n=a_1+\sum_{k=1}^{n-1}b_k}\quad (\boldsymbol{n\geqq 2})$$

数列$\{b_n\}$が数列$\{a_n\}$の階差数列である。

■77　和と一般項■

$S_n=\sum_{k=1}^{n}a_k$ とすると

$$\begin{aligned} S_1&=a_1\\ S_2&=a_1+a_2\\ S_3&=a_1+a_2+a_3\\ &\vdots\\ S_{n-1}&=a_1+a_2+\cdots\cdots+a_{n-1}\\ S_n&=a_1+a_2+\cdots\cdots+a_{n-1}+a_n\end{aligned}$$

$\succ\!\!\to a_2=S_2-S_1$

$\succ\!\!\to a_3=S_3-S_2$

$\succ\!\!\to a_n=S_n-S_{n-1}$

$$\therefore\quad a_n=\begin{cases} S_1 & (n=1)\\ S_n-S_{n-1} & (n=2,\ 3,\ \cdots\cdots)\end{cases}$$

(例)　$S_n=n^2+1$ とすると

$a_1=S_1=2$

$n\geqq 2$ のとき

$$\begin{aligned} a_n&=S_n-S_{n-1}\\ &=(n^2+1)-\{(n-1)^2+1\}\\ &=2n-1\end{aligned}$$（$n=1$ のときは成り立たない）

$$\therefore\quad a_n=\begin{cases} 2 & (n=1)\\ 2n-1 & (n\geqq 2)\end{cases}$$

例題 76　3分・4点

数列$\{a_n\}$：1，2，−1，8，…… の階差数列$\{b_n\}$が等比数列であるとき，$\{b_n\}$の初項は［ア］，公比は［イウ］である。また，数列$\{a_n\}$の一般項は

$$a_n=\frac{\boxed{エ}-(\boxed{オカ})^{n-1}}{\boxed{キ}}$$

である。

解答

階差数列$\{b_n\}$は初項**1**，公比**−3**の等比数列であり，一般項は$b_n=1\cdot(-3)^{n-1}=(-3)^{n-1}$である。数列$\{a_n\}$の一般項は，$n\geqq2$のとき

$$a_n=1+\sum_{k=1}^{n-1}(-3)^{k-1}=1+\frac{1-(-3)^{n-1}}{1-(-3)}$$

$$=\frac{\mathbf{5}-(\mathbf{-3})^{n-1}}{\mathbf{4}}$$

これは $n=1$ のときも成り立つ。

⬅ $\{a_n\}$：1，2，−1，8，…
$\{b_n\}$：1，−3，9，…

⬅ $\sum_{k=1}^{n-1}(-3)^{k-1}$ は初項1，公比 −3，項数 $n-1$ の等比数列の和。

例題 77　6分・6点

$S_n=\sum_{k=1}^{n}a_k$ とする。$S_n=-n^2+36n$ であるとき，$a_1=$［アイ］，$a_2=$［ウエ］である。また，$\sum_{k=1}^{40}|a_k|=$［オカキ］である。

解答

$$a_1=S_1=-1+36=\mathbf{35}$$

$$a_2=S_2-S_1=(-4+72)-35=\mathbf{33}$$

$n\geqq2$ のとき　$a_n=S_n-S_{n-1}$

$$=(-n^2+36n)-\{-(n-1)^2+36(n-1)\}$$

$$=-2n+37$$

これは $n=1$ のときも成り立つ。

⬅ $n=1$ とおくと $-2\cdot1+37=35=a_1$

$a_n>0$ のとき　$-2n+37>0$　$\therefore$　$n<\frac{37}{2}=18.5$

よって，数列$\{a_n\}$の初項から第18項までは正の数，第19項から負の数になるから

$$\sum_{k=1}^{40}|a_k|=\sum_{k=1}^{18}a_k+\sum_{k=19}^{40}(-a_k)$$

$$=\frac{18(35+1)}{2}+\frac{22(1+43)}{2}=\mathbf{808}$$

⬅ $a_1=35$
$a_{18}=1$
$a_{19}=-1$
$a_{40}=-43$

⬅ 等差数列の和の公式。

§6 1

STAGE 1 50 漸化式

■78 階差数列の漸化式 ■

$\boldsymbol{a_{n+1}=a_n+(n\text{の式})}$

$a_{n+1}-a_n=f(n)\ (n=1,\ 2,\ 3,\ \cdots\cdots)$ とすると

$$\begin{array}{ccccccccc} a_1 & & a_2 & & a_3 & & a_4\ \cdots\cdots\ a_{n-1} & & a_n\ \cdots\cdots \\ & f(1), & & f(2), & & f(3) & \cdots\cdots & f(n-1) & \cdots\cdots \end{array}$$

すなわち，$f(n)$ は数列 $\{a_n\}$ の階差数列の一般項を表す。

$$a_n=a_1+\sum_{k=1}^{n-1}f(k)\quad (n\geqq 2)$$

数列の隣り合う項の関係式が漸化式。初項と漸化式で数列が定まる。

■79 $a_{n+1}=pa_n+q$ の形の漸化式 ■

$\boldsymbol{a_{n+1}=pa_n+q\ (p\neq 1)}$

$a_{n+1}=pa_n+q$ に対し，両辺から $\alpha=p\alpha+q$ を満たす α を引くと

$$\begin{array}{rl} & a_{n+1}=pa_n+q \\ -) & \alpha\ \ \ =p\alpha+q \\ \hline & a_{n+1}-\alpha=p(a_n-\alpha) \end{array} \Longrightarrow a_1-\alpha,\ a_2-\alpha,\ a_3-\alpha,\ \cdots\cdots \ (\times p,\ \times p,\ \times p)$$

となり，この式は数列 $\{a_n-\alpha\}$ が公比 p の等比数列であることを表している。よって

$$a_n-\alpha=(a_1-\alpha)\cdot p^{n-1}$$

$$\therefore\quad a_n=(a_1-\alpha)\cdot p^{n-1}+\alpha$$

となる。

(例)　$a_{n+1}=3a_n+2$ に対し，$\alpha=3\alpha+2$ を満たす $\alpha=-1$ を両辺から引くと

$$a_{n+1}-(-1)=3a_n+2-(-1)$$

$$\therefore\quad a_{n+1}+1=3(a_n+1)$$

この式は数列 $\{a_n+1\}$ が公比 3 の等比数列であることを表しているので

$$a_n+1=(a_1+1)\cdot 3^{n-1}$$

例題 78　2分・3点

$a_1=1$，$a_{n+1}=a_n+2^n$（$n=1$，2，3，……）で定められる数列$\{a_n\}$の一般項は $a_n=$［ア］$^n-$［イ］である。

解答

数列$\{a_n\}$の階差数列の一般項が 2^n であるから，$n\geqq 2$ のとき

$$a_n=1+\sum_{k=1}^{n-1}2^k=1+\frac{2(2^{n-1}-1)}{2-1}$$
$$=2^n-1$$

これは，$n=1$ でも成り立つから

$$a_n=\mathbf{2}^n-\mathbf{1}$$

⬅
$$\begin{aligned} a_2-a_1&=2\\ a_3-a_2&=2^2\\ &\vdots\\ +)\ a_n-a_{n-1}&=2^{n-1}\\ \hline a_n-a_1&=\sum_{k=1}^{n-1}2^k \end{aligned}$$

⬅ $\sum_{k=1}^{n-1}2^k$ は初項2，公比2項数 $n-1$ の等比数列の和。

例題 79　3分・6点

数列$\{a_n\}$は，$a_1=4$，$3a_{n+1}+a_n=4$（$n=1$，2，3，……）を満たすとする。

この式を変形すると，$a_{n+1}-$［ア］$=\dfrac{［イウ］}{［エ］}(a_n-$［ア］$)$ となるので，

数列 $\{a_n-$［ア］$\}$ は公比 $\dfrac{［オカ］}{［キ］}$ の等比数列であることがわかる。

よって，$a_n=$［ア］$+$［ク］$\left(\dfrac{［オカ］}{［キ］}\right)^{n-1}$ である。

解答

$3a_{n+1}+a_n=4$ より

$$a_{n+1}=-\frac{1}{3}a_n+\frac{4}{3}$$

この式を変形すると

$$a_{n+1}-\mathbf{1}=-\frac{\mathbf{1}}{\mathbf{3}}(a_n-1)$$

よって，数列$\{a_n-1\}$は公比 $-\dfrac{\mathbf{1}}{\mathbf{3}}$ の等比数列である。

$$a_n-1=(a_1-1)\left(-\frac{1}{3}\right)^{n-1}=3\left(-\frac{1}{3}\right)^{n-1}$$

$$\therefore\quad a_n=1+3\left(-\frac{1}{3}\right)^{n-1}$$

⬅ $3\alpha+\alpha=4$
$\therefore\quad \alpha=1$

⬅
$$\begin{aligned} a_{n+1}&=-\frac{1}{3}a_n+\frac{4}{3}\\ -)\quad \alpha&=-\frac{1}{3}\alpha+\frac{4}{3}\\ \hline a_{n+1}-\alpha&=-\frac{1}{3}(a_n-\alpha) \end{aligned}$$

⬅ $a_1-1=4-1=3$

STAGE 1 類　　題

類題 68　　(3分・6点)

(1) 初項2，公差3の等差数列を$\{a_n\}$とする。$a_n>100$ を満たす最小のnは［アイ］であり，$100<a_n<200$ を満たすnは［ウエ］個ある。

(2) 数列$\{a_n\}$は初項a，公差dの等差数列とする。$a_6=28$，$a_{20}=98$ のとき

$a=$［オ］，$d=$［カ］

である。

類題 69　　(3分・6点)

(1) $a_n=3n+1$ とするとき

$$a_2+a_4+a_6+\cdots\cdots+a_{20}=\text{［アイウ］}$$

である。

(2) 等差数列$\{a_n\}$の初項から第n項までの和をS_nとする。$a_7=2$，$S_{12}=18$ のとき $a_1=$［エオ］であり，公差は［カ］である。

類題 70　　(3分・6点)

公比が実数である等比数列$\{a_n\}$が $a_1+a_2=16$，$a_4+a_5=432$ を満たしている。このとき，$a_1=$［ア］，公比は［イ］である。また，数列$\{a_n\}$の1000より大きい項の中で最小の数は $a_{\text{ウ}}=$［エオカキ］である。

類題 71　（3分・4点）

(1)　初項2，公比3の等比数列$\{a_n\}$の初項から第n項までの和をS_nとする。$S_n>1000$ を満たす最小のnは［ア］である。

(2)　初項4，公比$-\dfrac{1}{\sqrt{2}}$の等比数列$\{a_n\}$について

$$a_1+a_3+a_5+\cdots\cdots+a_{19}=\frac{\text{イウエオ}}{\text{カキク}}$$

である。

類題 72　（4分・4点）

(1)　$\displaystyle\sum_{k=1}^{20}(2k^2-3k+4)=$［アイウエ］

(2)　$\displaystyle\sum_{k=1}^{n}k(3k-2)=n(n+\text{オ})\left(n-\frac{\text{カ}}{\text{キ}}\right)$

類題 73　（5分・4点）

(1)　$1\cdot4+3\cdot7+5\cdot10+\cdots\cdots+19\cdot31=$［アイウエ］

(2)　$1^2+3^2+5^2+\cdots\cdots+(2n-1)^2=\dfrac{n}{\text{オ}}(\text{カ}\,n^2-\text{キ})$

類題 74 （5分・4点）

(1) $\displaystyle\sum_{k=1}^{n}\left\{3^{k-1}-\left(-\frac{2}{3}\right)^{k}\right\}=\frac{\boxed{\text{ア}}}{\boxed{\text{イ}}}\cdot 3^{n}-\frac{\boxed{\text{ウ}}}{\boxed{\text{エ}}}\left(-\frac{2}{3}\right)^{n}-\frac{\boxed{\text{オ}}}{\boxed{\text{カキ}}}$

(2) $\displaystyle\sum_{k=2}^{n-1}(3k^{2}-k+2)=n^{3}-\boxed{\text{ク}}\,n^{2}+\boxed{\text{ケ}}\,n-\boxed{\text{コ}}$ $(n\geqq 3)$

類題 75 （5分・6点）

(1) $\displaystyle\sum_{k=2}^{12}\frac{1}{k^{2}-k}=\frac{\boxed{\text{アイ}}}{\boxed{\text{ウエ}}}$

(2) $\displaystyle\sum_{k=1}^{n}\frac{1}{(3k-2)(3k+1)}=\frac{n}{\boxed{\text{オ}}\,n+\boxed{\text{カ}}}$

(3) $\displaystyle\sum_{k=1}^{60}\frac{1}{\sqrt{2k-1}+\sqrt{2k+1}}=\boxed{\text{キ}}$

類題 76 （3分・6点）

数列$\{a_n\}$の階差数列$\{b_n\}$は初項2，公比 -3 の等比数列であるとする。$a_1=1$ のとき，$a_2=\boxed{\text{ア}}$，$a_3=\boxed{\text{イウ}}$ であり

$$a_n=\frac{\boxed{\text{エ}}-(-3)^{n-1}}{\boxed{\text{オ}}}$$

である。

類題 77　（6分・10点）

数列$\{a_n\}$の初項から第n項までの和をS_nとする。

(1)　$S_n=2n^2-4n+3$ であるとき $a_1=$ ア であり，$n\geqq2$ のとき $a_n=$ イ $n-$ ウ である。
このとき $\sum_{k=1}^{n} a_{2k}=$ エ n^2- オ n である。

(2)　$S_n=2\cdot3^n$ であるとき $a_1=$ カ であり，$n\geqq2$ のとき $a_n=$ キ $\cdot3^{n-1}$ である。
このとき $\sum_{k=1}^{n}\frac{1}{a_k}=\frac{ク}{ケコ}-\frac{1}{サ}\left(\frac{1}{3}\right)^{n-1}$ $(n\geqq2)$ である。

類題 78　（6分・6点）

(1)　$a_1=2$，$a_{n+1}=a_n+3n-5$ $(n=1,\ 2,\ 3,\ \cdots\cdots)$ で定められる数列$\{a_n\}$の一般項は，$a_n=\frac{ア}{イ}n^2-\frac{ウエ}{オ}n+$ カ である。

(2)　$a_1=1$，$a_{n+1}=a_n+2(-3)^{n-1}$ $(n=1,\ 2,\ 3,\ \cdots\cdots)$ で定められる数列$\{a_n\}$の一般項は，$a_n=\frac{キ}{ク}-\frac{ケ}{コ}(-3)^{n-1}$ である。

類題 79　（6分・10点）

(1)　数列$\{a_n\}$は，$a_1=4$，$a_{n+1}=5a_n-8$ $(n=1,\ 2,\ 3,\ \cdots\cdots)$ を満たすとする。
この式を変形すると

$$a_{n+1}-ア=5(a_n-ア)$$

となることから $a_n=$ イ $\cdot5^{n-1}+$ ウ である。

(2)　数列$\{a_n\}$は，$a_1=6$，$2a_{n+1}+a_n=-6$ $(n=1,\ 2,\ 3,\ \cdots\cdots)$ を満たすとする。
この式を変形すると

$$a_{n+1}+エ=\frac{オカ}{キ}(a_n+エ)$$

となることから，$a_n=$ ク $\left(\frac{ケコ}{サ}\right)^{n-1}-$ シ である。

よって，$a_9=\frac{スセソ}{タチ}$ である。

STAGE 2　51　等差数列の応用

■80　等差数列の応用■

(1)　等差数列

$\{a_n\}$: a_1,　a_2,　a_3,　……,　a_n,　……

$a_2 = a+d$,　$a_3 = a+2d$,　$a_n = a+(n-1)d$

$d=a_2-a_1=a_3-a_2=\cdots\cdots$

(2)　a, b, c の 3 数がこの順に等差数列　$\Longrightarrow$　$b-a=c-b$ (＝公差)

$\therefore\ 2b=a+c$

(3)　等差数列の和

$$S_n=\underbrace{a+(a+d)+(a+2d)+\cdots\cdots+(\ell-2d)+(\ell-d)+\ell}_{n\text{項}}$$

$$=\frac{n(a+\ell)}{2}\ \Longleftarrow\ \boxed{\frac{\text{項数(初項＋末項)}}{2}}$$

$\ell=a+(n-1)d$ であるから

$$S_n=\frac{n}{2}\{2a+(n-1)d\}$$

(4)　等差数列の和の最大値 …… 項の符号に注目

初項 $a_1>0$, 公差 $d<0$ のとき,

$a_n \geqq 0$ となる最大の n を求める(m とする)。

a_1, a_2, ……, a_m, | a_{m+1}, ……

0以上 | 負

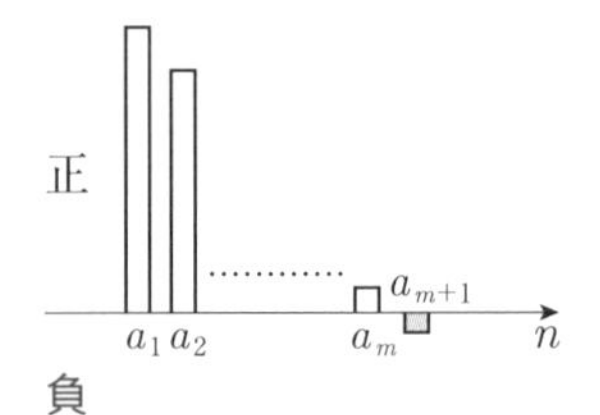

このとき, $S_n=\sum_{k=1}^{n} a_k$ は

$S_1<S_2<\cdots\cdots<S_{m-1}\leqq S_m>S_{m+1}>\cdots\cdots$

となるから, S_n の最大値は

$a_m=0$ のときは　S_{m-1}, S_m $(S_{m-1}=S_m)$

$a_m>0$ のときは　S_m

例題 80　8分・10点

(1) 正の偶数を小さいものから順に並べた数列 2, 4, 6, 8, …… について，連続して並ぶ $2n+1$ 項のうち，初めの $n+1$ 項の和が次の n 項の和に等しければ，$2n+1$ 項のうちの中央の項は $\boxed{\text{ア}}n^2+\boxed{\text{イ}}n$ である。

(2) 等差数列 $\{a_n\}$ に対して，$S_n=\sum_{k=1}^{n}a_k$ とおく。$a_1=38$，$a_{m+1}=5$，$S_{m+1}=258$ とするとき $m=\boxed{\text{ウエ}}$ であり，公差は $\boxed{\text{オカ}}$ である。また，S_n は $n=\boxed{\text{キク}}$ のとき最大となり，最大値は $\boxed{\text{ケコサ}}$ である。

解答

(1) 中央の項を p とすると，公差は2であるから，$2n+1$ 項は

$$\underbrace{p-2n,\ \cdots\cdots,\ p-2,\ p}_{n+1\text{ 項}},\ \underbrace{p+2,\ \cdots\cdots,\ p+2n}_{n\text{ 項}}$$

和に関する条件より

$$\frac{(n+1)\{(p-2n)+p\}}{2}=\frac{n\{(p+2)+(p+2n)\}}{2}$$

← $\dfrac{項数(初項+末項)}{2}$

$$(n+1)(p-n)=n(p+n+1)$$

$$\therefore\quad p=n(n+1)+n(n+1)=\mathbf{2n^2+2n}$$

(2) $S_{m+1}=\dfrac{(m+1)(a_1+a_{m+1})}{2}$ より

← $\dfrac{項数(初項+末項)}{2}$

$$258=\frac{(m+1)(38+5)}{2}\qquad\therefore\quad m=\mathbf{11}$$

公差を d とすると

$$a_{12}=38+11d=5\qquad\therefore\quad d=\mathbf{-3}$$

← $a_{m+1}=a_{12}$

よって

$$a_n=38-3(n-1)=41-3n$$

$a_n>0$ とすると

$$41-3n>0\qquad\therefore\quad n<\frac{41}{3}=13.6\cdots\cdots$$

であるから，S_n は $n=\mathbf{13}$ のとき最大となり，$a_{13}=2$ より，S_n の最大値は

← $a_1,\ a_2,\ \cdots,\ a_{13}>0$
$0>a_{14},\ a_{15},\ \cdots$

$$S_{13}=\frac{13(38+2)}{2}=\mathbf{260}$$

§6 2

STAGE 2 52 等比数列の応用

■81 等比数列の応用■

(1) **等比数列**

$\{a_n\}$ ： a_1, a_2, a_3, ……, a_n, ……

$a_2 = ar$, $a_3 = ar^2$, $a_n = ar^{n-1}$

$$r=\frac{a_2}{a_1}=\frac{a_3}{a_2}=\cdots\cdots$$

(2) **a, b, c の 3 数がこの順に等比数列** $\Longrightarrow$ $\dfrac{b}{a}=\dfrac{c}{b}$ (＝公比)

$$\therefore\ b^2=ac$$

(3) **等比数列の和**

初項 a, 公比 r, 項数 n を確認して

$r<1$ のとき $S_n=\dfrac{a(1-r^n)}{1-r}$

$r>1$ のとき $S_n=\dfrac{a(r^n-1)}{r-1}$

(4) $\displaystyle\sum_{k=1}^{n}kr^k$ ($r\neq1$)

$S=\displaystyle\sum_{k=1}^{n}kr^k$ ($r\neq1$) とすると

$$\begin{array}{rl} S= & r+2r^2+3r^3+\cdots\cdots+nr^n \\ -)\ rS= & \quad\ \ r^2+2r^3+\cdots\cdots+(n-1)r^n+nr^{n+1} \\ \hline (1-r)S= & \underbrace{r+\ r^2+\ r^3+\cdots\cdots+r^n}_{\text{初項 } r,\text{ 公比 } r,\text{ 項数 } n \text{ の等比数列の和}}\quad -nr^{n+1} \end{array}$$

（r をかけて 1 つずらして書く）（← 上から下を引く）

$$S=\frac{1}{1-r}\left\{\frac{r(1-r^n)}{1-r}-nr^{n+1}\right\}$$

$$=\frac{r(1-r^n)}{(1-r)^2}-\frac{nr^{n+1}}{1-r}$$

となる。

(4) は一般項が(等差数列)×(等比数列)の形になる数列の和を求める方法。

(注) $\displaystyle\sum_{k=1}^{n}kr^k=\sum_{k=1}^{n}k\cdot\sum_{k=1}^{n}r^k$ とはならない。

例題 81 **8分・10点**

(1) 初項が0でない等比数列$\{a_n\}$が $a_1+2a_2=0$ を満たしている。このとき，公比は $\dfrac{\boxed{\text{アイ}}}{\boxed{\text{ウ}}}$ である。$a_1+a_2+a_3=\dfrac{9}{4}$ ならば $a_4+a_5+a_6=\dfrac{\boxed{\text{エオ}}}{\boxed{\text{カキ}}}$ であり，$\dfrac{1}{a_1}+\dfrac{1}{a_2}+\cdots\cdots+\dfrac{1}{a_n}=57$ となるのは，$n=\boxed{\text{ク}}$ のときである。

(2) 初項1，公比3の等比数列を$\{a_n\}$とする。

$$\sum_{k=1}^{n}ka_k=\frac{(\boxed{\text{ケ}}\,n-\boxed{\text{コ}})\cdot\boxed{\text{サ}}^{\,n}+\boxed{\text{シ}}}{4}$$ である。

解答

(1) $a_1+2a_2=0$より $\dfrac{a_2}{a_1}=-\dfrac{1}{2}$ 　∴ 公比は$\boldsymbol{-\dfrac{1}{2}}$

$$a_1+a_2+a_3=a_1(1+r+r^2)=\frac{9}{4}\quad\cdots\cdots①$$

← 公比を r とする。

$$\therefore\quad a_4+a_5+a_6=a_1(r^3+r^4+r^5)=a_1(1+r+r^2)r^3$$
$$=\frac{9}{4}\left(-\frac{1}{2}\right)^3=-\frac{\mathbf{9}}{\mathbf{32}}$$

また，①より $a_1\left(1-\dfrac{1}{2}+\dfrac{1}{4}\right)=\dfrac{9}{4}$ 　∴ $a_1=3$

数列 $\dfrac{1}{a_1}$，$\dfrac{1}{a_2}$，$\dfrac{1}{a_3}$，…… は初項$\dfrac{1}{3}$，公比 -2 の等比数列であるから

← 等比数列は逆数も等比数列。

$$\frac{1}{a_1}+\frac{1}{a_2}+\cdots+\frac{1}{a_n}=\frac{\frac{1}{3}\{1-(-2)^n\}}{1-(-2)}=\frac{1}{9}\{1-(-2)^n\}=57$$

∴ $(-2)^n=-512$ 　∴ $n=\mathbf{9}$

(2) $a_n=3^{n-1}$ であるから，$S_n=\displaystyle\sum_{k=1}^{n}ka_k$ とすると

$$\begin{array}{rl} S_n= & 1+2\cdot3+3\cdot3^2+\cdots\cdots+n\cdot3^{n-1} \\ -)\ 3S_n= & \qquad 1\cdot3+2\cdot3^2+\cdots\cdots+(n-1)3^{n-1}+n\cdot3^n \\ \hline S_n-3S_n= & 1+\ 3+\ 3^2+\cdots\cdots+\ 3^{n-1}-n\cdot3^n \end{array}$$

← 1つずらして書いて，差を計算。末項を除くと，初項1，公比3，項数nの等比数列の和。

$$\therefore\quad -2S_n=\frac{3^n-1}{3-1}-n\cdot3^n$$

$$S_n=\frac{\mathbf{(2n-1)\cdot3^n+1}}{\mathbf{4}}$$

§6 2

STAGE 2 53 群数列

■82 群数列■

数列 $\{a_n\}$：a_1，a_2，a_3，a_4，a_5，a_6，a_7，a_8，……

⇓ グループ分けする

$a_1 \mid a_2, a_3 \mid a_4, a_5, a_6 \mid a_7, a_8, \cdots\cdots$ （群数列）

群数列のポイント

群に含まれる項数の和から初項から数えた項番号を求める

（例） 第 k 群に k 個の項が含まれる群数列では

1群　2群　m 群

$a_1 \mid a_2, a_3 \mid \cdots\cdots\cdots\cdots\cdots \mid$ ①，②，…，ⓛ，…，ⓜ $\mid$

1個　2個

↑ m 群の ℓ 番目

第 m 群の ℓ 番目の項が a_n であるとすると

$$n=\{1+2+3+\cdots\cdots+(m-1)\}+\ell$$

第1群から第 m 群の ℓ 番目までに含まれる項の総和は

群ごとの和を求める

初項から第 n 項までの和を求める場合

第 n 項が第 m 群の ℓ 番目とすると

k 群　m 群

$a_1 \mid a_2, a_3 \mid \cdots\cdots \mid$ ○，○，……，○ $\mid \cdots \mid$ ①，②，……，ⓛ

（○，○，……，○：和 S_k を求める）（①，②，……，ⓛ：和 N を求める）

求める和は

$$(S_1+S_2+\cdots\cdots+S_{m-1})+N$$

例題 82　**6分・8点**

数列1, 2, 2, 3, 3, 3, 4, 4, 4, 4, 5, 5, 5, 5, 5, 6, ……の第 n 項を a_n とする。この数列を

1 | 2, 2 | 3, 3, 3 | 4, 4, 4, 4 | 5, 5, 5, 5, 5 | 6 ……

のように1個, 2個, 3個, 4個, …… と群に分ける。

第1群から第20群までの群に含まれる項の個数は［アイウ］個であり, $a_{215}=$［エオ］となる。また, $a_1+a_2+\cdots\cdots+a_{215}=$［カキクケ］である。

$a_1+a_2+\cdots\cdots+a_n \geqq 3000$ となる最小の自然数 n は［コサシ］である。

解答

第1群から第20群までの群に含まれる項の個数は, 各群に含まれる項の個数を第1群から第20群まで加えて

$$1+2+3+\cdots\cdots+20=\frac{20\cdot21}{2}=\mathbf{210}$$

⬅ $\sum_{k=1}^{n} k=\frac{1}{2}n(n+1)$

a_{215} は第21群に含まれるから

$$a_{215}=\mathbf{21}$$

第 k 群には, 数字 k が k 個含まれるから, 第 k 群に含まれるすべての数の和は

$$k\cdot k=k^2$$

⬅ 第 k 群に含まれる数の和を求める。

a_{215} は第21群の5番目であるから

$$\begin{aligned}&a_1+a_2+\cdots\cdots+a_{215}\\&=\sum_{k=1}^{20} k^2+21\cdot5\\&=\frac{1}{6}\cdot20\cdot21\cdot41+21\cdot5\\&=\mathbf{2975}\end{aligned}$$

⬅ $\sum_{k=1}^{n} k^2=\frac{1}{6}n(n+1)(2n+1)$

この結果から

$$a_1+a_2+\cdots\cdots+a_{216}=2975+21=2996$$
$$a_1+a_2+\cdots\cdots+a_{217}=2996+21=3017$$

よって, $a_1+a_2+\cdots\cdots+a_n \geqq 3000$ となる最小の自然数 n は　**217**

STAGE 2 54 漸化式の応用

■83 漸化式の応用■

(1) 階差数列の利用

(例1) $a_{n+2}=3a_{n+1}-2a_n \xRightarrow{\text{両辺から } a_{n+1} \text{ を引く}} \underbrace{a_{n+2}-a_{n+1}}_{b_{n+1}}=2(\underbrace{a_{n+1}-a_n}_{b_n})$

$b_n=a_{n+1}-a_n$（階差数列）とおくと

$b_{n+1}=2b_n$　から　$b_n=b_1\cdot 2^{n-1}$

$a_n=a_1+\sum_{k=1}^{n-1} b_k$ $(n\geqq 2)$ を計算して，a_n を求める。

(例2) $a_{n+1}=3a_n+n\cdot 3^{n+1} \xRightarrow{\text{両辺を } 3^{n+1} \text{ で割る}} \frac{a_{n+1}}{3^{n+1}}=\frac{a_n}{3^n}+n$

$b_n=\frac{a_n}{3^n}$ とおくと　$b_{n+1}=b_n+n$　から　$b_n=b_1+\sum_{k=1}^{n-1} k$　$(n\geqq 2)$

$a_n=3^n b_n$ から a_n を求める。

(2) 等比数列に変形

(例1) $a_{n+1}=3a_n+2^n \xRightarrow{\text{両辺を } 2^{n+1} \text{ で割る}} \frac{a_{n+1}}{2^{n+1}}=\frac{3}{2}\cdot\frac{a_n}{2^n}+\frac{1}{2}$

$b_n=\frac{a_n}{2^n}$とおくと

$b_{n+1}=\frac{3}{2}b_n+\frac{1}{2} \xRightarrow{\text{式変形する}} b_{n+1}+1=\frac{3}{2}(b_n+1)$

よって　$b_n+1=(b_1+1)\cdot\left(\frac{3}{2}\right)^{n-1}$

$a_n=2^n b_n$ から a_n を求める。

(例2) $a_{n+1}=4a_n+6n+1 \xRightarrow{\text{式変形する}} a_{n+1}+2(n+1)+1=4(a_n+2n+1)$

$a_{n+1}+p(n+1)+q=4(a_n+pn+q)$ とおくと

$a_{n+1}=4a_n+\underbrace{3pn}_{6}\underbrace{-p+3q}_{1}$ $\Rightarrow$ $p=2,\ q=1$

数列$\{a_n+2n+1\}$は公比4の等比数列

$a_n+2n+1=(a_1+2\cdot 1+1)\cdot 4^{n-1}$ から a_n を求める。

例題 83　**8分・12点**

(1)　数列$\{a_n\}$は $a_1=2$，$a_{n+1}=2a_n+4^n$（$n=1$，2，3，……）を満たすとする。$b_n=\dfrac{a_n}{2^n}$ とおくと，$b_{n+1}=b_n+\boxed{\text{ア}}^{n-\boxed{\text{イ}}}$ となり，

$a_n=\boxed{\text{ア}}^{\boxed{\text{ウ}}n-\boxed{\text{エ}}}$ である。

(2)　数列$\{a_n\}$は $a_1=3$，$a_{n+1}=3a_n+4n-8$（$n=1$，2，3，……）を満たすとする。この式は

$$a_{n+1}+\boxed{\text{オ}}(n+1)-\boxed{\text{カ}}=3(a_n+\boxed{\text{オ}}n-\boxed{\text{カ}})$$
$$(n=1,\ 2,\ 3,\ \cdots\cdots)$$

と変形できる。ここで，$b_n=a_n+\boxed{\text{オ}}n-\boxed{\text{カ}}$ とおくと，数列$\{b_n\}$は $b_1=\boxed{\text{キ}}$，公比が3の等比数列であるから

$$a_n=\boxed{\text{ク}}\cdot\boxed{\text{ケ}}^{n-1}-\boxed{\text{コ}}n+\boxed{\text{サ}}\quad(n=1,\ 2,\ 3,\ \cdots)$$

である。

解答

(1)　$a_{n+1}=2a_n+4^n$ の両辺を 2^{n+1} で割ると

$$\frac{a_{n+1}}{2^{n+1}}=\frac{a_n}{2^n}+2^{n-1}$$

← $\dfrac{4^n}{2^{n+1}}=\dfrac{2^{2n}}{2^{n+1}}=2^{2n-(n+1)}=2^{n-1}$

$b_n=\dfrac{a_n}{2^n}$ とおくと　$b_{n+1}=b_n+\mathbf{2}^{n-1}$

← $\{b_n\}$ の階差数列が 2^{n-1}

$b_1=\dfrac{a_1}{2}=1$ より，$n\geqq 2$ のとき

$$b_n=b_1+\sum_{k=1}^{n-1}2^{k-1}=1+\frac{2^{n-1}-1}{2-1}=2^{n-1}$$

← $n=1$ のときも成り立つ。

よって　$a_n=2^nb_n=2^n\cdot2^{n-1}=\mathbf{2}^{\mathbf{2}n-\mathbf{1}}$

(2)　$a_{n+1}+p(n+1)-q=3(a_n+pn-q)$ と表されるとすると

← a_n の係数は3

$$a_{n+1}=3a_n+2pn-p-2q$$

これが $a_{n+1}=3a_n+4n-8$ と一致するとき

$$\begin{cases}2p=4\\-p-2q=-8\end{cases}\qquad\therefore\quad p=2,\ q=3$$

よって

$$a_{n+1}+\mathbf{2}(n+1)-\mathbf{3}=3(a_n+2n-3)$$

$b_n=a_n+2n-3$ とおくと，$b_{n+1}=3b_n$より，数列$\{b_n\}$は公比3の等比数列である。

$b_1=a_1+2\cdot1-3=\mathbf{2}$ より　$b_n=2\cdot3^{n-1}$

← $a_1=3$

$a_n=b_n-2n+3$ より　$a_n=\mathbf{2}\cdot\mathbf{3}^{n-1}-\mathbf{2}n+\mathbf{3}$

§6 2

STAGE 2 55 数学的帰納法

■84 数学的帰納法■

すべての自然数 n について，命題 P が成り立つことを証明するために，次の2つのことを示す。

［Ⅰ］ $n=1$ のとき P が成り立つ。

［Ⅱ］ $n=k$ のとき P が成り立つことを仮定すると，$n=k+1$ のときも P が成り立つ。

このような証明法を**数学的帰納法**という。

(例)　数列 $\{a_n\}$ を次のように定める。

$$a_1=1,\ a_{n+1}=\frac{a_n}{2a_n+1}\quad (n=1,\ 2,\ 3,\ \cdots\cdots) \qquad \cdots\cdots①$$

①より，$a_2=\frac{1}{3}$，$a_3=\frac{1}{5}$，$a_4=\frac{1}{7}$，……となり

$$a_n=\frac{1}{2n-1} \qquad \cdots\cdots(*)$$

と推定できるので，(∗)を数学的帰納法で証明する。

［Ⅰ］ $n=1$ のとき，$a_1=1$ より(∗)が成り立つ。

［Ⅱ］ $n=k$ のとき，(∗)が成り立つことを仮定すると

$$a_k=\frac{1}{2k-1}$$

このとき，①より

$$a_{k+1}=\frac{a_k}{2a_k+1}=\frac{\frac{1}{2k-1}}{2\cdot\frac{1}{2k-1}+1}=\frac{1}{2k+1}$$

よって，$n=k+1$ のときも(∗)が成り立つ。

［Ⅰ］［Ⅱ］より，すべての自然数 n について(∗)が成り立つ。

(注)　$n\geqq 2$ のとき，P が成り立つことを証明するためには，次のことを示す。

［Ⅰ］ $n=2$ のとき P が成り立つ。

［Ⅱ］ $n=k(\geqq 2)$ のとき P が成り立つことを仮定すると，$n=k+1$ のときも P が成り立つ。

例題 84 **4分・8点**

数列$\{a_n\}$を次のように定める。

$$a_1=4,\ a_{n+1}=\frac{1}{4}\left(1+\frac{1}{n}\right)a_n+3n+3\quad(n=1,\ 2,\ 3,\ \cdots\cdots)\cdots\cdots①$$

このとき，$a_2=$ ア ，$a_3=$ イウ ，$a_4=$ エオ であるから，$\{a_n\}$の一般項は

$a_n=$ カ ……②

と推定できる。

②の推定が正しいことを，数学的帰納法によって証明しよう。

[Ⅰ] $n=1$ のとき，$a_1=4$ により②が成り立つ。

[Ⅱ] $n=k$ のとき，②が成り立つと仮定すると，①により

$$a_{k+1}=\frac{1}{4}\left(1+\frac{1}{k}\right)a_k+3k+3=\boxed{\text{キ}}$$

である。よって，$n=$ ク のときも②が成り立つ。

[Ⅰ],[Ⅱ]により，②はすべての自然数 n について成り立つ。

カ の解答群

⓪ $n+3$ ① $4n$ ② 2^{n+1} ③ $12-\dfrac{8}{n}$

キ ， ク の解答群

⓪ $k+1$ ① $k+4$ ② $4k+1$ ③ $4k+4$

④ 2^{k+1} ⑤ 2^{k+2} ⑥ $12-\dfrac{8}{k}$ ⑦ $12-\dfrac{8}{k+1}$

解答

①より，$a_2=\mathbf{8}$，$a_3=\mathbf{12}$，$a_4=\mathbf{16}$ であるから

$a_n=4n$ （**①**） ……②

と推定できる。

②を数学的帰納法により証明する。

[Ⅰ] $n=1$ のとき，$a_1=4$ により②が成り立つ。

[Ⅱ] $n=k$ のとき，②が成り立つことを仮定すると

$$a_{k+1}=\frac{1}{4}\left(1+\frac{1}{k}\right)\cdot 4k+3k+3$$

$$=4k+4\quad(\text{③})$$

よって，$n=k+1$(**⓪**)のときも②が成り立つ。

[Ⅰ][Ⅱ]より，すべての自然数 n について②が成り立つ。

⬅ ①で $n=1，2，3$ とおいて，a_2，a_3，a_4 を求める。

⬅ 仮定より $a_k=4k$

STAGE 2 類　題

類題 80　　(8分・8点)

初項 65，公差 d の等差数列 $\{a_n\}$ の初項から第 m 項までの和が 730 であり，初項から第 $2m-1$ 項までの奇数番目の項の和は 160 である。このとき，$m=$ アイ であり，$d=$ ウエ である。また，$\sum_{k=1}^{n} a_k$ が最大になるのは，$n=$ オカ のときで，最大値は キクケ である。

類題 81　　(8分・12点)

等比数列 $\{a_n\}$ は公比 r が実数で，$a_1+a_2=\frac{3}{2}$，$a_4+a_5=\frac{3}{16}$ を満たしている。このとき，$a_1=$ ア であり，$r=\frac{\boxed{イ}}{\boxed{ウ}}$ である。

$S_n=\sum_{k=1}^{n} ka_k$ とすると，$S_n-rS_n=\boxed{エ}-(n+\boxed{オ})\left(\frac{\boxed{カ}}{\boxed{キ}}\right)^{\boxed{ク}}$ より

$$S_n=\boxed{ケ}-(n+\boxed{コ})\left(\frac{\boxed{サ}}{\boxed{シ}}\right)^{\boxed{ス}}$$

となる。

ク，ス の解答群(同じものを繰り返し選んでもよい。)

⓪ $n-2$　① $n-1$　② n　③ $n+1$　④ $n+2$

類題　82　（8分・8点）

初項1，公差3の等差数列$\{a_n\}$がある。この数列を次のように1個，2個，2^2個，2^3個，…… の群に分ける。

$$a_1 \mid a_2,\ a_3 \mid a_4,\ a_5,\ a_6,\ a_7 \mid a_8,\ \cdots\cdots$$

(1)　m番目の群の最初の項をb_mとおくと，$b_8=$［アイウ］であり

$$b_1+b_2+b_3+\cdots\cdots+b_8=\text{［エオカ］}$$

である。

(2)　6番目の群に含まれる項の和は［キクケコ］である。

類題 83　　(各5分・各8点)

(1) 数列$\{a_n\}$は $a_1=12$, $a_{n+1}=3a_n+2\cdot 3^{n+2}$ ($n=1, 2, 3, \cdots\cdots$) を満たすとする。

$x_n=\dfrac{a_n}{3^n}$ とおくと $x_1=$ ア , $x_{n+1}=x_n+$ イ となるので, x_n を求めることにより

$$a_n=(\boxed{ウ}\,n-\boxed{エ})3^n$$

である。

(2) 数列$\{a_n\}$は $a_1=8$, $a_{n+1}=2a_n+6^n$ ($n=1, 2, 3, \cdots\cdots$) を満たすとする。

$x_n=\dfrac{a_n}{6^n}$ とおくと $x_1=\dfrac{\boxed{オ}}{\boxed{カ}}$, $x_{n+1}=\dfrac{\boxed{キ}}{\boxed{ク}}x_n+\dfrac{\boxed{ケ}}{\boxed{コ}}$ となるので,

x_n を求めることにより

$$a_n=\frac{1}{\boxed{サ}}(\boxed{シス}\cdot\boxed{セ}^n+\boxed{ソ}^n)$$

である。

(3) 数列$\{a_n\}$は $a_1=1$, $a_{n+1}=5a_n+8n-6$ ($n=1, 2, 3, \cdots\cdots$) ……① を満たすとする。

①式は

$$a_{n+1}+\boxed{タ}(n+1)-\boxed{チ}=5(a_n+\boxed{タ}\,n-\boxed{チ})$$

と変形できるので, $b_n=a_n+\boxed{タ}\,n-\boxed{チ}$ とおくと, 数列$\{b_n\}$は $b_1=$ ツ , 公比 テ の等比数列である。

したがって

$$a_n=\boxed{ト}\cdot\boxed{ナ}^{n-1}-\boxed{ニ}\,n+\boxed{ヌ}$$

である。

(4) 数列$\{a_n\}$は $a_1=2$, $a_2=3$, $a_{n+2}=4a_{n+1}-3a_n$ ($n=1, 2, 3, \cdots\cdots$) ……② を満たすとする。

②式は

$$a_{n+2}-a_{n+1}=\boxed{ネ}(a_{n+1}-a_n)$$

と変形できるので, $b_n=a_{n+1}-a_n$ とおくと, 数列$\{b_n\}$は初項 ノ , 公比 ハ の等比数列である。

したがって

$$a_n=\frac{\boxed{ヒ}^{n-1}+\boxed{フ}}{\boxed{ヘ}}$$

である。

類題　84　　　　(10分・10点)

(1)　すべての自然数 n について

「$a_n=7^n-2n-1$ が4の倍数である」　　……①

が成り立つことを数学的帰納法で示す。

[Ⅰ]　$n=1$ のとき，$a_1=$ ア より，①が成り立つ。

[Ⅱ]　$n=k$ のとき，①が成り立つと仮定すると

$a_k=4m$　(m は整数)

と表される。$n=k+1$ のとき

$a_{k+1}=7^{k+1}-2(k+1)-1=$ イ $\cdot 7^k-2k-$ ウ

$a_k=4m$ を用いて，7^k を消去すると

$a_{k+1}=4($ エ $m+$ オ $k+$ カ $)$

と表される。エ $m+$ オ $k+$ カ は整数であるから，a_{k+1} は4の倍数であり，①が成り立つ。

[Ⅰ]，[Ⅱ]より，すべての自然数 n について，①は成り立つ。

(2)　n が2以上の自然数のとき

$$\frac{1}{1^2}+\frac{1}{2^2}+\frac{1}{3^2}+\cdots\cdots+\frac{1}{n^2}<2-\frac{1}{n} \qquad \cdots\cdots ②$$

が成り立つことを数学的帰納法で示す。

[Ⅰ]　$n=2$ のとき，(左辺)$=\dfrac{\boxed{キ}}{\boxed{ク}}$，(右辺)$=\dfrac{\boxed{ケ}}{\boxed{コ}}$ であるから，②が成り立つ。

[Ⅱ]　$n=k$ のとき，②が成り立つと仮定すると

$$\frac{1}{1^2}+\frac{1}{2^2}+\frac{1}{3^2}+\cdots\cdots+\frac{1}{k^2}<2-\frac{1}{k}$$

両辺に $\dfrac{1}{(k+1)^2}$ を加えると

$$\frac{1}{1^2}+\frac{1}{2^2}+\frac{1}{3^2}+\cdots\cdots+\frac{1}{k^2}+\frac{1}{(k+1)^2}<2-\frac{1}{k}+\frac{1}{(k+1)^2}$$

ここで $\left(2-\dfrac{1}{k+1}\right)-\left\{2-\dfrac{1}{k}+\dfrac{1}{(k+1)^2}\right\}=\dfrac{\boxed{サ}}{k(k+1)^2}>0$ であるから

$$\frac{1}{1^2}+\frac{1}{2^2}+\frac{1}{3^2}+\cdots\cdots+\frac{1}{k^2}+\frac{1}{(k+1)^2}<2-\frac{1}{k+1}$$

よって，$n=k+1$ のときも②が成り立つ。

[Ⅰ]，[Ⅱ]より，2以上の自然数 n について，②は成り立つ。

STAGE 1 56 確率変数

p.164〜p.183の問題を解答するにあたっては，必要に応じて巻末の正規分布表を用いてもよい。

■85 確率分布と期待値，分散■

確率変数 X のとり得る値が x_1，x_2，……，x_n であり

$$P(X=x_k)=p_k \quad (k=1,\ 2,\ \cdots\cdots,\ n)$$

とする。

X	x_1	x_2	$\cdots$	x_n	計
$P(X)$	p_1	p_2	$\cdots$	p_n	1

（確率分布）

・**期待値** $E(X)=\sum_{k=1}^{n}\boldsymbol{x_k p_k}$

$$=x_1p_1+x_2p_2+\cdots\cdots+x_np_n$$

$E(X)=m$ とする。

・**分　散** $V(X)=\sum_{k=1}^{n}\boldsymbol{(x_k-m)^2p_k}$

$$=(x_1-m)^2p_1+(x_2-m)^2p_2+\cdots\cdots+(x_n-m)^2p_n$$

この式を変形すると

$$V(X)=\sum_{k=1}^{n}x_k{}^2p_k-m^2=E(X^2)-\{E(X)\}^2$$

$$=x_1{}^2p_1+x_2{}^2p_2+\cdots\cdots+x_n{}^2p_n-m^2$$

・**標準偏差** $\sigma(X)=\sqrt{V(X)}$

■86 確率変数の変換■

確率変数 X に対して

$$Y=aX+b \quad (a,\ b\text{ は定数})$$

とすると，確率変数 Y について

・**期待値** $E(Y)=aE(X)+b$

・**分　散** $V(Y)=a^2V(X)$

・**標準偏差** $\sigma(Y)=|a|\sigma(X)$

例題 85　**2分・4点**

確率変数 X の確率分布が右の表で与えられている。このとき，X の期待値は $\frac{\boxed{ア}}{\boxed{イ}}$，分散は $\frac{\boxed{ウエ}}{\boxed{オ}}$ である。

X	1	2	4	計
$P(X)$	$\frac{1}{3}$	$\frac{1}{6}$	$\frac{1}{2}$	1

解答

期待値　$E(X)=1\cdot\frac{1}{3}+2\cdot\frac{1}{6}+4\cdot\frac{1}{2}=\mathbf{\frac{8}{3}}$

分　散　$V(X)=1^2\cdot\frac{1}{3}+2^2\cdot\frac{1}{6}+4^2\cdot\frac{1}{2}-\left(\frac{8}{3}\right)^2=\mathbf{\frac{17}{9}}$

← $E(X^2)-\{E(X)\}^2$

例題 86　**3分・6点**

赤球2個と白球3個が入っている箱から，2個の球を同時に取り出したときの赤球の個数を X とし，$Y=15X+7$ とする。このとき，Y の期待値は $\boxed{アイ}$ であり，標準偏差は $\boxed{ウ}$ である。

解答

X の確率分布は

$$P(X=0)=\frac{{}_3C_2}{{}_5C_2}=\frac{3}{10},\quad P(X=1)=\frac{{}_2C_1\cdot{}_3C_1}{{}_5C_2}=\frac{6}{10}$$

$$P(X=2)=\frac{{}_2C_2}{{}_5C_2}=\frac{1}{10}$$

← X の期待値と分散を用いて，Y の期待値と分散を求める。

X の期待値は

$$E(X)=0\cdot\frac{3}{10}+1\cdot\frac{6}{10}+2\cdot\frac{1}{10}=\frac{4}{5}$$

X	0	1	2	計
$P(X)$	$\frac{3}{10}$	$\frac{6}{10}$	$\frac{1}{10}$	1

分散は

$$V(X)=0^2\cdot\frac{3}{10}+1^2\cdot\frac{6}{10}+2^2\cdot\frac{1}{10}-\left(\frac{4}{5}\right)^2=\frac{9}{25}$$

← $E(X^2)-\{E(X)\}^2$

標準偏差は

$$\sigma(X)=\sqrt{\frac{9}{25}}=\frac{3}{5}$$

よって，Y の期待値は

$$E(Y)=15E(X)+7=\mathbf{19}$$

標準偏差は

$$\sigma(Y)=15\sigma(X)=\mathbf{9}$$

← 分散は $V(Y)=15^2V(X)=81$

STAGE 1　57　確率変数の独立

■87　事象の独立■

2つの事象 A, B について

$$P(A\cap B)=P(A)P(B)\quad \text{つまり}\quad P_A(B)=P(B)$$

が成り立つとき，事象 A と B は互いに**独立**であるといい，独立でないとき**従属**であるという。

■88　確率変数の独立■

2つの確率変数 X, Y があり，任意の i, j について

$$P(X=x_i,\ Y=y_i)=P(X=x_i)P(Y=y_i)$$

$$(i=1,\ 2,\ \cdots\cdots,\ n,\ j=1,\ 2,\ \cdots\cdots,\ m)$$

が成り立つとき，確率変数 X と Y は互いに**独立**にあるという。

特に，2つの試行 S と T が独立であるとき，S の結果によって定まる確率変数 X と，T の結果によって定まる確率変数 Y は独立である。

(例)　黒球3個，白球2個が入った袋から1個ずつ2回球を取り出す。ただし，取り出した球はもとに戻さない。1回目と2回目に取り出した黒球の個数を，それぞれ X, Y とする。

$$P(X=0,\ Y=0)=\frac{2}{5}\cdot\frac{1}{4}=\frac{1}{10},\ P(X=0,\ Y=1)=\frac{2}{5}\cdot\frac{3}{4}=\frac{3}{10},$$

$$P(X=1,\ Y=0)=\frac{3}{5}\cdot\frac{2}{4}=\frac{3}{10},\ P(X=1,\ Y=1)=\frac{3}{5}\cdot\frac{2}{4}=\frac{3}{10}$$

例えば $P(X=0)=\dfrac{4}{10}$, $P(Y=0)=\dfrac{4}{10}$ であり

$$P(X=0,\ Y=0)\neq P(X=0)\cdot P(Y=0)$$

であるから，確率変数 X と Y は独立ではない。

X ＼ Y	0	1	計
0	$\frac{1}{10}$	$\frac{3}{10}$	$\frac{4}{10}$
1	$\frac{3}{10}$	$\frac{3}{10}$	$\frac{6}{10}$
計	$\frac{4}{10}$	$\frac{6}{10}$	1

(X と Y の同時分布)

確率変数 X, Y に対して

$$E(X+Y)=E(X)+E(Y)\quad(\text{和の期待値})$$

$$E(aX+bY)=aE(X)+bE(Y)\quad(a,\ b\text{ は定数})$$

確率変数 X, Y が，互いに独立であるとき

$$E(XY)=E(X)E(Y)\quad(\text{積の期待値})$$

$$V(X+Y)=V(X)+V(Y)\quad(\text{和の分散})$$

$$V(aX+bY)=a^2V(X)+b^2V(Y)\quad(a,\ b\text{ は定数})$$

例題 87　**2分・4点**

1個のサイコロを投げるとき，偶数の目が出るという事象を A，3の倍数の目が出るという事象を B，4の倍数の目が出るという事象を C とする。このとき，事象 A と B は ア，事象 A と C は イ 。

ア，イ の解答群(同じものを繰り返し選んでもよい。)

⓪　独立である　　①　従属である(独立ではない)

解答　$P(A)=\frac{3}{6}=\frac{1}{2}$，$P(B)=\frac{2}{6}=\frac{1}{3}$，$P(C)=\frac{1}{6}$

$$P(A\cap B)=\frac{1}{6},\ P(A\cap C)=\frac{1}{6}$$

$P(A\cap B)=P(A)P(B)$ から，A と B は独立である。(**⓪**)

$P(A\cap C)\neq P(A)P(C)$ から，A と C は従属である。(**①**)

⬅ $A\cap B$：6 の倍数
$A\cap C$：4 の倍数

例題 88　**3分・6点**

10円硬貨2枚と100円硬貨3枚を同時に投げる。表が出る10円硬貨，100円硬貨の枚数を，それぞれ X，Y とするとき，X の期待値は ア であり，Y の分散は $\frac{\boxed{イ}}{\boxed{ウ}}$ である。また，表が出る硬貨の合計の金額を Z 円とすると，Z の期待値は エオカ である。

解答　10円硬貨2枚を投げるとき，それぞれの硬貨について表が出れば1，裏が出れば0とする確率変数を X_1，X_2 とすると

$$E(X_1)=E(X_2)=0\cdot\frac{1}{2}+1\cdot\frac{1}{2}=\frac{1}{2}$$

$$V(X_1)=V(X_2)=0^2\cdot\frac{1}{2}+1^2\cdot\frac{1}{2}-\left(\frac{1}{2}\right)^2=\frac{1}{4}$$

X_1	0	1	計
$P(X_1)$	$\frac{1}{2}$	$\frac{1}{2}$	1

$X=X_1+X_2$ であり，X_1 と X_2 は互いに独立であるから

$$E(X)=E(X_1)+E(X_2)=2\cdot\frac{1}{2}=\mathbf{1}$$

$$V(X)=V(X_1)+V(X_2)=2\cdot\frac{1}{4}=\frac{1}{2}$$

Y についても同様に考えて

$$E(Y)=3\cdot\frac{1}{2}=\frac{3}{2},\quad V(Y)=3\cdot\frac{1}{4}=\mathbf{\frac{3}{4}}$$

⬅ 100円硬貨3枚についても，同様にして Y_1，Y_2，Y_3 とすると $Y=Y_1+Y_2+Y_3$

また，$Z=10X+100Y$ であるから

$$E(Z)=10E(X)+100E(Y)=10\cdot1+100\cdot\frac{3}{2}=\mathbf{160}$$

§7 1

STAGE 1　58　二項分布と正規分布

■89　二項分布■

1回の試行で事象 A の起こる確率を p とする。この試行を n 回繰り返すとき，A の起こる回数を X とすると，X は確率変数であり

$$P(X=r)={}_n\mathrm{C}_r p^r q^{n-r}\quad (q=1-p)\quad (r=0,\ 1,\ 2,\ \cdots\cdots,\ n)$$

このような確率分布を**二項分布**といい，$B(n,\ p)$で表す。

確率変数 X が二項分布 $B(n,\ p)$に従うとき

平　均　$E(X)=np$

分　散　$V(X)=npq$

標準偏差　$\sigma(X)=\sqrt{npq}$

■90　正規分布■

連続型確率変数 X の確率密度関数 $f(x)$が

$$f(x)=\frac{1}{\sqrt{2\pi}\,\sigma}e^{-\frac{(x-m)^2}{2\sigma^2}}\quad (m,\ \sigma \text{ は実数},\ \sigma>0)\quad (e=2.718\cdots\cdots)$$

で与えられるとき，X の確率分布を**正規分布**といい，$N(m,\ \sigma^2)$で表す。

確率変数 X が正規分布 $N(m,\ \sigma^2)$に従うとき

平　均　$E(X)=m$

標準偏差　$\sigma(X)=\sigma$

確率変数 X が正規分布 $N(m,\ \sigma^2)$に従うとき

$$Z=\frac{X-m}{\sigma}$$

とおくと，確率変数 Z は**標準正規分布** $N(0,\ 1)$に従う。

標準正規分布 $N(0,\ 1)$に従う確率変数 Z に対して，確率 $P(0\leqq Z\leqq z_0)$ の値を表にまとめたものを正規分布表という。

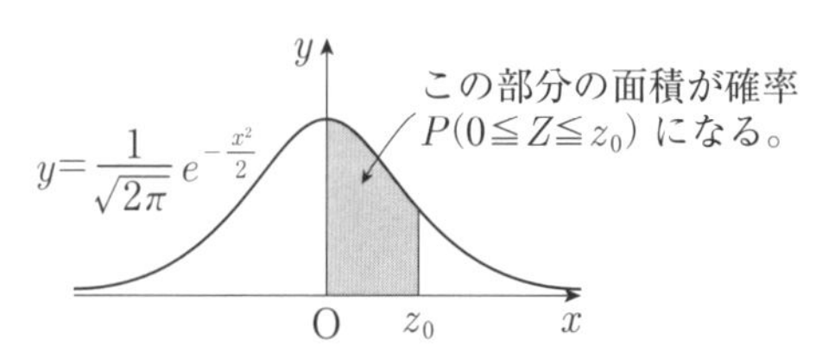

例題 89　3分・6点

数字 1，2，3，……，n が一つずつ書かれた n 枚のカードから 3 枚のカードを取り出し横 1 列に並べる。この試行において，カードの数字が左から小さい順に並んでいる事象を A とすると，A の起こる確率は $\frac{\boxed{ア}}{\boxed{イ}}$ である。この試行を 180 回繰り返すとき，事象 A が起こる回数を確率変数 X とすると，X の平均は $\boxed{ウエ}$，分散は $\boxed{オカ}$ である。

解答　n 枚のカードから 3 枚を取り出す場合の数は ${}_nC_3$ 通り，3 枚のカードを横 1 列に並べるとき，並べ方は $3!=6$ 通りあり，カードの数字が左から小さい順に並ぶのは 1 通りであるから

$$P(A)=\frac{{}_nC_3\cdot 1}{{}_nC_3\cdot 3!}=\mathbf{\frac{1}{6}}$$

確率変数 X は二項分布 $B\left(180,\ \frac{1}{6}\right)$ に従うので

平均は　$180\cdot\frac{1}{6}=\mathbf{30}$

分散は　$180\cdot\frac{1}{6}\left(1-\frac{1}{6}\right)=\mathbf{25}$

⬅ $E(X)=np$

⬅ $V(X)=np(1-p)$

例題 90　2分・4点

ある工場で製造している製品 1 個あたりの重さを表す確率変数を X とすると，X は平均 $m=50.2$，標準偏差 $\sigma=0.4$ の正規分布 $N(m,\ \sigma^2)$ に従っている。このとき，$Z=\frac{X-m}{\sigma}$ が標準正規分布に従うことから，製品 1 個あたりの重さが 50 以下となる確率は

$$P(X\leqq 50)=P(Z\leqq -\boxed{ア}.\boxed{イ})=0.\boxed{ウエ}$$

である。

解答　$Z=\frac{X-50.2}{0.4}$ より

$$\begin{aligned}P(X\leqq 50)&=P(Z\leqq -\mathbf{0.5})\\&=0.5-P(-0.5\leqq Z\leqq 0)\\&=0.5-P(0\leqq Z\leqq 0.5)\\&=0.5-0.1915\\&=0.3085\fallingdotseq 0.\mathbf{31}\end{aligned}$$

⬅ 正規分布表を利用する。

§7 1

STAGE 1　59　推　定

■ 91　母平均の推定 ■

母平均 m，母標準偏差 σ の母集団から大きさ n の無作為標本を抽出するとき，標本平均 $\overline{X}$ の平均と標準偏差は

$$\text{平均}\ E(\overline{X})=m,\quad \text{標準偏差}\ \sigma(\overline{X})=\frac{\sigma}{\sqrt{n}}$$

標本の大きさ n が十分に大きいとき，標本平均 $\overline{X}$ は近似的に正規分布 $N\left(m,\ \dfrac{\sigma^2}{n}\right)$ に従うとみなすことができる。

・母平均 m に対する**信頼度 95% の信頼区間**は

$$\left[\overline{X}-1.96\cdot\frac{\sigma}{\sqrt{n}},\ \overline{X}+1.96\cdot\frac{\sigma}{\sqrt{n}}\right]$$

・母平均 m に対する**信頼度 99% の信頼区間**は

$$\left[\overline{X}-2.58\cdot\frac{\sigma}{\sqrt{n}},\ \overline{X}+2.58\cdot\frac{\sigma}{\sqrt{n}}\right]$$

（注）　母標準偏差 σ の値は実際にはわからないことが多いので，標本標準偏差 s を用いてもよいことが知られている。

■ 92　母比率の推定 ■

母比率 p の母集団から大きさ n の無作為標本を抽出するとき，標本比率 R の平均と標準偏差は

$$\text{平均}\ E(R)=p,\quad \text{標準偏差}\ \sigma(R)=\sqrt{\frac{p(1-p)}{n}}$$

標本の大きさ n が十分に大きいとき，標本比率 R は近似的に正規分布 $N\left(p,\ \dfrac{p(1-p)}{n}\right)$ に従うとみなすことができる。

・母比率 p に対する**信頼度 95% の信頼区間**は

$$\left[R-1.96\sqrt{\frac{R(1-R)}{n}},\ R+1.96\sqrt{\frac{R(1-R)}{n}}\right]$$

・母比率 p に対する**信頼度 99% の信頼区間**は

$$\left[R-2.58\sqrt{\frac{R(1-R)}{n}},\ R+2.58\sqrt{\frac{R(1-R)}{n}}\right]$$

例題 91　**3分・6点**

ある母集団の確率分布が平均 m，標準偏差 9 の正規分布であるとする。

(1)　$m=50$ のとき，この母集団から無作為に大きさ 144 の標本を抽出すると，その標本平均の平均は［アイ］，標準偏差は［ウ］.［エオ］である。

(2)　m の値がわかっていないとき，この母集団から無作為に大きさ 144 の標本を抽出したところ，その標本平均の値は 51.0 であった。母平均 m に対する信頼度 95% の信頼区間は［カキ］.［ク］$\leqq m \leqq$［ケコ］.［サ］である。

解答

(1)　$m=50$ のとき

標本平均の平均は　$m=\mathbf{50}$

標準偏差は　$\dfrac{\sigma}{\sqrt{n}}=\dfrac{9}{\sqrt{144}}=\mathbf{0.75}$

(2)　m の値がわかっていないとき，m に対する信頼度 95% の信頼区間は

$$51.0-1.96\cdot\frac{9}{\sqrt{144}}\leqq m\leqq 51.0+1.96\cdot\frac{9}{\sqrt{144}}$$

つまり　$\mathbf{49.5\leqq m\leqq 52.5}$

⬅ $49.53\leqq m\leqq 52.47$

例題 92　**2分・4点**

ある都市での世論調査において，無作為に 400 人の有権者を選び，ある政策に対する賛否を調べたところ，320 人が賛成であった。この調査での賛成者の標本比率は 0.［ア］であり，賛成者の母比率 p に対する信頼度 95% の信頼区間は

0.［イウ］$\leqq p \leqq$ 0.［エオ］

である。

解答

賛成者の標本比率は

$$R=\frac{320}{400}=0.8$$

であり，標本の大きさ 400 は十分に大きいと考えられるので，母比率 p に対する信頼度 95% の信頼区間は

$$0.8-1.96\cdot\sqrt{\frac{0.8\cdot0.2}{400}}\leqq p\leqq 0.8+1.96\cdot\sqrt{\frac{0.8\cdot0.2}{400}}$$

つまり　$\mathbf{0.76\leqq p\leqq 0.84}$

⬅ $0.7608\leqq p\leqq 0.8392$

STAGE 1　類　題

類題 85

（2分・4点）

確率変数 X の確率分布が右の表で与えられている。X の期待値が6であるとき，$a=$ アイ であり，X の標準偏差は $\sqrt{\boxed{ウ}}$ である。

X	2	5	6	a	計
$P(X)$	$\frac{1}{6}$	$\frac{1}{3}$	$\frac{1}{4}$	$\frac{1}{4}$	1

類題 86

（3分・6点）

9本のくじがあり，このうち当たりくじは3本ある。くじを同時に2本引くとき，当たりくじの本数を X とする。$Y=9X+2$ とするとき，Y の期待値は ア であり，分散は  $\dfrac{\boxed{イウ}}{\boxed{エ}}$ である。

類題 87　　(2分・4点)

1から10までの数字が一つずつ記入されたカードが10枚ある。この中から1枚のカードを取り出すとき，そのカードに記入された数字が偶数であるという事象をA，3の倍数であるという事象をB，5の倍数であるという事象をCとする。このとき，事象AとBは［ア］，事象AとCは［イ］。

［ア］，［イ］の解答群(同じものを繰り返し選んでもよい。)

⓪　独立である　　①　従属である(独立ではない)

類題 88　　(4分・8点)

3個のサイコロA，B，Cを同時に投げて，A，Bの出る目の和をX，積をYとして，Cの出る目をZとする。このとき，Xの期待値は［ア］，分散は$\dfrac{\text{イウ}}{\text{エ}}$であり，$Y$の期待値は$\dfrac{\text{オカ}}{\text{キ}}$である。また，$X+2Z$の期待値は［クケ］であり，標準偏差は$\dfrac{\sqrt{\text{コサ}}}{\text{シ}}$である。

類題　89　（3分・6点）

1回の試行において，事象 A の起こる確率が p，起こらない確率が $1-p$ であるとする。この試行を n 回繰り返すとき，事象 A の起こる回数を X とする。確率変数 X の平均が $\frac{1216}{27}$，標準偏差が $\frac{152}{27}$ であるとき，$n=$ アイウ，

$p=\frac{\boxed{\text{エ}}}{\boxed{\text{オカ}}}$ である。

類題　90　（3分・6点）

ある試験において，200点満点で，100点以上の人を合格とする。この試験の受験者の点数を表す確率変数を X とすると，X は平均95点，標準偏差20点の正規分布に従うものとする。

このとき，$Z=\frac{X-\boxed{\text{アイ}}}{\boxed{\text{ウエ}}}$ が標準正規分布に従うことを利用すると

$$P(X \geqq 100)=P(Z \geqq \boxed{\text{オ}}.\boxed{\text{カキ}})$$

であるから，合格率は クケ % である。

また，点数が受験者全体の上位10%の中に入る受験者の最低点はおよそ コ である。

コ については，最も適当なものを，次の⓪～④のうちから一つ選べ。

⓪　116点　　①　121点　　②　126点　　③　129点　　④　134点

類題 91　（3分・6点）

あるコンビニで販売しているお菓子の重さは平均 m，標準偏差2.5の正規分布に従っている。このお菓子100個の重さを調べたところ，標本平均は80.3であった。このとき，m に対する信頼度95％の信頼区間は

[アイ].[ウ] $\leqq m \leqq$ [エオ].[カ]

である。

平均 m に対する信頼区間 $A \leqq m \leqq B$ において，$B-A$ をこの信頼区間の幅とよぶ。信頼度と標準偏差は変わらないものとして，上で求めた信頼区間の幅を半分にするには，標本の大きさを [キ] にすればよい。

[キ] の解答群

⓪ 25　① 50　② 150　③ 200
④ 300　⑤ 400　⑥ 500　⑦ 625

類題 92　（3分・6点）

原点Oから出発して数直線上を移動する点Aを考える。点Aは，1回ごとに，確率 p で正の向きに3だけ移動し，確率 $1-p$ で負の向きに1だけ移動する。2400回移動した後の点Aの座標が1440であったとき，点Aは正の向きに [アイウ] 回移動したことになる。このことから，p に対する信頼度95％の信頼区間を求めると

0.[エオ] $\leqq p \leqq$ 0.[カキ]

となる。

STAGE 2　60　連続型確率変数

■93　確率密度関数■

連続的な値をとる確率変数の確率分布は**確率密度関数** $f(x)$ で与えられる。

確率密度関数 $f(x)$ の性質

・$f(x) \geqq 0$

・X のとり得る値の範囲が $\alpha \leqq X \leqq \beta$ のとき

$$\int_{\alpha}^{\beta} f(x)\,dx = 1 \quad \text{（確率の総和は1になる）}$$

・$a \leqq X \leqq b$ となる確率は

$$P(a \leqq X \leqq b) = \int_{a}^{b} f(x)\,dx$$

（図の斜線部の面積になる）

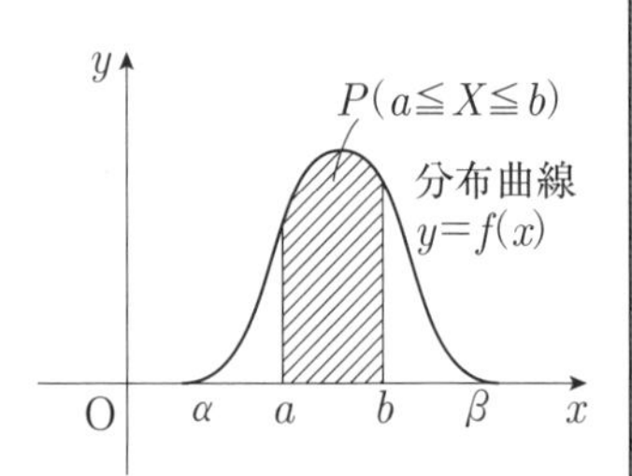

連続型確率変数の期待値と分散

・**期待値**　$E(X) = \int_{\alpha}^{\beta} xf(x)\,dx$

・**分　散**　$V(X) = \int_{\alpha}^{\beta} (x-m)^2 f(x)\,dx \quad (m = E(X))$

・**標準偏差**　$\sigma(X) = \sqrt{V(X)}$

（例）　確率変数 X のとり得る値の範囲が $0 \leqq X \leqq 3$ であり，確率密度関数 $f(x)$ が

$$f(x) = \frac{2}{9}x \quad (0 \leqq x \leqq 3)$$

で与えられている。

このとき

$$\int_{0}^{3} f(x)\,dx = \left[\frac{1}{9}x^2\right]_0^3 = 1$$

であり，$1 \leqq X \leqq 2$ となる確率は

$$P(1 \leqq X \leqq 2) = \int_{1}^{2} f(x)\,dx = \left[\frac{1}{9}x^2\right]_1^2 = \frac{1}{3}$$

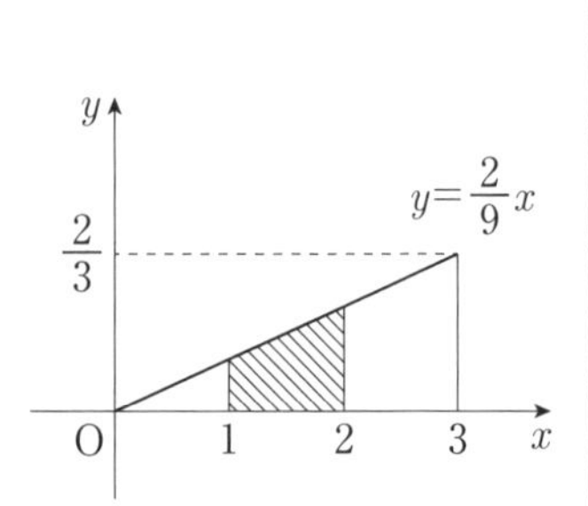

また，期待値と分散は

$$E(X) = \int_{0}^{3} xf(x)\,dx = \int_{0}^{3} \frac{2}{9}x^2 dx = \left[\frac{2}{27}x^3\right]_0^3 = 2$$

$$V(X) = \int_{0}^{3} (x-2)^2 f(x)\,dx = \int_{0}^{3} (x-2)^2 \cdot \frac{2}{9}x dx$$

$$= \frac{2}{9}\int_{0}^{3} (x^3 - 4x^2 + 4x)\,dx = \frac{2}{9}\left[\frac{x^4}{4} - \frac{4}{3}x^3 + 2x^2\right]_0^3 = \frac{1}{2}$$

例題 93　4分・8点

$a>0$ とする。連続型確率変数 X のとり得る値 x の範囲が $-a \leqq x \leqq 2a$ で，確率密度関数が

$$f(x)=\begin{cases} \dfrac{2}{3a^2}(x+a) & (-a \leqq x \leqq 0 \text{ のとき}) \\ \dfrac{1}{3a^2}(2a-x) & (0 \leqq x \leqq 2a \text{ のとき}) \end{cases}$$

であるとする。このとき，$a \leqq X \leqq \dfrac{3}{2}a$ となる確率は $\dfrac{\boxed{\text{ア}}}{\boxed{\text{イ}}}$ である。また，X の平均は $\dfrac{\boxed{\text{ウ}}}{\boxed{\text{エ}}}a$ である。さらに，$Y=2X+7$ とおくと，Y の平均は $\dfrac{\boxed{\text{オ}}}{\boxed{\text{カ}}}a+\boxed{\text{キ}}$ である。

解答

分布曲線 $y=f(x)$ は右のようになる。

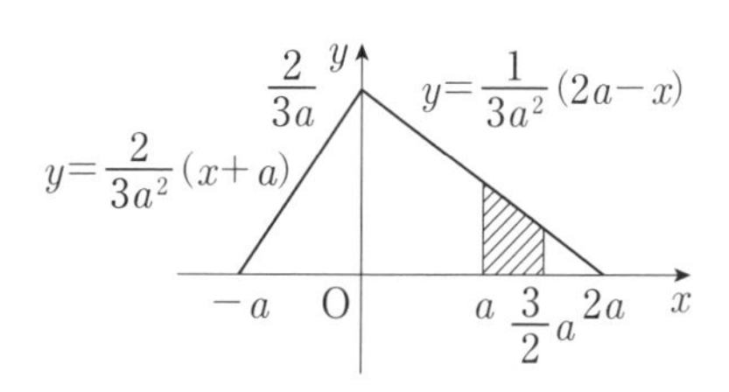

$a \leqq X \leqq \dfrac{3}{2}a$ となる確率は

$$P\left(a \leqq X \leqq \frac{3}{2}a\right)$$
$$=\int_a^{\frac{3}{2}a} \frac{1}{3a^2}(2a-x)\,dx$$
$$=\frac{1}{3a^2}\left[2ax-\frac{x^2}{2}\right]_a^{\frac{3}{2}a}=\mathbf{\frac{1}{8}}$$

⬅ 図の斜線部の面積を求めてもよい。

X の平均は

$$E(X)=\int_{-a}^{0} x\cdot\frac{2}{3a^2}(x+a)\,dx+\int_0^{2a} x\cdot\frac{1}{3a^2}(2a-x)\,dx$$
$$=\frac{2}{3a^2}\int_{-a}^{0}(x^2+ax)\,dx+\frac{1}{3a^2}\int_0^{2a}(2ax-x^2)\,dx$$
$$=\frac{2}{3a^2}\left[\frac{x^3}{3}+\frac{a}{2}x^2\right]_{-a}^{0}+\frac{1}{3a^2}\left[ax^2-\frac{x^3}{3}\right]_0^{2a}$$
$$=\frac{2}{3a^2}\left(-\frac{a^3}{6}\right)+\frac{1}{3a^2}\cdot\frac{4}{3}a^3$$
$$=\mathbf{\frac{1}{3}}a$$

$Y=2X+7$ とおくと，Y の平均は

$$E(Y)=2E(X)+7$$
$$=2\cdot\frac{a}{3}+7=\mathbf{\frac{2}{3}}a+\mathbf{7}$$

⬅ $E(2X+7)$
$=2E(X)+7$

STAGE 2　61　二項分布の正規分布による近似

■94　二項分布の正規分布による近似■

確率変数 X が二項分布 $B(n,\ p)$ に従うとき

平均　$E(X)=np$

分散　$V(X)=np(1-p)$

n が十分に大きいとき，X は近似的に正規分布 $N(np,\ np(1-p))$ に従うとしてよい。

したがって

$$Z=\frac{X-np}{\sqrt{np(1-p)}}$$

とおくと，Z は近似的に標準正規分布 $N(0,\ 1)$ に従うとしてよい。

(例)　1個のサイコロを180回投げるとき，6の目が40回以上出る確率を求める。

6の目が出る回数を X とすると，X は二項分布 $B\left(180,\ \frac{1}{6}\right)$ に従う確率変数であり

平均　$E(X)=180\cdot\frac{1}{6}=30$

分散　$V(X)=180\cdot\frac{1}{6}\cdot\left(1-\frac{1}{6}\right)=25$

180は十分に大きいと考えて，X は近似的に正規分布 $N(30,\ 5^2)$ に従うとしてよい。したがって $Z=\frac{X-30}{5}$ とおくと，Z は近似的に標準正規分布 $N(0,\ 1)$ に従うとしてよい。

$X\geqq 40$ のとき $Z\geqq\frac{40-30}{5}=2$ であるから

$$\begin{aligned}P(X\geqq 40)&=P(Z\geqq 2)\\&=0.5-P(0\leqq Z\leqq 2)\\&=0.5-0.4772\\&=0.0228\end{aligned}$$

よって，求める確率は0.0228となる。

例題 94　**3分・6点**

ある町でバスを利用している人の割合は a% である。この町の住民から 900 人を無作為に抽出したとき，その中でバスを利用している人数を表す確率変数を X とする。

$a=10$ のとき，X は二項分布 $B($[アイウ]$,\ 0.$[エオ]$)$ に従うので，X の平均は [カキ]，標準偏差は [ク].[ケ] である。標本数は十分に大きいので，$81 \leqq X \leqq 99$ となる確率を p_1 とすると，$p_1=0.$[コサ] である。

$a=20$ のとき，$162 \leqq X \leqq 198$ となる確率を p_2 とすると [シ] である。

[シ] の解答群

⓪ $p_1 < p_2$　　① $p_1 = p_2$　　② $p_1 > p_2$

解答

$a=10$ のとき，X は二項分布 $B(\mathbf{900},\ 0.\mathbf{10})$ に従うので

X の平均は　$900 \cdot 0.10 = \mathbf{90}$

X の標準偏差は　$\sqrt{900 \cdot 0.10 \cdot 0.90} = \mathbf{9.0}$

標本数 900 は十分大きいので，X は近似的に正規分布 $N(90,\ 9^2)$ に従うとしてよい。よって，$Z=\dfrac{X-90}{9}$ とおくと，Z は近似的に標準正規分布 $N(0,\ 1)$ に従う。

したがって

$$\begin{aligned} P(81 \leqq X \leqq 99) &= P(-1 \leqq Z \leqq 1) \\ &= 2 \cdot P(0 \leqq Z \leqq 1) \\ &= 2 \cdot 0.3413 \\ &= 0.6826 \end{aligned}$$

$\therefore\ p_1 = 0.\mathbf{68}$

$a=20$ のとき，X は二項分布 $B(900,\ 0.20)$ に従うので，X の平均は 180，標準偏差は 12 である。よって，$W=\dfrac{X-180}{12}$ とおくと，W は近似的に標準正規分布 $N(0,\ 1)$ に従うとしてよい。

したがって

$$\begin{aligned} P(162 \leqq X \leqq 198) &= P(-1.5 \leqq W \leqq 1.5) \\ &= 2 \cdot P(0 \leqq W \leqq 1.5) \\ &= 2 \cdot 0.4332 \\ &= 0.8664 \end{aligned}$$

$p_1=0.6826$，$p_2=0.8664$ であるから　$p_1 < p_2$　(**⓪**)

← $E(X)=np$
$V(X)=np(1-p)$
$\sigma(X)=\sqrt{V(X)}$

← 正規分布表から

← $E(X)=900 \cdot 0.20 = 180$
$V(X)=900 \cdot 0.20 \cdot 0.80 = 144$
$\sigma(X)=\sqrt{144}=12$

§7
2

STAGE 2　62　仮説検定

■95　仮説検定■

母集団に関して仮説を立て，標本から得られた結果によって，その仮説の棄却・採択を判定する。(**仮説検定**)

仮説検定の方法

(1)　仮説を立てる。

対立仮説 H_1：正しいかどうかを判断したい主張

帰無仮説 H_0：対立仮説に反する主張

(2)　有意水準 α を定め，棄却域を決める。

仮説を棄却するかどうかを判断する基準となる確率を有意水準といい，α の値は 0.05(5%)または 0.01(1%)とすることが多い。棄却域は，α の値や検定法(両側検定，片側検定)によって決まる。

・**両側検定**の場合

$\alpha=0.05$ のとき　$|Z|>1.96$

$\alpha=0.01$ のとき　$|Z|>2.58$

・**片側検定**の場合

$\alpha=0.05$ のとき　$Z>1.64$（または 1.65）

$\alpha=0.01$ のとき　$Z>2.33$

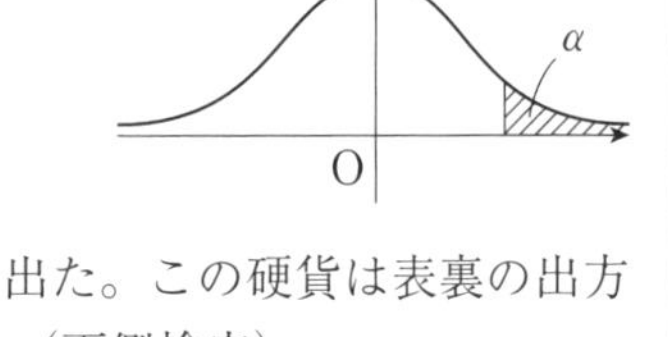

(3)　確率変数(Z)の値を計算することにより，仮説の棄却・採択を判断する。

(例)　硬貨を 256 回投げたところ，表が 145 回出た。この硬貨は表裏の出方が公正であるといえるかどうかを判定したい。(両側検定)

硬貨を投げて表が出る確率を p として次の仮説を立てる。

帰無仮説 H_0：$p=\frac{1}{2}$，対立仮説 H_1：$p\neq\frac{1}{2}$

H_0 が正しいとする。表が出る回数 X は二項分布 $B\left(256,\ \frac{1}{2}\right)$ に従う確率変数であり，平均は $256\cdot\frac{1}{2}=128$，分散は $256\cdot\frac{1}{2}\cdot\frac{1}{2}=64$ であるから，

$Z=\frac{X-128}{8}$ とおくと，Z は近似的に標準正規分布 $N(0,\ 1)$ に従う。

$X=145$ のとき，$Z=2.125$ であり $Z>1.96$ であるから，有意水準 5% で検定すると，H_0 は棄却できる。また，$Z<2.58$ であるから，有意水準 1% で検定すると，H_0 は棄却できない。

例題 95　**4分・8点**

あるサイコロを720回投げたところ，5の目が140回出た。このサイコロは5の目の出る確率が$\frac{1}{6}$ではない，と判断してよいか検定してみよう。

このサイコロを投げて，5の目が出る確率をpとして，次の仮説を立てる。

帰無仮説 H_0：[ア]　　対立仮説 H_1：[イ]

H_0が正しいとする。サイコロを720回投げて，5の目が出る回数をXとすると，確率変数Xの平均は[ウエオ]，標準偏差は[カキ]であるから，

$Z=\frac{X-[ウエオ]}{[カキ]}$ とおくと，Zは近似的に標準正規分布$N(0,\ 1)$に従う。

$X=140$ のとき，Zの値zは $z=$[ク].[ケ] であるから，有意水準5%で検定すると[コ]，有意水準1%で検定すると[サ]。

[ア]，[イ]の解答群

⓪ $p=\frac{1}{5}$　　① $p=\frac{1}{6}$　　② $p\neq\frac{1}{5}$　　③ $p\neq\frac{1}{6}$

[コ]，[サ]の解答群

⓪ 5の目が出る確率は$\frac{1}{6}$であると判断できる

① 5の目が出る確率は$\frac{1}{6}$ではないと判断できる

② 5の目が出る確率が$\frac{1}{6}$でないとは判断できない

解答

帰無仮説 H_0：$p=\frac{1}{6}$（**⓪**），対立仮説 H_1：$p\neq\frac{1}{6}$（**③**）

確率変数Xは二項分布$B\left(720,\ \frac{1}{6}\right)$に従うので，平均は

$720\cdot\frac{1}{6}=\mathbf{120}$，標準偏差は $\sqrt{720\cdot\frac{1}{6}\cdot\frac{5}{6}}=\mathbf{10}$ である。

$X=140$ のとき，$z=\mathbf{2.0}$ であり

$$P(Z\leqq-2.0,\ 2.0\leqq Z)=2\cdot(0.5-0.4772)$$
$$=0.0456$$

であるから，有意水準5%で検定すると，このサイコロは，5の目が出る確率は$\frac{1}{6}$ではないと判断できる（**①**）。

また，有意水準1%で検定すると，このサイコロは，5の目が出る確率が$\frac{1}{6}$でないとは判断できない（**②**）。

⬅ 両側検定。

H_1：$p>\frac{1}{6}$ とすると片側検定になる。

$Z=\frac{X-120}{10}$ とおく。

⬅ $P(0\leqq Z\leqq 2.0)=0.4772$

⬅ H_0を棄却する。

⬅ H_0を棄却できない。

§7
2

STAGE 2　類　題

類題 93　（4分・8点）

連続型確率変数 X のとり得る値 x の範囲が $1 \leqq x \leqq 3$ で，確率密度関数が

$$f(x) = ax + b \quad (1 \leqq x \leqq 3)$$

であるとする。このとき，$P(1 \leqq X \leqq 3) =$ ［ア］ であることから

$$[\text{イ}]a + [\text{ウ}]b = [\text{ア}]$$

である。さらに，X の平均が $\dfrac{5}{3}$ であるとき

$$\frac{[\text{エオ}]}{[\text{カ}]}a + [\text{キ}]b = \frac{5}{3}$$

となるので

$$a = \frac{[\text{クケ}]}{[\text{コ}]},\quad b = \frac{[\text{サ}]}{[\text{シ}]}$$

である。よって，$P(1 \leqq X \leqq c) = \dfrac{1}{4}$ となる c の値は

$$c = [\text{ス}] - \sqrt{[\text{セ}]}$$

である。

類題 94　（3分・6点）

箱の中に「当たり」と書かれたカードが1枚と,「はずれ」と書かれたカードが4枚入っている。この箱の中から1枚カードを取り出し，当たりかはずれかを確認して箱に戻す操作を n 回行う。$i=1,\ 2,\ \cdots\cdots,\ n$ に対し，i 回目が当たりならば $X_i=1$，はずれならば $X_i=0$ となるような確率変数 $X_1,\ X_2,\ \cdots\cdots,\ X_n$ を考える。このとき，当たりの回数 Y は

$$Y = X_1 + X_2 + \cdots\cdots + X_n$$

である。

$n=400$ のとき，確率変数 Y の平均は ［アイ］，分散は ［ウエ］ である。また，$Y \leqq 64$ となる確率を p_1 とすると，$p_1 = 0.$［オカキ］ である。

$n=800$ のとき，$Y \leqq 128$ となる確率を p_2 とすると ［ク］ である。

［ク］ の解答群

⓪　$p_1 < p_2$　　①　$p_1 = p_2$　　②　$p_1 > p_2$

類題　95　　（4分・12点）

全国規模で行われる試験があり，この試験は100点満点で，受験者全体の平均点は53点，標準偏差は20点であった。A県では，受験者のうち625人を無作為に抽出して調べると，平均点は54.4点であった。

(1)　A県の成績は，全国平均と比べて異なると判断してよいか。有意水準5%の両側検定で調べてみよう。

帰無仮説 H_0：[ア]

対立仮説 H_1：[イ]

とする。

H_0が正しいとする。625人の標本平均$\overline{X}$は，平均[ウエ]，標準偏差[オ].[カ]の正規分布に近似的に従うので，確率変数

$Z=\dfrac{\overline{X}-\boxed{ウエ}}{\boxed{オ}.\boxed{カ}}$ は標準正規分布に近似的に従う。

$\overline{X}=54.4$ のとき，Zの値は[キ].[クケ]であるから，A県の成績は全国平均と比べて[コ]。

[ア]，[イ]の解答群

⓪　A県の成績は全国平均と比べて差がない

①　A県の成績は全国平均と比べて異なる

[コ]の解答群

⓪　異なるといえる　　①　異なるとはいえない

(2)　A県の成績は，全国平均と比べて高いと判断してよいか。有意水準5%の片側検定で調べてみよう。

帰無仮説 H_0：[サ]

対立仮説 H_1：[シ]

とする。

(1)と同様に考えて，$\overline{X}=54.4$ のとき，Zの値は[キ].[クケ]であるから，A県の成績は全国平均と比べて[ス]。

[サ]，[シ]の解答群

⓪　A県の成績は全国平均と比べて差がない

①　A県の成績は全国平均より高い

[ス]の解答群

⓪　高いといえる　　①　高いとはいえない

STAGE 1　63　ベクトルの基本的な計算

■96　ベクトルの基本的な計算(1) ■

(1)　**ベクトルの和**

平行四辺形 OACB において

$\overrightarrow{OA}+\overrightarrow{OB}=\overrightarrow{OA}+\overrightarrow{AC}=\overrightarrow{OC}$

（$\overrightarrow{OB}$ と $\overrightarrow{AC}$ は同じベクトル）

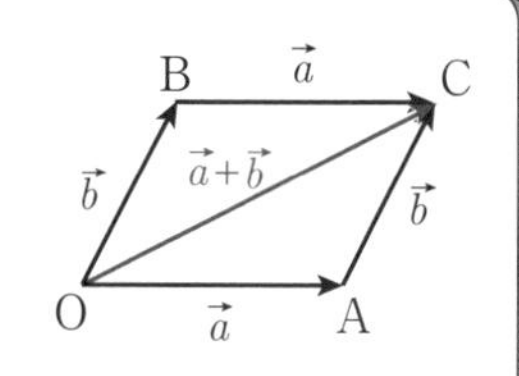

(2)　**逆ベクトル，零ベクトル**

$-\vec{a}$ …… $\vec{a}$ と同じ大きさで向きが逆

$\vec{0}$ …… 大きさが 0（始点と終点が一致）

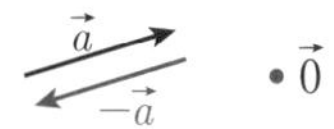

(3)　**ベクトルの差**

△OAB において

$\overrightarrow{OA}-\overrightarrow{OB}=\overrightarrow{OA}+\overrightarrow{BO}=\overrightarrow{BO}+\overrightarrow{OA}$

$=\overrightarrow{BA}$

（$-\overrightarrow{OB}$ と $\overrightarrow{BO}$ は逆ベクトル）

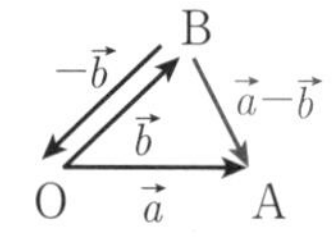

(4)　**実数倍**

$k\vec{a}$ …… $\vec{a}$ と同じ向きで大きさが k 倍

$-k\vec{a}$ …… $\vec{a}$ と逆向きで大きさが k 倍

（$k>0$ とする）

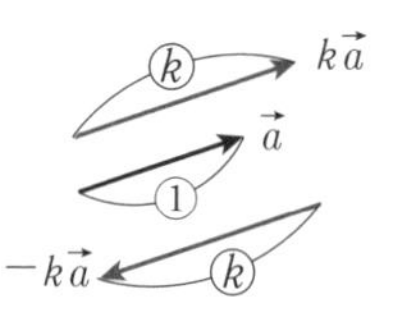

■97　ベクトルの基本的な計算(2) ■

(1)　$p\vec{a}+q\vec{b}-x\vec{a}+y\vec{b}=(p-x)\vec{a}+(q+y)\vec{b}$

(2)　$p\vec{a}+q\vec{b}+r\vec{c}=\vec{0}$　$\Longrightarrow$　$\vec{a}=-\dfrac{q}{p}\vec{b}-\dfrac{r}{p}\vec{c}$

　（$p\neq 0$）

(3)　始点の変更

$\overrightarrow{PA}$，$\overrightarrow{PQ}$ の始点を A に直すと

$\overrightarrow{PA}=-\overrightarrow{AP}$

$\overrightarrow{PQ}=\overrightarrow{AQ}-\overrightarrow{AP}$

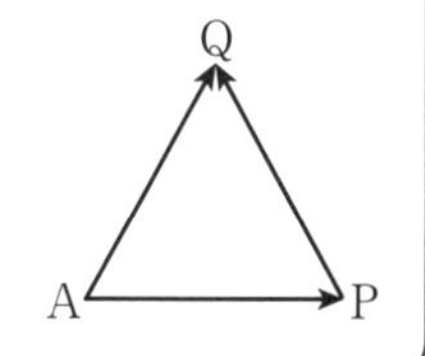

(1)　同じベクトルについて係数をまとめることができる。

(2)　ベクトルの等式から移項したり，0 ではない実数で割ることができる。

例題 96　3分・4点

平行四辺形ABCDにおいて，辺ABを $a:1$ に内分する点をP，辺BCを $b:1$ に内分する点をQとする。辺CD上の点Rおよび辺DA上の点Sをそれぞれ PR//BC，SQ//AB となるようにとり，$\vec{x}=\overrightarrow{\mathrm{BP}}$，$\vec{y}=\overrightarrow{\mathrm{BQ}}$ とすると

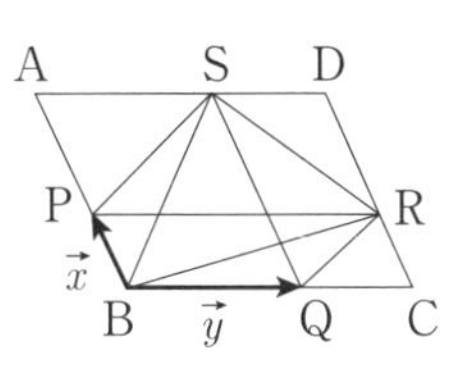

$$\overrightarrow{\mathrm{RQ}}=-\vec{x}-\frac{\boxed{ア}}{\boxed{イ}}\vec{y},\quad \overrightarrow{\mathrm{SP}}=-\boxed{ウ}\,\vec{x}-\vec{y}$$

$$\overrightarrow{\mathrm{SB}}=-(\boxed{エ}+\boxed{オ})\vec{x}-\vec{y}$$

$$\overrightarrow{\mathrm{RB}}=-\vec{x}-\left(\boxed{カ}+\frac{\boxed{キ}}{\boxed{ク}}\right)\vec{y}$$

である。

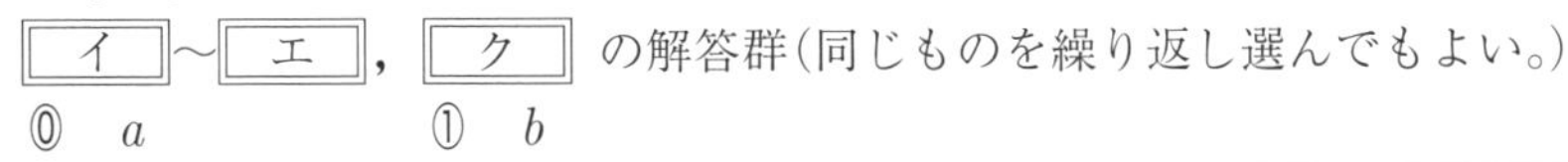
イ ～ エ ， ク の解答群(同じものを繰り返し選んでもよい。)

⓪　a　　　①　b

解答

$\overrightarrow{\mathrm{RQ}}=\overrightarrow{\mathrm{RC}}+\overrightarrow{\mathrm{CQ}}=-\vec{x}-\dfrac{1}{b}\vec{y}$ （①）

$\overrightarrow{\mathrm{SP}}=\overrightarrow{\mathrm{SA}}+\overrightarrow{\mathrm{AP}}=-\vec{y}-a\vec{x}=-a\vec{x}-\vec{y}$ （⓪）

$\overrightarrow{\mathrm{SB}}=\overrightarrow{\mathrm{SA}}+\overrightarrow{\mathrm{AB}}=-\vec{y}-(a+1)\vec{x}$

$=-(a+1)\vec{x}-\vec{y}$ （⓪）

$\overrightarrow{\mathrm{RB}}=\overrightarrow{\mathrm{RC}}+\overrightarrow{\mathrm{CB}}=-\vec{x}-\left(1+\dfrac{1}{b}\right)\vec{y}$ （①）

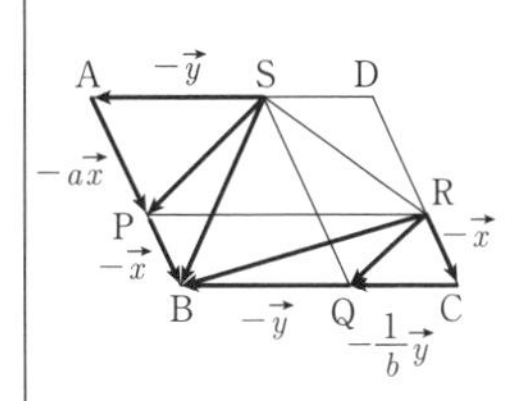

例題 97　2分・2点

△ABCと点Pが $5\overrightarrow{\mathrm{PA}}+3\overrightarrow{\mathrm{PB}}+\overrightarrow{\mathrm{PC}}=\vec{0}$ を満たしているとする。このとき

$\overrightarrow{\mathrm{AP}}=\dfrac{\boxed{ア}}{\boxed{イ}}\overrightarrow{\mathrm{AB}}+\dfrac{\boxed{ウ}}{\boxed{エ}}\overrightarrow{\mathrm{AC}}$ である。

解答

$5\overrightarrow{\mathrm{PA}}+3\overrightarrow{\mathrm{PB}}+\overrightarrow{\mathrm{PC}}=\vec{0}$

$5(-\overrightarrow{\mathrm{AP}})+3(\overrightarrow{\mathrm{AB}}-\overrightarrow{\mathrm{AP}})+(\overrightarrow{\mathrm{AC}}-\overrightarrow{\mathrm{AP}})=\vec{0}$

⬅ 始点をAに変更する。

$-9\overrightarrow{\mathrm{AP}}+3\overrightarrow{\mathrm{AB}}+\overrightarrow{\mathrm{AC}}=\vec{0}$

$9\overrightarrow{\mathrm{AP}}=3\overrightarrow{\mathrm{AB}}+\overrightarrow{\mathrm{AC}}$

$\therefore\quad \overrightarrow{\mathrm{AP}}=\dfrac{1}{3}\overrightarrow{\mathrm{AB}}+\dfrac{1}{9}\overrightarrow{\mathrm{AC}}$

STAGE 1 64 位置ベクトル

■98 分点公式■

2点A，Bと直線AB上にない点Oがある。

線分ABを $m:n$ に**内分**する点をPとする。

Aを始点にすると $\overrightarrow{AP}=\dfrac{m}{m+n}\overrightarrow{AB}$

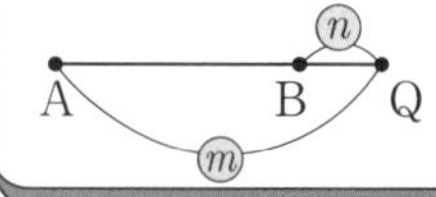

Oを始点にすると $\overrightarrow{OP}=\dfrac{n\overrightarrow{OA}+m\overrightarrow{OB}}{m+n}$ ⇦比の和 ⇦(OA OB / $m:n$)

線分ABを $m:n$ $(m>n)$ に**外分**する点をQとする。

Aを始点にすると $\overrightarrow{AQ}=\dfrac{m}{m-n}\overrightarrow{AB}$

A B Q（m, n）

Oを始点にすると $\overrightarrow{OQ}=\dfrac{-n\overrightarrow{OA}+m\overrightarrow{OB}}{m-n}$ ⇦比の差 ⇦(OA OB / $m:-n$)

■99 三角形の重心，内心■

重心

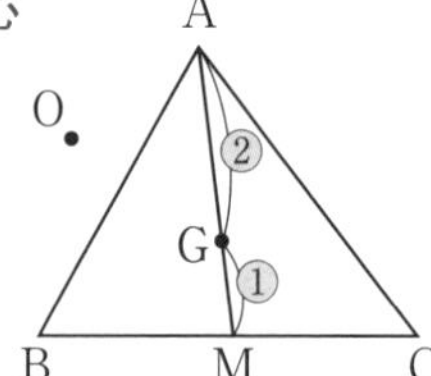

△ABCの重心をG，BCの中点をMとする。

$$\overrightarrow{AM}=\frac{1}{2}(\overrightarrow{AB}+\overrightarrow{AC})$$

$$\overrightarrow{AG}=\frac{2}{3}\overrightarrow{AM}=\frac{1}{3}(\overrightarrow{AB}+\overrightarrow{AC})$$

$$\overrightarrow{OG}=\frac{1}{3}(\overrightarrow{OA}+\overrightarrow{OB}+\overrightarrow{OC})$$

内心

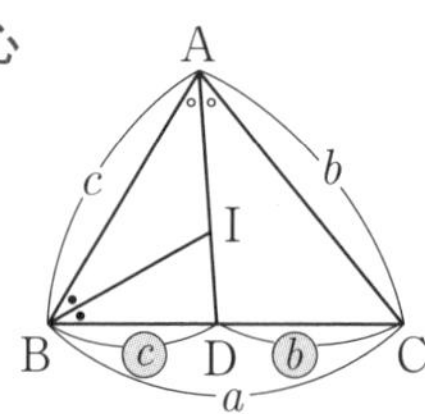

△ABCの内心をIとする。

BC$=a$，CA$=b$，AB$=c$

∠BAD＝∠CAD，∠ABI＝∠DBI

角の二等分線の性質より

BD：DC＝AB：AC＝$c:b$

$$\Longrightarrow \overrightarrow{AD}=\frac{b\overrightarrow{AB}+c\overrightarrow{AC}}{b+c}$$

AI：ID＝AB：BD＝$c:a\cdot\dfrac{c}{b+c}=b+c:a$

$$\Longrightarrow \overrightarrow{AI}=\frac{b+c}{a+b+c}\overrightarrow{AD}$$

重心 …… 三角形の3中線の交点

内心 …… 三角形の3つの内角の二等分線の交点

例題 98　2分・2点

四面体 OABC において，辺 OA を 4：3 に内分する点を P，辺 BC を 5：3 に内分する点を Q とするとき

$\overrightarrow{PQ}=\dfrac{\boxed{アイ}}{\boxed{ウ}}\overrightarrow{OA}+\dfrac{\boxed{エ}}{\boxed{オ}}\overrightarrow{OB}+\dfrac{\boxed{カ}}{\boxed{キ}}\overrightarrow{OC}$ である。

解答

$\overrightarrow{OP}=\dfrac{4}{7}\overrightarrow{OA}$，　$\overrightarrow{OQ}=\dfrac{3\overrightarrow{OB}+5\overrightarrow{OC}}{8}$

$\therefore\quad \overrightarrow{PQ}=\overrightarrow{OQ}-\overrightarrow{OP}$

$=-\dfrac{\mathbf{4}}{\mathbf{7}}\overrightarrow{OA}+\dfrac{\mathbf{3}}{\mathbf{8}}\overrightarrow{OB}+\dfrac{\mathbf{5}}{\mathbf{8}}\overrightarrow{OC}$

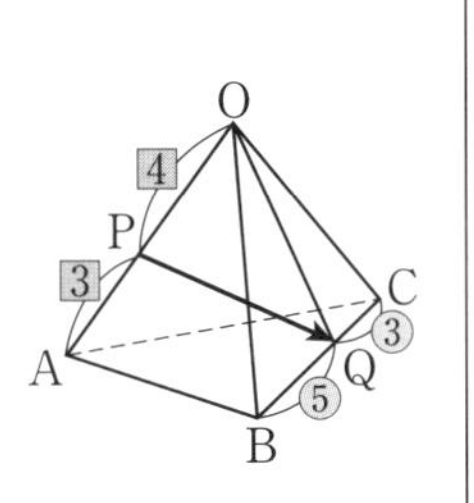

←
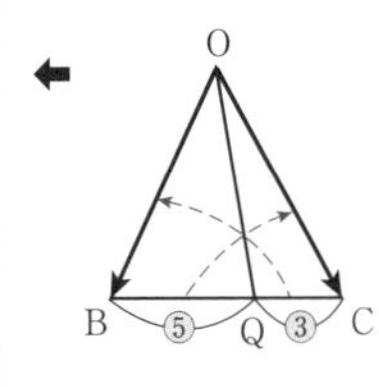

例題 99　3分・8点

△ABC において，AB＝4，BC＝a，CA＝3 とし，その重心を G，内接円の中心を I とする。∠BAC の二等分線と辺 BC の交点を D とする。D は辺 BC を $\boxed{ア}$：$\boxed{イ}$ の比に内分し，I は線分 AD を $\boxed{ウ}$：a の比に内分するから

$$\overrightarrow{AD}=\dfrac{1}{\boxed{エ}}(\boxed{オ}\overrightarrow{AB}+\boxed{カ}\overrightarrow{AC}),\quad \overrightarrow{AI}=\dfrac{\boxed{キ}}{\boxed{ク}+a}\overrightarrow{AD}$$

である。よって，$\overrightarrow{GI}=\dfrac{(\boxed{ケ}-a)\overrightarrow{AB}+(\boxed{コ}-a)\overrightarrow{AC}}{\boxed{サ}(\boxed{シ}+a)}$ である。

解答

BD：DC＝AB：AC＝**4：3**

AI：ID＝AB：BD＝4：$\dfrac{4}{7}a$＝**7**：a

$\therefore\quad \overrightarrow{AD}=\dfrac{1}{\mathbf{7}}(\mathbf{3}\overrightarrow{AB}+\mathbf{4}\overrightarrow{AC})$

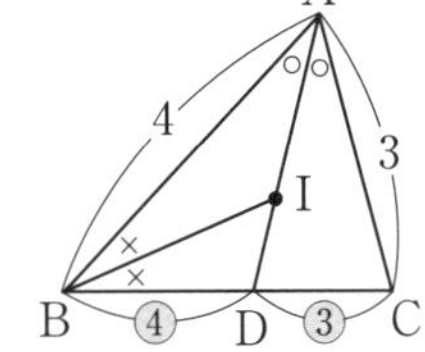

← 角の二等分線の性質（数ＩA）

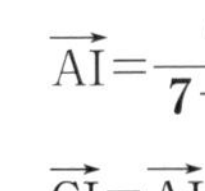

$\overrightarrow{AI}=\dfrac{\mathbf{7}}{\mathbf{7}+a}\overrightarrow{AD}$，$\overrightarrow{AG}=\dfrac{1}{3}(\overrightarrow{AB}+\overrightarrow{AC})$ であるから

$\overrightarrow{GI}=\overrightarrow{AI}-\overrightarrow{AG}=\dfrac{7}{7+a}\cdot\dfrac{1}{7}(3\overrightarrow{AB}+4\overrightarrow{AC})-\dfrac{1}{3}(\overrightarrow{AB}+\overrightarrow{AC})$

$=\dfrac{(\mathbf{2}-a)\overrightarrow{AB}+(\mathbf{5}-a)\overrightarrow{AC}}{\mathbf{3}(\mathbf{7}+a)}$

← 始点を A にする。

STAGE 1 65 ベクトルの内積

■100　ベクトルの内積 ■

$\vec{a}$, $\vec{b}$ のなす角をθとすると

$$\vec{a}\cdot\vec{b}=|\vec{a}||\vec{b}|\cos\theta$$

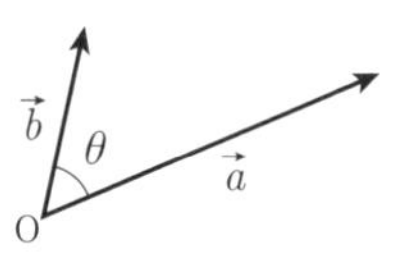

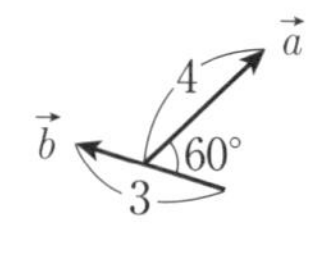

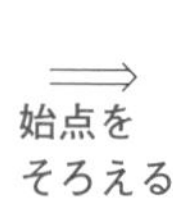

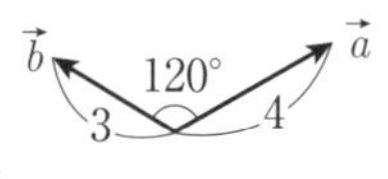

$\Longrightarrow$ $\vec{a}\cdot\vec{b}=4\cdot3\cdot\cos120^\circ=-6$

$\vec{a}\perp\vec{b}$のとき　$\vec{a}\cdot\vec{b}=|\vec{a}||\vec{b}|\cos90^\circ=0$

垂直 $\Longrightarrow$ (内積)=0

$0^\circ<\theta<90^\circ$ のとき　$\vec{a}\cdot\vec{b}>0$

$\theta=90^\circ$ のとき　$\vec{a}\cdot\vec{b}=0$

$90^\circ<\theta<180^\circ$ のとき　$\vec{a}\cdot\vec{b}<0$

■101　内積の性質 ■

内積は次のように計算できる。

$$\vec{a}\cdot\vec{a}=|\vec{a}|^2,\ \vec{a}\cdot\vec{b}=\vec{b}\cdot\vec{a}$$

$$|p\vec{a}+q\vec{b}|^2=(p\vec{a}+q\vec{b})\cdot(p\vec{a}+q\vec{b})$$

$$=p^2|\vec{a}|^2+2pq\vec{a}\cdot\vec{b}+q^2|\vec{b}|^2$$

$$(p\vec{a}+q\vec{b})\cdot(r\vec{a}+s\vec{b})=pr|\vec{a}|^2+(ps+qr)\vec{a}\cdot\vec{b}+qs|\vec{b}|^2$$

(例)　$|\vec{a}|=2$, $|\vec{b}|=3$, $\vec{a}\cdot\vec{b}=1$ ……(＊)のとき

$\vec{p}=2\vec{a}+3\vec{b}$, $\vec{q}=\vec{a}-2\vec{b}$

とすると

$$|\vec{p}|^2=|2\vec{a}+3\vec{b}|^2=4|\vec{a}|^2+12\vec{a}\cdot\vec{b}+9|\vec{b}|^2=4\cdot2^2+12\cdot1+9\cdot3^2=109$$

展開する　　(＊)を代入

$$\vec{p}\cdot\vec{q}=(2\vec{a}+3\vec{b})\cdot(\vec{a}-2\vec{b})=2|\vec{a}|^2-\vec{a}\cdot\vec{b}-6|\vec{b}|^2=2\cdot2^2-1-6\cdot3^2$$

$$=-47$$

例題 100　2分・4点

1辺の長さが2の正六角形ABCDEFがある。次の内積を求めよ。

$\overrightarrow{AB}\cdot\overrightarrow{AC}=$ ア ，$\overrightarrow{AB}\cdot\overrightarrow{AF}=$ イウ

$\overrightarrow{BA}\cdot\overrightarrow{BD}=$ エ ，$\overrightarrow{AB}\cdot\overrightarrow{BC}=$ オ

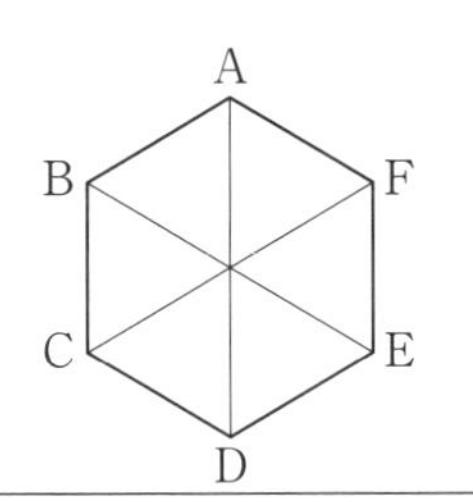

解答

$\overrightarrow{AB}\cdot\overrightarrow{AC}=2\cdot2\sqrt{3}\cdot\cos30^\circ=\mathbf{6}$

$\overrightarrow{AB}\cdot\overrightarrow{AF}=2\cdot2\cdot\cos120^\circ=\mathbf{-2}$

$\overrightarrow{BA}\cdot\overrightarrow{BD}=|\overrightarrow{BA}||\overrightarrow{BD}|\cos90^\circ=\mathbf{0}$

正六角形の中心をOとすると

$\overrightarrow{AB}\cdot\overrightarrow{BC}=\overrightarrow{AB}\cdot\overrightarrow{AO}$

$=2\cdot2\cdot\cos60^\circ=\mathbf{2}$

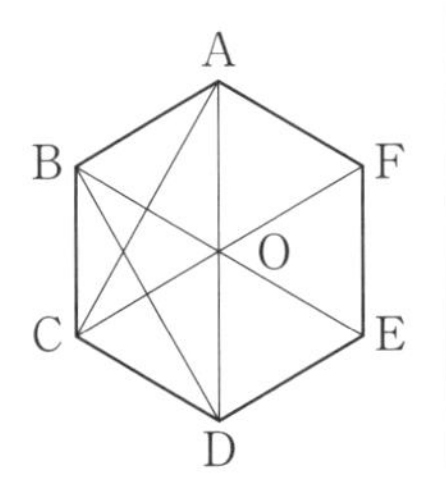

⬅ $|\overrightarrow{AC}|=2\sqrt{3}$
$\angle BAC=30^\circ$

⬅ $\angle BAF=120^\circ$

⬅ $\angle ABD=90^\circ$

⬅ 始点をそろえる。

⬅ $\angle BAO=60^\circ$

例題 101　3分・8点

平面上の3点O, A, Bが $|\overrightarrow{OA}+\overrightarrow{OB}|=|2\overrightarrow{OA}+\overrightarrow{OB}|=|\overrightarrow{OA}|=1$ を満たしている。このとき，$\overrightarrow{OA}\cdot\overrightarrow{OB}=\dfrac{\boxed{アイ}}{\boxed{ウ}}$，$|\overrightarrow{OB}|=\sqrt{\boxed{エ}}$ である。したがって $|\overrightarrow{AB}|=\sqrt{\boxed{オ}}$ となる。

解答

$\overrightarrow{OA}=\vec{a}$，$\overrightarrow{OB}=\vec{b}$ とおくと　$|\vec{a}|=1$

$|\vec{a}+\vec{b}|^2=1$ から　$|\vec{a}|^2+2\vec{a}\cdot\vec{b}+|\vec{b}|^2=1$　⬅ 2乗して，展開する。

$\therefore\ 2\vec{a}\cdot\vec{b}+|\vec{b}|^2=0$　……①

$|2\vec{a}+\vec{b}|^2=1$ から　$4|\vec{a}|^2+4\vec{a}\cdot\vec{b}+|\vec{b}|^2=1$

$\therefore\ 4\vec{a}\cdot\vec{b}+|\vec{b}|^2=-3$　……②

①，②より

$\vec{a}\cdot\vec{b}=\mathbf{-\dfrac{3}{2}}$，$|\vec{b}|^2=3$　$\therefore\ |\vec{b}|=\mathbf{\sqrt{3}}$

したがって

$|\overrightarrow{AB}|^2=|\vec{b}-\vec{a}|^2=|\vec{b}|^2-2\vec{a}\cdot\vec{b}+|\vec{a}|^2$

$=3-2\left(-\dfrac{3}{2}\right)+1=7$

$\therefore\ |\overrightarrow{AB}|=\mathbf{\sqrt{7}}$

STAGE 1　66　ベクトルと平面図形

■102　平行，共線，垂直■

(1)　平行

$\vec{a} /\!/ \vec{b}$ …… $\vec{b} = t\vec{a}$ （t：実数）

$t>0$ …… 同じ向き

$t<0$ …… 逆向き

(2)　共線

3 点 A，B，C が一直線上にある条件 …… $\overrightarrow{AC} = t\overrightarrow{AB}$

（t：実数）

(3)　垂直

$\vec{a} \perp \vec{b}$ …… $\vec{a} \cdot \vec{b} = 0$

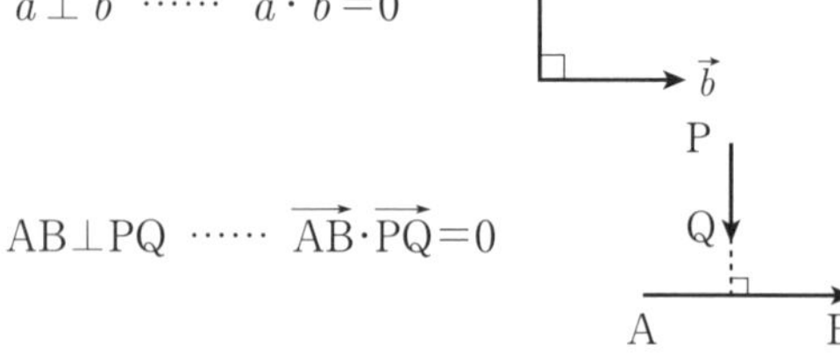

AB⊥PQ …… $\overrightarrow{AB} \cdot \overrightarrow{PQ} = 0$

■103　点の位置■

△ABC と点 P があり

$$\overrightarrow{AP} = \frac{4}{9}\overrightarrow{AB} + \frac{1}{3}\overrightarrow{AC}$$

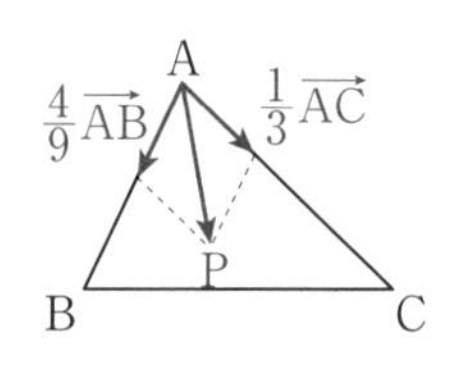

を満たすとすると

$$\overrightarrow{AP} = \frac{4\overrightarrow{AB} + 3\overrightarrow{AC}}{9}$$

$$= \frac{7}{9} \cdot \underbrace{\frac{4\overrightarrow{AB} + 3\overrightarrow{AC}}{7}}_{\overrightarrow{AD}\text{とする}} \quad \text{（分点公式）}$$

（D は BC を 3：4 に内分する点）

$\overrightarrow{AP} = \dfrac{7}{9}\overrightarrow{AD}$ …… P は AD を 7：2 に内分する点

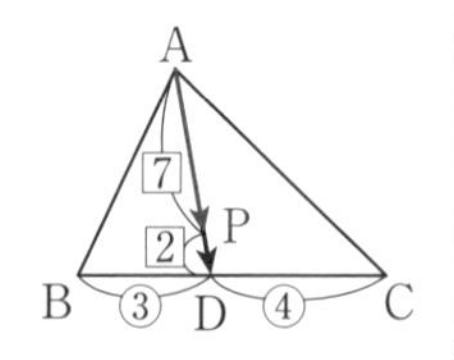

例題 102　3分・6点

△ABC において，辺 AB を 1：2 に内分する点を D，辺 AC を $a:1-a$ $(0<a<1)$ に内分する点を E，辺 BC を 4：1 に外分する点を F とする。

$\overrightarrow{\mathrm{DE}}=a\overrightarrow{\mathrm{AC}}-\dfrac{\boxed{ア}}{\boxed{イ}}\overrightarrow{\mathrm{AB}}$，$\overrightarrow{\mathrm{DF}}=\dfrac{\boxed{ウ}}{\boxed{エ}}\overrightarrow{\mathrm{AC}}-\dfrac{\boxed{オ}}{\boxed{カ}}\overrightarrow{\mathrm{AB}}$ である。

$a=\dfrac{2}{3}$ のとき，$\overrightarrow{\mathrm{DF}}=\boxed{キ}\overrightarrow{\mathrm{DE}}$ となるから，3点 D，E，F は一直線上にある。また，AC=2，$\overrightarrow{\mathrm{AB}}\cdot\overrightarrow{\mathrm{AC}}=3$，DE⊥AC とすると，$a=\dfrac{\boxed{ク}}{\boxed{ケ}}$ である。

解答

$$\overrightarrow{\mathrm{DE}}=\overrightarrow{\mathrm{AE}}-\overrightarrow{\mathrm{AD}}=a\overrightarrow{\mathrm{AC}}-\mathbf{\frac{1}{3}}\overrightarrow{\mathrm{AB}}$$

$$\overrightarrow{\mathrm{DF}}=\overrightarrow{\mathrm{AF}}-\overrightarrow{\mathrm{AD}}=\left(\frac{4}{3}\overrightarrow{\mathrm{AC}}-\frac{1}{3}\overrightarrow{\mathrm{AB}}\right)-\frac{1}{3}\overrightarrow{\mathrm{AB}}$$

$$=\mathbf{\frac{4}{3}}\overrightarrow{\mathrm{AC}}-\mathbf{\frac{2}{3}}\overrightarrow{\mathrm{AB}}$$

⬅ $\overrightarrow{\mathrm{AF}}=\dfrac{-\overrightarrow{\mathrm{AB}}+4\overrightarrow{\mathrm{AC}}}{4-1}$

$a=\dfrac{2}{3}$ のとき　$\overrightarrow{\mathrm{DF}}=\mathbf{2}\overrightarrow{\mathrm{DE}}$

⬅ $\overrightarrow{\mathrm{DE}}=\frac{2}{3}\overrightarrow{\mathrm{AC}}-\frac{1}{3}\overrightarrow{\mathrm{AB}}$

また，DE⊥AC のとき

$$\overrightarrow{\mathrm{DE}}\cdot\overrightarrow{\mathrm{AC}}=\left(a\overrightarrow{\mathrm{AC}}-\frac{1}{3}\overrightarrow{\mathrm{AB}}\right)\cdot\overrightarrow{\mathrm{AC}}$$

$$=a|\overrightarrow{\mathrm{AC}}|^2-\frac{1}{3}\overrightarrow{\mathrm{AB}}\cdot\overrightarrow{\mathrm{AC}}=a\cdot 2^2-\frac{1}{3}\cdot 3=0$$

$$\therefore\quad a=\mathbf{\frac{1}{4}}$$

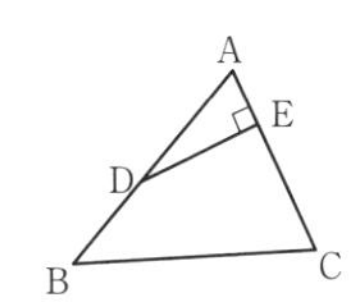

例題 103　2分・4点

△ABC と点 P が $3\overrightarrow{\mathrm{PA}}+4\overrightarrow{\mathrm{PB}}+7\overrightarrow{\mathrm{PC}}=\vec{0}$ を満たすとき，直線 AP と辺 BC との交点を D とすると，BD：DC=$\boxed{ア}$：$\boxed{イ}$，AP：PD=$\boxed{ウエ}$：$\boxed{オ}$ である。

解答

$$3(-\overrightarrow{\mathrm{AP}})+4(\overrightarrow{\mathrm{AB}}-\overrightarrow{\mathrm{AP}})+7(\overrightarrow{\mathrm{AC}}-\overrightarrow{\mathrm{AP}})=\vec{0}$$

⬅ 始点を A にする。

$$-14\overrightarrow{\mathrm{AP}}+4\overrightarrow{\mathrm{AB}}+7\overrightarrow{\mathrm{AC}}=\vec{0}$$

$$\therefore\quad \overrightarrow{\mathrm{AP}}=\frac{1}{14}(4\overrightarrow{\mathrm{AB}}+7\overrightarrow{\mathrm{AC}})=\frac{11}{14}\cdot\frac{4\overrightarrow{\mathrm{AB}}+7\overrightarrow{\mathrm{AC}}}{11}$$

$\overrightarrow{\mathrm{AD}}=\dfrac{4\overrightarrow{\mathrm{AB}}+7\overrightarrow{\mathrm{AC}}}{11}$ とおけ，$\overrightarrow{\mathrm{AP}}=\dfrac{11}{14}\overrightarrow{\mathrm{AD}}$ より

BD：DC=**7**：**4**，AP：PD=**11**：**3**

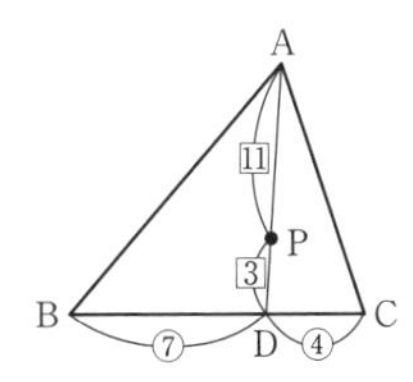

STAGE 1　67　平面ベクトルの成分表示

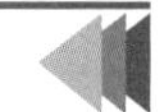

■104　平面ベクトルの成分■

$\vec{a}=(x_1,\ y_1)$, $\vec{b}=(x_2,\ y_2)$ とする。

・$\vec{a}=\vec{b}$ …… $x_1=x_2$, $y_1=y_2$

・$s\vec{a}+t\vec{b}=(sx_1+tx_2,\ sy_1+ty_2)$

・$|\vec{a}|=\sqrt{x_1{}^2+y_1{}^2}$

内積

$$\boldsymbol{\vec{a}\cdot\vec{b}=x_1x_2+y_1y_2}$$

垂直

$$\vec{a}\perp\vec{b} \ \cdots\cdots\ \vec{a}\cdot\vec{b}=0 \ \cdots\cdots\ x_1x_2+y_1y_2=0$$

平行

$$\vec{a}/\!/\vec{b} \ \cdots\cdots\ x_1y_2-x_2y_1=0 \qquad \Leftarrow x_1:y_1=x_2:y_2$$

$\vec{a}$, $\vec{b}$ のなす角を θ とすると

$$\cos\theta=\frac{\boldsymbol{\vec{a}\cdot\vec{b}}}{|\boldsymbol{\vec{a}}||\boldsymbol{\vec{b}}|}=\frac{\boldsymbol{x_1x_2+y_1y_2}}{\sqrt{\boldsymbol{x_1{}^2+y_1{}^2}}\sqrt{\boldsymbol{x_2{}^2+y_2{}^2}}}$$

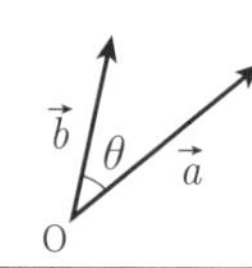

■105　座標と成分■

(1)　A$(x_1,\ y_1)$, B$(x_2,\ y_2)$とすると

$$\overrightarrow{\mathrm{OA}}=(x_1,\ y_1)$$

$$\overrightarrow{\mathrm{AB}}=(x_2-x_1,\ y_2-y_1)$$

$$|\overrightarrow{\mathrm{OA}}|=\sqrt{\boldsymbol{x_1{}^2+y_1{}^2}}$$

$$|\overrightarrow{\mathrm{AB}}|=\sqrt{\boldsymbol{(x_2-x_1)^2+(y_2-y_1)^2}}$$

(2)　△ABC の面積 S は

$$S=\frac{1}{2}\sqrt{|\overrightarrow{\mathrm{AB}}|^2|\overrightarrow{\mathrm{AC}}|^2-(\overrightarrow{\mathrm{AB}}\cdot\overrightarrow{\mathrm{AC}})^2}$$

$\overrightarrow{\mathrm{AB}}=(x_1,\ y_1)$, $\overrightarrow{\mathrm{AC}}=(x_2,\ y_2)$ のとき

$$S=\frac{1}{2}|\boldsymbol{x_1y_2-x_2y_1}|$$

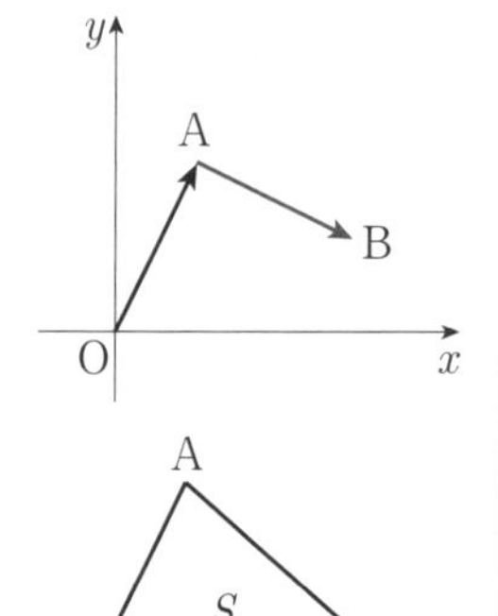

(2)において,

$$(x_1{}^2+y_1{}^2)(x_2{}^2+y_2{}^2)-(x_1x_2+y_1y_2)^2$$

$$=x_1{}^2y_2{}^2+x_2{}^2y_1{}^2-2x_1x_2y_1y_2=(x_1y_2-x_2y_1)^2$$

であるから

$$\frac{1}{2}\sqrt{|\overrightarrow{\mathrm{AB}}|^2|\overrightarrow{\mathrm{AC}}|^2-(\overrightarrow{\mathrm{AB}}\cdot\overrightarrow{\mathrm{AC}})^2}=\frac{1}{2}|x_1y_2-x_2y_1|$$

例題 104　3分・6点

$\vec{a}=(1,2)$, $\vec{b}=(3,1)$ のなす角を θ とすると，$\theta=$ [アイ]° である。また，$\vec{a}+\vec{b}$ と $\vec{a}-t\vec{b}$ （t：実数）が平行になるとき $t=$ [ウエ] であり，垂直になるとき $t=\dfrac{[オ]}{[カ]}$ である。

解答

$$\cos\theta=\frac{\vec{a}\cdot\vec{b}}{|\vec{a}||\vec{b}|}=\frac{5}{\sqrt{5}\sqrt{10}}=\frac{1}{\sqrt{2}}\qquad\therefore\quad \theta=\mathbf{45}^\circ$$

$\vec{a}+\vec{b}=(4,\ 3)$, $\vec{a}-t\vec{b}=(1-3t,\ 2-t)$ より

平行のとき　$4(2-t)-3(1-3t)=0$　　$\therefore\quad t=\mathbf{-1}$

垂直のとき　$4(1-3t)+3(2-t)=0$　　$\therefore\quad t=\dfrac{\mathbf{2}}{\mathbf{3}}$

$\vec{a}\cdot\vec{b}=1\cdot3+2\cdot1$
$|\vec{a}|=\sqrt{1^2+2^2}$
$|\vec{b}|=\sqrt{3^2+1^2}$

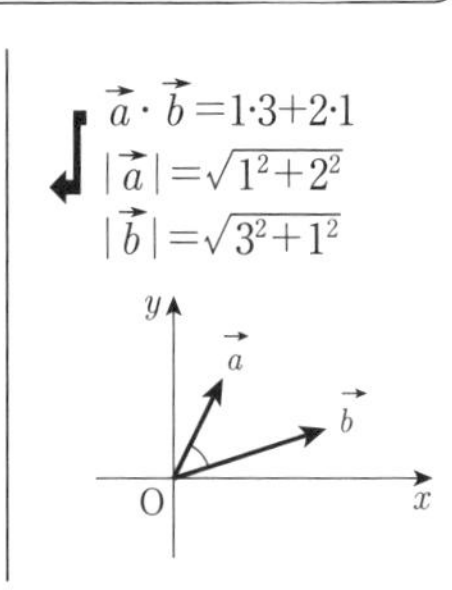

例題 105　4分・6点

座標平面上に3点 $A(0,\sqrt{3})$, $B(-1,0)$, $C(2,0)$ がある。∠ABC の二等分線 ℓ と線分 AC の交点を D とすると，AD：DC＝[ア]：[イ] より

$\overrightarrow{BD}=\dfrac{[ウ]}{[エ]}([オ],\sqrt{[カ]})$ である。$\overrightarrow{BP}=t([オ],\sqrt{[カ]})$ （t:実数）とする。∠APC が 90° になるときの t の値は $t=\dfrac{[キ]}{[ク]}$, [ケ] である。

解答

∠ABD＝∠CBD より

AD：DC＝BA：BC＝**2**：**3**

$$\therefore\quad \overrightarrow{BD}=\frac{3\overrightarrow{BA}+2\overrightarrow{BC}}{5}$$

$$=\frac{3}{5}(1,\sqrt{3})+\frac{2}{5}(3,\ 0)$$

$$=\frac{\mathbf{3}}{\mathbf{5}}(\mathbf{3},\sqrt{\mathbf{3}})$$

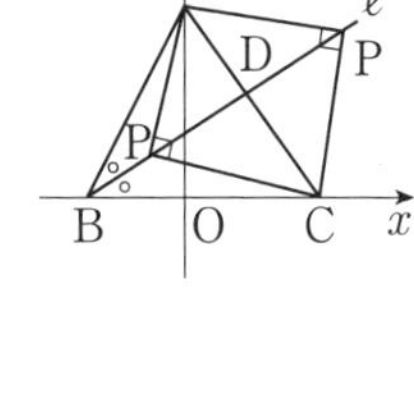

← $\overrightarrow{BA}=(0-(-1),\sqrt{3}-0)=(1,\sqrt{3})$
$\overrightarrow{BC}=(2-(-1),\ 0-0)=(3,\ 0)$

$\overrightarrow{AP}=\overrightarrow{BP}-\overrightarrow{BA}=(3t-1,\sqrt{3}t-\sqrt{3})$

$\overrightarrow{CP}=\overrightarrow{BP}-\overrightarrow{BC}=(3t-3,\sqrt{3}t)$

← 始点を B にする。

$\overrightarrow{AP}\perp\overrightarrow{CP}$ より

$\overrightarrow{AP}\cdot\overrightarrow{CP}=(3t-1)(3t-3)+(\sqrt{3}t-\sqrt{3})\sqrt{3}t=0$

← 垂直 ⟹ 内積＝0

$4t^2-5t+1=0$　　$\therefore\quad t=\dfrac{\mathbf{1}}{\mathbf{4}},\ \mathbf{1}$

§8 1

STAGE 1　68　空間座標と空間ベクトル

■106　空間ベクトルの成分■

(1)　$A(x_1,\ y_1,\ z_1)$，$B(x_2,\ y_2,\ z_2)$ とすると

$\overrightarrow{OA}=(x_1,\ y_1,\ z_1)$

$\overrightarrow{AB}=(x_2-x_1,\ y_2-y_1,\ z_2-z_1)$

$$|\overrightarrow{OA}|=\sqrt{x_1^2+y_1^2+z_1^2}$$

$$|\overrightarrow{AB}|=\sqrt{(x_2-x_1)^2+(y_2-y_1)^2+(z_2-z_1)^2}$$

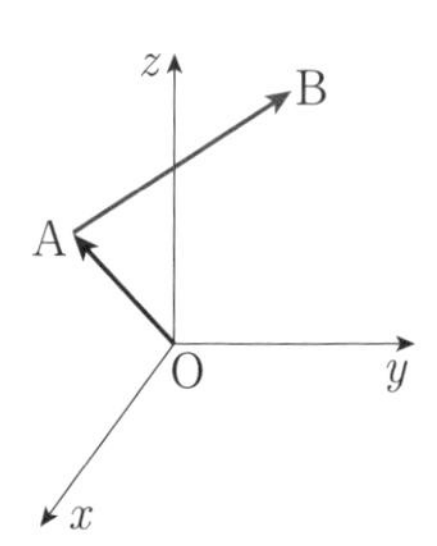

(2)　$\vec{a}=(x_1,\ y_1,\ z_1)$，$\vec{b}=(x_2,\ y_2,\ z_2)$ とすると

$\vec{a}\cdot\vec{b}=x_1x_2+y_1y_2+z_1z_2$

$$\vec{a}\perp\vec{b} \Longrightarrow \vec{a}\cdot\vec{b}=0 \Longrightarrow x_1x_2+y_1y_2+z_1z_2=0$$

$\vec{a}$，$\vec{b}$ のなす角を θ とすると

$$\cos\theta=\frac{\vec{a}\cdot\vec{b}}{|\vec{a}||\vec{b}|}=\frac{x_1x_2+y_1y_2+z_1z_2}{\sqrt{x_1^2+y_1^2+z_1^2}\sqrt{x_2^2+y_2^2+z_2^2}}$$

■107　直線，平面，球面の方程式■

直線の方程式

点 $A(\vec{a})$ を通り，$\vec{b}$ に平行な直線

$\vec{p}=\vec{a}+t\vec{b}$　（t は実数）

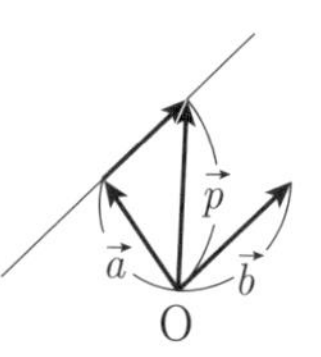

平面の方程式

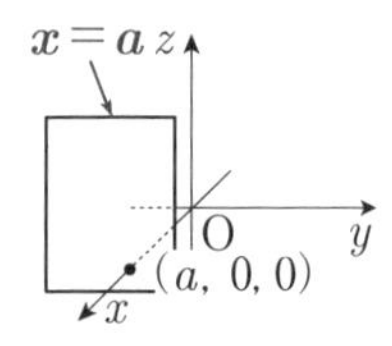

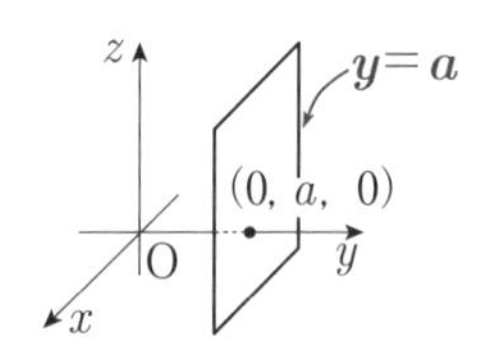

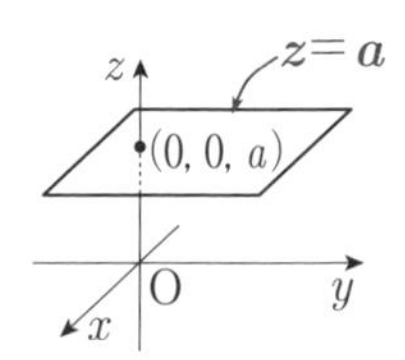

球面の方程式

点 $(a,\ b,\ c)$ を中心とする半径 r の球面の方程式は

$$(x-a)^2+(y-b)^2+(z-c)^2=r^2$$

特に，原点を中心とする半径 r の球面の方程式は

$$x^2+y^2+z^2=r^2$$

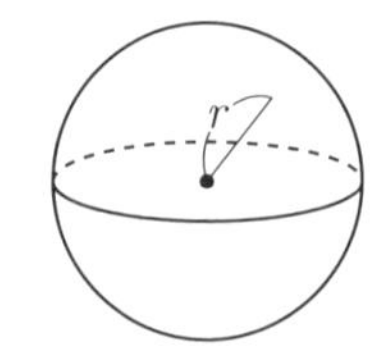

例題 106　4分・8点

Oを原点とする座標空間に3点A(1, 2, 0), B(2, 0, −1), C(0, −2, 4)がある。$|\overrightarrow{AB}|=\sqrt{\boxed{ア}}$, $|\overrightarrow{AC}|=\sqrt{\boxed{イウ}}$, $\overrightarrow{AB}\cdot\overrightarrow{AC}=\boxed{エ}$ であるから，$\cos\angle BAC=\dfrac{\boxed{オ}}{\sqrt{\boxed{カキ}}}$ であり，△ABCの面積は $\dfrac{\boxed{ク}\sqrt{\boxed{ケコ}}}{\boxed{サ}}$ である。

解答

$\overrightarrow{AB}=(1,\ -2,\ -1)$, $\overrightarrow{AC}=(-1,\ -4,\ 4)$ より

$$|\overrightarrow{AB}|=\sqrt{\mathbf{6}},\quad |\overrightarrow{AC}|=\sqrt{\mathbf{33}},\quad \overrightarrow{AB}\cdot\overrightarrow{AC}=\mathbf{3}$$

$$\cos\angle BAC=\frac{\overrightarrow{AB}\cdot\overrightarrow{AC}}{|\overrightarrow{AB}||\overrightarrow{AC}|}=\frac{3}{\sqrt{6}\sqrt{33}}=\frac{\mathbf{1}}{\sqrt{\mathbf{22}}}$$

$\sin\angle BAC=\dfrac{\sqrt{21}}{\sqrt{22}}$ より，△ABCの面積は

$$\frac{1}{2}|\overrightarrow{AB}||\overrightarrow{AC}|\sin\angle BAC=\frac{1}{2}\cdot\sqrt{6}\cdot\sqrt{33}\cdot\frac{\sqrt{21}}{\sqrt{22}}=\frac{\mathbf{3}\sqrt{\mathbf{21}}}{\mathbf{2}}$$

(別解)　△ABCの面積は

$$\frac{1}{2}\sqrt{|\overrightarrow{AB}|^2|\overrightarrow{AC}|^2-(\overrightarrow{AB}\cdot\overrightarrow{AC})^2}=\frac{1}{2}\sqrt{6\cdot 33-3^2}=\frac{\mathbf{3}\sqrt{\mathbf{21}}}{\mathbf{2}}$$

← $|\overrightarrow{AB}|=\sqrt{1^2+(-2)^2+(-1)^2}$
$|\overrightarrow{AC}|=\sqrt{(-1)^2+(-4)^2+4^2}$
$\overrightarrow{AB}\cdot\overrightarrow{AC}$
$=1\cdot(-1)+(-2)\cdot(-4)+(-1)\cdot 4$

← $\sin\angle BAC$
$=\sqrt{1-\cos^2\angle BAC}$

例題 107　4分・8点

Oを原点とする座標空間に3点A(4, 1, 3), B(3, 0, 2), C(1, 1, −1)がある。直線AB上に点Pをとり，$\overrightarrow{OP}=\overrightarrow{OA}+t\overrightarrow{AB}$ (t：実数)と表す。直線OPとOCが垂直になるのは $t=\boxed{ア}$ のときであり，点Pの座標は($\boxed{イ}$, $\boxed{ウエ}$, $\boxed{オ}$)である。また，点Pが平面 $z=-1$ 上にあるとき $t=\boxed{カ}$ であり，Pの座標は($\boxed{キ}$, $\boxed{クケ}$, $\boxed{コサ}$)である。

解答

$$\overrightarrow{AB}=(3-4,\ 0-1,\ 2-3)=(-1,\ -1,\ -1)$$
$$\overrightarrow{OP}=\overrightarrow{OA}+t\overrightarrow{AB}=(4-t,\ 1-t,\ 3-t)$$

$\overrightarrow{OP}\perp\overrightarrow{OC}$ より

$$\overrightarrow{OP}\cdot\overrightarrow{OC}=1\cdot(4-t)+1\cdot(1-t)-1\cdot(3-t)=0$$
$$\therefore\ 2-t=0\qquad \therefore\ t=\mathbf{2}$$

よって，$\overrightarrow{OP}=(2,\ -1,\ 1)$ より　P($\mathbf{2}$, $\mathbf{-1}$, $\mathbf{1}$)

また，Pが平面 $z=-1$ 上にあるとき

$$3-t=-1\qquad \therefore\ t=\mathbf{4}$$

よって，$\overrightarrow{OP}=(0,\ -3,\ -1)$ より　P($\mathbf{0}$, $\mathbf{-3}$, $\mathbf{-1}$)

← 垂直 ⟹ 内積=0

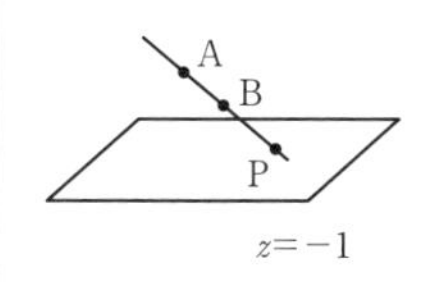

STAGE 1　類　題

類題 96　　(3分・4点)

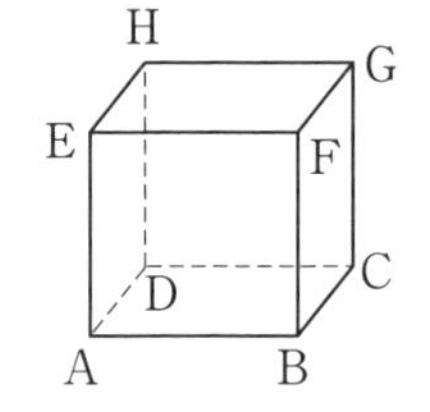

右図のような立方体 ABCD−EFGH において，辺 AB，CG，HE を $a:(1-a)$ に内分する点をそれぞれ P, Q, R とし，$\overrightarrow{AB}=\vec{x}$，$\overrightarrow{AD}=\vec{y}$，$\overrightarrow{AE}=\vec{z}$ とおく。ただし，$0<a<1$ とする。このとき

$$\overrightarrow{PQ}=\boxed{ア}\,\vec{x}+\vec{y}+\boxed{イ}\,\vec{z}$$

$$\overrightarrow{PR}=\boxed{ウ}\,\vec{x}+\boxed{エ}\,\vec{y}+\vec{z}$$

である。

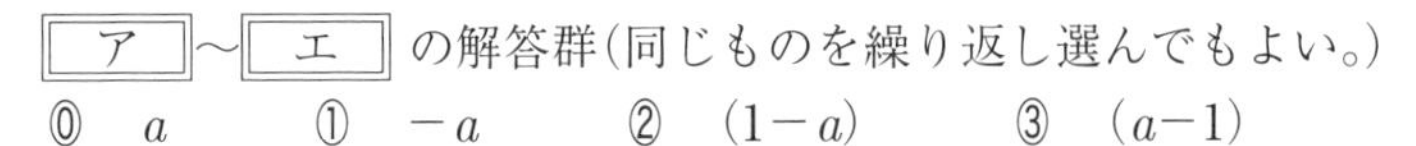

$\boxed{ア}$ ～ $\boxed{エ}$ の解答群(同じものを繰り返し選んでもよい。)

⓪ a　　① $-a$　　② $(1-a)$　　③ $(a-1)$

類題 97　　(3分・6点)

平面 ABC 上の点 P が，$-7\overrightarrow{PA}+13\overrightarrow{PB}+11\overrightarrow{PC}=\vec{0}$ を満たしている。このとき

$$\overrightarrow{AP}=\frac{\boxed{アイ}}{\boxed{ウエ}}\overrightarrow{AB}+\frac{\boxed{オカ}}{\boxed{キク}}\overrightarrow{AC}$$

である。また，平面 ABC 上にない点を O とすると

$$\overrightarrow{OP}=\frac{\boxed{ケコ}}{\boxed{サシ}}\overrightarrow{OA}+\frac{\boxed{スセ}}{\boxed{ソタ}}\overrightarrow{OB}+\frac{\boxed{チツ}}{\boxed{テト}}\overrightarrow{OC}$$

である。

類題 98　（3分・6点）

△OABにおいて，辺OAの中点をC，線分BCを4：3に内分する点をDとする。このとき

$$\overrightarrow{OD}=\frac{\boxed{\text{ア}}}{\boxed{\text{イ}}}\overrightarrow{OA}+\frac{\boxed{\text{ウ}}}{\boxed{\text{エ}}}\overrightarrow{OB}$$

である。また，線分ADを3：1に外分する点をEとすると

$$\overrightarrow{OE}=\frac{\boxed{\text{オカ}}}{\boxed{\text{キク}}}\overrightarrow{OA}+\frac{\boxed{\text{ケ}}}{\boxed{\text{コサ}}}\overrightarrow{OB}$$

である。

類題 99　（3分・8点）

3辺BC，CA，ABの長さがそれぞれ7，5，3の△ABCがある。∠BACの二等分線と辺BCの交点をDとし，∠ABCの二等分線と線分ADの交点をIとすると

$$\overrightarrow{AD}=\frac{\boxed{\text{ア}}}{\boxed{\text{イ}}}\overrightarrow{AB}+\frac{\boxed{\text{ウ}}}{\boxed{\text{エ}}}\overrightarrow{AC}$$

$$\overrightarrow{AI}=\frac{\boxed{\text{オ}}}{\boxed{\text{カ}}}\overrightarrow{AB}+\frac{\boxed{\text{キ}}}{\boxed{\text{ク}}}\overrightarrow{AC}$$

である。さらに，△ADCの重心をGとすると

$$\overrightarrow{AG}=\frac{\boxed{\text{ケ}}}{\boxed{\text{コサ}}}\overrightarrow{AB}+\frac{\boxed{\text{シス}}}{\boxed{\text{セソ}}}\overrightarrow{AC}$$

である。

類題　100　　(3分・8点)

右図は1辺の長さが2の立方体である。次の内積を求めよ。

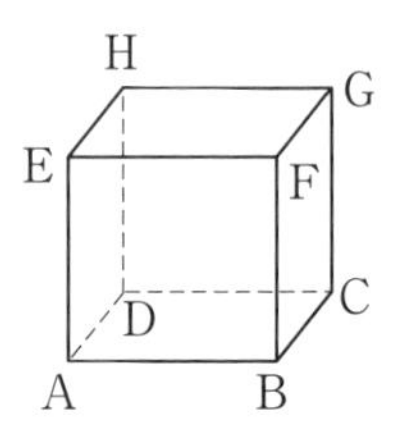

$\overrightarrow{AB}\cdot\overrightarrow{DG}=$ ア ，$\overrightarrow{AB}\cdot\overrightarrow{GE}=$ イウ

$\overrightarrow{AF}\cdot\overrightarrow{EH}=$ エ ，$\overrightarrow{AF}\cdot\overrightarrow{AH}=$ オ

$\overrightarrow{AG}\cdot\overrightarrow{AC}=$ カ ，$\overrightarrow{AG}\cdot\overrightarrow{BC}=$ キ

類題　101　　(3分・6点)

(1)　$|\vec{a}|=2$，$|\vec{b}|=3$，$|2\vec{a}-\vec{b}|=4$ のとき

$\vec{a}\cdot\vec{b}=\dfrac{\text{ア}}{\text{イ}}$，$|\vec{a}+2\vec{b}|=$ ウ

である。

(2)　$|\vec{a}+\vec{b}|=3$，$|\vec{a}-\vec{b}|=2$ のとき

$\vec{a}\cdot\vec{b}=\dfrac{\text{エ}}{\text{オ}}$，$|\vec{a}|^2+|\vec{b}|^2=\dfrac{\text{カキ}}{\text{ク}}$

である。

類題 102　　(5分・10点)

△OABにおいて，辺OAを3：1に内分する点をL，辺OBの中点をMとする。直線AB上に点Nがあり，実数aを用いて $\overrightarrow{AN}=a\overrightarrow{AB}$ とおくと

$$\overrightarrow{ML}=\frac{\boxed{ア}}{\boxed{イ}}\overrightarrow{OA}-\frac{\boxed{ウ}}{\boxed{エ}}\overrightarrow{OB}$$

$$\overrightarrow{MN}=(\boxed{オ}-a)\overrightarrow{OA}+\left(a-\frac{\boxed{カ}}{\boxed{キ}}\right)\overrightarrow{OB}$$

である。

$a=-\frac{1}{2}$ のとき，$\overrightarrow{MN}=\boxed{ク}\,\overrightarrow{ML}$ であるから，3点L，M，Nは一直線上にあり，Nは線分LMを $\boxed{ケ}:\boxed{コ}$ に外分する点である。

また，△OABが1辺の長さが2の正三角形であるとき，∠LMN＝90° となるのは，$a=\frac{\boxed{サ}}{\boxed{シス}}$ のときである。

類題 103　　(3分・6点)

$a>0$ とする。△ABCと点Pが $a\overrightarrow{PA}+4\overrightarrow{PB}+5\overrightarrow{PC}=\vec{0}$ を満たすとする。直線APと直線BCの交点をDとする。$\overrightarrow{AP}$ と $\overrightarrow{AD}$ を $\overrightarrow{AB}$，$\overrightarrow{AC}$ で表すと，それぞれ

$$\overrightarrow{AP}=\frac{\boxed{ア}}{a+\boxed{イ}}\overrightarrow{AB}+\frac{\boxed{ウ}}{a+\boxed{エ}}\overrightarrow{AC}$$

$$\overrightarrow{AD}=\frac{\boxed{オ}}{\boxed{カ}}\overrightarrow{AB}+\frac{\boxed{キ}}{\boxed{ク}}\overrightarrow{AC}$$

であり，$\frac{BD}{DC}=\frac{\boxed{ケ}}{\boxed{コ}}$，$\frac{AP}{PD}=\frac{\boxed{サ}}{a}$ である。

類題　104　　（4分・8点）

$\vec{a}=(0,\ 2)$，$\vec{b}=(2,\ 1)$とする。実数s，tを用いて，$\vec{p}=s\vec{a}+t\vec{b}$ で表されるベクトル$\vec{p}$について，次の問いに答えよ。

(1)　$\vec{p}=(3,\ 4)$ のとき，$s=\dfrac{\boxed{ア}}{\boxed{イ}}$，$t=\dfrac{\boxed{ウ}}{\boxed{エ}}$ である。

(2)　$\vec{p}\perp(\vec{b}-\vec{a})$ のとき，$s=\dfrac{\boxed{オ}}{\boxed{カ}}t$ である。

(3)　$s=5$ とする。$|\vec{p}|$が最小になるのは，$t=\boxed{キク}$ のときである。このとき，最小値は $\boxed{ケ}\sqrt{\boxed{コ}}$ である。

類題　105　　（4分・8点）

座標平面上に3点A(1，2)，B(4，11)，C(−1，6)がある。$\overrightarrow{AB}\cdot\overrightarrow{AC}=\boxed{アイ}$であり，$\angle BAC=\boxed{ウエ}^\circ$ である。直線AC上に点Dをとり，実数tを用いて，$\overrightarrow{AD}=t\overrightarrow{AC}$ と表す。△ABDの面積が45であるとき，$t=\boxed{オ}$ または $\boxed{カキ}$ である。$t=\boxed{オ}$ のとき，点Dの座標は($\boxed{クケ}$，$\boxed{コサ}$)である。

類題 106 （4分・8点）

Oを原点とする座標空間に2点A(1, −3, 2), B(2, 1, −3)がある。このとき，$\overrightarrow{OA}\cdot\overrightarrow{OB}=$ [アイ] であり，∠AOB= [ウエオ]° である。また，△OABの面積は $\dfrac{[カ]\sqrt{[キ]}}{[ク]}$ である。

線分ABを2：1に内分する点をD，1：4に外分する点をEとすると，△ODEの重心の座標は $\left(\dfrac{[ケ]}{[コ]},\ \dfrac{[サシス]}{[セ]},\ \dfrac{[ソ]}{[タ]}\right)$ である。

類題 107 （4分・8点）

Oを原点とする座標空間に3点A(0, −1, 1), B(2, 0, 2), C(1, 1, 2)がある。

(1) 実数 t を用いて，$\overrightarrow{OP}=\overrightarrow{OA}+t\overrightarrow{AB}$ で表される点Pについて，Pが xy 平面上の点であるとき，Pの座標は([アイ], [ウエ], 0)である。また，直線CPが直線ABに垂直であるとき，$t=\dfrac{[オ]}{[カ]}$ である。

(2) 2点A，Bを直径の両端とする球面を S とする。S の方程式を
$x^2+y^2+z^2+ax+by+cz+d=0$ とすると
$a=$ [キク], $b=$ [ケ], $c=$ [コサ], $d=$ [シ]
である。

S と平面 $x=2$ との交わりの円の半径は $\dfrac{\sqrt{[ス]}}{[セ]}$ である。

STAGE 2 69 ベクトルの平面図形への応用

■108 ベクトルの平面図形への応用■

(1) 3点が一直線上にある条件

点Pが直線AB上にある $\iff$ $\overrightarrow{AP}=t\overrightarrow{AB}$ (t:実数)

点Pが線分AB上にある $\iff$ $\overrightarrow{AP}=t\overrightarrow{AB}$ ($0\leqq t\leqq 1$)

直線AB上にない点Oを始点にすると

点Pが直線AB上にある

$\iff$ $\overrightarrow{OP}=\overrightarrow{OA}+t\overrightarrow{AB}$

$\iff$ $\overrightarrow{OP}=(1-t)\overrightarrow{OA}+t\overrightarrow{OB}$

$\iff$ $\overrightarrow{OP}=s\overrightarrow{OA}+t\overrightarrow{OB}$ ($s+t=1$)

(2) ベクトルの係数比較

$\vec{0}$でなく，平行でない2つのベクトル$\overrightarrow{AB}$，$\overrightarrow{AC}$を用いて，$\overrightarrow{AP}$を次のように2通りに表せたとする。

$$\begin{cases}\overrightarrow{AP}=x\overrightarrow{AB}+y\overrightarrow{AC}\\ \overrightarrow{AP}=m\overrightarrow{AB}+n\overrightarrow{AC}\end{cases}$$

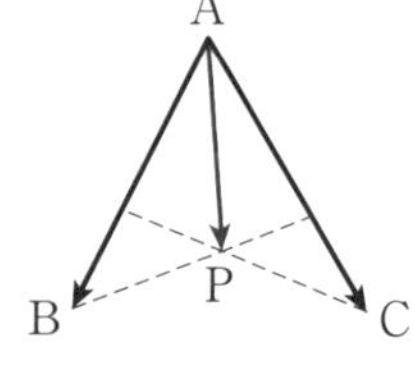

このとき

$x=m$，$y=n$

が成り立つ。

(3) 実数倍と分点公式の利用

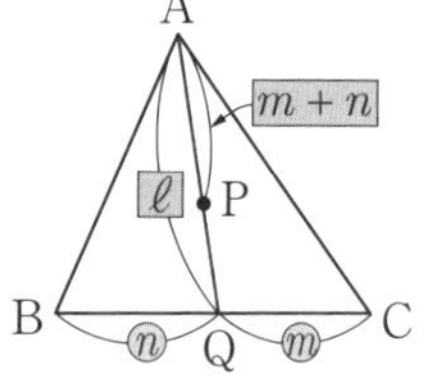

$\overrightarrow{AP}=\dfrac{m\overrightarrow{AB}+n\overrightarrow{AC}}{\ell}$ とする。

$$\overrightarrow{AP}=\frac{m\overrightarrow{AB}+n\overrightarrow{AC}}{\ell}=\underbrace{\frac{m+n}{\ell}}_{\text{(実数倍)}}\cdot\underbrace{\frac{m\overrightarrow{AB}+n\overrightarrow{AC}}{m+n}}_{\text{(分点公式)}}$$ ⇦係数の和を分母にする

と変形すると

$$\overrightarrow{AQ}=\frac{m\overrightarrow{AB}+n\overrightarrow{AC}}{m+n}$$

として，点Qは線分BCを$n:m$，点Pは線分AQを$m+n:\ell-(m+n)$に内分(外分)する点であることがわかる。

例題 108　8分・8点

$0<a<1$ とする。△ABCにおいて，辺ABを1:5に内分する点をP，辺ACを $a:(1-a)$ に内分する点をQとする。また，線分BQと線分CPの交点をKとし，直線AKと辺BCの交点をRとすると

$$\overrightarrow{BQ}=\boxed{ア}\overrightarrow{AB}+a\overrightarrow{AC},\quad \overrightarrow{CP}=\frac{1}{\boxed{イ}}\overrightarrow{AB}-\overrightarrow{AC}$$

$$\overrightarrow{AK}=\frac{\boxed{ウ}-a}{\boxed{エ}-a}\overrightarrow{AB}+\frac{\boxed{オ}a}{\boxed{カ}-a}\overrightarrow{AC}$$

$$\overrightarrow{AR}=\frac{\boxed{キ}-a}{\boxed{ク}a+\boxed{ケ}}\overrightarrow{AB}+\frac{\boxed{コ}a}{\boxed{サ}a+\boxed{シ}}\overrightarrow{AC}$$

である。

解答

$$\overrightarrow{BQ}=\overrightarrow{AQ}-\overrightarrow{AB}$$
$$=-\overrightarrow{AB}+a\overrightarrow{AC}$$

⬅ 始点の変更。

$$\overrightarrow{CP}=\overrightarrow{AP}-\overrightarrow{AC}$$
$$=\frac{1}{6}\overrightarrow{AB}-\overrightarrow{AC}$$

$\overrightarrow{BK}=s\overrightarrow{BQ}$ とおくと

⬅ s は実数。

$$\overrightarrow{AK}=\overrightarrow{AB}+s\overrightarrow{BQ}=(1-s)\overrightarrow{AB}+sa\overrightarrow{AC}\quad\cdots\cdots①$$

$\overrightarrow{CK}=t\overrightarrow{CP}$ とおくと

⬅ t は実数。

$$\overrightarrow{AK}=\overrightarrow{AC}+t\overrightarrow{CP}=\frac{1}{6}t\overrightarrow{AB}+(1-t)\overrightarrow{AC}\quad\cdots\cdots②$$

$\overrightarrow{AB}\neq\vec{0}$，$\overrightarrow{AC}\neq\vec{0}$，$\overrightarrow{AB}$ と $\overrightarrow{AC}$ は平行でないから，①，②より

$$1-s=\frac{1}{6}t,\quad sa=1-t\qquad \therefore\quad s=\frac{5}{6-a},\quad t=\frac{6-6a}{6-a}$$

⬅ 係数比較

よって

$$\overrightarrow{AK}=\frac{\mathbf{1}-a}{\mathbf{6}-a}\overrightarrow{AB}+\frac{\mathbf{5}a}{\mathbf{6}-a}\overrightarrow{AC}$$

さらに，$(1-a)+5a=4a+1$ より

⬅ 分点公式の形を作る。

$$\overrightarrow{AK}=\frac{4a+1}{6-a}\cdot\frac{(1-a)\overrightarrow{AB}+5a\overrightarrow{AC}}{4a+1}$$

と変形することにより

$$\overrightarrow{AR}=\frac{\mathbf{1}-a}{\mathbf{4}a+\mathbf{1}}\overrightarrow{AB}+\frac{\mathbf{5}a}{\mathbf{4}a+\mathbf{1}}\overrightarrow{AC}$$

⬅ $\overrightarrow{AK}=\dfrac{4a+1}{6-a}\overrightarrow{AR}$

§8 2

STAGE 2 70 終点の存在範囲

■109　終点の存在範囲■

平行でない2つのベクトル $\overrightarrow{OA}$，$\overrightarrow{OB}$ に対し
$\overrightarrow{OP}=s\overrightarrow{OA}+t\overrightarrow{OB}$（$s$，$t$：実数）とする。

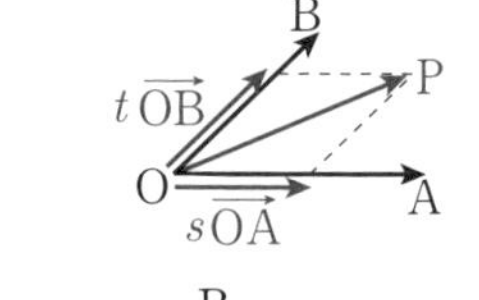

(1) $\begin{cases} 0\leqq s\leqq 1 \\ 0\leqq t\leqq 1 \end{cases}$ のとき

P は ▱OACB の周および内部にある。

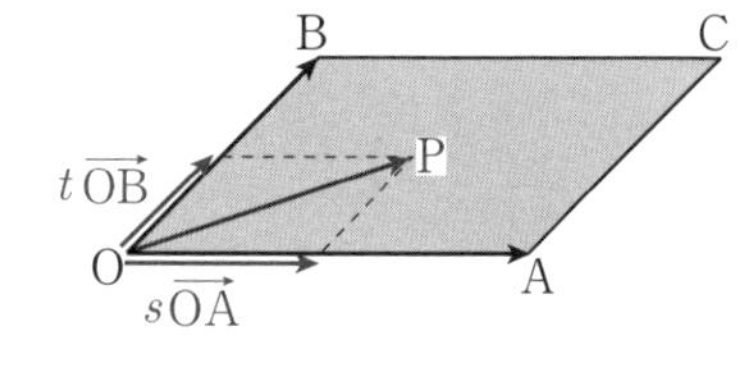

例えば

$\begin{cases} -1\leqq s\leqq 0 \\ \dfrac{1}{2}\leqq t\leqq 1 \end{cases}$ のとき

P は図の灰色部分にある。

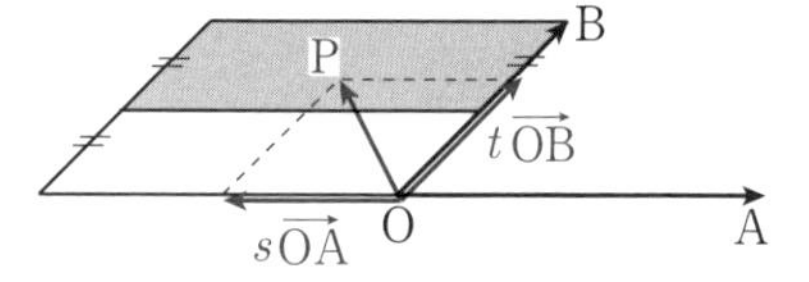

(2) $\begin{cases} s\geqq 0 \\ t\geqq 0 \\ s+t\leqq 1 \end{cases}$ のとき

P は △OAB の周および内部にある。

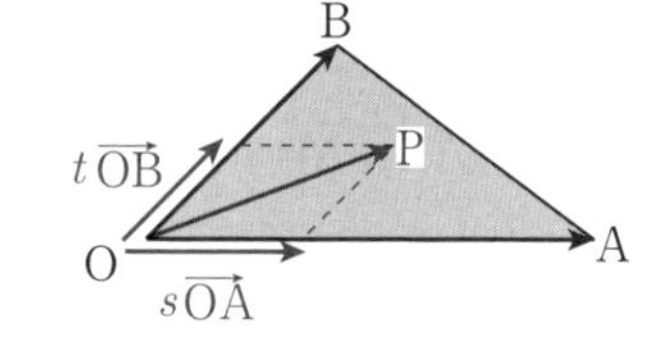

例えば

$\begin{cases} s\geqq 0 \\ t\geqq 0 \\ 3s+2t\leqq 1 \end{cases}$ のとき

$$\overrightarrow{OP}=\underbrace{3s}_{u}\underbrace{\left(\frac{1}{3}\overrightarrow{OA}\right)}_{\overrightarrow{OC}}+\underbrace{2t}_{v}\underbrace{\left(\frac{1}{2}\overrightarrow{OB}\right)}_{\overrightarrow{OD}}$$

$\begin{cases} u\geqq 0 \\ v\geqq 0 \\ u+v\leqq 1 \end{cases}$ より

P は △OCD の周および内部にある。

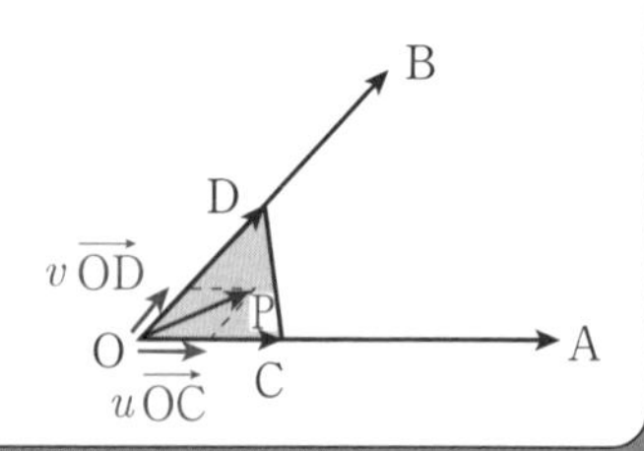

例題 109　**4分・6点**

面積が1の△OABがある。$\overrightarrow{OP}=s\overrightarrow{OA}+t\overrightarrow{OB}$（$s$, t：実数）とする。点Pの存在する範囲の面積は

$0\leqq s\leqq 1$，$0\leqq t\leqq 1$ のとき，［ア］であり，

$-1\leqq s\leqq 1$，$1\leqq t\leqq 2$ のとき，［イ］である。

また，$s\geqq 0$，$t\geqq 0$，$2s+4t\leqq 3$ のとき，$\dfrac{\boxed{ウ}}{\boxed{エ}}$ である。

解答

$0\leqq s\leqq 1$，$0\leqq t\leqq 1$ のとき，点PはOA，OBを2辺とする平行四辺形の周および内部にあるから，面積は

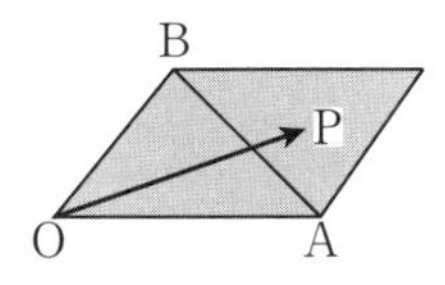

$$2\cdot 1=\mathbf{2}$$

$-1\leqq s\leqq 1$，$1\leqq t\leqq 2$ のとき，点Pは右図の灰色部分にある。面積は上の平行四辺形の2倍であるから

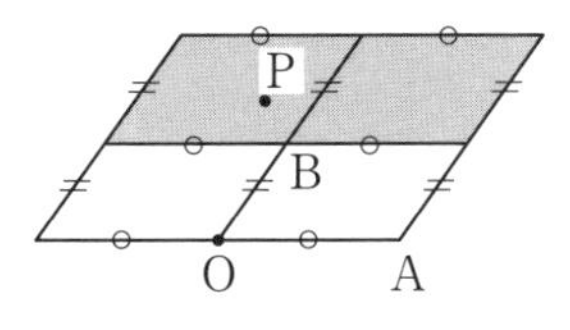

$$2\cdot 2=\mathbf{4}$$

また，$2s+4t\leqq 3$ のとき $\dfrac{2}{3}s+\dfrac{4}{3}t\leqq 1$ であるから，

$$\frac{2}{3}s=u,\ \frac{4}{3}t=v,\ \frac{3}{2}\overrightarrow{OA}=\overrightarrow{OC},\ \frac{3}{4}\overrightarrow{OB}=\overrightarrow{OD}$$

とおくと

$$\overrightarrow{OP}=\frac{2}{3}s\left(\frac{3}{2}\overrightarrow{OA}\right)+\frac{4}{3}t\left(\frac{3}{4}\overrightarrow{OB}\right)=u\overrightarrow{OC}+v\overrightarrow{OD}$$

$u\geqq 0$，$v\geqq 0$，$u+v\leqq 1$ より，点Pは△OCDの周および内部にある。

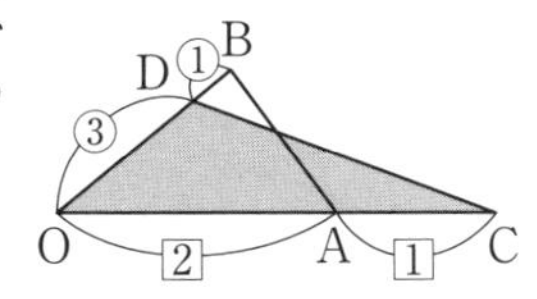

OA：OC＝2：3，

OB：OD＝4：3 より

$$\triangle OCD=\frac{3}{2}\cdot\frac{3}{4}\triangle OAB=\frac{9}{8}\triangle OAB$$

← △OAB：△OCD ＝OA･OB：OC･OD

よって，点Pの存在する範囲の面積は $\dfrac{\mathbf{9}}{\mathbf{8}}$

STAGE 2　71　平面ベクトルの応用

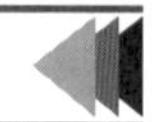

■110　平面ベクトルの応用■

(1)　内積の利用

(i)　ベクトルの大きさ

$|\vec{a}|$, $|\vec{b}|$, $\vec{a}\cdot\vec{b}$ の値が与えられているとき，

$\vec{a}$, $\vec{b}$ で表されるベクトルの大きさを求めることができる。

$$\vec{p}=m\vec{a}+n\vec{b} \Longrightarrow |\vec{p}|^2=|m\vec{a}+n\vec{b}|^2$$
$$=m^2|\vec{a}|^2+2mn\vec{a}\cdot\vec{b}+n^2|\vec{b}|^2$$

(ii)　垂直条件

$$(m\vec{a}+n\vec{b})\perp(x\vec{a}+y\vec{b})$$
$$\Longrightarrow (m\vec{a}+n\vec{b})\cdot(x\vec{a}+y\vec{b})=0$$

(2)　ベクトル方程式

定点 $\mathrm{A}(\vec{a})$, $\mathrm{B}(\vec{b})$ と動点 $\mathrm{P}(\vec{p})$ がある。

動点Pの描く図形とそのベクトル方程式は

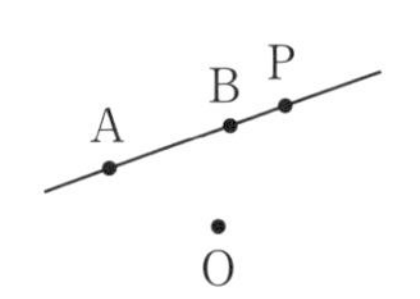

直線 AB $\Longrightarrow$ $\overrightarrow{\mathrm{AP}}=t\overrightarrow{\mathrm{AB}}$

$\therefore\ \overrightarrow{\mathrm{OP}}=\overrightarrow{\mathrm{OA}}+t\overrightarrow{\mathrm{AB}}$

$\therefore\ \vec{p}=\vec{a}+t(\vec{b}-\vec{a})$

$=(1-t)\vec{a}+t\vec{b}$

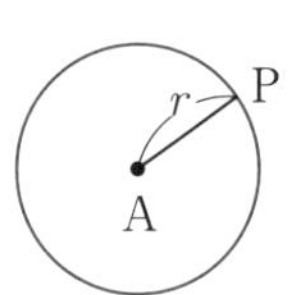

点 A を中心とする半径 r の円

$\Longrightarrow$ $|\overrightarrow{\mathrm{AP}}|=r$

$\therefore\ |\vec{p}-\vec{a}|=r$

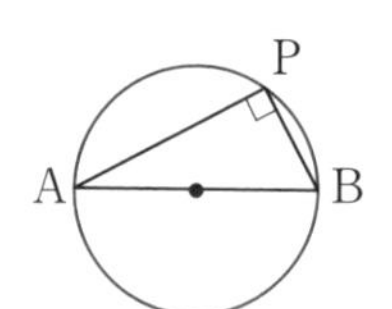

線分 AB を直径とする円

$\Longrightarrow$ $\overrightarrow{\mathrm{AP}}\cdot\overrightarrow{\mathrm{BP}}=0$

$\therefore\ (\vec{p}-\vec{a})\cdot(\vec{p}-\vec{b})=0$

例題 110　8分・8点

平面上の二つのベクトル $\overrightarrow{OA}$, $\overrightarrow{OB}$ のなす角は 60° で $|\overrightarrow{OA}|=2$，$|\overrightarrow{OB}|=3$ である。この平面上で

$$(\overrightarrow{OP}+3\overrightarrow{OA})\cdot(\overrightarrow{OP}-\overrightarrow{OA}-2\overrightarrow{OB})=0$$

を満たす点Pが描く円を C として，円 C の中心をDとする。このとき，$\overrightarrow{OD}=$ ア $\overrightarrow{OA}+\overrightarrow{OB}$ であり，円 C の半径は $\sqrt{\text{イウ}}$ である。また，点Dから直線ABに下ろした垂線と直線ABとの交点をHとすると

$$\overrightarrow{OH}=\frac{\text{エオ}}{\text{カ}}\overrightarrow{OA}+\frac{\text{キ}}{\text{ク}}\overrightarrow{OB}$$

である。

解答

$$-3\overrightarrow{OA}=\overrightarrow{OE},\quad \overrightarrow{OA}+2\overrightarrow{OB}=\overrightarrow{OF}$$

とおくと，与式より

$$(\overrightarrow{OP}-\overrightarrow{OE})\cdot(\overrightarrow{OP}-\overrightarrow{OF})=0 \qquad \therefore\ \overrightarrow{EP}\cdot\overrightarrow{FP}=0$$

よって，点Pは線分EFを直径とする円を描く。

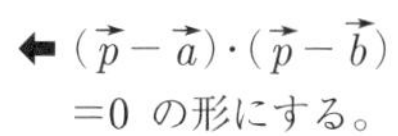

$$\therefore\ \overrightarrow{OD}=\frac{1}{2}(\overrightarrow{OE}+\overrightarrow{OF})$$
$$=-\overrightarrow{OA}+\overrightarrow{OB}$$

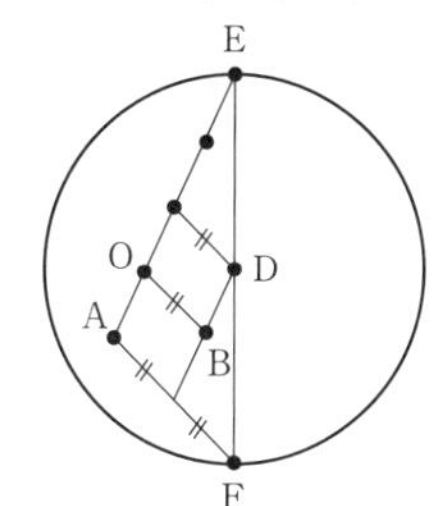

$\overrightarrow{OA}=\vec{a}$，$\overrightarrow{OB}=\vec{b}$ とおくと，$|\vec{a}|=2$，$|\vec{b}|=3$ であり

$$\vec{a}\cdot\vec{b}=2\cdot3\cdot\cos60^\circ=3$$
$$\therefore\ |\overrightarrow{DE}|^2=|\overrightarrow{OE}-\overrightarrow{OD}|^2$$
$$=|-2\vec{a}-\vec{b}|^2=4|\vec{a}|^2+4\vec{a}\cdot\vec{b}+|\vec{b}|^2$$
$$=16+12+9=37$$

よって，半径は $\sqrt{\mathbf{37}}$

また，$\overrightarrow{OH}=\overrightarrow{OA}+t\overrightarrow{AB}=(1-t)\vec{a}+t\vec{b}$ とおくと

$$\overrightarrow{DH}=\overrightarrow{OH}-\overrightarrow{OD}=(2-t)\vec{a}+(t-1)\vec{b}$$

$\overrightarrow{DH}\perp\overrightarrow{AB}$ より $\overrightarrow{DH}\cdot\overrightarrow{AB}=0$ から

$$\{(2-t)\vec{a}+(t-1)\vec{b}\}\cdot(\vec{b}-\vec{a})=0$$
$$-(2-t)|\vec{a}|^2+(3-2t)\vec{a}\cdot\vec{b}+(t-1)|\vec{b}|^2=0$$
$$4(t-2)+3(3-2t)+9(t-1)=0$$
$$\therefore\ t=\frac{8}{7}$$

よって　$\overrightarrow{OH}=\mathbf{-\frac{1}{7}}\overrightarrow{OA}+\mathbf{\frac{8}{7}}\overrightarrow{OB}$

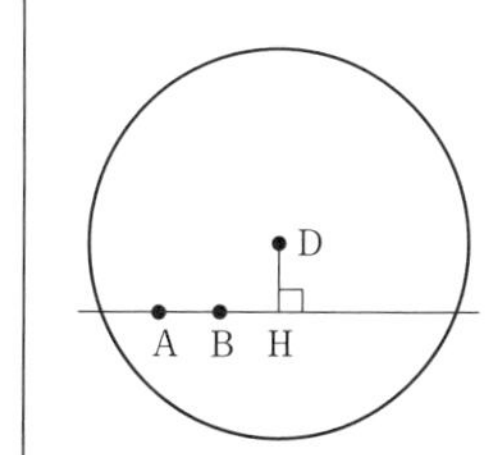

STAGE 2　72　ベクトルの空間図形への応用

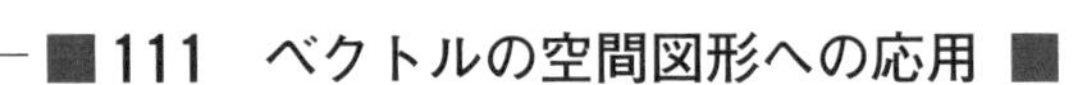

■111　ベクトルの空間図形への応用■

(1)　実数倍，分点公式，始点変更

四面体 OABC において，OP：PA＝m：n とすると

$$\overrightarrow{\mathrm{OP}}=\frac{m}{m+n}\overrightarrow{\mathrm{OA}}$$

BQ：QC＝m：n とすると

$$\overrightarrow{\mathrm{OQ}}=\frac{n\overrightarrow{\mathrm{OB}}+m\overrightarrow{\mathrm{OC}}}{m+n}$$

$$\overrightarrow{\mathrm{PQ}}=\overrightarrow{\mathrm{OQ}}-\overrightarrow{\mathrm{OP}}$$

$$=\frac{-m}{m+n}\overrightarrow{\mathrm{OA}}+\frac{n}{m+n}\overrightarrow{\mathrm{OB}}+\frac{m}{m+n}\overrightarrow{\mathrm{OC}}$$

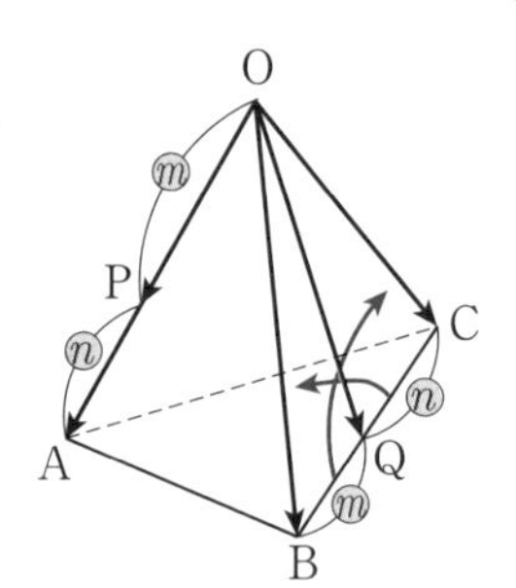

(2)　四面体 OABC において，$\overrightarrow{\mathrm{OP}}=\ell\overrightarrow{\mathrm{OA}}+m\overrightarrow{\mathrm{OB}}+n\overrightarrow{\mathrm{OC}}$ とするとき

(i)　P が平面 OBC 上にある

$\iff\quad \ell=0$

($\overrightarrow{\mathrm{OP}}=m\overrightarrow{\mathrm{OB}}+n\overrightarrow{\mathrm{OC}}$ の形で表される)

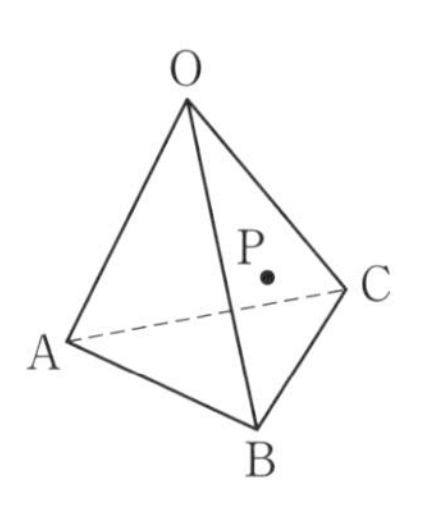

(ii)　P が平面 ABC 上にある

$\iff\quad \ell+m+n=1$

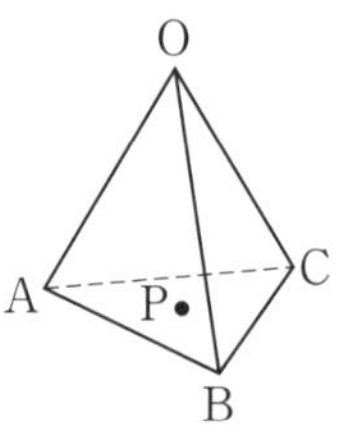

P が平面 ABC 上にあるとき

$$\overrightarrow{\mathrm{AP}}=m\overrightarrow{\mathrm{AB}}+n\overrightarrow{\mathrm{AC}}$$

と表せる。O を始点とするベクトルで表すと

$$\overrightarrow{\mathrm{OP}}-\overrightarrow{\mathrm{OA}}=m(\overrightarrow{\mathrm{OB}}-\overrightarrow{\mathrm{OA}})+n(\overrightarrow{\mathrm{OC}}-\overrightarrow{\mathrm{OA}})$$

$$\therefore\quad \overrightarrow{\mathrm{OP}}=(1-m-n)\overrightarrow{\mathrm{OA}}+m\overrightarrow{\mathrm{OB}}+n\overrightarrow{\mathrm{OC}}$$

$1-m-n=\ell$ とおくと　$\overrightarrow{\mathrm{OP}}=\ell\overrightarrow{\mathrm{OA}}+m\overrightarrow{\mathrm{OB}}+n\overrightarrow{\mathrm{OC}}$ $(\ell+m+n=1)$

例題 111　8分・12点

四面体OPQRにおいて，$\overrightarrow{OP}=\vec{p}$，$\overrightarrow{OQ}=\vec{q}$，$\overrightarrow{OR}=\vec{r}$ とおく。

$0<a<1$ として，線分OP, QRを $a:(1-a)$ に内分する点をそれぞれS, Tとすると，$\overrightarrow{OS}=$ [ア] $\vec{p}$，$\overrightarrow{OT}=($[イ]$-$[ウ]$)\vec{q}+$[エ]$\vec{r}$ である。線分OQ，PRの中点をそれぞれU，Vとし，線分UVを $a:(1-a)$ に内分する点をMとすると

$$\overrightarrow{OM}=\frac{1}{[\text{オ}]}\{[\text{カ}]\vec{p}+([\text{キ}]-[\text{ク}])\vec{q}+[\text{ケ}]\vec{r}\}$$

である。よって，Mは線分ST上にあり，SM：ST＝1：[コ] である。直線OMが平面PQRと交わる点をNとすると

$$\overrightarrow{ON}=\frac{[\text{サ}]}{a+[\text{シ}]}\overrightarrow{OM}$$ である。

[ア]～[エ]，[カ]～[ケ] の解答群(同じものを繰り返し選んでもよい。)

⓪ a　　① 1　　② 2

解答　$OS:SP=a:1-a$ より　$\overrightarrow{OS}=a\vec{p}$（⓪）

← 実数倍

$QT:TR=a:1-a$ より

$\overrightarrow{OT}=(1-a)\vec{q}+a\vec{r}$（①，⓪，⓪）

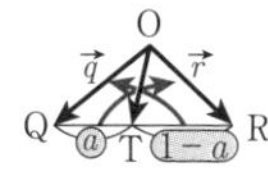

$UM:MV=a:1-a$ より

$$\overrightarrow{OM}=a\overrightarrow{OV}+(1-a)\overrightarrow{OU}$$
$$=a\cdot\frac{1}{2}(\vec{p}+\vec{r})+(1-a)\frac{1}{2}\vec{q}$$
$$=\frac{1}{\mathbf{2}}\{a\vec{p}+(1-a)\vec{q}+a\vec{r}\}\quad(⓪，①，⓪，⓪)$$

← 分点公式

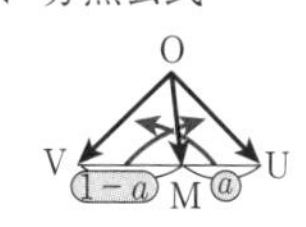

一方，$\overrightarrow{OS}+\overrightarrow{OT}=a\vec{p}+(1-a)\vec{q}+a\vec{r}$ であるから

$$\overrightarrow{OM}=\frac{1}{2}(\overrightarrow{OS}+\overrightarrow{OT})$$

よって，MはSTの中点

∴　SM：ST＝1：**2**

また，$\overrightarrow{ON}=t\overrightarrow{OM}$ とおくと

← tは実数。

$$\overrightarrow{ON}=\frac{t}{2}\{a\vec{p}+(1-a)\vec{q}+a\vec{r}\}$$

Nは平面PQR上にあるから

$$\frac{t}{2}a+\frac{t}{2}(1-a)+\frac{t}{2}a=1\qquad\therefore\quad t=\frac{2}{a+1}$$

つまり　$\overrightarrow{ON}=\dfrac{\mathbf{2}}{a+\mathbf{1}}\overrightarrow{OM}$

$\overrightarrow{ON}=\ell\overrightarrow{OP}+m\overrightarrow{OQ}+n\overrightarrow{OR}$ とすると，Nが平面PQR上にあるとき $\ell+m+n=1$

§8　2

STAGE 2 73 空間ベクトルの応用

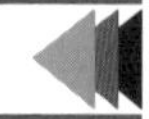

■112 空間ベクトルの応用 ■

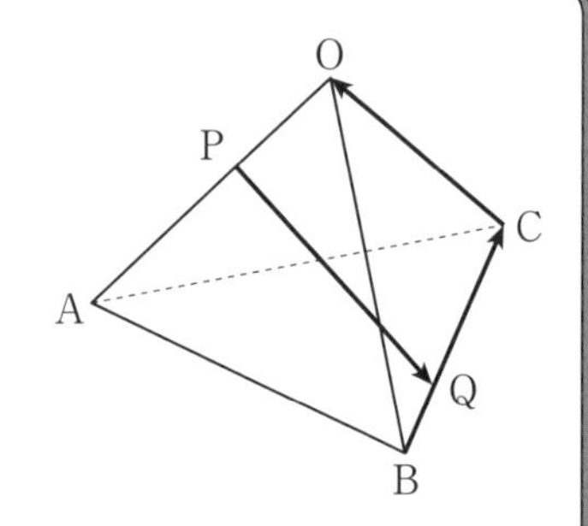

$OA=OB=OC=2$

$\angle AOB=\angle AOC=60°$，$\angle BOC=90°$

の四面体 OABC がある。

$\overrightarrow{OA}=\vec{a}$，$\overrightarrow{OB}=\vec{b}$，$\overrightarrow{OC}=\vec{c}$ とする。

まず，内積を求める。

$$\vec{a}\cdot\vec{b}=\vec{c}\cdot\vec{a}=2\cdot2\cdot\cos60°=2$$
$$\vec{b}\cdot\vec{c}=2\cdot2\cdot\cos90°=0$$

すると，$\vec{a}$，$\vec{b}$，$\vec{c}$ で表されるベクトルの大きさや 2 つのベクトルの内積の値を $|\vec{a}|$，$|\vec{b}|$，$|\vec{c}|$，$\vec{a}\cdot\vec{b}$，$\vec{b}\cdot\vec{c}$，$\vec{c}\cdot\vec{a}$ の値から求めることができる。

例えば，辺 OA，辺 BC 上にそれぞれ点 P，Q を

$OP:PA=1:2$，$BQ:QC=1:2$

となるようにとる。

$$\overrightarrow{PQ}=\overrightarrow{OQ}-\overrightarrow{OP}=\frac{2\vec{b}+\vec{c}}{3}-\frac{1}{3}\vec{a}=\frac{1}{3}(2\vec{b}+\vec{c}-\vec{a})$$

$$|\overrightarrow{PQ}|^2=\frac{1}{9}|2\vec{b}+\vec{c}-\vec{a}|^2$$
$$=\frac{1}{9}(4|\vec{b}|^2+|\vec{c}|^2+|\vec{a}|^2+4\vec{b}\cdot\vec{c}-4\vec{a}\cdot\vec{b}-2\vec{c}\cdot\vec{a})$$
$$=\frac{1}{9}(4\cdot2^2+2^2+2^2+4\cdot0-4\cdot2-2\cdot2)$$
$$=\frac{12}{9}\qquad\therefore\quad|\overrightarrow{PQ}|=\frac{2}{3}\sqrt{3}$$

また

$$\overrightarrow{PQ}\cdot\overrightarrow{BC}=\frac{1}{3}(2\vec{b}+\vec{c}-\vec{a})\cdot(\vec{c}-\vec{b})$$
$$=\frac{1}{3}(2\vec{b}\cdot\vec{c}-2|\vec{b}|^2+|\vec{c}|^2-\vec{b}\cdot\vec{c}-\vec{c}\cdot\vec{a}+\vec{a}\cdot\vec{b})$$
$$=\frac{1}{3}(0-2\cdot2^2+2^2+0-2+2)=-\frac{4}{3}$$

例題 112　6分・10点

各辺の長さが1である正四面体OABCにおいて，線分ABの中点をP，線分OBを2：1に内分する点をQ，線分OCを1：3に内分する点をRとする。

$\overrightarrow{\mathrm{OA}}=\vec{a}$，$\overrightarrow{\mathrm{OB}}=\vec{b}$，$\overrightarrow{\mathrm{OC}}=\vec{c}$ とおく。$\vec{a}\cdot\vec{b}=\vec{b}\cdot\vec{c}=\vec{c}\cdot\vec{a}=\dfrac{\boxed{\text{ア}}}{\boxed{\text{イ}}}$ であり

$$\overrightarrow{\mathrm{PQ}}=\frac{\boxed{\text{ウエ}}}{\boxed{\text{オ}}}\vec{a}+\frac{\boxed{\text{カ}}}{\boxed{\text{キ}}}\vec{b},\quad \overrightarrow{\mathrm{PR}}=\frac{\boxed{\text{クケ}}}{\boxed{\text{コ}}}\vec{a}-\frac{\boxed{\text{サ}}}{\boxed{\text{シ}}}\vec{b}+\frac{\boxed{\text{ス}}}{\boxed{\text{セ}}}\vec{c}$$

であるから

$$\overrightarrow{\mathrm{PQ}}\cdot\overrightarrow{\mathrm{PR}}=\frac{\boxed{\text{ソ}}}{\boxed{\text{タチ}}},\quad |\overrightarrow{\mathrm{PQ}}|=\frac{\sqrt{\boxed{\text{ツ}}}}{\boxed{\text{テ}}}$$

である。

解答

$$\vec{a}\cdot\vec{b}=\vec{b}\cdot\vec{c}=\vec{c}\cdot\vec{a}=1\cdot1\cdot\cos 60^\circ=\mathbf{\frac{1}{2}}$$

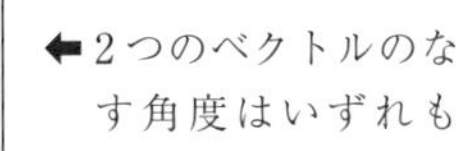

←2つのベクトルのなす角度はいずれも60°
始点をOにする。

$$\overrightarrow{\mathrm{PQ}}=\overrightarrow{\mathrm{OQ}}-\overrightarrow{\mathrm{OP}}=\frac{2}{3}\vec{b}-\frac{\vec{a}+\vec{b}}{2}$$

$$=-\mathbf{\frac{1}{2}}\vec{a}+\mathbf{\frac{1}{6}}\vec{b}$$

$$\overrightarrow{\mathrm{PR}}=\overrightarrow{\mathrm{OR}}-\overrightarrow{\mathrm{OP}}$$

$$=\frac{1}{4}\vec{c}-\frac{\vec{a}+\vec{b}}{2}=-\mathbf{\frac{1}{2}}\vec{a}-\mathbf{\frac{1}{2}}\vec{b}+\mathbf{\frac{1}{4}}\vec{c}$$

$$\overrightarrow{\mathrm{PQ}}\cdot\overrightarrow{\mathrm{PR}}=\left(-\frac{1}{2}\vec{a}+\frac{1}{6}\vec{b}\right)\cdot\left(-\frac{1}{2}\vec{a}-\frac{1}{2}\vec{b}+\frac{1}{4}\vec{c}\right)$$

$$=\frac{1}{24}(-3\vec{a}+\vec{b})\cdot(-2\vec{a}-2\vec{b}+\vec{c})$$

$$=\frac{1}{24}(6|\vec{a}|^2+4\vec{a}\cdot\vec{b}-3\vec{a}\cdot\vec{c}-2|\vec{b}|^2+\vec{b}\cdot\vec{c})$$

$$=\mathbf{\frac{5}{24}}$$

←$|\vec{a}|=|\vec{b}|=1$
$\vec{a}\cdot\vec{b}=\vec{b}\cdot\vec{c}=\vec{c}\cdot\vec{a}=\frac{1}{2}$

大きさは2乗して展開。

$$|\overrightarrow{\mathrm{PQ}}|^2=\left|\frac{-3\vec{a}+\vec{b}}{6}\right|^2=\frac{1}{36}(9|\vec{a}|^2-6\vec{a}\cdot\vec{b}+|\vec{b}|^2)=\frac{7}{36}$$

$$\therefore\quad |\overrightarrow{\mathrm{PQ}}|=\mathbf{\frac{\sqrt{7}}{6}}$$

STAGE 2　74　空間座標とベクトル

■113　空間座標とベクトル■

直線

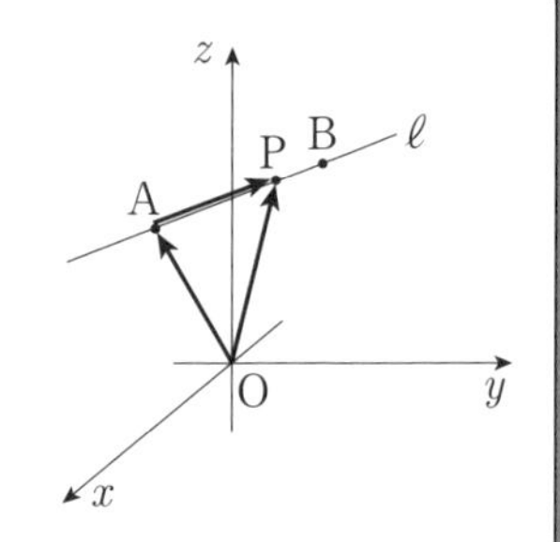

2点A$(x_1,\ y_1,\ z_1)$，B$(x_2,\ y_2,\ z_2)$を通る直線をℓとして，ℓ上に点Pをとる。

$\overrightarrow{AB}=(x_2-x_1,\ y_2-y_1,\ z_2-z_1)=(a,\ b,\ c)$とすると

$$\overrightarrow{OP}=\overrightarrow{OA}+t\overrightarrow{AB}$$
$$=(x_1,\ y_1,\ z_1)+t(a,\ b,\ c)$$
$$=(x_1+at,\ y_1+bt,\ z_1+ct)$$
$$\therefore\quad P(x_1+at,\ y_1+bt,\ z_1+ct)\quad\cdots\cdots(*)$$

・$\overrightarrow{OP}\perp\overrightarrow{AB}$のとき

$$\overrightarrow{AB}\cdot\overrightarrow{OP}=a(x_1+at)+b(y_1+bt)+c(z_1+ct)=0$$
$$\therefore\quad t=-\frac{ax_1+by_1+cz_1}{a^2+b^2+c^2}$$

これを(∗)に代入すると，OP⊥AB となるときのPの座標が求められる。

・Pがxy平面上にあるとき

$$z_1+ct=0\qquad\therefore\quad t=-\frac{z_1}{c}$$

これを(∗)に代入すると，Pがxy平面上にあるときのPの座標が求められる。

(注)　$c=0$ のとき

$z_1=z_2$ から2点A，Bは平面 $z=z_1$ 上にあり，ℓはxy平面と平行である。

例題 113　**4分・8点**

Oを原点とする座標空間に3点 A$(-1,\ -2,\ 0)$, B$(0,\ 2,\ 4)$, C$(3,\ 0,\ -1)$がある。$\overrightarrow{\mathrm{AD}}=s\overrightarrow{\mathrm{AB}}+t\overrightarrow{\mathrm{AC}}$ (s, t：実数)とするとき

$$\overrightarrow{\mathrm{OD}}=(s+\boxed{\text{ア}}t-\boxed{\text{イ}},\ \boxed{\text{ウ}}s+\boxed{\text{エ}}t-\boxed{\text{オ}},\ \boxed{\text{カ}}s-t)$$

である。点Dがz軸上の点であるとき，Dの座標は$\left(0,\ 0,\ \dfrac{\boxed{\text{キク}}}{\boxed{\text{ケ}}}\right)$である。

さらに直線ADと直線BCの交点をEとするとき，Eの座標は，

$\left(\dfrac{\boxed{\text{コ}}}{\boxed{\text{サ}}},\ \dfrac{\boxed{\text{シ}}}{\boxed{\text{ス}}},\ \dfrac{\boxed{\text{セソ}}}{\boxed{\text{タ}}}\right)$である。

解答

$\overrightarrow{\mathrm{AB}}=(1,\ 4,\ 4)$, $\overrightarrow{\mathrm{AC}}=(4,\ 2,\ -1)$ より

$$\begin{aligned}\overrightarrow{\mathrm{OD}}&=\overrightarrow{\mathrm{OA}}+\overrightarrow{\mathrm{AD}}=\overrightarrow{\mathrm{OA}}+s\overrightarrow{\mathrm{AB}}+t\overrightarrow{\mathrm{AC}}\\&=(-1,\ -2,\ 0)+s(1,\ 4,\ 4)+t(4,\ 2,\ -1)\\&=(s+\mathbf{4}t-\mathbf{1},\ \mathbf{4}s+\mathbf{2}t-\mathbf{2},\ \mathbf{4}s-t)\end{aligned}$$

⬅ $\overrightarrow{\mathrm{AB}}=\overrightarrow{\mathrm{OB}}-\overrightarrow{\mathrm{OA}}$
$\overrightarrow{\mathrm{AC}}=\overrightarrow{\mathrm{OC}}-\overrightarrow{\mathrm{OA}}$

点Dがz軸上の点であるとき

$$\begin{cases}s+4t-1=0\\4s+2t-2=0\end{cases}\quad\therefore\quad s=\frac{3}{7},\ t=\frac{1}{7}$$

⬅ x座標とy座標が0

このとき

$$4s-t=4\cdot\frac{3}{7}-\frac{1}{7}=\frac{11}{7}$$

よって，$\overrightarrow{\mathrm{OD}}=\left(0,\ 0,\ \dfrac{11}{7}\right)$ より　D$\left(\mathbf{0},\ \mathbf{0},\ \dfrac{\mathbf{11}}{\mathbf{7}}\right)$

$$\overrightarrow{\mathrm{AD}}=\frac{3}{7}\overrightarrow{\mathrm{AB}}+\frac{1}{7}\overrightarrow{\mathrm{AC}}=\frac{4}{7}\cdot\frac{3\overrightarrow{\mathrm{AB}}+\overrightarrow{\mathrm{AC}}}{4}$$

⬅ 分点公式の形を作る。

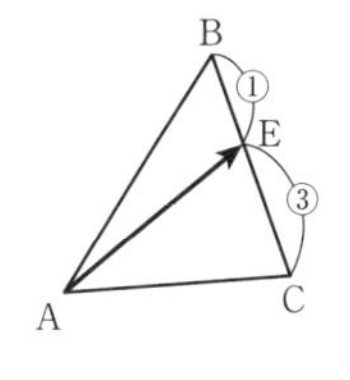

これより，$\overrightarrow{\mathrm{AE}}=\dfrac{3\overrightarrow{\mathrm{AB}}+\overrightarrow{\mathrm{AC}}}{4}$, $\overrightarrow{\mathrm{AD}}=\dfrac{4}{7}\overrightarrow{\mathrm{AE}}$ とおけて，点Eは線分BCを1：3に内分する点であることがわかる。

$$\begin{aligned}\overrightarrow{\mathrm{OE}}&=\overrightarrow{\mathrm{OA}}+\overrightarrow{\mathrm{AE}}=\overrightarrow{\mathrm{OA}}+\frac{3\overrightarrow{\mathrm{AB}}+\overrightarrow{\mathrm{AC}}}{4}\\&=(-1,\ -2,\ 0)+\frac{3}{4}(1,\ 4,\ 4)+\frac{1}{4}(4,\ 2,\ -1)\\&=\left(\frac{3}{4},\ \frac{3}{2},\ \frac{11}{4}\right)\end{aligned}$$

⬅ $\overrightarrow{\mathrm{OE}}=\dfrac{3}{4}\overrightarrow{\mathrm{OB}}+\dfrac{1}{4}\overrightarrow{\mathrm{OC}}$ で求めてもよい。

より　E$\left(\dfrac{\mathbf{3}}{\mathbf{4}},\ \dfrac{\mathbf{3}}{\mathbf{2}},\ \dfrac{\mathbf{11}}{\mathbf{4}}\right)$

STAGE 2　類　題

類題 108　　（10分・12点）

(1)　△OAB において，辺 OA を 2：3 に内分する点を C，辺 OB を 2：1 に内分する点を D とする。線分 AD と BC の交点を P，直線 OP と辺 AB の交点を Q とすると

$$\overrightarrow{OP}=\frac{\boxed{ア}}{\boxed{イウ}}\overrightarrow{OA}+\frac{\boxed{エ}}{\boxed{オカ}}\overrightarrow{OB}$$

$$\overrightarrow{OQ}=\frac{\boxed{キ}}{\boxed{ク}}\overrightarrow{OA}+\frac{\boxed{ケ}}{\boxed{コ}}\overrightarrow{OB}$$

であり，$\dfrac{OP}{OQ}=\dfrac{\boxed{サ}}{\boxed{シス}}$，$\dfrac{QB}{AQ}=\dfrac{\boxed{セ}}{\boxed{ソ}}$ である。

(2)　$0<a<1$ とする。平行四辺形 ABCD において，辺 AB の中点を E，辺 AD を $a:(1-a)$ に内分する点を F，線分 BF と DE の交点を P とする。このとき

$$\overrightarrow{BF}=\boxed{タ}\ \overrightarrow{AB}-a\overrightarrow{AD}$$

$$\overrightarrow{DE}=\frac{\boxed{チ}}{\boxed{ツ}}\overrightarrow{AB}-\overrightarrow{AD}$$

$$\overrightarrow{AP}=\frac{\boxed{テ}-a}{\boxed{ト}-a}\overrightarrow{AB}+\frac{a}{\boxed{ナ}-a}\overrightarrow{AD}$$

である。直線 AP と直線 BC の交点を Q とすると，AP：PQ=1：3 となるときの a の値は $a=\dfrac{\boxed{ニ}}{\boxed{ヌ}}$ である。

類題 109　　(6分・10点)

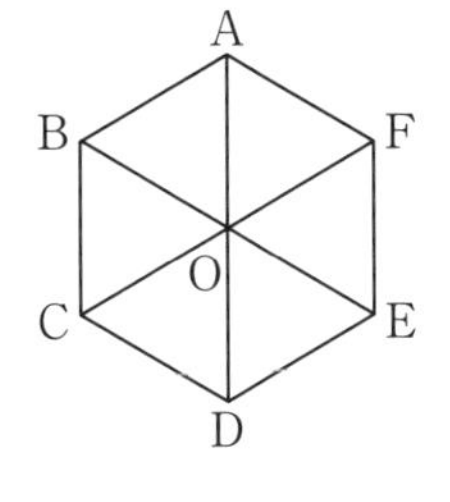

1辺の長さが1の正六角形ABCDEFがあり，中心をOとする。

実数s，tを用いて $\overrightarrow{AP}=s\overrightarrow{AB}+t\overrightarrow{AF}$ と表すとき，点Pの存在する範囲とその面積は

$0 \leqq s \leqq 1$，$0 \leqq t \leqq 1$ のとき

[ア] の周および内部であり $\dfrac{\sqrt{[イ]}}{[ウ]}$

$s \geqq 0$，$t \geqq 0$，$s+t \leqq 1$ のとき

[エ] の周および内部であり $\dfrac{\sqrt{[オ]}}{[カ]}$

である。

また，実数s，tを用いて $\overrightarrow{AQ}=s\overrightarrow{AC}+t\overrightarrow{AF}$ と表すとき，点Qの存在する範囲の面積は

$\dfrac{1}{3} \leqq s \leqq 1$，$0 \leqq t \leqq 1$ のとき $\dfrac{[キ]\sqrt{[ク]}}{[ケ]}$

$s \geqq 0$，$t \geqq 0$　$2s+t \leqq 1$ のとき $\dfrac{\sqrt{[コ]}}{[サ]}$

である。

[ア]，[エ] の解答群

⓪ △ABO　① △ABF　② △ABC　③ △AOF　④ △AEF
⑤ 四角形ABCO　⑥ 四角形ABOF　⑦ 四角形AOEF

類題 110　（8分・10点）

(1)　△OAB において，OA=3，OB=2，∠AOB=120° とする。辺 AB を 1：3 に内分する点を C として，C を通り直線 OA に平行な直線上の点を P とする。実数 t を用いて，$\overrightarrow{CP}=t\overrightarrow{OA}$ と表すと，

$\overrightarrow{OP}=\left(\dfrac{\boxed{ア}}{\boxed{イ}}+t\right)\overrightarrow{OA}+\dfrac{\boxed{ウ}}{\boxed{エ}}\overrightarrow{OB}$ である。直線 OP と直線 CP が垂直になるとき，$t=\dfrac{\boxed{オカ}}{\boxed{キ}}$ であるから $\overrightarrow{OP}=\dfrac{\boxed{ク}}{\boxed{ケコ}}\overrightarrow{OA}+\dfrac{\boxed{サ}}{\boxed{シ}}\overrightarrow{OB}$ である。

また，このとき $|\overrightarrow{OP}|=\dfrac{\sqrt{\boxed{ス}}}{\boxed{セ}}$ である。

(2)　平面上に異なる 2 定点 M，N をとり，線分 MN の中点を O とする。さらに，この平面上で等式 $|\overrightarrow{OX}-\overrightarrow{ON}|=2|\overrightarrow{OX}-\overrightarrow{OM}|$ を満たす動点 X を考える。このとき $|\overrightarrow{OX}|^2-\dfrac{\boxed{ソタ}}{\boxed{チ}}\overrightarrow{OX}\cdot\overrightarrow{OM}+|\overrightarrow{OM}|^2=0$ であるから，点 X 全体の描く図形は半径 $\dfrac{\boxed{ツ}}{\boxed{テ}}|\overrightarrow{OM}|$ の円であり，その中心を A とするとき，

$\overrightarrow{OA}=\dfrac{\boxed{ト}}{\boxed{ナ}}\overrightarrow{OM}$ である。

類題 111　（4分・6点）

四面体 OABC において，$\overrightarrow{OA}=\vec{a}$，$\overrightarrow{OB}=\vec{b}$，$\overrightarrow{OC}=\vec{c}$ とする。辺 OA を 3：2 に内分する点を P，辺 BC を 4：3 に内分する点を Q とする。このとき

$$\overrightarrow{PQ}=\frac{\boxed{アイ}}{\boxed{ウ}}\vec{a}+\frac{\boxed{エ}}{\boxed{オ}}\vec{b}+\frac{\boxed{カ}}{\boxed{キ}}\vec{c}$$

である。線分 PQ の中点を R とし，直線 AR が △OBC の定める平面と交わる点を S とする。このとき，AR：RS=$\boxed{ク}$：$\boxed{ケ}$ である。

類題 112　（8分・8点）

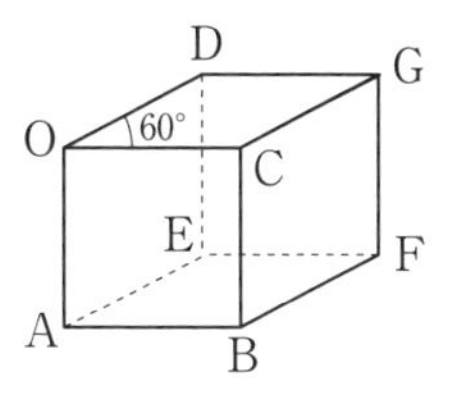

右図のように向かい合う面が互いに平行である六面体 OABC−DEFG がある。ただし，面 OABC，CBFG は一辺の長さが1の正方形であり，面 OCGD は ∠COD＝60° のひし形である。このとき

$$\overrightarrow{OA}\cdot\overrightarrow{OC}=\boxed{ア},\quad \overrightarrow{OC}\cdot\overrightarrow{OD}=\frac{1}{\boxed{イ}}$$

である。

線分 BE を 2：1 に内分する点を P，線分 GE の中点を Q とすると

$$\overrightarrow{PQ}=\frac{\boxed{ウエ}}{\boxed{オ}}\overrightarrow{OA}+\frac{\boxed{カ}}{\boxed{キ}}\overrightarrow{OC}+\frac{\boxed{ク}}{\boxed{ケ}}\overrightarrow{OD}$$

であるから

$$|\overrightarrow{PQ}|=\frac{\boxed{コ}}{\boxed{サ}}$$

である。

類題 113　（6分・10点）

点 O を原点とする座標空間に 4 点 A(2，0，2)，B(−1，−1，−1)，C(2，0，1)，D(1，1，2) がある。線分 AB を 1：3 に内分する点を E，線分 CD を 1：3 に内分する点を F，線分 EF を $a:1-a$ $(0<a<1)$ に内分する点を G とすると

$$\overrightarrow{OG}=\left(\frac{\boxed{ア}a+\boxed{イ}}{\boxed{ウ}},\ \frac{\boxed{エ}a-\boxed{オ}}{\boxed{カ}},\ \frac{\boxed{キ}}{\boxed{ク}}\right)$$

と表される。直線 OG と直線 AD が交わるときの a の値と交点 H の座標を求めよう。

点 H は直線 AD 上にあるから，実数 s を用いて $\overrightarrow{AH}=s\overrightarrow{AD}$ と表され，また，点 H は直線 OG 上にあるから，実数 t を用いて $\overrightarrow{OH}=t\overrightarrow{OG}$ と表される。よって

$$a=\frac{\boxed{ケ}}{\boxed{コ}},\quad s=\frac{\boxed{サシ}}{\boxed{ス}},\quad t=\frac{\boxed{セ}}{\boxed{ソ}}$$

である。

したがって，点 H の座標は $\left(\frac{\boxed{タチ}}{\boxed{ツ}},\ \frac{\boxed{テト}}{\boxed{ナ}},\ \boxed{ニ}\right)$ であり，点 H は線分 AD を 1：$\boxed{ヌ}$ に外分している。

STAGE 1　75　放物線，楕円

■114　放物線■

放物線 …… 定直線 ℓ と ℓ 上にない定点 F からの距離が等しい点の軌跡
ℓ : 準線　　F : 焦点

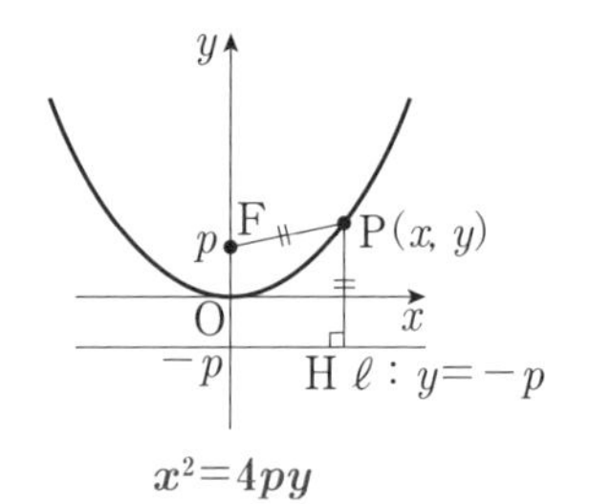

$\boldsymbol{x^2=4py}$

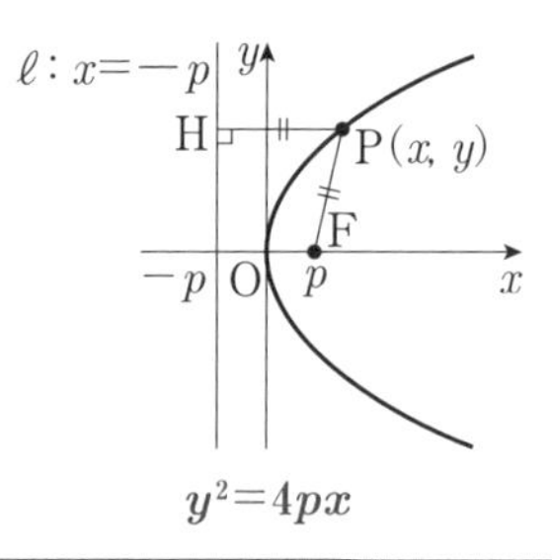

$\boldsymbol{y^2=4px}$

放物線の頂点が原点であり，放物線の軸が y 軸または x 軸である場合。

■115　楕円■

楕円 …… 2 定点 F，F′ からの距離の和が一定である点の軌跡
F，F′ : 焦点

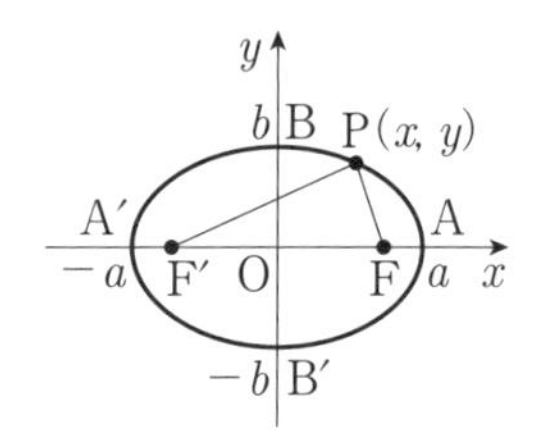

$$\frac{x^2}{a^2}+\frac{y^2}{b^2}=1 \quad (a>b>0)$$

$\mathrm{F}(\sqrt{a^2-b^2},\ 0)$，$\mathrm{F'}(-\sqrt{a^2-b^2},\ 0)$

$\mathrm{PF}+\mathrm{PF'}=2a$

線分 AA′ …… 長軸

線分 BB′ …… 短軸

$$\frac{x^2}{a^2}+\frac{y^2}{b^2}=1 \quad (b>a>0)$$

$\mathrm{F}(0,\ \sqrt{b^2-a^2})$，$\mathrm{F'}(0,\ -\sqrt{b^2-a^2})$

$\mathrm{PF}+\mathrm{PF'}=2b$

線分 BB′ …… 長軸

線分 AA′ …… 短軸

A，A′，B，B′ …… 頂点

楕円の中心が原点であり，焦点が x 軸上または y 軸上にある場合。

例題 114　2分・4点

(1)　焦点が(0, 2)，準線が $y=-2$ である放物線の方程式は $x^2=$ [ア] y である。

(2)　放物線 $y^2=-2x$ の焦点の座標は $\left(\dfrac{\text{イウ}}{\text{エ}},\ \text{オ}\right)$，準線の方程式は $x=\dfrac{\text{カ}}{\text{キ}}$ である。

解答

(1)　$x^2=4\cdot2\cdot y=8y$　　⬅ $p=2$

(2)　$y^2=4\cdot\left(-\dfrac{1}{2}\right)x$ より　焦点$\left(\mathbf{-\dfrac{1}{2}},\ \mathbf{0}\right)$，準線 $x=\mathbf{\dfrac{1}{2}}$　　⬅ $p=-\dfrac{1}{2}$

例題 115　2分・4点

(1)　楕円 $\dfrac{x^2}{12}+\dfrac{y^2}{9}=1$ の焦点F，F′ の座標は$(\pm\sqrt{\text{ア}},\ \text{イ})$であり，この楕円上の点をPとすると $PF+PF'=$ [ウ] $\sqrt{\text{エ}}$ である。

(2)　焦点が(0, ±2)であり，長軸の長さが6である楕円の方程式は $\dfrac{x^2}{\text{オ}}+\dfrac{y^2}{\text{カ}}=1$ である。

解答

(1)　$\sqrt{12-9}=\sqrt{3}$ より，焦点は　$(\pm\sqrt{\mathbf{3}},\ \mathbf{0})$

頂点は$(\pm2\sqrt{3},\ 0)$，$(0,\ \pm3)$より　$PF+PF'=\mathbf{4}\sqrt{\mathbf{3}}$　　⬅ 長軸の長さに等しい。

(2)　楕円の方程式を $\dfrac{x^2}{a^2}+\dfrac{y^2}{b^2}=1$ $(b>a>0)$とおくと，

$\sqrt{b^2-a^2}=2$ より　$b^2-a^2=4$　　⬅ 焦点は $(0,\ \pm\sqrt{b^2-a^2})$

長軸の長さが $2b=6$ より，$b=3$ であるから　$a^2=5$

よって　$\dfrac{x^2}{\mathbf{5}}+\dfrac{y^2}{\mathbf{9}}=1$

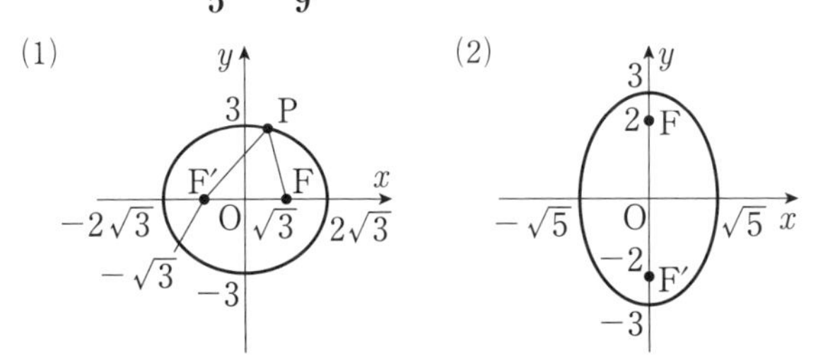

STAGE 1　76　双曲線，平行移動

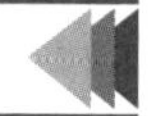

■116　双曲線■

双曲線 …… 2定点F，F′からの距離の差が一定である点の軌跡
F，F′：焦点

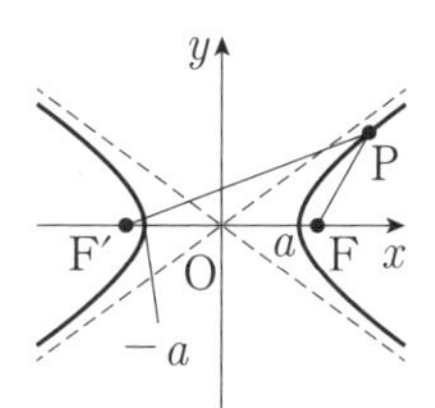

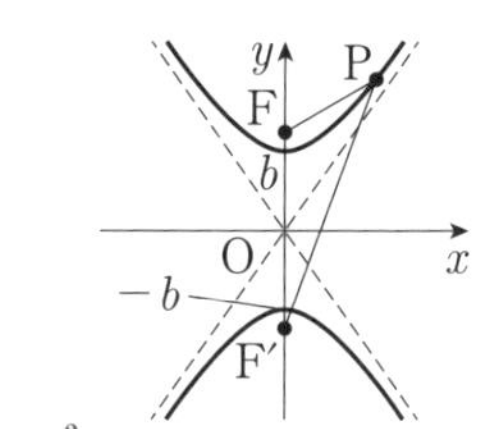

$\dfrac{x^2}{a^2}-\dfrac{y^2}{b^2}=1$　$(a>0,\ b>0)$
$F(\sqrt{a^2+b^2},\ 0)$，$F'(-\sqrt{a^2+b^2},\ 0)$
$|PF-PF'|=2a$
頂点 …… $(\pm a,\ 0)$
主軸 …… x軸

$\dfrac{x^2}{a^2}-\dfrac{y^2}{b^2}=-1$　$(a>0,\ b>0)$
$F(0,\ \sqrt{a^2+b^2})$，$F'(0,\ -\sqrt{a^2+b^2})$
$|PF-PF'|=2b$
頂点 …… $(0,\ \pm b)$
主軸 …… y軸

漸近線 …… $y=\pm\dfrac{b}{a}x$

中心が原点であり，焦点がx軸上またはy軸上にある場合

■117　平行移動■

曲線$F(x,\ y)=0$ $\xrightarrow[\text{平行移動}]{x\text{軸方向に}p,\ y\text{軸方向に}q}$ $F(x-p,\ y-q)=0$

(例)　楕円$\dfrac{x^2}{4}+y^2=1$をx軸方向に2，y軸方向に-1だけ平行移動した楕円の方程式は

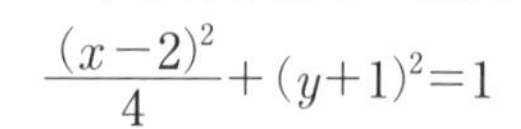

$$\frac{(x-2)^2}{4}+(y+1)^2=1$$

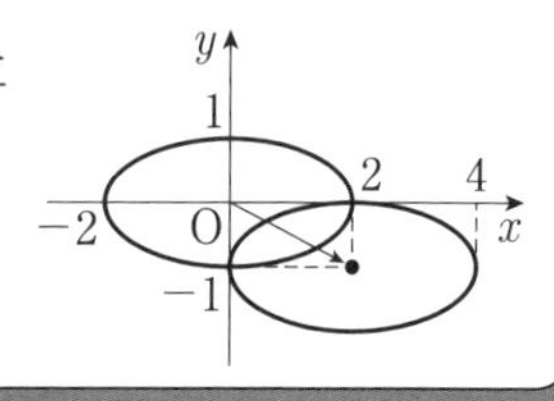

$ax^2+by^2+cx+dy+e=0$で表された2次曲線はx，yそれぞれについて平方完成して，楕円，双曲線では中心，放物線では頂点を求める。

例題 116　**4分・8点**

(1)　双曲線 $\dfrac{x^2}{4}-\dfrac{y^2}{3}=1$ の焦点F，F′ の座標は$(\pm\sqrt{\boxed{\text{ア}}},\ \boxed{\text{イ}})$であり，漸近線の方程式は $y=\pm\dfrac{\sqrt{\boxed{\text{ウ}}}}{\boxed{\text{エ}}}x$ である。また，この双曲線上の点をPとすると $|\mathrm{PF}-\mathrm{PF'}|=\boxed{\text{オ}}$ である。

(2)　漸近線が $y=\pm 2x$ で，頂点の座標が$(0,\ \pm 4)$である双曲線の方程式は $\dfrac{x^2}{\boxed{\text{カ}}}-\dfrac{y^2}{\boxed{\text{キク}}}=-1$ であり，焦点の座標は$(\boxed{\text{ケ}},\ \pm\boxed{\text{コ}}\sqrt{\boxed{\text{サ}}})$である。

解答

(1)　$\sqrt{4+3}=\sqrt{7}$ より，焦点は　$(\pm\sqrt{\mathbf{7}},\ \mathbf{0})$

漸近線は $y=\pm\dfrac{\sqrt{\mathbf{3}}}{\mathbf{2}}x$，頂点は$(\pm 2,\ 0)$より

$$|\mathrm{PF}-\mathrm{PF'}|=\mathbf{4}$$

(2)　双曲線の方程式を $\dfrac{x^2}{a^2}-\dfrac{y^2}{b^2}=-1$ とおくと

漸近線が $y=\pm 2x$ より　$\dfrac{b}{a}=2$　　∴　$b=2a$

頂点が$(0,\ \pm 4)$より　$b=4$　　∴　$a=2$

よって，双曲線の方程式は　$\dfrac{x^2}{\mathbf{4}}-\dfrac{y^2}{\mathbf{16}}=-1$

$\sqrt{4+16}=2\sqrt{5}$ より，焦点は　$(\mathbf{0},\ \pm\mathbf{2}\sqrt{\mathbf{5}})$

⬅ 双曲線 $\dfrac{x^2}{a^2}-\dfrac{y^2}{b^2}=1$
焦点：
$(\pm\sqrt{a^2+b^2},\ 0)$
漸近線：$y=\pm\dfrac{b}{a}x$

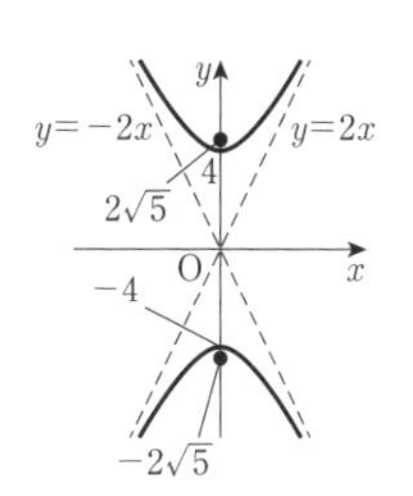

例題 117　**1分・2点**

楕円：$4x^2+9y^2+8x-36y+4=0$ の焦点の座標は，
$(\boxed{\text{アイ}}\pm\sqrt{\boxed{\text{ウ}}},\ \boxed{\text{エ}})$である。

解答

$$4(x+1)^2+9(y-2)^2=36$$

$$\therefore\quad \frac{(x+1)^2}{9}+\frac{(y-2)^2}{4}=1$$

中心は　$(-1,\ 2)$

$\sqrt{9-4}=\sqrt{5}$ より，焦点の座標は　$(\mathbf{-1}\pm\sqrt{\mathbf{5}},\ \mathbf{2})$

⬅
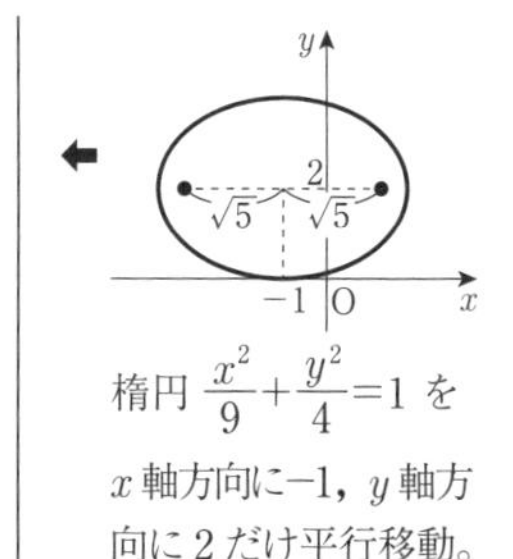

楕円 $\dfrac{x^2}{9}+\dfrac{y^2}{4}=1$ を x 軸方向に-1，y 軸方向に2だけ平行移動。

§9
1

STAGE 1　77　媒介変数表示，極座標と極方程式

■118　媒介変数表示■

曲線 C 上の点 $\mathrm{P}(x,\ y)$ が1つの変数（t とする）によって

$x=f(t),\ y=g(t)$

の形に表されるとき，これを C の**媒介変数**（**パラメータ**）**表示**という。

円：$x^2+y^2=r^2$ ……　$x=r\cos\theta,\ y=r\sin\theta$

楕円：$\dfrac{x^2}{a^2}+\dfrac{y^2}{b^2}=1$ ……　$x=a\cos\theta,\ y=b\sin\theta$

サイクロイド ……　$x=a(\theta-\sin\theta),\ y=a(1-\cos\theta)$

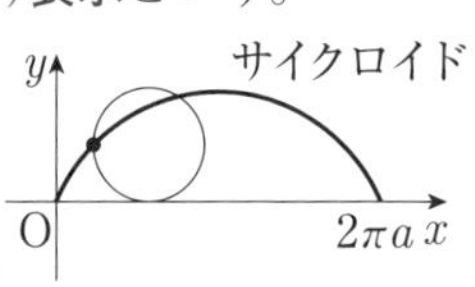

■119　極座標と極方程式■

極座標 ……　平面上に点Oと半直線OXを定めると，平面上の点PをOからの距離 r とOXを始線とする動径OPの表す角 θ（偏角）で定めることができる。このとき，(r,θ) をPの**極座標**という。

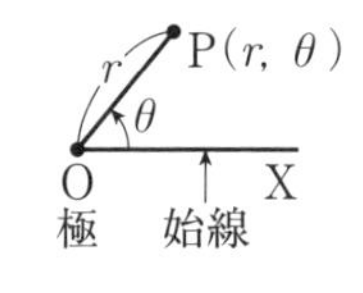

	極座標	直交座標
A	$\left(2,\ \dfrac{2}{3}\pi\right)$	$(-1,\ \sqrt{3})$

極座標		直交座標
$(r,\ \theta)$	$\Longleftrightarrow$	$(r\cos\theta,\ r\sin\theta)$

極方程式 ……　$r=f(\theta)$ または $f(r,\ \theta)=0$

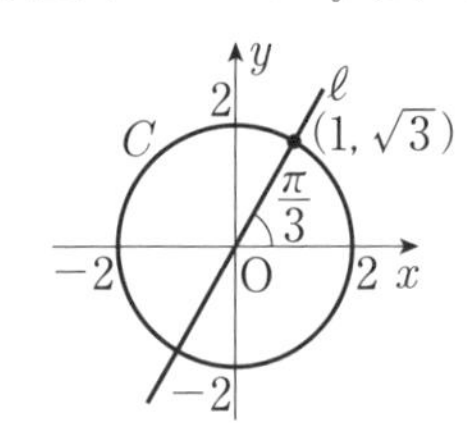

	極方程式	直交座標での方程式
C	$r=2$	$x^2+y^2=4$
ℓ	$\theta=\dfrac{\pi}{3}$	$y=\sqrt{3}x$

（$x,\ y$ の方程式）$\Longleftrightarrow$（$r,\ \theta$ の方程式）（極方程式）

$\boldsymbol{x=r\cos\theta}$

$\boldsymbol{y=r\sin\theta}$

$\boldsymbol{x^2+y^2=r^2}$

極方程式では $r<0$ の場合も考える。$r<0$ のとき，点 $(r,\ \theta)$ は点 $(-r,\ \theta+\pi)$ と定義する。

例題 118　2分・4点

(1)　楕円 $\dfrac{(x+1)^2}{9}+\dfrac{(y-3)^2}{4}=1$ の媒介変数表示の一つは

$x=$ ア $\cos\theta-$ イ ，$y=$ ウ $\sin\theta+$ エ である。

(2)　$x=3t^2$，$y=2t-1$ で表される曲線は $(y+$ オ $)^2=\dfrac{\text{カ}}{\text{キ}}x$ である。

解答

(1)　$x+1=3\cos\theta$，$y-3=2\sin\theta$ より

$x=\mathbf{3}\cos\theta-\mathbf{1}$，$y=\mathbf{2}\sin\theta+\mathbf{3}$

⬅ $\dfrac{x^2}{a^2}+\dfrac{y^2}{b^2}=1 \rightarrow \begin{cases} x=a\cos\theta \\ y=b\sin\theta \end{cases}$

(2)　$y=2t-1$ より $t=\dfrac{y+1}{2}$，これを $x=3t^2$ に代入して

$x=3\left(\dfrac{y+1}{2}\right)^2 \quad \therefore \quad (y+\mathbf{1})^2=\dfrac{\mathbf{4}}{\mathbf{3}}x$

⬅ t を消去する。

例題 119　3分・6点

(1)　直交座標が$(-3,\ \sqrt{3})$である点の極座標は

$\left(\text{ア}\sqrt{\text{イ}},\ \dfrac{\text{ウ}}{\text{エ}}\pi\right)$である。

(2)　極座標が$\left(4,\ \dfrac{4}{3}\pi\right)$である点の直交座標は(オカ，キク$\sqrt{\text{ケ}}$)である。

(3)　極方程式が $r=4\cos\theta$ である図形を直交座標での方程式で表すと

円 $(x-$ コ $)^2+y^2=$ サ である。

解答

(1)　$r=\sqrt{(-3)^2+(\sqrt{3})^2}=2\sqrt{3}$

$\cos\theta=\dfrac{-3}{2\sqrt{3}}=-\dfrac{\sqrt{3}}{2}$，$\sin\theta=\dfrac{\sqrt{3}}{2\sqrt{3}}=\dfrac{1}{2}$ より　$\theta=\dfrac{5}{6}\pi$

$\therefore \quad \left(\mathbf{2}\sqrt{\mathbf{3}},\ \dfrac{\mathbf{5}}{\mathbf{6}}\pi\right)$

⬅
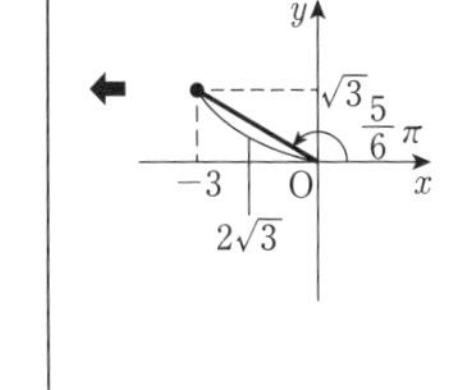

(2)　$4\cos\dfrac{4}{3}\pi=-2$，$4\sin\dfrac{4}{3}\pi=-2\sqrt{3}$ より

$(\mathbf{-2},\ \mathbf{-2}\sqrt{\mathbf{3}})$

⬅
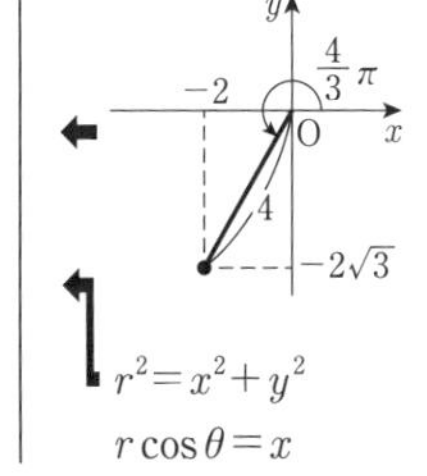

(3)　両辺に r をかけて

$r^2=4r\cos\theta$

$x^2+y^2=4x$

$\therefore \quad (x-\mathbf{2})^2+y^2=\mathbf{4}$

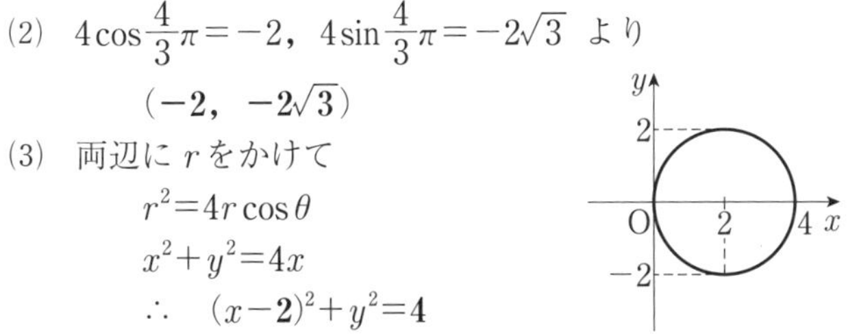

⬅ $r^2=x^2+y^2$
$r\cos\theta=x$

STAGE 1 78 複素数平面と複素数の計算

■120　複素数平面■

複素数 $a+bi$（a，b：実数）⟶ 点$(a,\ b)$に対応

$z=a+bi$ を表す点 ⟶ 点 z，$\mathrm{P}(z)$，$\mathrm{P}(a+bi)$ で表す

共役な複素数　$\overline{z}=a-bi \iff z=a+bi$
実軸対称

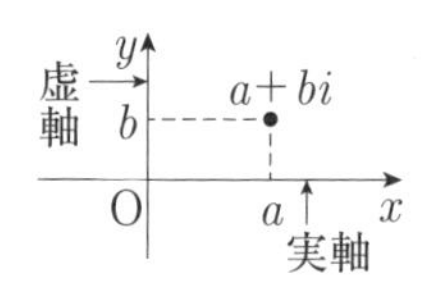

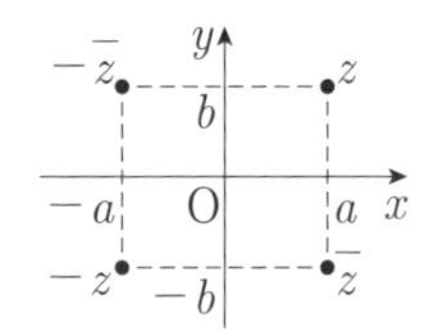

和，差，実数倍

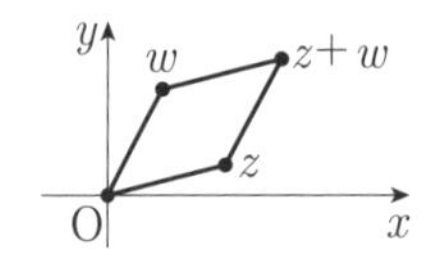

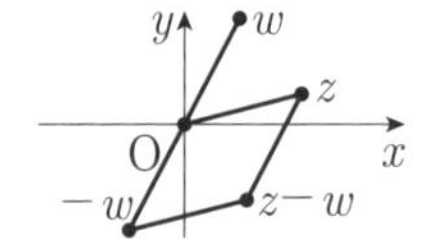

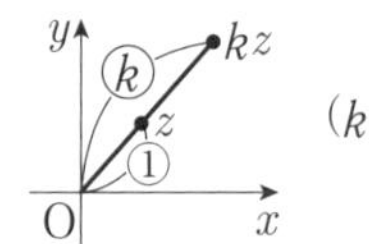

（k：実数）

■121　複素数の計算■

・絶対値

$z=a+bi$（a，b：実数）とすると $|z|=\sqrt{a^2+b^2}$ …… 原点と点 z の距離

$|z|^2=z\overline{z}$

$|zw|=|z||w|$，$\left|\dfrac{z}{w}\right|=\dfrac{|z|}{|w|}$，$|z^n|=|z|^n$　（n：整数）

・共役な複素数

$\overline{z\pm w}=\overline{z}\pm\overline{w}$，$\overline{zw}=\overline{z}\,\overline{w}$，$\overline{\left(\dfrac{z}{w}\right)}=\dfrac{\overline{z}}{\overline{w}}$，$\overline{z^n}=(\overline{z})^n$　（n：整数）

$z=a+bi$（a，b：実数）とすると　$\overline{z}=a-bi$

$a=\dfrac{z+\overline{z}}{2}$，$b=\dfrac{z-\overline{z}}{2i}$

z が実数 $\iff \overline{z}=z$　（$b=0$）

z が純虚数 $\iff \overline{z}=-z$ かつ $z\neq0$　（$a=0$ かつ $b\neq0$）

・2点 z，w の距離 …… $|z-w|$

$|z-w|^2=(z-w)\overline{(z-w)}=(z-w)(\overline{z}-\overline{w})$

$=z\overline{z}-z\overline{w}-\overline{z}w+w\overline{w}$

例題 120　2分・4点

複素数平面上で右図のような正六角形があり，$A(z)$とすると，E(ア)，B(イ)，C(ウ)である。

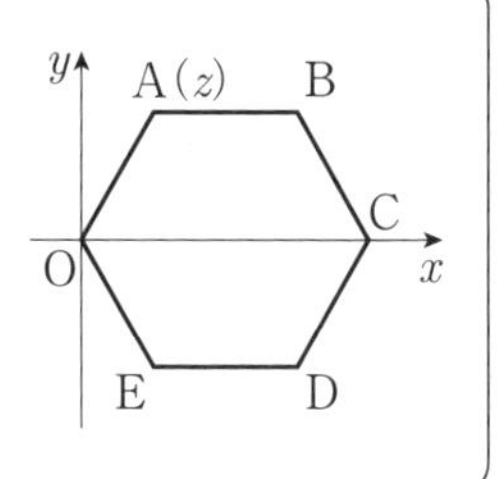

ア ～ ウ の解答群

⓪ $-z$　① $\overline{z}$　② $z-\overline{z}$　③ $z+\overline{z}$
④ $z+2\overline{z}$　⑤ $2z+\overline{z}$　⑥ $2z+2\overline{z}$

解答　A，E は実軸対称であるから　$E(\overline{z})$　(①)

$\overrightarrow{OB}=\overrightarrow{OE}+\overrightarrow{EB}=\overrightarrow{OE}+2\overrightarrow{OA}$ であるから　$B(2z+\overline{z})$　(⑤)

$\overrightarrow{OC}=2(\overrightarrow{OA}+\overrightarrow{OE})$ であるから

$C(2z+2\overline{z})$　(⑥)

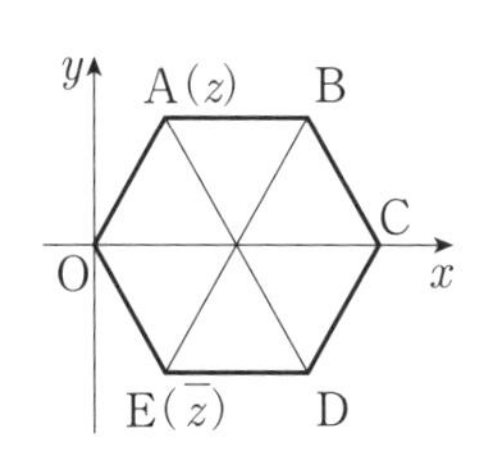

⬅ z と $\overline{z}$ は実軸対称。

⬅ 和，差，実数倍はベクトルと同じ。

例題 121　4分・6点

(1)　$z=1+3i$，$w=2-2i$ とするとき $|z-w|=\sqrt{\boxed{アイ}}$ であり，

$|zw|=\boxed{ウ}\sqrt{\boxed{エ}}$，$\left|\dfrac{z}{w}\right|=\dfrac{\sqrt{\boxed{オ}}}{\boxed{カ}}$ である。

(2)　複素数 α，β が $|\alpha|=2$，$|\beta|=3$，$|\alpha+\beta|=4$ を満たすとき，

$|\alpha-2\beta|=\sqrt{\boxed{キク}}$ である。

解答　(1)　$|z-w|=|-1+5i|=\sqrt{(-1)^2+5^2}=\sqrt{\mathbf{26}}$

$|z|=\sqrt{1^2+3^2}=\sqrt{10}$，$|w|=\sqrt{2^2+(-2)^2}=2\sqrt{2}$ であるから

$|zw|=|z||w|=\sqrt{10}\cdot 2\sqrt{2}=\mathbf{4}\sqrt{\mathbf{5}}$

$\left|\dfrac{z}{w}\right|=\dfrac{|z|}{|w|}=\dfrac{\sqrt{10}}{2\sqrt{2}}=\dfrac{\sqrt{\mathbf{5}}}{\mathbf{2}}$

(2)　$|\alpha|^2=\alpha\overline{\alpha}=4$，$|\beta|^2=\beta\overline{\beta}=9$

$|\alpha+\beta|^2=(\alpha+\beta)(\overline{\alpha+\beta})=(\alpha+\beta)(\overline{\alpha}+\overline{\beta})$

$=\alpha\overline{\alpha}+\alpha\overline{\beta}+\overline{\alpha}\beta+\beta\overline{\beta}$ より

$16=4+\alpha\overline{\beta}+\overline{\alpha}\beta+9$　　$\therefore$　$\alpha\overline{\beta}+\overline{\alpha}\beta=3$

$|\alpha-2\beta|^2=(\alpha-2\beta)(\overline{\alpha-2\beta})=(\alpha-2\beta)(\overline{\alpha}-2\overline{\beta})$

$=\alpha\overline{\alpha}-2(\alpha\overline{\beta}+\overline{\alpha}\beta)+4\beta\overline{\beta}$

$=4-2\cdot 3+4\cdot 9=34$

$\therefore$　$|\alpha-2\beta|=\sqrt{\mathbf{34}}$

⬅ $|a+bi|=\sqrt{a^2+b^2}$

⬅ $|zw|=|z||w|$

⬅ $\left|\dfrac{z}{w}\right|=\dfrac{|z|}{|w|}$

⬅ $|\alpha|^2=\alpha\overline{\alpha}$

⬅ $|\alpha+\beta|^2$
$=(\alpha+\beta)(\overline{\alpha+\beta})$

§9 1

STAGE 1　79　極形式とド・モアブルの定理，回転拡大

■122　極形式とド・モアブルの定理■

・**極形式**

$z=a+bi=\underline{r(\cos\theta+i\sin\theta)}$ ←この表し方を極形式という

$r=|z|$　（絶対値）

$\theta=\arg z$　（偏角）

・**極形式の積と商**

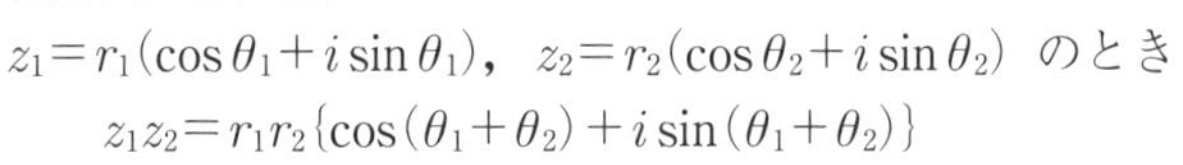

$z_1=r_1(\cos\theta_1+i\sin\theta_1)$，$z_2=r_2(\cos\theta_2+i\sin\theta_2)$ のとき

$$z_1z_2=r_1r_2\{\cos(\theta_1+\theta_2)+i\sin(\theta_1+\theta_2)\}$$

$$\frac{z_1}{z_2}=\frac{r_1}{r_2}\{\cos(\theta_1-\theta_2)+i\sin(\theta_1-\theta_2)\}$$

$$|z_1z_2|=|z_1||z_2| \quad \arg(z_1z_2)=\arg z_1+\arg z_2$$

$$\left|\frac{z_1}{z_2}\right|=\frac{|z_1|}{|z_2|} \quad \arg\left(\frac{z_1}{z_2}\right)=\arg z_1-\arg z_2$$

・**ド・モアブルの定理**

$$(\cos\theta+i\sin\theta)^n=\cos n\theta+i\sin n\theta \quad (n：整数)$$

$$|z^n|=|z|^n \quad \arg z^n=n\arg z$$

$z=0$ のとき，$r=0$ であり，θ は定められない。

■123　回転拡大■

・点 z を原点のまわりに θ 回転し，原点からの距離を r 倍した点を w とすると

$$w=r(\cos\theta+i\sin\theta)z$$

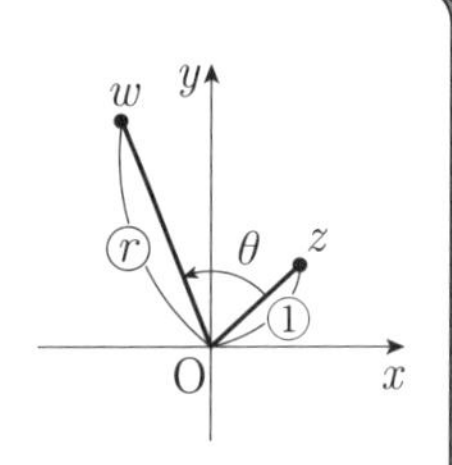

・点 z を点 α のまわりに θ 回転し，点 α からの距離を r 倍した点を w とすると

$$w-\alpha=r(\cos\theta+i\sin\theta)(z-\alpha)$$

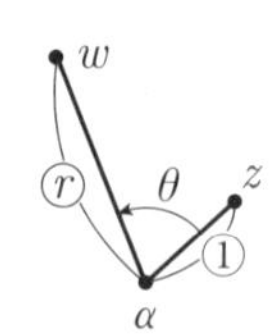

A(α)，P(z)，Q(w)とすると　$\overrightarrow{\mathrm{AP}} \xrightarrow[r倍]{\theta回転} \overrightarrow{\mathrm{AQ}}$

例題 122　8分・12点

$z_1=1+\sqrt{3}i$，$z_2=-1+i$ とする。z_1，z_2 を極形式で表すと

$$z_1=\boxed{\text{ア}}\left(\cos\frac{\pi}{\boxed{\text{イ}}}+i\sin\frac{\pi}{\boxed{\text{イ}}}\right),$$

$$z_2=\sqrt{\boxed{\text{ウ}}}\left(\cos\frac{\boxed{\text{エ}}}{\boxed{\text{オ}}}\pi+i\sin\frac{\boxed{\text{エ}}}{\boxed{\text{オ}}}\pi\right)$$

であり，$\dfrac{z_2}{z_1}$ を極形式で表すと

$$\frac{z_2}{z_1}=\frac{\sqrt{\boxed{\text{カ}}}}{\boxed{\text{キ}}}\left(\cos\frac{\boxed{\text{ク}}}{\boxed{\text{ケコ}}}\pi+i\sin\frac{\boxed{\text{ク}}}{\boxed{\text{ケコ}}}\pi\right)$$

である。また，$\left(\dfrac{z_2}{z_1}\right)^6=\dfrac{\boxed{\text{サ}}}{\boxed{\text{シ}}}i$ である。

解答

$$z_1=\mathbf{2}\left(\cos\frac{\pi}{\mathbf{3}}+i\sin\frac{\pi}{3}\right),\ z_2=\sqrt{\mathbf{2}}\left(\cos\frac{\mathbf{3}}{\mathbf{4}}\pi+i\sin\frac{3}{4}\pi\right)$$

$$\frac{z_2}{z_1}=\frac{\sqrt{\mathbf{2}}}{\mathbf{2}}\left(\cos\frac{\mathbf{5}}{\mathbf{12}}\pi+i\sin\frac{5}{12}\pi\right)$$

また　$$\left(\frac{z_2}{z_1}\right)^6=\left(\frac{\sqrt{2}}{2}\right)^6\left\{\cos\left(\frac{5}{12}\pi\times 6\right)+i\sin\left(\frac{5}{12}\pi\times 6\right)\right\}$$

$$=\frac{1}{8}\left(\cos\frac{5}{2}\pi+i\sin\frac{5}{2}\pi\right)=\frac{\mathbf{1}}{\mathbf{8}}i$$

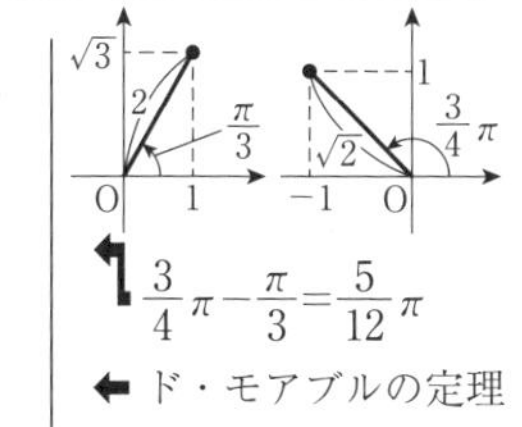

例題 123　2分・4点

(1)　点 $\sqrt{3}-2i$ を原点のまわりに $\dfrac{2}{3}\pi$ だけ回転し，原点からの距離を 2 倍した点は $\sqrt{\boxed{\text{ア}}}+\boxed{\text{イ}}i$ である。

(2)　点 $3+4i$ を点 $1+i$ を中心に $\dfrac{\pi}{4}$ だけ回転し，点 $1+i$ からの距離を $\sqrt{2}$ 倍した点は $\boxed{\text{ウ}}i$ である。

解答

(1)　$$2\left(\cos\frac{2}{3}\pi+i\sin\frac{2}{3}\pi\right)(\sqrt{3}-2i)$$

$$=(-1+\sqrt{3}i)(\sqrt{3}-2i)=\sqrt{\mathbf{3}}+\mathbf{5}i$$

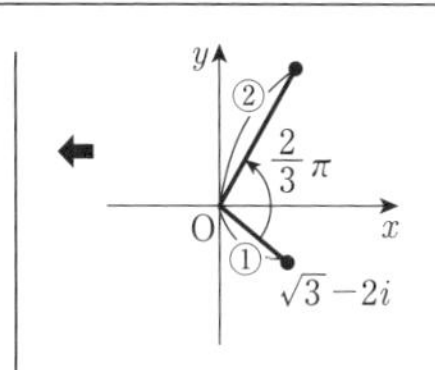

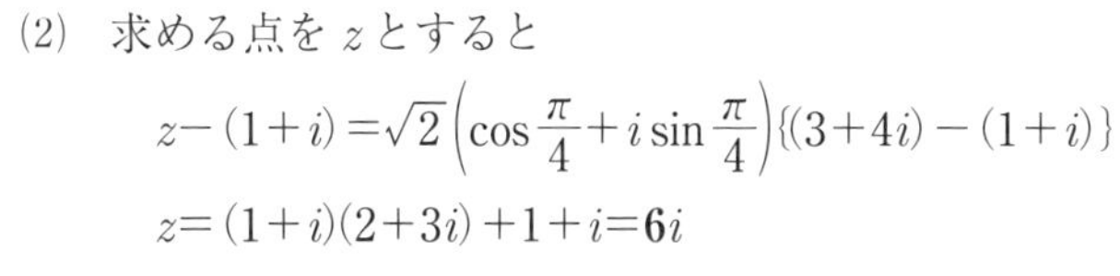

(2)　求める点を z とすると

$$z-(1+i)=\sqrt{2}\left(\cos\frac{\pi}{4}+i\sin\frac{\pi}{4}\right)\{(3+4i)-(1+i)\}$$

$$z=(1+i)(2+3i)+1+i=\mathbf{6}i$$

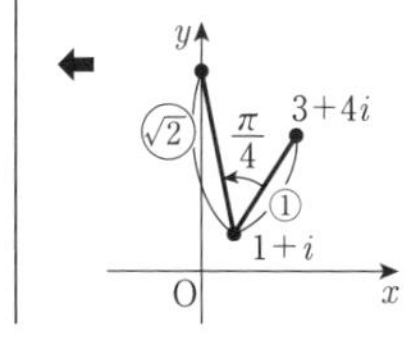

§9 1

STAGE 1　80　3点の位置関係，方程式の表す図形

■124　3点の位置関係■

異なる3点 A(α)，B(β)，C(γ) に対して

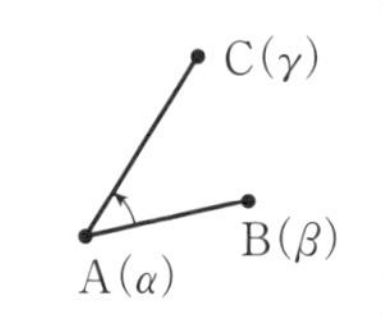

$$\frac{\gamma-\alpha}{\beta-\alpha}=r(\cos\theta+i\sin\theta)\quad(r>0,\ 0\leqq\theta<2\pi)$$

とすると

$$\angle\mathrm{BAC}=\theta=\arg\frac{\gamma-\alpha}{\beta-\alpha},\ \frac{\mathrm{AC}}{\mathrm{AB}}=r$$

A，B，C が一直線上にある　$\Longleftrightarrow$　$\theta=0,\ \pi$

$\Longleftrightarrow$　$\dfrac{\gamma-\alpha}{\beta-\alpha}$ が実数

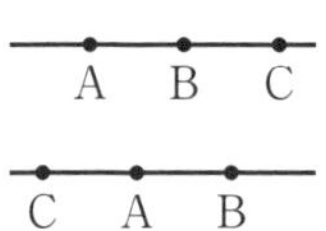

AB⊥AC　$\Longleftrightarrow$　$\theta=\dfrac{\pi}{2},\ \dfrac{3}{2}\pi$

$\Longleftrightarrow$　$\dfrac{\gamma-\alpha}{\beta-\alpha}$ が純虚数

C, A, B (図)

■125　方程式の表す図形■

・円の方程式

$|z-\alpha|=r$ …… 点 α を中心とする半径 r の円

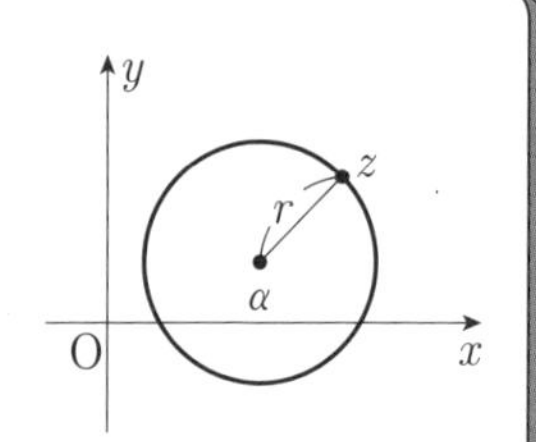

・線分の垂直二等分線

$|z-\alpha|=|z-\beta|$ …… 2点 α，β を結ぶ線分の垂直二等分線

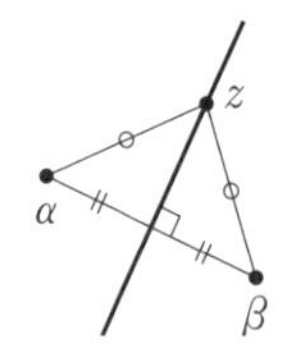

例題 124　4分・6点

$\alpha=2-3i$，$\beta=4-4i$，$\gamma=1+ki$（k は実数）として，複素数平面上で3点 A(α)，B(β)，C(γ) とする。

$\dfrac{\gamma-\alpha}{\beta-\alpha}=-\dfrac{k+\boxed{\text{ア}}}{\boxed{\text{イ}}}+\dfrac{\boxed{\text{ウ}}k+\boxed{\text{エ}}}{\boxed{\text{イ}}}i$ である。

$k=0$ のとき，$\angle\text{BAC}=\dfrac{\boxed{\text{オ}}}{\boxed{\text{カ}}}\pi$ であり，$\dfrac{\text{AC}}{\text{AB}}=\sqrt{\boxed{\text{キ}}}$ である。

また，3点 A，B，C が一直線上にあるのは $k=\dfrac{\boxed{\text{クケ}}}{\boxed{\text{コ}}}$ のときであり，AB⊥AC となるのは $k=\boxed{\text{サシ}}$ のときである。

解答　$\dfrac{\gamma-\alpha}{\beta-\alpha}=\dfrac{-1+(k+3)i}{2-i}=-\dfrac{k+5}{5}+\dfrac{2k+5}{5}i$

⬅ $2+i$ を分子分母にかけて整理する。

$k=0$ のとき

$$\frac{\gamma-\alpha}{\beta-\alpha}=-1+i=\sqrt{2}\left(\cos\frac{3}{4}\pi+i\sin\frac{3}{4}\pi\right)$$

$$\therefore\quad \angle\text{BAC}=\frac{3}{4}\pi,\ \frac{\text{AC}}{\text{AB}}=\sqrt{2}$$

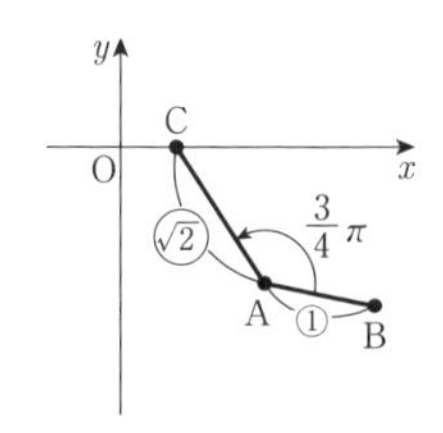

3点 A，B，C が一直線上にあるのは，$\dfrac{\gamma-\alpha}{\beta-\alpha}$ が実数のときであるから　$2k+5=0$　　$\therefore\ k=-\dfrac{5}{2}$

⬅ 虚部が0

AB⊥AC となるのは，$\dfrac{\gamma-\alpha}{\beta-\alpha}$ が純虚数のときであるから

$k+5=0$ かつ $2k+5\neq0$　　$\therefore\ k=-5$

⬅ 実部が0

例題 125　1分・2点

複素数平面上で点 z が $|z-3-2i|=2$ を満たすとき，$|z|$ の最大値は $\sqrt{\boxed{\text{アイ}}}+\boxed{\text{ウ}}$ であり，$|z|$ の最小値は $\sqrt{\boxed{\text{エオ}}}-\boxed{\text{カ}}$ である。

解答

A($3+2i$)，P(z)とすると，P は点 A を中心とする半径2の円周上の点である。$\text{OA}=\sqrt{9+4}=\sqrt{13}$ より，$|z|$ は

O，A，P の順に一直線上にあるとき
　最大値　$\sqrt{13}+2$

O，P，A の順に一直線上にあるとき
　最小値　$\sqrt{13}-2$

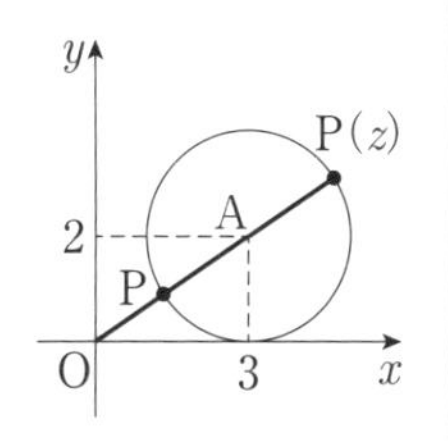

⬅ $|z|=\text{OP}$

§9 1

STAGE 1　類　題

類題 114　（2分・4点）

(1)　焦点が(3, 0)，準線が $x=-3$ の放物線の方程式は　$y^2=$ アイ x である。

(2)　放物線 $y=2x^2$ の焦点の座標は $\left(\boxed{ウ},\ \dfrac{\boxed{エ}}{\boxed{オ}}\right)$，準線の方程式は

$y=\dfrac{\boxed{カキ}}{\boxed{ク}}$ である。

(3)　直線 $x=\dfrac{3}{2}$ からの距離と点 $\left(-\dfrac{3}{2},\ 0\right)$ からの距離が等しい点Pの軌跡は放物線 $y^2=$ ケコ x である。

類題 115　（2分・4点）

(1)　楕円 $9x^2+4y^2=36$ の焦点F，F′ の座標は(ア ，$\pm\sqrt{\boxed{イ}}$)であり，この楕円上の点をPとすると PF＋PF′＝ ウ である。

(2)　焦点が(±3, 0)であり，短軸の長さが4である楕円の方程式は

$\dfrac{x^2}{\boxed{エオ}}+\dfrac{y^2}{\boxed{カ}}=1$ である。

類題 116　(4分・8点)

(1) 双曲線 $\frac{x^2}{3}-y^2=1$ の焦点F，F′の座標は(±[ア]，[イ])であり，漸近線の方程式は $y=\pm\frac{\sqrt{[ウ]}}{[エ]}x$ である。また，この双曲線上の点をPとすると，$|PF-PF'|=[オ]\sqrt{[カ]}$ である。

(2) 漸近線が $y=\pm\frac{3}{4}x$ で，焦点の座標が(0，±5)である双曲線の方程式は $\frac{x^2}{[キク]}-\frac{y^2}{[ケ]}=-1$ であり，頂点の座標は([コ]，±[サ])である。

類題 117　(8分・12点)

(1) 放物線 $y^2-4x-4y+8=0$ の焦点の座標は([ア]，[イ])であり，準線の方程式は $x=[ウ]$ である。

(2) 楕円 $x^2+3y^2-6x+6y+6=0$ の焦点の座標は([エ]，[オカ])，([キ]，[クケ])である。ただし，[エ]>[キ]とする。

(3) 双曲線 $5x^2-4y^2+40x+16y+44=0$ の焦点の座標は([コサ]，[シ])，([スセ]，[ソ])である。ただし，[コサ]>[スセ]とする。

また，漸近線の方程式は

$$y=\frac{\sqrt{[タ]}}{[チ]}x+[ツ]\sqrt{[テ]}+[ト]$$

$$y=-\frac{\sqrt{[タ]}}{[チ]}x-[ツ]\sqrt{[テ]}+[ト]$$

である。

類題 118　　(2分・3点)

(1) $\begin{cases} x=3\cos\theta+1 \\ y=3\sin\theta+2 \end{cases}$ で表される曲線の方程式は

$(x-\boxed{\text{ア}})^2+(y-\boxed{\text{イ}})^2=\boxed{\text{ウ}}$ である。

(2) $\begin{cases} x=2\cos\theta-1 \\ y=3\sin\theta+2 \end{cases}$ で表される曲線の方程式は

$\dfrac{(x+\boxed{\text{エ}})^2}{\boxed{\text{オ}}}+\dfrac{(y-\boxed{\text{カ}})^2}{\boxed{\text{キ}}}=1$ である。

(3) $\begin{cases} x=2t^2+4t+1 \\ y=2t \end{cases}$ で表される曲線の方程式は

$(y+\boxed{\text{ク}})^2=\boxed{\text{ケ}}(x+\boxed{\text{コ}})$ である。

類題 119　　(3分・6点)

(1) 直交座標が$(0,\ -2)$である点の極座標は$\left(\boxed{\text{ア}},\ \dfrac{\boxed{\text{イ}}}{\boxed{\text{ウ}}}\pi\right)$である。

(2) 極座標が$\left(2,\ -\dfrac{\pi}{3}\right)$である点の直交座標は$(\boxed{\text{エ}},\ \boxed{\text{オ}}\sqrt{\boxed{\text{カ}}})$である。

(3) 極方程式が $r=2(\sin\theta-\cos\theta)$ で表される図形の方程式は

$(x+\boxed{\text{キ}})^2+(y-\boxed{\text{ク}})^2=\boxed{\text{ケ}}$ である。

(4) 極方程式が $r=\dfrac{3}{2-\cos\theta}$ で表される図形の方程式は

$\dfrac{(x-\boxed{\text{コ}})^2}{\boxed{\text{サ}}}+\dfrac{y^2}{\boxed{\text{シ}}}=1$ である。

類題 120　（2分・4点）

複素数平面上で右図のような正六角形があり，A(z)とすると，B(［ア］)，C(［イ］)，D(［ウ］)，E(［エ］)である。

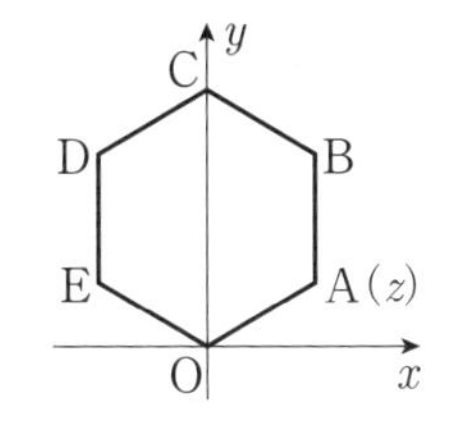

［ア］～［エ］の解答群

⓪ $\overline{z}$　① $-\overline{z}$　② $z+2\overline{z}$　③ $z-2\overline{z}$

④ $2z+\overline{z}$　⑤ $2z-\overline{z}$　⑥ $2z+2\overline{z}$　⑦ $2z-2\overline{z}$

類題 121　（6分・8点）

(1) $z=2+4i$，$w=-1+3i$ とするとき，$|z-w|=\sqrt{［アイ］}$ であり，$|zw|=［ウエ］\sqrt{［オ］}$，$\left|\dfrac{z}{w}\right|=\sqrt{［カ］}$ である。

(2) 複素数 α，β が $|\alpha|=|\beta|=2$，$|\alpha-\beta|=3$ のとき，$|\alpha+\beta|=\sqrt{［キ］}$ である。

(3) z は虚数であり，$z+\dfrac{2}{z}$ が実数となるとき，$|z|=\sqrt{［ク］}$ である。

類題　122　　(10分・12点)

$z_1=\sqrt{6}-\sqrt{2}i$，$z_2=-\sqrt{3}+\sqrt{3}i$ とする。z_1，z_2 を極形式で表すと

$$z_1=\boxed{ア}\sqrt{\boxed{イ}}\left(\cos\frac{\boxed{ウエ}}{\boxed{オ}}\pi+i\sin\frac{\boxed{ウエ}}{\boxed{オ}}\pi\right)$$

$$z_2=\sqrt{\boxed{カ}}\left(\cos\frac{\boxed{キ}}{\boxed{ク}}\pi+i\sin\frac{\boxed{キ}}{\boxed{ク}}\pi\right)$$

であり，z_1z_2，$\dfrac{z_1}{z_2}$ を極形式で表すと

$$z_1z_2=\boxed{ケ}\sqrt{\boxed{コ}}\left(\cos\frac{\boxed{サ}}{\boxed{シス}}\pi+i\sin\frac{\boxed{サ}}{\boxed{シス}}\pi\right)$$

$$\frac{z_1}{z_2}=\frac{\boxed{セ}\sqrt{\boxed{ソ}}}{\boxed{タ}}\left(\cos\frac{\boxed{チツ}}{\boxed{テト}}\pi+i\sin\frac{\boxed{チツ}}{\boxed{テト}}\pi\right)$$

である。ただし，偏角 θ は $0<\theta<2\pi$ の範囲とする。

また，$\dfrac{{z_1}^5}{{z_2}^6}=-\dfrac{\boxed{ナ}\sqrt{\boxed{ニ}}}{\boxed{ヌネ}}+\dfrac{\boxed{ノ}\sqrt{\boxed{ハ}}}{\boxed{ヒフ}}i$ である。

類題　123　　(4分・6点)

(1)　点 $4-6\sqrt{3}i$ を原点のまわりに $\dfrac{\pi}{6}$ だけ回転した点は $\boxed{ア}\sqrt{\boxed{イ}}-\boxed{ウ}i$ である。

(2)　点 $-1+\sqrt{3}i$ を原点のまわりに $-\dfrac{\pi}{3}$ だけ回転し，原点からの距離を2倍した点は $\boxed{エ}+\boxed{オ}\sqrt{\boxed{カ}}i$ である。

(3)　点 $2+3i$ を点 i を中心に $\dfrac{2}{3}\pi$ だけ回転し，点 i からの距離を $\sqrt{3}$ 倍した点は $-\boxed{キ}-\sqrt{\boxed{ク}}+(\boxed{ケ}-\sqrt{\boxed{コ}})i$ である。

類題　124　　　　(4分・8点)

$\alpha=1+2i$, $\beta=4+3i$, $\gamma=k+6i$ (k は実数)として，複素数平面上で A(α)，B(β)，C(γ) とする。

$\dfrac{\gamma-\alpha}{\beta-\alpha}=\dfrac{\boxed{\text{ア}}k+\boxed{\text{イ}}}{\boxed{\text{ウエ}}}+\dfrac{\boxed{\text{オカ}}-k}{\boxed{\text{ウエ}}}i$ である。

$k=3$ のとき，$\angle\text{BAC}=\dfrac{\pi}{\boxed{\text{キ}}}$，$\dfrac{\text{AC}}{\text{AB}}=\sqrt{\boxed{\text{ク}}}$ である。

3点 A，B，C が一直線上にあるのは $k=\boxed{\text{ケコ}}$ のときであり，このとき AB：BC＝1：$\boxed{\text{サ}}$ である。また，AB⊥AC となるのは $k=\dfrac{\boxed{\text{シス}}}{\boxed{\text{セ}}}$ のときである。

類題　125　　　　(4分・12点)

(1)　方程式 $|z-1|=|z+i|$ が表す図形は $\boxed{\text{ア}}$ であり，方程式 $|z-2+i|=1$ が表す図形は $\boxed{\text{イ}}$ である。

$\boxed{\text{ア}}$，$\boxed{\text{イ}}$ には，最も適当なものを，次の⓪～③のうちから一つずつ選べ。

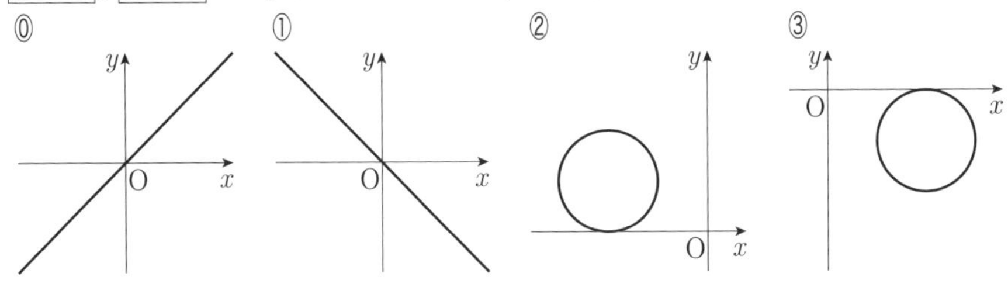

(2)　方程式 $z\bar{z}-(2-i)z-(2+i)\bar{z}+1=0$ で表される図形を考えよう。

この式は $\{z-(\boxed{\text{ウ}})\}\{\bar{z}-(\boxed{\text{エ}})\}=\boxed{\text{オ}}$，すなわち $|z-(\boxed{\text{カ}})|=\boxed{\text{キ}}$ と変形できるから，求める図形は中心が点 $\boxed{\text{カ}}$，半径が $\boxed{\text{キ}}$ の円である。

このとき，$|z+i|$ の最大値は $\boxed{\text{ク}}\sqrt{\boxed{\text{ケ}}}+\boxed{\text{コ}}$ である。

$\boxed{\text{ウ}}$，$\boxed{\text{エ}}$，$\boxed{\text{カ}}$ の解答群(同じものを繰り返し選んでもよい。)

⓪　$2-i$　　　①　$2+i$

STAGE 2　81　2次曲線と直線

■126　2次曲線と直線■

2次曲線と直線の共有点の座標，共有点の個数は2つの方程式から y を消去して得られる2次方程式の実数解から求めることができる。

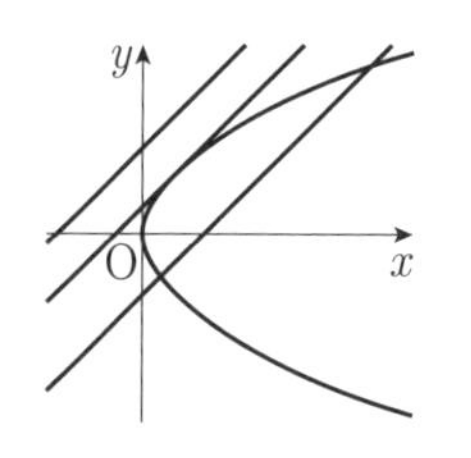

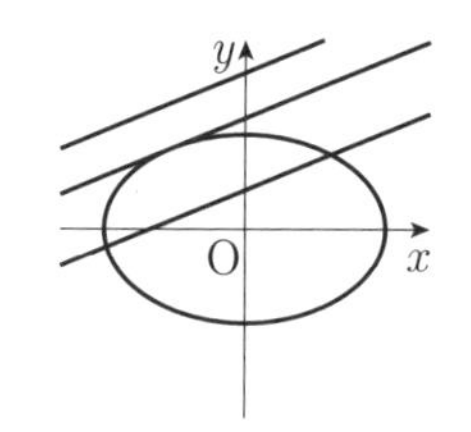

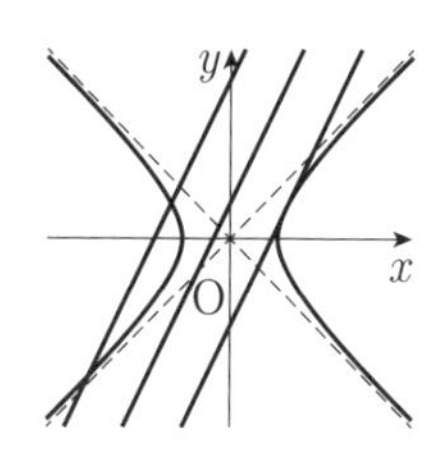

{(2次曲線の方程式)　(直線の方程式)} —y 消去→ [x の2次方程式] → 実数解 …… 共有点の x 座標

↓判別式 D

$D>0$ …… 共有点2個

$D=0$ …… 共有点1個(接する)

$D<0$ …… 共有点0個

(注)　x の2次方程式の x^2 の係数が文字式になる場合，0になることがあれば，1次方程式になることに注意する。

接線の方程式

2次曲線上の点を $(x_1,\ y_1)$ とすると

2次曲線		接線の方程式
$y^2=4px$	……………	$y_1y=2p(x+x_1)$
$\dfrac{x^2}{a^2}+\dfrac{y^2}{b^2}=1$	……………	$\dfrac{x_1x}{a^2}+\dfrac{y_1y}{b^2}=1$
$\dfrac{x^2}{a^2}-\dfrac{y^2}{b^2}=\pm1$	……………	$\dfrac{x_1x}{a^2}-\dfrac{y_1y}{b^2}=\pm1$ (複号同順)

例題 126 5分・10点

楕円 $C: x^2+2y^2=1$ と直線 $\ell: y=x+k$ が異なる2点で交わるとする。この二つの方程式から y を消去した x の2次方程式を整理すると

$$\boxed{\text{ア}}x^2+\boxed{\text{イ}}kx+\boxed{\text{ウ}}k^2-1=0 \quad \cdots\cdots①$$

である。x の2次方程式①が異なる2実数解をもつことから

$$-\frac{\sqrt{\boxed{\text{エ}}}}{\boxed{\text{オ}}}<k<\frac{\sqrt{\boxed{\text{エ}}}}{\boxed{\text{オ}}} \quad \cdots\cdots②$$

である。C と ℓ の2交点をP，Qとし，線分PQの中点をR(X, Y)とすると $X=\dfrac{\boxed{\text{カキ}}}{\boxed{\text{ク}}}k$ と表される。k が②の範囲を動くとき，Rは直線 $y=\dfrac{\boxed{\text{ケコ}}}{\boxed{\text{サ}}}x$ の $-\dfrac{\sqrt{\boxed{\text{シ}}}}{\boxed{\text{ス}}}<x<\dfrac{\sqrt{\boxed{\text{シ}}}}{\boxed{\text{ス}}}$ の部分を動く。

解答

$\begin{cases} x^2+2y^2=1 \\ y=x+k \end{cases}$ から y を消去すると

$$x^2+2(x+k)^2=1$$

$$\mathbf{3}x^2+\mathbf{4}kx+\mathbf{2}k^2-1=0 \quad \cdots\cdots①$$

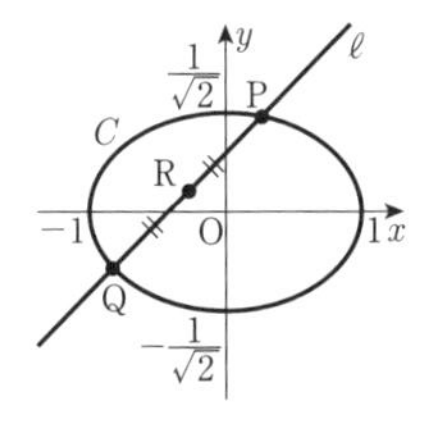

①の判別式を D とすると

$$D/4=4k^2-3(2k^2-1)$$

$$=-2k^2+3>0$$

$k^2-\dfrac{3}{2}<0$ より　$-\dfrac{\sqrt{\mathbf{6}}}{\mathbf{2}}<k<\dfrac{\sqrt{6}}{2}$ $\cdots\cdots②$

P，Qの x 座標を α，β とすると

$$\alpha+\beta=-\frac{4}{3}k$$

⬅ 解と係数の関係。

Rは線分PQの中点であるから

$$X=\frac{\alpha+\beta}{2}=\mathbf{-\frac{2}{3}}k \qquad \therefore\quad k=-\frac{3}{2}X$$

Rは ℓ 上の点であるから　$Y=X+k=-\dfrac{1}{2}X$

②より　$-\dfrac{\sqrt{6}}{3}<X<\dfrac{\sqrt{6}}{3}$ であるから，

Rは直線 $y=\mathbf{-\dfrac{1}{2}}x$ の $-\dfrac{\sqrt{\mathbf{6}}}{\mathbf{3}}<x<\dfrac{\sqrt{6}}{3}$ の部分を動く。

⬅

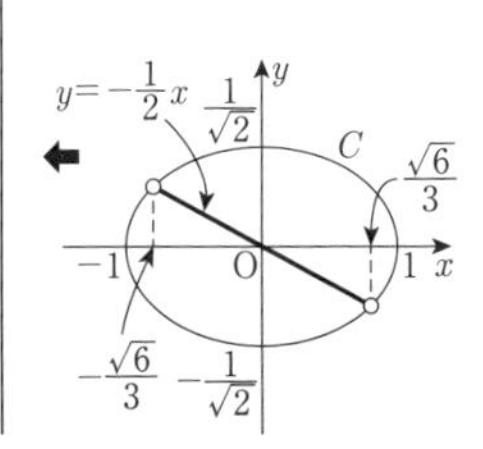

STAGE 2 82 直線，2次曲線の極方程式

■127　直線，2 次曲線の極方程式 ■

・直線の極方程式

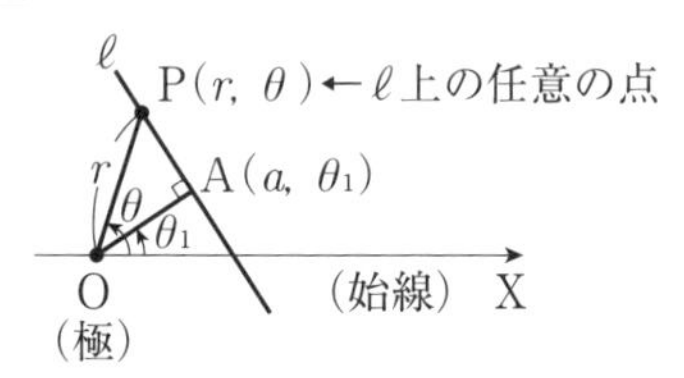

点 A($\underline{a,\ \theta_1}$)を通り，OA に垂直な直線 ℓ
（↑極座標）
の極方程式は

$$\underset{\text{OP}}{\underline{r}}\ \underset{\cos\angle\text{POA}}{\underline{\cos(\theta-\theta_1)}}=\underset{\text{OA}}{\underline{a}}$$

（例）　点 $A\left(2,\ \dfrac{\pi}{6}\right)$を通り，OA に垂直な直線の極方程式は

$$r\cos\left(\theta-\frac{\pi}{6}\right)=2$$

式変形すると

$$r\left(\cos\theta\cos\frac{\pi}{6}+\sin\theta\sin\frac{\pi}{6}\right)=2$$

$$\frac{\sqrt{3}}{2}\underset{x}{\underline{r\cos\theta}}+\frac{1}{2}\underset{y}{\underline{r\sin\theta}}=2$$

$\sqrt{3}x+y=4$　←直交座標での方程式

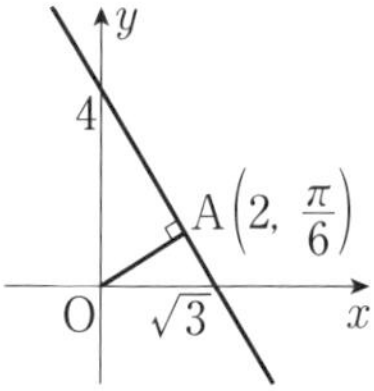

・2 次曲線の極方程式

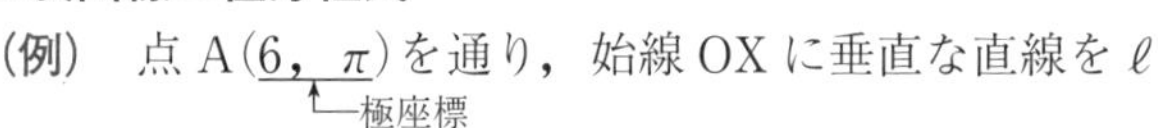

（例）　点 A($\underline{6,\ \pi}$)を通り，始線 OX に垂直な直線を ℓ
（↑極座標）
とし，P(r，θ)から ℓ に下ろした垂線を PH とする。

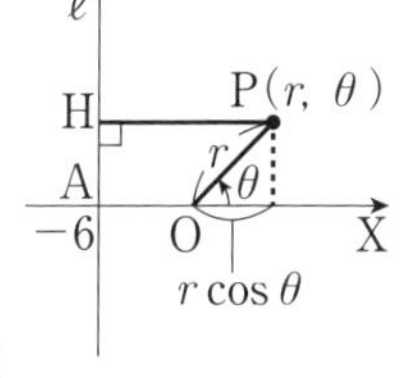

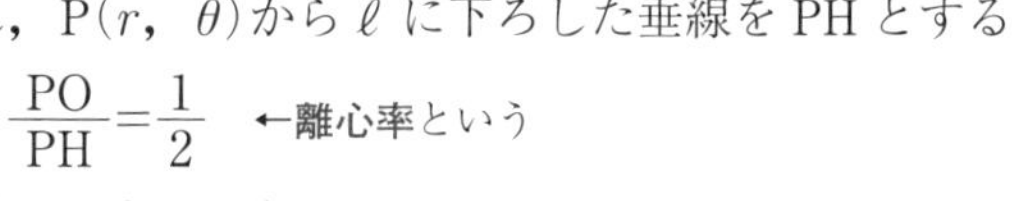

$$\frac{\text{PO}}{\text{PH}}=\frac{1}{2}$$　←**離心率**という

を満たす点 P の軌跡は，PO$=r$，PH$=r\cos\theta+6$ より

$$\frac{r}{r\cos\theta+6}=\frac{1}{2}$$

r について整理すると

$$r=\frac{6}{2-\cos\theta}$$　←極方程式

$2r=r\cos\theta+6$ より（$r=\sqrt{x^2+y^2}$，$r\cos\theta=x$）

$$2\sqrt{x^2+y^2}=x+6$$

2 乗して整理すると

$$\frac{(x-2)^2}{16}+\frac{y^2}{12}=1$$

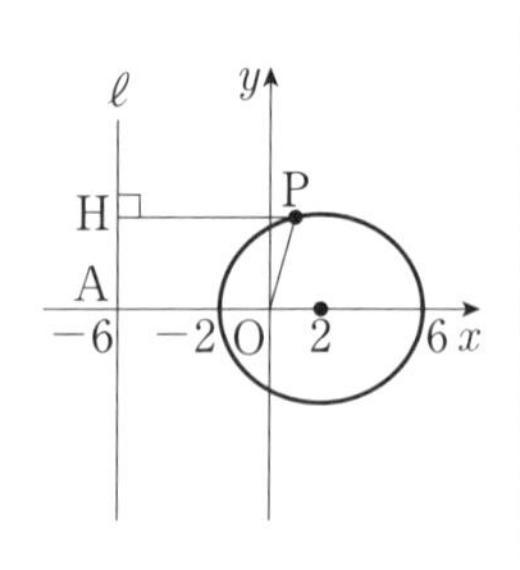

例題 127　**4分・6点**

xy 平面上の原点Oからの距離と直線 $x=-2$ からの距離の比が $e:1$ である点Pの軌跡を C とする。Pの極座標を $(r,\ \theta)$ とすると，直線 $x=-2$ と点Pの距離は $r\cos\theta+2$ で表されることから，C の極方程式は

$$r=\frac{\boxed{\text{ア}}\,e}{\boxed{\text{イ}}-e\cos\theta}$$

と表される。

C の表す曲線を考えてみよう。$r^2=x^2+y^2$，$r\cos\theta=x$ であることから，C を x，y の方程式で表すと，x^2 と y^2 の係数の符号に注目して

$0<e<\boxed{\text{ウ}}$ のとき　$\boxed{\text{エ}}$

$e=\boxed{\text{ウ}}$ のとき　$\boxed{\text{オ}}$

$e>\boxed{\text{ウ}}$ のとき　$\boxed{\text{カ}}$

である。

$\boxed{\text{エ}}$ ～ $\boxed{\text{カ}}$ の解答群

⓪　放物線　　①　楕円　　②　双曲線

解答

点Pから直線 $x=-2$ に引いた垂線をPHとすると

$$\mathrm{PH}=r\cos\theta+2$$

OP$=r$ であり，OP：PH$=e:1$ より

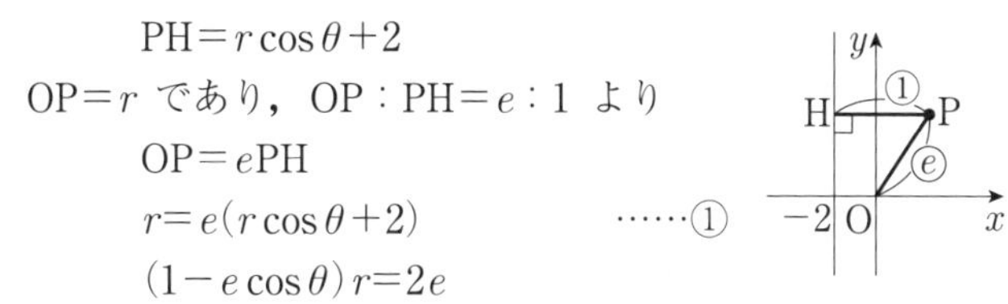

$$\mathrm{OP}=e\mathrm{PH}$$

$$r=e(r\cos\theta+2)\quad\cdots\cdots①$$

$$(1-e\cos\theta)r=2e$$

$$r=\frac{\mathbf{2}e}{\mathbf{1}-e\cos\theta}$$

①の両辺を2乗すると

$$r^2=e^2(r\cos\theta+2)^2$$

$$x^2+y^2=e^2(x+2)^2$$

$$(1-e^2)x^2+y^2-4e^2x-4e^2=0$$

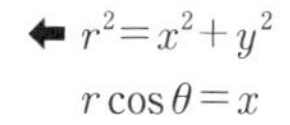

⬅ $r^2=x^2+y^2$
$r\cos\theta=x$

$0<e<\mathbf{1}$ のとき，$1-e^2>0$ より　楕円（**➊**）

⬅ e を離心率という。

$e=1$ のとき，$1-e^2=0$ より　放物線（**⓿**）

$e>1$ のとき，$1-e^2<0$ より　双曲線（**➋**）

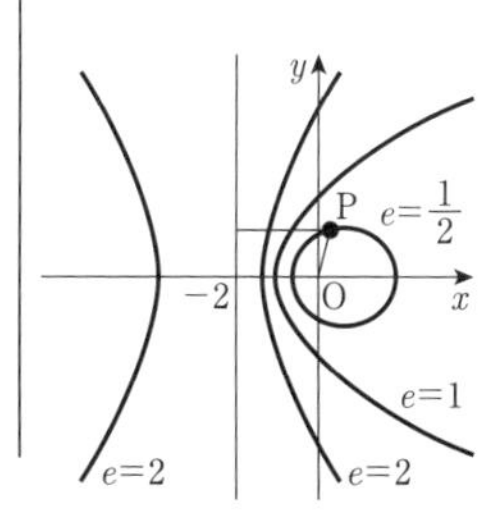

STAGE 2　83　複素数の3つの計算

■128　複素数の３つの計算■

$z+\dfrac{1}{z}$ が実数となる複素数 $z(\neq 0)$ はどのような数かを求めてみよう。

(1)　**絶対値と共役複素数の性質を利用する。**

$z+\dfrac{1}{z}$ が実数であるから　　z が実数 $\iff \overline{z}=z$

$$\overline{z+\frac{1}{z}}=z+\frac{1}{z} \text{ より } \overline{z}+\frac{1}{\overline{z}}=z+\frac{1}{z} \qquad \therefore\ \overline{z}-z+\frac{1}{\overline{z}}-\frac{1}{z}=0$$

（実数条件）　　　（共役な複素数の性質）

両辺に $z\overline{z}$ をかけて因数分解すると　$(\overline{z}-z)(z\overline{z}-1)=0$

$\therefore\ \overline{z}=z$ または $z\overline{z}=1$

よって，z は 0 とは異なる実数または $|z|=1$

(2)　**$z=x+yi$ (x，y は実数) とおく。**

$$z+\frac{1}{z}=(x+yi)+\frac{1}{x+yi}=x+yi+\frac{x-yi}{(x+yi)(x-yi)}$$

$$=x+yi+\frac{x-yi}{x^2+y^2}=x\left(1+\frac{1}{x^2+y^2}\right)+y\left(1-\frac{1}{x^2+y^2}\right)i$$

（i について整理する）

これが実数であるから

$$y\left(1-\frac{1}{x^2+y^2}\right)=0 \quad \Leftarrow \text{虚部が } 0$$

$$\therefore\ y=0 \text{ または } \underset{|z|^2}{\underline{x^2+y^2}}=1$$

よって，z は 0 とは異なる実数または $|z|=1$

(3)　**極形式を用いる。**

$z=r(\cos\theta+i\sin\theta)$ $(r>0,\ 0\leqq\theta<2\pi)$ とおくと

$$z+\frac{1}{z}=r(\cos\theta+i\sin\theta)+\frac{1}{r(\cos\theta+i\sin\theta)}$$

$$=r(\cos\theta+i\sin\theta)+\frac{1}{r}(\cos\theta-i\sin\theta)$$

$$=\left(r+\frac{1}{r}\right)\cos\theta+i\left(r-\frac{1}{r}\right)\sin\theta$$

$$\left(\frac{1}{\cos\theta+i\sin\theta}=\cos(-\theta)+i\sin(-\theta)=\cos\theta-i\sin\theta\right)$$

これが実数であるから

$$\left(r-\frac{1}{r}\right)\sin\theta=0 \qquad \therefore\ r=\frac{1}{r} \text{ つまり } r=1 \text{ または } \sin\theta=0$$

よって，$|z|=1$ または z は 0 とは異なる実数。

例題 128　**8分・10点**

$|z|=\sqrt{5}$，$z+\overline{z}=2$ を満たす複素数 z を次のそれぞれの解法で求めてみよう。

・$z\overline{z}=$［ア］であるから，z，$\overline{z}$ は２次方程式 X^2-［イ］$X+$［ウ］$=0$ の２解である。

　よって，$z=$［エ］$\pm$［オ］i である。

・$z=x+yi$（x，y は実数）とおくと，$x^2+y^2=$［カ］，［キ］$x=2$ であるから，y を求めて，$z=$［エ］$\pm$［オ］i である。

・$|z|=\sqrt{5}$ より，$z=\sqrt{\text{［ク］}}(\cos\theta+i\sin\theta)$ とおくと，

［ケ］$\sqrt{\text{［コ］}}\cos\theta=2$ であるから，$\sin\theta$ を求めて，$z=$［エ］$\pm$［オ］i である。

解答

・$z\overline{z}=|z|^2=\mathbf{5}$，$z+\overline{z}=2$ より，解と係数の関係から，z，$\overline{z}$ は２次方程式 $X^2-\mathbf{2}X+\mathbf{5}=0$ の２解である。

$$z=1\pm\sqrt{-4}=\mathbf{1}\pm\mathbf{2}i$$

⬅ $|z|^2=z\overline{z}$

・$z=x+yi$（x，y は実数）とおくと　$\overline{z}=x-yi$

$$|z|^2=x^2+y^2=\mathbf{5} \quad \cdots\cdots①$$

$$z+\overline{z}=(x+yi)+(x-yi)=\mathbf{2}x=2 \qquad \therefore \quad x=1$$

⬅ $|z|=\sqrt{x^2+y^2}$

①より

$$1+y^2=5 \qquad \therefore \quad y=\pm2$$

よって　$z=1\pm2i$

・$|z|=\sqrt{5}$ より，$z=\sqrt{\mathbf{5}}(\cos\theta+i\sin\theta)$ とおくと，

$\overline{z}=\sqrt{5}(\cos\theta-i\sin\theta)$ であるから

$$z+\overline{z}=\mathbf{2}\sqrt{\mathbf{5}}\cos\theta=2 \qquad \therefore \quad \cos\theta=\frac{1}{\sqrt{5}}$$

$$\sin\theta=\pm\sqrt{1-\left(\frac{1}{\sqrt{5}}\right)^2}=\pm\frac{2}{\sqrt{5}}$$

よって

$$z=\sqrt{5}\left(\frac{1}{\sqrt{5}}\pm\frac{2}{\sqrt{5}}i\right)$$

$$=1\pm2i$$

STAGE 2　84　複素数の n 乗根

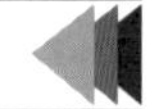

■129　複素数の n 乗根■

方程式 $z^3=-8i$ を解く。

$$z=r(\cos\theta+i\sin\theta)\quad(r>0,\ 0\leqq\theta<2\pi)$$

極形式で表す

とおくと，ド･モアブルの定理より

$$z^3=r^3(\cos 3\theta+i\sin 3\theta)$$

また，$-8i=8\left(\cos\frac{3}{2}\pi+i\sin\frac{3}{2}\pi\right)$ であるから

$$r^3(\cos 3\theta+i\sin 3\theta)=8\left(\cos\frac{3}{2}\pi+i\sin\frac{3}{2}\pi\right)\quad\cdots\cdots①$$

①の両辺の絶対値と偏角を比較して

$r^3=8$　　$r>0$ より　$r=2$

$3\theta=\frac{3}{2}\pi\underbrace{+2k\pi}$ より　$\theta=\frac{\pi}{2}+\frac{2}{3}k\pi$　（k は整数）

一般角で表す

$0\leqq\theta<2\pi$ より $k=0,\ 1,\ 2$ として　$\theta=\frac{\pi}{2},\ \frac{7}{6}\pi,\ \frac{11}{6}\pi$

よって，求める解は

$$z=\begin{cases}2\left(\cos\frac{\pi}{2}+i\sin\frac{\pi}{2}\right)\\ 2\left(\cos\frac{7}{6}\pi+i\sin\frac{7}{6}\pi\right)\\ 2\left(\cos\frac{11}{6}\pi+i\sin\frac{11}{6}\pi\right)\end{cases}=\begin{cases}2i\\ -\sqrt{3}-i\\ \sqrt{3}-i\end{cases}$$

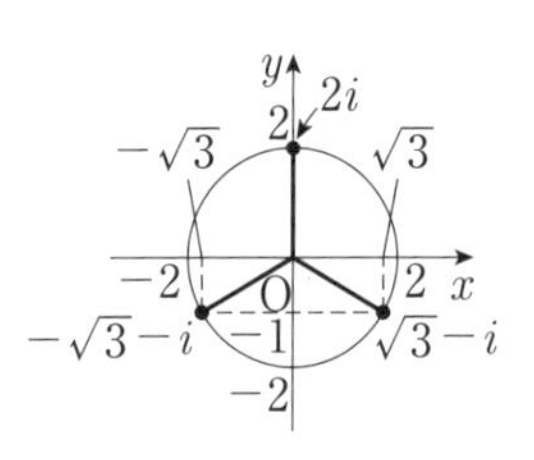

特に $z^n=1$ の解は

$$z_k=\cos\frac{2k}{n}\pi+i\sin\frac{2k}{n}\pi\quad(k=0,\ 1,\ 2,\ \cdots,\ n-1)$$

複素数平面上で単位円周上の正 n 角形の頂点である（$n\geqq3$）。

また，$z^n-1=(z-1)(z^{n-1}+z^{n-2}+\cdots\cdots+z+1)$ と因数分解できるので，z_k $(k=1,\ 2,\ \cdots,\ n-1)$ は $z^{n-1}+z^{n-2}+\cdots\cdots+z+1=0$ の解である。

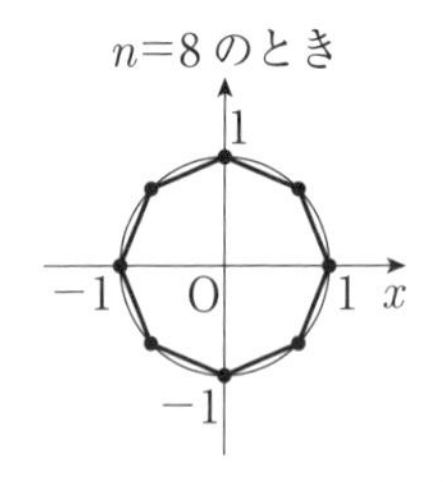

例題 129 8分・10点

方程式 $z^6+4z^3+8=0$ の解を求めよう。

$z^3=$ [アイ] $\pm$ [ウ] i であり，[アイ] $+$ [ウ] i を極形式で表すと

[エ] $\sqrt{[オ]}\left(\cos\frac{[カ]}{[キ]}\pi+i\sin\frac{[カ]}{[キ]}\pi\right)$ である。

$z=r(\cos\theta+i\sin\theta)$ $(r>0,\ 0\leqq\theta<2\pi)$ とおくと，z^3 の絶対値と偏角を比較して

$$r=\sqrt{[ク]}$$

$$\theta=\frac{\pi}{[ケ]},\ \frac{[コサ]}{[シス]}\pi,\ \frac{[セソ]}{[タチ]}\pi\quad\left(\frac{[コサ]}{[シス]}<\frac{[セソ]}{[タチ]}\right)$$

$z^3=$ [アイ] $-$ [ウ] i の場合も考えて，$z^6+4z^3+8=0$ の解のうち，実部が最も大きいものは [ツ] $\pm i$ である。

解答

$z^6+4z^3+8=0$ より　$z^3=\mathbf{-2\pm2}i$

$$-2+2i=\mathbf{2\sqrt{2}}\left(\cos\frac{\mathbf{3}}{\mathbf{4}}\pi+i\sin\frac{3}{4}\pi\right)\quad\cdots\cdots①$$

$z=r(\cos\theta+i\sin\theta)$ $(r>0,\ 0\leqq\theta<2\pi)$ とおくと

$$z^3=r^3(\cos3\theta+i\sin3\theta)\quad\cdots\cdots②$$

①，②より　$r^3=2\sqrt{2}$　　∴　$r=\sqrt{\mathbf{2}}$

$$3\theta=\frac{3}{4}\pi+2k\pi\quad(k\text{は整数})$$

$$\theta=\frac{\pi}{4}+\frac{2k}{3}\pi=\frac{\pi}{\mathbf{4}},\ \frac{\mathbf{11}}{\mathbf{12}}\pi,\ \frac{\mathbf{19}}{\mathbf{12}}\pi$$

$z^3=-2-2i$ の解は，$z^3=-2+2i$ の3つの解と共役な複素数であるから $z^3=-2\pm2i$ の解は

$$z=\sqrt{2}\left(\cos\frac{\pi}{4}+i\sin\frac{\pi}{4}\right),\ \sqrt{2}\left(\cos\frac{7}{4}\pi+i\sin\frac{7}{4}\pi\right),$$

$$\sqrt{2}\left(\cos\frac{11}{12}\pi+i\sin\frac{11}{12}\pi\right),\ \sqrt{2}\left(\cos\frac{13}{12}\pi+i\sin\frac{13}{12}\pi\right),$$

$$\sqrt{2}\left(\cos\frac{19}{12}\pi+i\sin\frac{19}{12}\pi\right),\ \sqrt{2}\left(\cos\frac{5}{12}\pi+i\sin\frac{5}{12}\pi\right)$$

実部が最も大きいものは

$$z=\sqrt{2}\left(\cos\frac{\pi}{4}+i\sin\frac{\pi}{4}\right),\sqrt{2}\left(\cos\frac{7}{4}\pi+i\sin\frac{7}{4}\pi\right)$$

$$=\mathbf{1}\pm i$$

⬅ z^3 の2次方程式とみて解の公式を用いる。

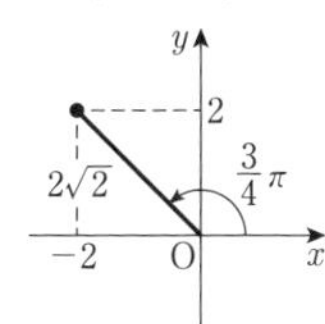

⬅ 一般角で表す。

⬅ $0\leqq\theta<2\pi$ より $k=0,1,2$

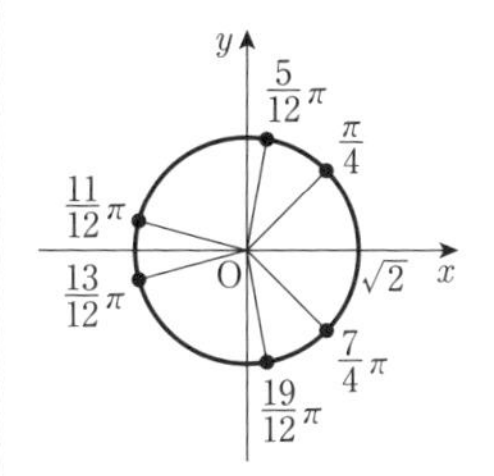

STAGE 2　85　複素数とベクトル

■130　複素数とベクトル■

実数倍	和・差	内分・外分
$(k>0)$　$(k<0)$		P：内分点　Q：外分点
$\beta=k\alpha$	$z=\alpha+\beta$，$w=\beta-\alpha$	$z=\dfrac{n\alpha+m\beta}{m+n}$，$w=\dfrac{-n\alpha+m\beta}{m-n}$
$\overrightarrow{OB}=k\overrightarrow{OA}$	$\overrightarrow{OC}=\overrightarrow{OA}+\overrightarrow{OB}$， $\overrightarrow{OD}=\overrightarrow{AB}=\overrightarrow{OB}-\overrightarrow{OA}$	$\overrightarrow{OP}=\dfrac{n\overrightarrow{OA}+m\overrightarrow{OB}}{m+n}$， $\overrightarrow{OQ}=\dfrac{-n\overrightarrow{OA}+m\overrightarrow{OB}}{m-n}$

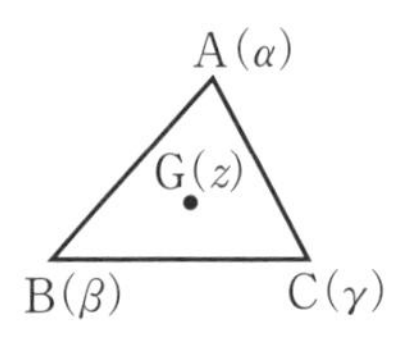

△ABC の重心 G

$$z=\frac{\alpha+\beta+\gamma}{3},\quad \overrightarrow{OG}=\frac{\overrightarrow{OA}+\overrightarrow{OB}+\overrightarrow{OC}}{3}$$

・一直線と垂直

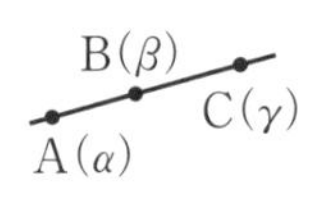

・3 点 A，B，C が一直線上にある

$$\gamma-\alpha=k(\beta-\alpha)\ \cdots\cdots\ \overrightarrow{AC}=k\overrightarrow{AB}\ (k：実数)$$

$$\Longleftrightarrow\ \frac{\gamma-\alpha}{\beta-\alpha}=(実数)\ \Longleftrightarrow\ \overline{\left(\frac{\gamma-\alpha}{\beta-\alpha}\right)}=\frac{\gamma-\alpha}{\beta-\alpha}$$

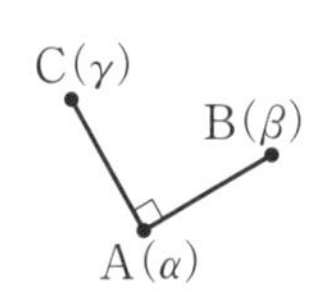

・AB⊥AC

$$\gamma-\alpha=ki(\beta-\alpha)\ (k\neq0)\ \cdots\cdots\ \overrightarrow{AC}\cdot\overrightarrow{AB}=0$$

$$\Longleftrightarrow\ \frac{\gamma-\alpha}{\beta-\alpha}=(純虚数)\ \Longleftrightarrow\ \overline{\left(\frac{\gamma-\alpha}{\beta-\alpha}\right)}=-\frac{\gamma-\alpha}{\beta-\alpha}\neq0$$

・回転

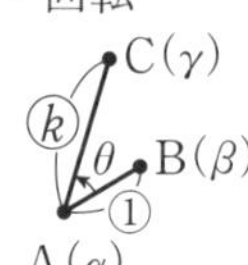

$$\frac{\gamma-\alpha}{\beta-\alpha}=k(\cos\theta+i\sin\theta)\ \cdots\cdots\ \angle BAC=\theta,\ AC：AB=k：1$$

$\gamma-\alpha=k(\cos\theta+i\sin\theta)(\beta-\alpha)$ …… $\overrightarrow{AB}$ を θ 回転，k 倍したベクトルが $\overrightarrow{AC}$

例題 130　10分・12点

0でない複素数 α，β が $\alpha^2-2\alpha\beta+4\beta^2=0$ を満たすとき，

$\dfrac{\alpha}{\beta}=$ ア $\pm\sqrt{\text{イ}}\,i$ である。複素数平面上で3点 O(0)，A(α)，B(β) とすると，$\angle\mathrm{AOB}=\dfrac{\pi}{\text{ウ}}$，$\angle\mathrm{OAB}=\dfrac{\pi}{\text{エ}}$，$\angle\mathrm{OBA}=\dfrac{\pi}{\text{オ}}$ である。

$0<\arg\dfrac{\alpha}{\beta}<\pi$ として，△OABの重心を表す複素数が $-\sqrt{3}+2i$ であるとき，$\beta=$ カ i である。このとき，点Bの直線OAに関する対称点をCとすると，Cを表す複素数は，$-\dfrac{\text{キ}}{\text{ク}}(\sqrt{\text{ケ}}+i)$ である。

解答

$\beta\neq0$ より，$\alpha^2-2\alpha\beta+4\beta^2=0$ の両辺を β^2 で割ると

$$\left(\frac{\alpha}{\beta}\right)^2-2\left(\frac{\alpha}{\beta}\right)+4=0 \qquad \therefore\quad \frac{\alpha}{\beta}=\mathbf{1}\pm\sqrt{\mathbf{3}}\,i$$

⬅ $\dfrac{\alpha}{\beta}$ の2次方程式。

$\dfrac{\alpha}{\beta}=2\left\{\cos\left(\pm\dfrac{\pi}{3}\right)+i\sin\left(\pm\dfrac{\pi}{3}\right)\right\}$ より

$$\left|\frac{\alpha}{\beta}\right|=2,\quad \arg\frac{\alpha}{\beta}=\pm\frac{\pi}{3}$$

$$\therefore\quad \frac{\mathrm{OA}}{\mathrm{OB}}=2,\quad \angle\mathrm{AOB}=\frac{\pi}{\mathbf{3}}$$

⬅ 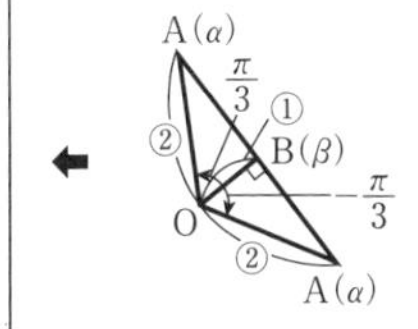

$\overrightarrow{\mathrm{OB}}\xrightarrow[\text{2倍}]{\pm\frac{\pi}{3}\text{回転}}\overrightarrow{\mathrm{OA}}$

であるから，△OABは $\mathrm{OA}:\mathrm{OB}:\mathrm{AB}=2:1:\sqrt{3}$ の三角形であり　$\angle\mathrm{AOB}=\dfrac{\pi}{3}$，$\angle\mathrm{OAB}=\dfrac{\pi}{\mathbf{6}}$，$\angle\mathrm{OBA}=\dfrac{\pi}{\mathbf{2}}$

△OABの重心を表す複素数が $-\sqrt{3}+2i$ であるから

$$\frac{0+\alpha+\beta}{3}=-\sqrt{3}+2i$$

$\alpha=(1+\sqrt{3}i)\beta$ より

⬅ $0<\arg\dfrac{\alpha}{\beta}<\pi$ より $\dfrac{\alpha}{\beta}=1+\sqrt{3}i$

$$(2+\sqrt{3}i)\beta=3(-\sqrt{3}+2i)$$

$$\beta=\frac{3(-\sqrt{3}+2i)}{2+\sqrt{3}i}=\frac{3(-\sqrt{3}+2i)(2-\sqrt{3}i)}{(2+\sqrt{3}i)(2-\sqrt{3}i)}=\mathbf{3}i$$

⬅ $\dfrac{3\cdot7i}{7}$

$\mathrm{OC}=\mathrm{OB}=3$，$\angle\mathrm{COA}=\angle\mathrm{BOA}=\dfrac{\pi}{3}$ より，Cを表す複素数は

$$3\left\{\cos\left(\frac{\pi}{2}+\frac{2}{3}\pi\right)+i\sin\left(\frac{\pi}{2}+\frac{2}{3}\pi\right)\right\}$$

$$=3\left(\cos\frac{7}{6}\pi+i\sin\frac{7}{6}\pi\right)=-\frac{\mathbf{3}}{\mathbf{2}}(\sqrt{\mathbf{3}}+i)$$

STAGE 2　86　複素数平面上の図形の方程式

■131　複素数平面上の図形の方程式■

(1)　$|z-6|=2|z-3i|$ が表す図形。

両辺を2乗して　←P(z)，A(6)，B($3i$)とすると AP＝2BP

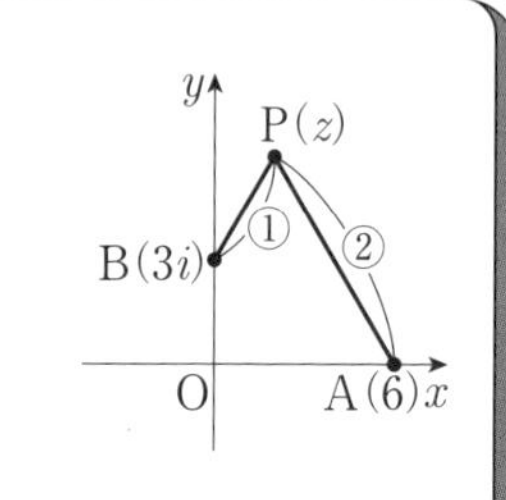

$$|z-6|^2=4|z-3i|^2$$
$$(z-6)(\overline{z-6})=4(z-3i)(\overline{z-3i})$$
$$(z-6)(\overline{z}-6)=4(z-3i)(\overline{z}+3i)$$
$$z\overline{z}-6z-6\overline{z}+36=4(z\overline{z}+3iz-3i\overline{z}+9)$$
$$z\overline{z}+(2+4i)z+(2-4i)\overline{z}=0$$
$$(z+2-4i)(\overline{z}+2+4i)=20$$
$$(z+2-4i)(\overline{z+2-4i})=20$$
$$|z+2-4i|^2=20$$
$$|z+2-4i|=2\sqrt{5}$$

点$(-2+4i)$を中心とする半径$2\sqrt{5}$の円。

(注)　2定点からの距離の比が$m:n$である点の軌跡は，$m \neq n$のとき円となる。この円を**アポロニウスの円**という。

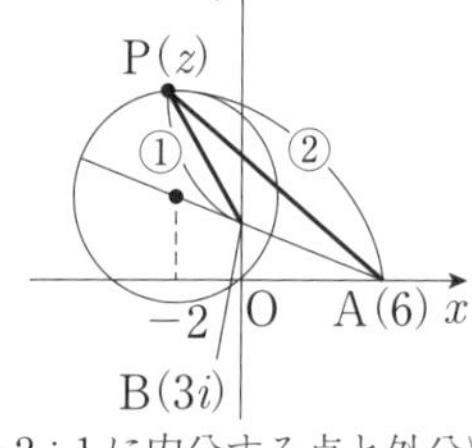

(ABを2：1に内分する点と外分する点を直径の両端とする円)

(2)　点zが単位円周上を動くとき，$w=\dfrac{3z+i}{z-1}$で表される点wが描く図形。

$w=\dfrac{3z+i}{z-1}$ より

$$(z-1)w=3z+i$$
$$zw-w=3z+i$$
$$(w-3)z=w+i$$
$$z=\frac{w+i}{w-3}$$

$w=3$は式を満たさないから $w \neq 3$

$|z|=1$（単位円）に代入して

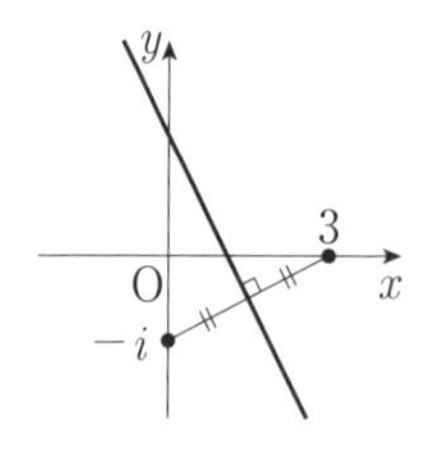

$$\left|\frac{w+i}{w-3}\right|=1 \qquad \therefore \quad \frac{|w+i|}{|w-3|}=1$$

よって　$|w+i|=|w-3|$

点wは2点$-i$，3を結ぶ線分の垂直二等分線を描く。

例題 131　8分・6点

$2|z-2-i|=|z-2-4i|$ を満たす複素数平面上の点 z は点 ア を中心とする半径 イ の円を描く。さらに，$z \neq 0$ のとき $w=\dfrac{1}{z}$ とすると，点 w は点 0 と点 $\dfrac{\boxed{ウ}}{\boxed{エ}}$ を結ぶ線分の垂直二等分線を描く。

解答

$2|z-2-i|=|z-2-4i|$ の両辺を 2 乗すると

$$4|z-2-i|^2=|z-2-4i|^2$$

$$4(z-2-i)(\overline{z}-2+i)=(z-2-4i)(\overline{z}-2+4i)$$

← $\overline{-2-i}=-2+i$
$\overline{-2-4i}=-2+4i$

展開して整理すると

$$z\overline{z}-2z-2\overline{z}=0$$

$$(z-2)(\overline{z}-2)=4$$

$$|z-2|^2=4$$

$$\therefore \quad |z-2|=2 \quad \text{←円の方程式}$$

← $(2+i)(2-i)$
$=4-i^2=5$
$(2+4i)(2-4i)$
$=4-16i^2=20$

よって，点 z は点 **2** を中心とする半径 **2** の円を描く。

$w=\dfrac{1}{z}$ のとき，$z=\dfrac{1}{w}$ よりこれを $|z-2|=2$ に代入すると

$$\left|\frac{1}{w}-2\right|=2 \qquad \left|\frac{1-2w}{w}\right|=2$$

← $\left|\dfrac{1-2w}{w}\right|=\dfrac{|1-2w|}{|w|}$

$$|2w-1|=2|w| \qquad \therefore \quad \left|w-\frac{1}{2}\right|=|w|$$

← 垂直二等分線の方程式。

よって，点 w は点 0 と点 $\dfrac{\mathbf{1}}{\mathbf{2}}$ を結ぶ線分の垂直二等分線を描く。

←
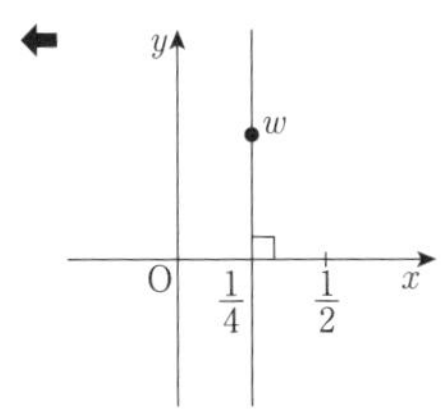

(注)　$z=x+yi$ (x，y は実数) とおくと

$$2|z-2-i|=2|x-2+(y-1)i|$$
$$=2\sqrt{(x-2)^2+(y-1)^2}$$

$$|z-2-4i|=|x-2+(y-4)i|$$
$$=\sqrt{(x-2)^2+(y-4)^2}$$

よって　$2\sqrt{(x-2)^2+(y-1)^2}=\sqrt{(x-2)^2+(y-4)^2}$

両辺を 2 乗して整理すると

$$x^2-4x+y^2=0 \qquad \therefore \quad (x-2)^2+y^2=4$$

← x，y の方程式で求める。

これより，(2，0) つまり点 2 を中心とする半径 2 の円であることがわかる。

STAGE 2　類　　題

類題 126　　(5分・10点)

双曲線 $C: x^2-y^2=-1$ と直線 $\ell: y=a(x-1)$ $(a>0)$ の共有点の個数を調べよう。

C と ℓ の方程式から y を消去した x の方程式は

$$(\boxed{\text{ア}})x^2-\boxed{\text{イ}}x+\boxed{\text{ウ}}=0 \quad \cdots\cdots①$$

となる。

$a=\boxed{\text{エ}}$ のとき①は1次方程式であり，C と ℓ の共有点は $(\boxed{\text{オ}}, \boxed{\text{カキ}})$ の1個である。また，$a=\dfrac{\sqrt{\boxed{\text{ク}}}}{\boxed{\text{ケ}}}$ のときも C と ℓ の共有点は $(\boxed{\text{コサ}}, \boxed{\text{シ}}\sqrt{\boxed{\text{ス}}})$ の1個である。

$a \neq \boxed{\text{エ}}, \dfrac{\sqrt{\boxed{\text{ク}}}}{\boxed{\text{ケ}}}$ のとき，C と ℓ の共有点の個数は

$0<a<\dfrac{\sqrt{\boxed{\text{ク}}}}{\boxed{\text{ケ}}}$ のとき　　$\boxed{\text{セ}}$ 個

$\dfrac{\sqrt{\boxed{\text{ク}}}}{\boxed{\text{ケ}}}<a<\boxed{\text{エ}}$ のとき　　$\boxed{\text{ソ}}$ 個

$a>\boxed{\text{エ}}$ のとき　　$\boxed{\text{タ}}$ 個

である。

$\boxed{\text{ア}}$ ～ $\boxed{\text{ウ}}$ の解答群(同じものを繰り返し選んでもよい。)

⓪　a^2　　①　$2a^2$　　②　a^2-1

③　$2a^2-1$　　④　a^2+1　　⑤　$2a^2+1$

類題 127　(5分・10点)

Oを原点とする座標平面上の直線 $x=3$ を ℓ とする。平面上の点Pから ℓ に引いた垂線と ℓ との交点をHとし，OP：PH＝1：2 である点Pの軌跡を C とする。

Oを極，x 軸の正の部分を始線として，点Pの極座標を$(r,\ \theta)$とするとき，PH＝[ア] であるから，C の極方程式は $r=$[イ] である。C の極方程式を直交座標の方程式で表すと

$$\frac{(x+\boxed{ウ})^2}{\boxed{エ}}+\frac{y^2}{\boxed{オ}}=1$$

であるから，C は中心が([カキ]，[ク])，長軸の長さが[ケ]，短軸の長さが[コ]$\sqrt{\boxed{サ}}$の楕円であることがわかる。

[ア]の解答群

⓪　$3+r\cos\theta$　①　$3-r\cos\theta$　②　$3+r\sin\theta$　③　$3-r\sin\theta$

[イ]の解答群

⓪　$\dfrac{3}{2-\cos\theta}$　①　$\dfrac{3}{2-\sin\theta}$　②　$\dfrac{3}{2+\cos\theta}$　③　$\dfrac{3}{2+\sin\theta}$

④　$\dfrac{2}{3-\cos\theta}$　⑤　$\dfrac{2}{3+\sin\theta}$　⑥　$\dfrac{2}{3+\cos\theta}$　⑦　$\dfrac{2}{3+\sin\theta}$

類題 128 (6分・10点)

複素数α, βは $|\alpha|=1$, $|\beta|=2\sqrt{3}$, $|\alpha-\beta|=\sqrt{7}$ を満たしている。このとき，$\alpha\overline{\beta}+\overline{\alpha}\beta=$ ア である。$\overline{\alpha}\beta=x+yi$ (x, yは実数)とおくと $x=$ イ であり，$|\overline{\alpha}\beta|^2=$ ウエ であることから，$y=\pm\sqrt{\text{オ}}$ である。

また，$\dfrac{\beta}{\alpha}=$ カ $\pm\sqrt{\text{キ}}\,i$ であり，$\left(\dfrac{\beta}{\alpha}\right)^n$ が実数となる最小の自然数nは ク である。このとき，$\left(\dfrac{\beta}{\alpha}\right)^n=$ ケコサシス である。

類題 129 (12分・16点)

(1) 方程式 $z^4=32(-1-\sqrt{3}i)$ の解を求めよう。

$32(-1-\sqrt{3}i)$ を極形式で表すと アイ$\left(\cos\dfrac{\text{ウ}}{\text{エ}}\pi+i\sin\dfrac{\text{ウ}}{\text{エ}}\pi\right)$ である。$z=r(\cos\theta+i\sin\theta)$ ($r>0$, $0\leqq\theta<2\pi$)とおくと，z^4の絶対値と偏角を比較することによって，$r=$ オ $\sqrt{\text{カ}}$, $\theta=\dfrac{\pi}{\text{キ}}$, $\dfrac{\text{ク}}{\text{ケ}}\pi$, $\dfrac{\text{コ}}{\text{サ}}\pi$, $\dfrac{\text{シス}}{\text{セ}}\pi$ である。ただし，$\dfrac{\text{ク}}{\text{ケ}}<\dfrac{\text{コ}}{\text{サ}}$ とする。四つの解のうち，実部が最も大きいものは $\sqrt{\text{ソ}}-\sqrt{\text{タ}}\,i$ である。

(2) $z=\cos\dfrac{2}{5}\pi+i\sin\dfrac{2}{5}\pi$ とする。$z^5=$ チ，$z\neq1$ であることに注目すると，$t=z+\dfrac{1}{z}$ とおいたときにtは t^2+t- ツ $=0$ の解であることがわかる。このことから，$\cos\dfrac{2}{5}\pi=\dfrac{\text{テト}+\sqrt{\text{ナ}}}{\text{ニ}}$ である。

類題　130　　(10分・12点)

0でない複素数α，βが $3\alpha^2-6\alpha\beta+4\beta^2=0$ を満たすとする。

$\dfrac{\alpha}{\beta}=\dfrac{\boxed{\text{ア}}\pm\sqrt{\boxed{\text{イ}}}\,i}{\boxed{\text{ウ}}}$ であるから，複素数平面上でO(0)，A(α)，B(β)とすると，$\angle\text{AOB}=\dfrac{\pi}{\boxed{\text{エ}}}$，$\dfrac{\text{OA}}{\text{OB}}=\dfrac{\boxed{\text{オ}}\sqrt{\boxed{\text{カ}}}}{\boxed{\text{キ}}}$，$\angle\text{OBA}=\dfrac{\pi}{\boxed{\text{ク}}}$ である。

$\dfrac{\alpha}{\beta}=\dfrac{\boxed{\text{ア}}+\sqrt{\boxed{\text{イ}}}\,i}{\boxed{\text{ウ}}}$ とする。点C($13i$)とし，四角形OACBが平行四辺形であるとき，$\beta=\sqrt{\boxed{\text{ケ}}}+\boxed{\text{コ}}\,i$ である。このとき，点Bの直線OAに関する対称点をDとすると，Dを表す複素数は $\dfrac{\boxed{\text{サシ}}\sqrt{\boxed{\text{ス}}}}{\boxed{\text{セ}}}+\dfrac{\boxed{\text{ソ}}}{\boxed{\text{タ}}}i$ である。

類題　131　　(10分・6点)

2つの複素数z，wが $w=\dfrac{iz}{z-2}$ を満たしているとする。点zが原点を中心とする半径2の円周上を動くとき，点wは$\boxed{\text{ア}}$上を動き，点zが虚軸上を動くとき，点wは$\boxed{\text{イ}}$上を動く。また，点wが実軸上を動くとき，点zは$\boxed{\text{ウ}}$上を動く。

$\boxed{\text{ア}}$～$\boxed{\text{ウ}}$の解答群

⓪　2点0，1を結ぶ線分の垂直二等分線
①　2点0，iを結ぶ線分の垂直二等分線
②　中心が0，半径が1の円
③　中心が1，半径が1の円
④　中心が$\dfrac{1}{2}i$，半径が$\dfrac{1}{4}$の円
⑤　中心が$\dfrac{1}{2}i$，半径が$\dfrac{1}{2}$の円

総合演習問題

§1 いろいろな式

1　　(15分・20点)

k を実数として，x の整式 $P(x)$ を

$$P(x)=x^3+kx^2+5(k-2)x+3(2k-1)$$

とする。

k の値にかかわらず，$P(-\boxed{ア})=0$ であるから，因数定理により，$P(x)$ は $x+\boxed{ア}$ で割り切れる。

このことに注目して，$P(x)$ を因数分解すると

$$P(x)=(x+\boxed{ア})\{x^2+(k-\boxed{イ})x+\boxed{ウ}k-\boxed{エ}\}$$

となる。

(1) 3次方程式 $P(x)=0$ の異なる実数解の個数は最大 $\boxed{オ}$ 個である。また，方程式 $P(x)=0$ がちょうど2個の実数解をもつときの k の値は小さい順に

$k=\boxed{カ}$，$\boxed{キク}$，$\boxed{ケコ}$ であり

$k=\boxed{カ}$ のときの実数解は

$$x=-\boxed{ア},\quad \boxed{サ}$$

$k=\boxed{キク}$ のときの実数解は

$$x=-\boxed{ア},\quad \boxed{シス}$$

$k=\boxed{ケコ}$ のときの実数解は

$$x=-\boxed{ア},\quad \boxed{セソタ}$$

である。

(次ページに続く。)

以下，3次方程式 $P(x)=0$ が虚数解 α，β をもつときを考える。
このとき，k の値の範囲は

$\boxed{チ}<k<\boxed{ツテ}$

である。

(2) α，β のうち，虚部が正であるものを α とする。
α の実部は $\boxed{ト}$，虚部は $\boxed{ナ}$ で表すことができる。
k が $\boxed{チ}<k<\boxed{ツテ}$ の範囲を動くとき，α の虚部の最大値は $\boxed{ニ}$ である。

$\boxed{ト}$，$\boxed{ナ}$ の解答群

⓪ $\alpha+\beta$	① $\dfrac{\alpha+\beta}{2}$	② $\alpha-\beta$
③ $\dfrac{\alpha-\beta}{2}$	④ $\dfrac{\alpha-\beta}{2i}$	⑤ $\alpha\beta$

(3) 虚数解の実部が -1 であるとする。このときの k の値と虚数解の虚部を求めると，$k=\boxed{ヌ}$ であり，虚数解の虚部は $\pm\boxed{ネ}\sqrt{\boxed{ノ}}$ である。

§2　図形と方程式

2　(12分・15点)

次の平面上の点の軌跡に関する**問題**を考えよう。

> **問題**　$a>0$ とする。座標平面上に3点 A(6，0)，B(−1，0)，C(0，2)がある。このとき
>
> $$AP^2+2BP^2-2CP^2=a \quad \cdots\cdots ①$$
>
> を満たす点Pの表す図形 K を求めよ。

(1)　太郎さんと花子さんは次のように話している。

> 太郎：座標平面上で，3点A，B，Cの位置をとってみるね。
> 花子：点Pの描く図形を求めるときは，Pの座標をP(x，y)とおいて，①を x，y の式で表してみるんだね。

AP^2 を x，y の式で表すと

$$AP^2=x^2+y^2-\boxed{アイ}\,x+\boxed{ウエ}$$

となる。

BP^2，CP^2 も x，y の式で表して，①に代入して整理すると

$$x^2+y^2-\boxed{オ}\,x+\boxed{カ}\,y+\boxed{キク}=a \quad \cdots\cdots ②$$

となる。

> 太郎：図形 K は円だね。
> 花子：円の中心と半径を求めてみよう。

円 K の中心の座標は($\boxed{ケ}$，$\boxed{コサ}$)，半径は $\sqrt{a+\boxed{シ}}$ である。

(次ページに続く。)

(2)　点Cが円Kの内部にあるような，aの値の範囲は

$a>$ スセ

である。

(3)　$a=11$ とする。

点Pが円K上を動くとき，線分CPの長さの最大値は ソ $\sqrt{\text{タチ}}$ であり，このときのPの座標は(ツ ， テト)である。

§3　三角関数

3　　　　(15分・20点)

関数 $f(x)=\left(\sqrt{3}\cos\frac{3}{4}x-\sin\frac{3}{4}x\right)^2$ について考えよう。

(1)　$\sqrt{3}\cos\frac{3}{4}x-\sin\frac{3}{4}x=\boxed{\text{ア}}\sin\left(\frac{3}{4}x+\boxed{\text{イ}}\right)$

であるから

$$f(x)=\boxed{\text{ウ}}\sin^2\left(\frac{3}{4}x+\boxed{\text{イ}}\right)$$

である。さらに，2倍角の公式により

$$f(x)=-\boxed{\text{エ}}\cos\left(\frac{\boxed{\text{オ}}}{\boxed{\text{カ}}}x+\boxed{\text{キ}}\right)+\boxed{\text{ク}} \quad \cdots\cdots①$$

と表される。

$\boxed{\text{イ}}$，$\boxed{\text{キ}}$ の解答群

⓪ $\frac{\pi}{6}$	① $\frac{\pi}{4}$	② $\frac{\pi}{3}$	③ $\frac{2}{3}\pi$	④ $\frac{3}{4}\pi$
⑤ $\frac{5}{6}\pi$	⑥ $\frac{7}{6}\pi$	⑦ $\frac{5}{4}\pi$	⑧ $\frac{4}{3}\pi$	

(2)　一般に，等式 $-\cos\theta=\boxed{\text{ケ}}$ が成り立つ。

このことと①により，$f(x)$は

$$f(x)=\boxed{\text{エ}}\sin\frac{\boxed{\text{オ}}}{\boxed{\text{カ}}}\left(x+\boxed{\text{コ}}\right)+\boxed{\text{ク}} \quad \cdots\cdots②$$

と変形できる。

$\boxed{\text{ケ}}$ の解答群

⓪ $\sin(\theta-\pi)$	① $\sin\left(\theta-\frac{\pi}{2}\right)$	② $\sin\theta$	③ $\sin\left(\theta+\frac{\pi}{2}\right)$

$\boxed{\text{コ}}$ の解答群

⓪ $\frac{\pi}{9}$	① $\frac{\pi}{8}$	② $\frac{\pi}{6}$	③ $\frac{2}{3}\pi$	④ $\frac{5}{8}\pi$
⑤ $\frac{5}{6}\pi$	⑥ $\frac{7}{6}\pi$	⑦ $\frac{5}{9}\pi$	⑧ $\frac{4}{3}\pi$	

(次ページに続く。)

(3)　②により，関数 $y=f(x)$ のグラフは，$y=\boxed{\text{エ}}\sin\dfrac{\boxed{\text{オ}}}{\boxed{\text{カ}}}x$ のグラフを x 軸方向に $-\boxed{\text{コ}}$，y 軸方向に $\boxed{\text{ク}}$ だけ平行移動したものであり，$y=f(x)$ のグラフの概形は $\boxed{\text{サ}}$ である。

また，$f(x)$ の正の周期のうち最小のものは $\dfrac{\boxed{\text{シ}}}{\boxed{\text{ス}}}\pi$ である。

$\boxed{\text{サ}}$ については，最も適当なものを，次の⓪～③のうちから一つ選べ。

⓪

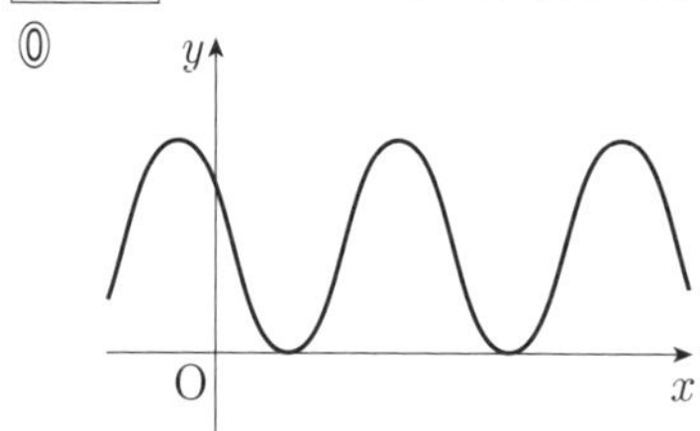

①

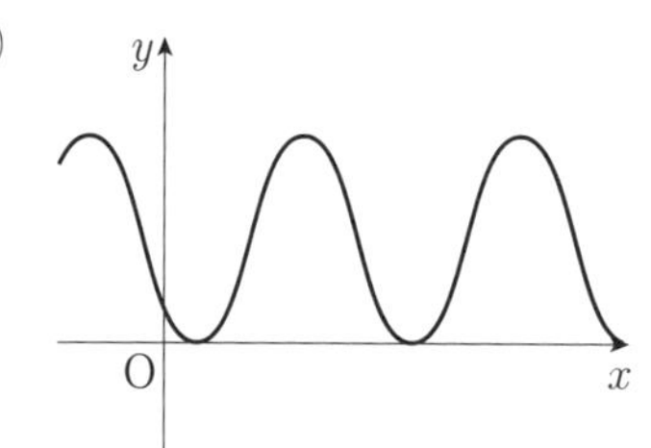

②

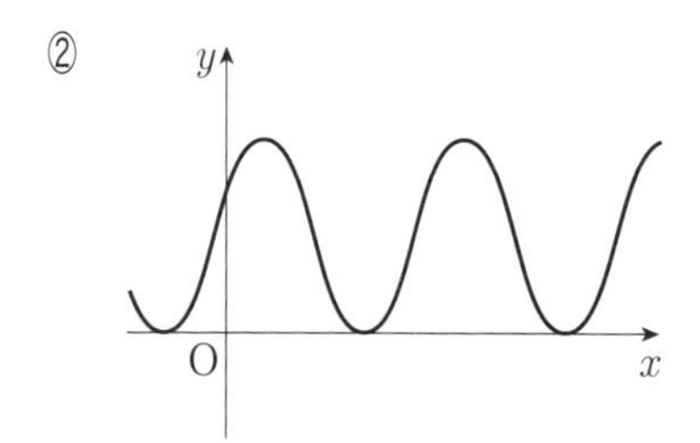

③

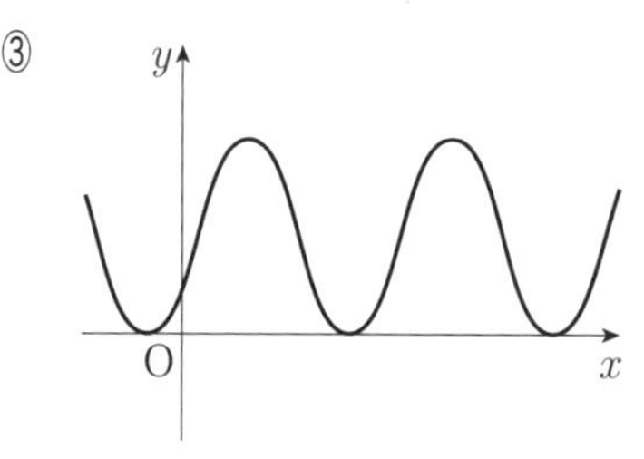

(4)　$0\leqq x\leqq 2\pi$ の範囲で，$f(x)=1$ を満たす x の値は $\boxed{\text{セ}}$ 個ある。その中で最小のものは $\dfrac{\boxed{\text{ソ}}}{\boxed{\text{タ}}}\pi$ である。

§4　指数関数・対数関数

4　　（15分・15点）

(1)　太郎さんと花子さんのクラスで，先生から次の**問題**が出題された。

> **問題 A**　不等式 $x^{\log_2 x} \geqq \dfrac{x^3}{\sqrt[4]{32}}$ ……① の解を求めよ。

問題 A について，太郎さんと花子さんは次のような会話をしている。

> 太郎：式が難しいね。底と指数の両方に x が含まれているから，どうしたらいいかわからないよ。
> 花子：この前の授業で，先生が対数をとって，指数を下ろすような問題の説明をしてくださったよね。これも両辺の対数をとればいいんじゃないのかな。
> 太郎：そうか。対数の底は2がよさそうだね。
> 花子：そうすると $(\log_2 x)^2$ が出てくるから，置き換えた方がよさそうだね。

$\log_2 \sqrt[4]{32} = \dfrac{\boxed{\text{ア}}}{\boxed{\text{イ}}}$ であるから，$t=\log_2 x$ とおくと，不等式①は

$$\boxed{\text{ウ}}\,t^2 - \boxed{\text{エオ}}\,t + \boxed{\text{カ}} \geqq 0$$

と表される。よって

$$t \leqq \frac{\boxed{\text{キ}}}{\boxed{\text{ク}}}, \qquad \frac{\boxed{\text{ケ}}}{\boxed{\text{コ}}} \leqq t$$

である。したがって，真数条件も考えて①の解は

$$\boxed{\boxed{\text{サ}}} < x \leqq \boxed{\boxed{\text{シ}}}, \qquad \boxed{\boxed{\text{ス}}} \leqq x$$

である。

$\boxed{\boxed{\text{サ}}}$ ～ $\boxed{\boxed{\text{ス}}}$ の解答群

⓪　0	①　$\dfrac{1}{8}$	②　$\dfrac{1}{4}$	③　$\dfrac{1}{2}$	④　2
⑤　4	⑥　$\sqrt{2}$	⑦　$2\sqrt{2}$	⑧　$3\sqrt{2}$	⑨　$4\sqrt{2}$

（次ページに続く。）

(2) **問題 A** には，次のような続きの**問題 B** があった。

> **問題 B**　c を正の定数として，不等式 $x^{\log_2 x} \geqq \dfrac{x^3}{c}$ ……② を考える。$x>1$ の範囲でつねに②が成り立つような c の値の範囲を求めよ。

問題 B について，太郎さんと花子さんは次のような会話をしている。

> 太郎：置き換えるところまでは**問題 A** と同じだよね。
> 花子：そうだね。置き換えた文字のとり得る値の範囲も考えないといけないね。
> 太郎：その後は，2 次不等式と同じように考えればいいね。

(i) $t=\log_2 x$ とおく。$x>1$ のとき，t のとり得る値の範囲は [セ] である。

[セ] の解答群

⓪ 正の実数全体	① 負の実数全体
② 実数全体	③ 1 より大きい実数全体

(ii) $x>1$ の範囲で②がつねに成り立つための必要十分条件は，$\log_2 c \geqq \dfrac{\boxed{ソ}}{\boxed{タ}}$ である。すなわち，$c \geqq \boxed{チ}\sqrt[\boxed{ツ}]{\boxed{テ}}$ である。

§5　微分・積分の考え

5　(18分・20点)

関数 $f(x)=-x^3+4x^2+3x-9$ について考える。

(1)　関数$f(x)$の増減を調べよう。$f(x)$の導関数は

$$f'(x)=-\boxed{ア}x^2+\boxed{イ}x+\boxed{ウ}$$

であり，$f(x)$は $x=-\dfrac{\boxed{エ}}{\boxed{オ}}$ で [カ] をとり，$x=\boxed{キ}$ で [ク] をとる。

0≦x≦4 における$f(x)$の最大値は $\boxed{ケ}$ であり，最小値は $-\boxed{コ}$ である。

また，方程式 $f(x)=k$ が正の解を二つもつような定数kの値の範囲は

$-\boxed{サ}<k<\boxed{シ}$ である。

[カ]，[ク] の解答群

⓪　極大値	①　極小値

(2)　曲線 $y=f(x)$ 上の点$(0,\ f(0))$における接線をℓとすると，ℓの方程式は

$$y=\boxed{ス}x-\boxed{セ}$$

である。

また，$g(x)=x^2+px+q$ とし，放物線 $y=g(x)$ をCとする。Cは点$(a,\ g(a))$でℓと接しているとする。

このとき，p，qはaを用いて

$$p=\boxed{ソ}-\boxed{タ}a,\qquad q=a^2-\boxed{チ}$$

と表される。

(次ページに続く。)

(3)　(2)の放物線 C は x 軸と 2 点 $(\alpha,\ 0)$, $(\beta,\ 0)$ で交わるとする。
$0<\alpha<2<\beta$ であるような a の値の範囲は

$$\boxed{\text{ツ}} < a < \boxed{\text{テ}} + \sqrt{\boxed{\text{ト}}}$$

である。このとき，放物線 C の $0 \leqq x \leqq \alpha$ の部分と x 軸および y 軸で囲まれた図形の面積を S とする。また，C の $\alpha \leqq x \leqq 2$ の部分と x 軸および直線 $x=2$ で囲まれた図形の面積を T とする。このとき，$\int_0^2 g(x)\,dx = \boxed{\text{ナ}}$ が成り立つ。

したがって，$S=T$ となる a の値を求めると，$a = \dfrac{\boxed{\text{ニ}} + \sqrt{\boxed{\text{ヌネ}}}}{\boxed{\text{ノ}}}$ である。

$\boxed{\text{ナ}}$ の解答群

⓪ $S+T$	① $\dfrac{S+T}{2}$	② $2S+T$	③ $S+2T$
④ $S-T$	⑤ $T-S$	⑥ $2S-T$	⑦ $2T-S$

§6 数列

6　　(12分・16点)

次のような分数の数列を考える。この数列は，第 n 番目の区画には，分母が 2^n，分子が1から始まる奇数である分数を，2^{n-1} 個含むように区画分けされている。

$$\frac{1}{2} \,\Big|\, \frac{1}{2^2},\ \frac{3}{2^2} \,\Big|\, \frac{1}{2^3},\ \frac{3}{2^3},\ \frac{5}{2^3},\ \frac{7}{2^3} \,\Big|\, \frac{1}{2^4},\ \cdots\cdots$$

(1) 太郎さんと花子さんは，この数列について話している。

> 太郎：群数列だね。
> 花子：第1群，第2群，第3群，……は，上のようになっているけど……。
> 太郎：第 n 群について考えてみよう。
> 花子：第 n 群には 2^{n-1} 個の分数が含まれているね。

第 n 群の最初の数は $\dfrac{1}{2^{\boxed{ア}}}$，最後の数は $\dfrac{2^{\boxed{イ}}-1}{2^{\boxed{ア}}}$ である。

ア，イ の解答群(同じものを繰り返し選んでもよい。)

⓪ $n-2$	① $n-1$	② n	③ $n+1$	④ $n+2$

(2) 花子さんと太郎さんは，第 n 群について話している。

> 花子：第 n 群に含まれる数の和はどうなるかな。
> 太郎：第 n 群は等差数列になっているよ。

第 n 群に含まれる数の和を S_n とすると

$S_n = \boxed{ウ}$

である。

ウ の解答群

⓪ $\dfrac{n^2-n+2}{4}$	① $\dfrac{n^2-n+2}{2}$	② 2^{n-2}	③ 2^{n-1}

(次ページに続く。)

(3) 太郎さんと花子さんは，この数列の第7群について考えている。

太郎：次は，具体的に考えてみよう。
花子：第7群を考えるよ。

(i) 第7群に含まれる20番目の数は $\dfrac{\boxed{\text{エオ}}}{2^{\boxed{\text{カ}}}}$ であり，この群の中で $\dfrac{1}{2^{\boxed{\text{カ}}}}$ から $\dfrac{\boxed{\text{エオ}}}{2^{\boxed{\text{カ}}}}$ までの数の和は $\dfrac{\boxed{\text{キク}}}{\boxed{\text{ケ}}}$ である。

(ii) $\dfrac{\boxed{\text{エオ}}}{2^{\boxed{\text{カ}}}}$ は，初項 $\dfrac{1}{2}$ から数えて第 $\boxed{\text{コサ}}$ 項であり，$\dfrac{1}{2}$ から $\dfrac{\boxed{\text{エオ}}}{2^{\boxed{\text{カ}}}}$ までの項の総和は $\dfrac{\boxed{\text{シスセ}}}{\boxed{\text{ソ}}}$ である。

(4) 第 n 群に含まれる n 番目の数を a_n とする。このとき

$$\sum_{k=1}^{n} a_k = \boxed{\text{タ}} - \frac{\boxed{\text{チ}}\,n + \boxed{\text{ツ}}}{2^n}$$

である。

§7 統計的な推測

7　(12分・16点)

以下の問題を解答するにあたっては，必要に応じて巻末の正規分布表を用いてもよい。

(1) 数字1が書かれたカードが a 枚，数字2が書かれたカードが10枚，数字3が書かれたカードが $10-a$ 枚，合計20枚のカードが箱に入っている。この箱から1枚のカードを無作為に取り出すとき，カードに書かれた数字を表す確率変数を X とする。このとき

X の平均(期待値)は $\dfrac{\boxed{アイ}-a}{\boxed{ウエ}}$

X の分散は $\dfrac{\boxed{オ}a^2+\boxed{カキ}a+\boxed{クケ}}{\boxed{コサシ}}$

である。$a=\boxed{ス}$ のとき分散は最大になり，最大値は $\dfrac{\boxed{セ}}{\boxed{ソ}}$ である。

(2) 袋の中に赤球が4個，白球が16個の合計20個の球が入っている。この袋から無作為に1個の球を取り出し袋へ戻すという試行を400回繰り返すとき，赤球の出る回数を確率変数 Y で表す。

Y が66以下になる確率の近似値を求めよう。

確率変数 Y の平均(期待値)は $\boxed{タチ}$，標準偏差は $\boxed{ツ}$ であるから，求める確率は次のようになる。

$$P(Y \leqq 66)=P\left(\frac{Y-\boxed{タチ}}{\boxed{ツ}} \leqq -\boxed{テ}.\boxed{トナ}\right)$$

いま，標準正規分布に従う確率変数を Z とすると，400は十分大きいと考えられるので，求める確率の近似値は，正規分布表から

$$P(Z \leqq -\boxed{テ}.\boxed{トナ})=0.\boxed{ニヌ}$$

となる。

(次ページに続く。)

(3)　母標準偏差 σ の母集団から 10000 個の標本を抽出し，この標本から得られる母平均 m の信頼度 90% の信頼区間を $A \leqq m \leqq B$ とし，この信頼区間の幅 L_1 を $L_1 = B - A$ で定める。

また，同じ母集団から 40000 個の標本を抽出し，この標本から得られる母平均 m の信頼度 95% の信頼区間を $C \leqq m \leqq D$ とし，この信頼区間の幅 L_2 を $L_2 = D - C$ で定める。

このとき

$$\frac{L_2}{L_1} = \boxed{\text{ネ}}$$

が成り立つ。

ネ については，最も適当なものを，次の⓪～④のうちから一つ選べ。

⓪　0.15	①　0.3	②　0.6	③　1.2	④　2.4

§8　ベクトル

8　　(12分・16点)

平面上に，△ABC と点 P があり

$$(2-5a)\overrightarrow{PA}+(1-a)\overrightarrow{PB}+6a\overrightarrow{PC}=\vec{0} \quad \cdots\cdots①$$

を満たしている。

(1) 太郎さんと花子さんは，実数 a の値と点 P の位置について話している。

> 太郎：点 A を始点とし，$\overrightarrow{AP}$ を $\overrightarrow{AB}$ と $\overrightarrow{AC}$ で表してみよう。
> 花子：①は a の 1 次式だから点 P はある直線上を動くのかな。

①から $\overrightarrow{AP}$ を $\overrightarrow{AB}$ と $\overrightarrow{AC}$ で表すと

$$\overrightarrow{AP}=\frac{\boxed{ア}-\boxed{イ}}{\boxed{ウ}}\overrightarrow{AB}+\boxed{エ}\,\overrightarrow{AC} \quad \cdots\cdots②$$

と表される。

②を変形して，a について整理すると

$$\overrightarrow{AP}=\frac{\boxed{オ}}{\boxed{カ}}\overrightarrow{AB}+a\left(\boxed{キ}\,\overrightarrow{AC}-\frac{\boxed{ク}}{\boxed{ケ}}\overrightarrow{AB}\right)$$

となるから，3 点 D，E，F を

$$\overrightarrow{AD}=\frac{\boxed{オ}}{\boxed{カ}}\overrightarrow{AB},\ \overrightarrow{AE}=\boxed{キ}\,\overrightarrow{AC},\ \overrightarrow{AF}=\boxed{キ}\,\overrightarrow{AC}-\frac{\boxed{ク}}{\boxed{ケ}}\overrightarrow{AB}$$

を満たす点とすると，a がすべての実数値をとるとき，点 P の描く図形は直線 $\boxed{コ}$ である。

$\boxed{ア}$ ～ $\boxed{エ}$ の解答群(同じものを繰り返し選んでもよい。)

⓪ 1	① 2	② 3	③ a	④ $2a$	⑤ $3a$

$\boxed{コ}$ の解答群

⓪ AD	① AE	② AF	③ BE	④ BF	⑤ DE	⑥ DF

(次ページに続く。)

(2) 二人はさらに，点Pに条件を追加したときの線分比の値について考えている。

太郎：点Pが直線BC上にある場合，$\dfrac{\mathrm{BP}}{\mathrm{BC}}$ の値を考えてみよう。
花子：まず a の値を求めてみよう。
太郎：じゃあ，$\overrightarrow{\mathrm{AP}}$ と $\overrightarrow{\mathrm{BC}}$ が平行になる場合は，$\dfrac{\mathrm{AP}}{\mathrm{BC}}$ の値はどうなるのかな。

(i) 点Pが直線BC上にあるとき，$a=\dfrac{\boxed{\text{サ}}}{\boxed{\text{シ}}}$ であるから

$$\frac{\mathrm{BP}}{\mathrm{BC}}=\frac{\boxed{\text{ス}}}{\boxed{\text{セ}}}$$

である。

(ii) $\overrightarrow{\mathrm{AP}}$ と $\overrightarrow{\mathrm{BC}}$ が平行のとき，$a=\dfrac{\boxed{\text{ソタ}}}{\boxed{\text{チ}}}$ であるから

$$\frac{\mathrm{AP}}{\mathrm{BC}}=\frac{\boxed{\text{ツ}}}{\boxed{\text{テ}}}$$

である。

(3) △ABCにおいて

$$\mathrm{AB}=3,\ \mathrm{AC}=2,\ \angle\mathrm{BAC}=120^\circ$$

とする。

このとき，$\overrightarrow{\mathrm{AB}}\cdot\overrightarrow{\mathrm{AC}}=\boxed{\text{トナ}}$ であり，$\overrightarrow{\mathrm{AP}}$ と $\overrightarrow{\mathrm{BC}}$ が垂直になるような a の値は $a=\dfrac{\boxed{\text{ニ}}}{\boxed{\text{ヌ}}}$ である。

$a=\dfrac{\boxed{\text{ニ}}}{\boxed{\text{ヌ}}}$ のとき，直線BPと直線ACのなす角を θ $(0^\circ<\theta<90^\circ)$ とすると，$\cos\theta=\dfrac{\boxed{\text{ネ}}\sqrt{\boxed{\text{ノハ}}}}{\boxed{\text{ヒフ}}}$ である。

§9　平面上の曲線と複素数平面

9　　(12分・16点)

〔1〕 曲線 D : $3x^2+2y^2-6x-8y+5=0$ は楕円 $\dfrac{x^2}{\boxed{ア}}+\dfrac{y^2}{\boxed{イ}}=1$ を x 軸方向に $\boxed{ウ}$，y 軸方向に $\boxed{エ}$ だけ平行移動した楕円である。D の焦点を F，F′ とすると F，F′ の座標は $(\boxed{オ},\ \boxed{カ})$，$(\boxed{キ},\ \boxed{ク})$ である。ただし，$\boxed{オ}+\boxed{カ}>\boxed{キ}+\boxed{ク}$ とする。D 上の任意の点を P とすると，$\mathrm{PF}+\mathrm{PF}'=\boxed{ケ}\sqrt{\boxed{コ}}$ である。

また，D は x 軸と $\boxed{サ}$。

さらに，D を原点のまわりに $\dfrac{\pi}{2}$ だけ回転した図形を E とする。E の媒介変数表示は $\boxed{シ}$ である。

$\boxed{サ}$ の解答群

⓪　2点を共有する
①　1点のみを共有する
②　共有点をもたない

$\boxed{シ}$ の解答群

⓪ $\begin{cases} x=\boxed{ウ}+\sqrt{\boxed{ア}}\cos\theta \\ y=\boxed{エ}+\sqrt{\boxed{イ}}\sin\theta \end{cases}$　　① $\begin{cases} x=\boxed{ウ}+\sqrt{\boxed{イ}}\cos\theta \\ y=\boxed{エ}+\sqrt{\boxed{ア}}\sin\theta \end{cases}$

② $\begin{cases} x=-\boxed{ウ}+\sqrt{\boxed{ア}}\cos\theta \\ y=\boxed{エ}+\sqrt{\boxed{イ}}\sin\theta \end{cases}$　　③ $\begin{cases} x=-\boxed{ウ}+\sqrt{\boxed{イ}}\cos\theta \\ y=\boxed{エ}+\sqrt{\boxed{ア}}\sin\theta \end{cases}$

④ $\begin{cases} x=\boxed{エ}+\sqrt{\boxed{ア}}\cos\theta \\ y=\boxed{ウ}+\sqrt{\boxed{イ}}\sin\theta \end{cases}$　　⑤ $\begin{cases} x=\boxed{エ}+\sqrt{\boxed{イ}}\cos\theta \\ y=\boxed{ウ}+\sqrt{\boxed{ア}}\sin\theta \end{cases}$

⑥ $\begin{cases} x=-\boxed{エ}+\sqrt{\boxed{ア}}\cos\theta \\ y=\boxed{ウ}+\sqrt{\boxed{イ}}\sin\theta \end{cases}$　　⑦ $\begin{cases} x=-\boxed{エ}+\sqrt{\boxed{イ}}\cos\theta \\ y=\boxed{ウ}+\sqrt{\boxed{ア}}\sin\theta \end{cases}$

(次ページに続く。)

〔2〕 複素数平面上で，複素数α，βの表す点をそれぞれA，Bとする。2点A，Bは原点Oを中心とする半径1の円C上にあって

$$\sqrt{2}\alpha\beta-\sqrt{2}\alpha+1+i=0 \quad \cdots\cdots①$$

を満たしているとする。このとき，α，βの値を求めよう。

$\gamma=\dfrac{1}{\sqrt{2}}(1+i)$とする。$\gamma$を極形式で表すと

$$\gamma=\cos\frac{\pi}{\boxed{ス}}+i\sin\frac{\pi}{\boxed{ス}}$$

となり，γを表す点Pも円C上にある。

等式①を変形すれば，$\alpha-\gamma=\alpha\beta$ となるので $|\alpha-\gamma|=\boxed{セ}$ となる。

△OAPの形を考えれば，点Aは点Pを原点のまわりに$\pm\dfrac{\pi}{\boxed{ソ}}$だけ回転して得られる点であることがわかる。

したがって，αの虚部が負であるとすると

$$\alpha=\boxed{タ}+\boxed{チ}i$$

である。このとき，$\beta=\dfrac{\boxed{ツ}}{\boxed{テ}}-\dfrac{\sqrt{\boxed{ト}}}{\boxed{ナ}}i$ である。

$\boxed{タ}$，$\boxed{チ}$の解答群

⓪ $\dfrac{\sqrt{3}+1}{2}$	① $\dfrac{\sqrt{3}-1}{2}$	② $\dfrac{1-\sqrt{3}}{2}$
③ $\dfrac{\sqrt{6}+\sqrt{2}}{4}$	④ $\dfrac{\sqrt{6}-\sqrt{2}}{4}$	⑤ $\dfrac{\sqrt{2}-\sqrt{6}}{4}$

— *MEMO* —

正　規　分　布　表

次の表は，標準正規分布の分布曲線における右図の灰色部分の面積の値をまとめたものである。

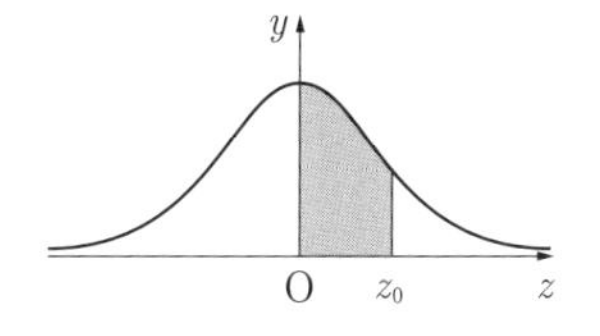

z_0	0.00	0.01	0.02	0.03	0.04	0.05	0.06	0.07	0.08	0.09
0.0	0.0000	0.0040	0.0080	0.0120	0.0160	0.0199	0.0239	0.0279	0.0319	0.0359
0.1	0.0398	0.0438	0.0478	0.0517	0.0557	0.0596	0.0636	0.0675	0.0714	0.0753
0.2	0.0793	0.0832	0.0871	0.0910	0.0948	0.0987	0.1026	0.1064	0.1103	0.1141
0.3	0.1179	0.1217	0.1255	0.1293	0.1331	0.1368	0.1406	0.1443	0.1480	0.1517
0.4	0.1154	0.1591	0.1628	0.1664	0.1700	0.1736	0.1772	0.1808	0.1844	0.1879
0.5	0.1915	0.1950	0.1985	0.2019	0.2054	0.2088	0.2123	0.2157	0.2190	0.2224
0.6	0.2257	0.2291	0.2324	0.2357	0.2389	0.2422	0.2454	0.2486	0.2517	0.2549
0.7	0.2580	0.2611	0.2642	0.2673	0.2704	0.2734	0.2764	0.2794	0.2823	0.2852
0.8	0.2881	0.2910	0.2939	0.2967	0.2995	0.3023	0.3051	0.3078	0.3106	0.3133
0.9	0.3159	0.3186	0.3212	0.3238	0.3264	0.3289	0.3315	0.3340	0.3365	0.3389
1.0	0.3413	0.3438	0.3461	0.3485	0.3508	0.3531	0.3554	0.3577	0.3599	0.3621
1.1	0.3643	0.3665	0.3686	0.3708	0.3729	0.3749	0.3770	0.3790	0.3810	0.3830
1.2	0.3849	0.3869	0.3888	0.3907	0.3925	0.3944	0.3962	0.3980	0.3997	0.4015
1.3	0.4032	0.4049	0.4066	0.4082	0.4099	0.4115	0.4131	0.4147	0.4162	0.4177
1.4	0.4192	0.4207	0.4222	0.4236	0.4251	0.4265	0.4279	0.4292	0.4306	0.4319
1.5	0.4332	0.4345	0.4357	0.4370	0.4382	0.4394	0.4406	0.4418	0.4429	0.4441
1.6	0.4452	0.4463	0.4474	0.4484	0.4495	0.4505	0.4515	0.4525	0.4535	0.4545
1.7	0.4554	0.4564	0.4573	0.4582	0.4591	0.4599	0.4608	0.4616	0.4625	0.4633
1.8	0.4641	0.4649	0.4656	0.4664	0.4671	0.4678	0.4686	0.4693	0.4699	0.4706
1.9	0.4713	0.4719	0.4726	0.4732	0.4738	0.4744	0.4750	0.4756	0.4761	0.4767
2.0	0.4772	0.4778	0.4783	0.4788	0.4793	0.4798	0.4803	0.4808	0.4812	0.4817
2.1	0.4821	0.4826	0.4830	0.4834	0.4838	0.4842	0.4846	0.4850	0.4854	0.4857
2.2	0.4861	0.4864	0.4868	0.4871	0.4875	0.4878	0.4881	0.4884	0.4887	0.4890
2.3	0.4893	0.4896	0.4898	0.4901	0.4904	0.4906	0.4909	0.4911	0.4913	0.4916
2.4	0.4918	0.4920	0.4922	0.4925	0.4927	0.4929	0.4931	0.4932	0.4934	0.4936
2.5	0.4938	0.4940	0.4941	0.4943	0.4945	0.4946	0.4948	0.4949	0.4951	0.4952
2.6	0.4953	0.4955	0.4956	0.4957	0.4959	0.4960	0.4961	0.4962	0.4963	0.4964
2.7	0.4965	0.4966	0.4967	0.4968	0.4969	0.4970	0.4971	0.4972	0.4973	0.4974
2.8	0.4974	0.4975	0.4976	0.4977	0.4977	0.4978	0.4979	0.4979	0.4980	0.4981
2.9	0.4981	0.4982	0.4982	0.4983	0.4984	0.4984	0.4985	0.4985	0.4986	0.4986
3.0	0.4987	0.4987	0.4987	0.4988	0.4988	0.4989	0.4989	0.4989	0.4990	0.4990

短期攻略　大学入学共通テスト
数学Ⅱ・B・C［基礎編］〈改訂版〉

著　　者	吉川浩之
	榎　明夫
発行者	山﨑良子
印刷・製本	日経印刷株式会社
発行所	駿台文庫株式会社

〒101-0062　東京都千代田区神田駿河台1-7-4
小畑ビル内
TEL. 編集　03(5259)3302
販売　03(5259)3301
《改③－384pp.》

落丁・乱丁がございましたら，送料小社負担にてお取替えいたします。

ISBN978-4-7961-2391-4　Printed in Japan

駿台文庫 Web サイト
https://www.sundaibunko.jp

駿台受験シリーズ

短期攻略

大学入学 共通テスト

数学Ⅱ・B・C 改訂版

基礎編

解答・解説編

類題の答

類題　1

ア，イウ，エ，オ　8，12，6，1　カキ，ク　27，8
ケ，コ，サ　3，3，9
シ，ス，セ，ソ，タ，チ　2，2，2，4，2，4
ツテト　−96　ナニヌ，ネ　280，4　ノハヒフヘホ　−26880

(1)　(i)　(与式)$=\mathbf{8}x^3-\mathbf{12}x^2+\mathbf{6}x-\mathbf{1}$

(ii)　(与式)$=\mathbf{27}x^3+\mathbf{8}$

(iii)　(与式)$=(x+\mathbf{3})(x^2-\mathbf{3}x+\mathbf{9})$

(iv)　(与式)$=(x^3+8)(x^3-8)$

$=(x+2)(x^2-2x+4)(x-2)(x^2+2x+4)$

$=(x+\mathbf{2})(x-\mathbf{2})(x^2+\mathbf{2}x+\mathbf{4})(x^2-\mathbf{2}x+\mathbf{4})$

← $(x^3)^2-8^2$

(2)　x^3y の項は ${}_4\mathrm{C}_1(2x)^3(-3y)=-96x^3y$ より $\mathbf{-96}$

z についての3次の項は

${}_7\mathrm{C}_3(2x-3y)^4(2z)^3=\mathbf{280}(2x-3y)^4z^3$

であるから，x^3yz^3 の係数は

$280\cdot(-96)=\mathbf{-26880}$

$\dfrac{7!}{3!1!3!}\cdot2^3\cdot(-3)\cdot2^3$ として求めることもできる。

類題　2

ア，イ　2，4　ウエ，オ　−8，1　カ，キ　5，6
ク，ケ　3，2　コサ　−2

(1)　割り算を実行すると

$$\begin{array}{r} x^2+2x\qquad\quad-4 \\ x^2-2x-a\,\big)\,x^4\qquad\;-(a+8)x^2-2ax+4a+1 \\ x^4-2x^3\qquad\;-ax^2\qquad\qquad\qquad \\ \hline 2x^3\qquad-8x^2-2ax\qquad\quad \\ 2x^3\qquad-4x^2-2ax\qquad\quad \\ \hline -4x^2\qquad\quad+4a+1 \\ -4x^2\;+8x+4a\quad \\ \hline -8x\qquad+1 \end{array}$$

商は　$x^2+\mathbf{2}x-\mathbf{4}$，余りは　$\mathbf{-8}x+\mathbf{1}$

類題の答

(2)　割り算を実行すると

$$
\begin{array}{r}
x^2 \quad +2x \quad -a \\
x^2-ax+1 \overline{\big) x^4-(a-2)x^3-(3a-1)x^2+(2a^2+5a+8)x+a^2+2a+2} \\
x^4 \quad -ax^3 \quad +x^2 \qquad\qquad\qquad\qquad \\
\hline
2x^3 \quad -3ax^2+(2a^2+5a+8)x \qquad\quad \\
2x^3 \quad -2ax^2 \qquad\quad +2x \qquad\quad \\
\hline
-ax^2+(2a^2+5a+6)x+a^2+2a+2 \\
-ax^2 \qquad +a^2x \quad -a \\
\hline
(a^2+5a+6)x+a^2+3a+2
\end{array}
$$

となるので

$p=a^2+\mathbf{5}a+\mathbf{6}$，$q=a^2+\mathbf{3}a+\mathbf{2}$

である。とくに，A が B で割り切れるとき

$$
\begin{cases} p=(a+2)(a+3)=0 \\ q=(a+2)(a+1)=0 \end{cases}
$$

ゆえに　$a=\mathbf{-2}$

類題　3

ア 2　イウ −2　エオ −6　カ 5　キク −2　ケ 3

(1)　$A^2=(x^2+ax+b)^2$

$\quad=x^4+2ax^3+(a^2+2b)x^2+2abx+b^2$

$B^2=(x^2+x+1)^2$

$\quad=x^4+2x^3+3x^2+2x+1$

であるから，与式の両辺の係数を比べると

$$
\begin{cases} 2a+2=6 \\ a^2+2b+3=3 \\ 2ab+2=c \\ b^2+1=d \end{cases}
\quad \therefore \quad
\begin{cases} a=\mathbf{2} \\ b=\mathbf{-2} \\ c=\mathbf{-6} \\ d=\mathbf{5} \end{cases}
$$

⬅ 係数比較。

(2)　両辺に $(2x+1)(x-3)$ をかけて

$4x+9=a(x-3)+b(2x+1)$

$\quad=(a+2b)x+(b-3a)$

両辺の係数を比べて

$$
\begin{cases} a+2b=4 \\ b-3a=9 \end{cases}
\quad \therefore \quad
\begin{cases} a=\mathbf{-2} \\ b=\mathbf{3} \end{cases}
$$

⬅ 係数比較。

類題　4

アイ＋ウ$\sqrt{3}i$　$-2+2\sqrt{3}i$　　エオ　-8

カキ－ク$\sqrt{3}i$　$-8-8\sqrt{3}i$　　ケ　1　　$\dfrac{コ}{サ}$　$\dfrac{1}{2}$　　$\dfrac{シ}{ス}$　$\dfrac{1}{2}$

(1)　$(1+\sqrt{3}i)^2=1+2\sqrt{3}i+3i^2=\mathbf{-2+2\sqrt{3}i}$

$(1+\sqrt{3}i)^3=(-2+2\sqrt{3}i)(1+\sqrt{3}i)=-2+6i^2=\mathbf{-8}$

$(1+\sqrt{3}i)^4=\{(1+\sqrt{3}i)^2\}^2=(-2+2\sqrt{3}i)^2$

$=4-8\sqrt{3}i+12i^2=\mathbf{-8-8\sqrt{3}i}$

(2)　$(与式)=\dfrac{(5+2i)(3+3i)+(5-2i)(3-3i)}{(3-3i)(3+3i)}$

$=\dfrac{15+21i+6i^2+15-21i+6i^2}{9-9i^2}=\dfrac{18}{18}=\mathbf{1}$

(3)　与式を変形して

$x^2+(y+2)x+y-2+(x+y-1)i=0$

x，yは実数，iは虚数であるから

$$\begin{cases} x^2+(y+2)x+y-2=0 & \cdots\cdots① \\ x+y-1=0 & \cdots\cdots② \end{cases}$$

②より　$y=-x+1$，これを①へ代入して

$x^2+(-x+3)x-x-1=0$　　$\therefore\ x=\dfrac{1}{2}$

よって　$x=\mathbf{\dfrac{1}{2}}$，$y=\mathbf{\dfrac{1}{2}}$

⬅ $i^2=-1$

⬅ $(1+\sqrt{3}i)^3(1+\sqrt{3}i)$
$=-8(1+\sqrt{3}i)$

⬅ 通分。

⬅ iについて整理する。

類題　5

$\dfrac{ア\pm\sqrt{イウ}i}{エ}$　$\dfrac{1\pm\sqrt{15}i}{4}$　　$\dfrac{オ}{カ}$　$\dfrac{1}{2}$　　$\dfrac{キクケ}{コサ}$　$\dfrac{-64}{27}$

シ　1　　ス　1

(1)　解の公式を用いて

$x=\dfrac{1\pm\sqrt{-15}}{4}=\mathbf{\dfrac{1\pm\sqrt{15}i}{4}}$

(2)　解と係数の関係より

$\alpha+\beta=\dfrac{2}{3}$，$\alpha\beta=\dfrac{4}{3}$

であるから

$\dfrac{1}{\alpha}+\dfrac{1}{\beta}=\dfrac{\alpha+\beta}{\alpha\beta}=\dfrac{\frac{2}{3}}{\frac{4}{3}}=\mathbf{\dfrac{1}{2}}$

⬅ $\sqrt{-1}=i$

類題の答

$$\alpha^3+\beta^3=(\alpha+\beta)^3-3\alpha\beta(\alpha+\beta)$$
$$=\left(\frac{2}{3}\right)^3-3\cdot\frac{4}{3}\cdot\frac{2}{3}=-\mathbf{\frac{64}{27}}$$

(3)　2次方程式 $x^2-ax+b=0$ の二つの解が α, β であるから，解と係数の関係より

$$\alpha+\beta=a,\ \alpha\beta=b \quad \cdots\cdots①$$

また，2次方程式 $x^2+bx+a=0$ の二つの解が $\alpha-1$, $\beta-1$ であるから

$$\begin{cases}(\alpha-1)+(\beta-1)=-b\\(\alpha-1)(\beta-1)=a\end{cases}$$

$$\therefore\quad\begin{cases}\alpha+\beta-2=-b\\\alpha\beta-(\alpha+\beta)+1=a\end{cases}$$

この式に①を代入して

$$\begin{cases}a-2=-b\\b-a+1=a\end{cases}$$

$$\begin{cases}a+b=2\\2a-b=1\end{cases}$$

$$\therefore\quad a=\mathbf{1},\ b=\mathbf{1}$$

類題　6

ア，イ　1，7　ウ　⓪　$\frac{\boxed{エ}}{\boxed{オ}}a^2-a-\boxed{カ}$　$\frac{1}{4}a^2-a-1$

$\frac{\boxed{キク}}{\boxed{ケ}}a-\boxed{コ}$　$\frac{-1}{2}a-1$

(1)　2次方程式が虚数解をもつための条件は $D<0$ であるから

⬅ D は判別式。

$$D/4=a^2-(2a+6)<0$$
$$a^2-2a-6<0$$
$$1-\sqrt{7}<a<1+\sqrt{7}$$
$$\therefore\quad p=\mathbf{1-\sqrt{7}},\ q=1+\sqrt{7}\quad(\text{⓪})$$

(2)　2次方程式が重解をもつための条件は $D=0$ であるから

$$D=(a+2)^2-4(2a+b+2)=0$$
$$a^2-4a-4b-4=0$$
$$\therefore\quad b=\mathbf{\frac{1}{4}}a^2-a-\mathbf{1}$$

このとき重解は

$$x=-\frac{a+2}{2}=-\mathbf{\frac{1}{2}}a-\mathbf{1}$$

⬅ $ax^2+bx+c=0$ が重解をもつとき，重解は $-\frac{b}{2a}$

類題　7

ア　5　イウ　−9　エオカ　−14
$ab-$ キ $a-$ ク $b+$ ケ　$ab-3a-2b+6$　コ　2　サ　3
シス　−2　セ　1

(1)　$f(x)$は $x+2$ で割り切れるので

$f(-2)=-24+4a-2b+c=0$　← 因数定理。

$\therefore\ 4a-2b+c=24$　……①

$f(x)$を $x+1$, $x-2$ で割ったときの余りは，それぞれ，-3, 12 であるから

$$\begin{cases} f(-1)=-3+a-b+c=-3 \\ f(2)=24+4a+2b+c=12 \end{cases}$$

← 剰余の定理。

$$\therefore\ \begin{cases} a-b+c=0 \\ 4a+2b+c=-12 \end{cases}$$ ……②

①，②より　$a=\mathbf{5}$，$b=\mathbf{-9}$，$c=\mathbf{-14}$

(2)　$P(x)$を $x-1$ で割ったときの余りは

$P(1)=ab-\mathbf{3}a-\mathbf{2}b+\mathbf{6}$

$=(a-2)(b-3)$

$P(x)$が $x-1$ で割り切れるならば，$P(1)=0$ より

$a=\mathbf{2}$　または　$b=\mathbf{3}$

$P(x)$を $x+1$ で割ったときの余りは

$P(-1)=ab-a+2b-2$

$=(a+2)(b-1)$

$P(x)$が $x+1$ で割り切れるならば，$P(-1)=0$ より

$a=\mathbf{-2}$　または　$b=\mathbf{1}$

類題　8

ア　1　イウ $\pm\sqrt{\text{エ}}\,i$　$-2\pm\sqrt{2}\,i$　オ，カ　1，2
キク $\pm\sqrt{\text{ケ}}\,i$　$-1\pm\sqrt{5}\,i$　コサ　−3　シ　5
$\dfrac{\text{スセ}\pm\text{ソ}\sqrt{\text{タ}}}{2}$　$\dfrac{-5\pm3\sqrt{5}}{2}$　$\dfrac{\text{チ}\pm\sqrt{\text{ツテ}}}{2}$　$\dfrac{5\pm\sqrt{29}}{2}$

(1)　$x(x+1)(x+2)=1\cdot2\cdot3$　← $x=1$ が方程式を満たす。

$x^3+3x^2+2x-6=0$

$(x-1)(x^2+4x+6)=0$

$x=\mathbf{1}$，$\mathbf{-2}\pm\sqrt{\mathbf{2}}\,i$

←
```
1  3  2  -6 | 1
   1  4   6
-------------
1  4  6 | 0
```

類題の答

(2)　$P(x)=x^4-x^3+2x^2-14x+12$ とおく。

$P(1)=0$ より

$$P(x)=(x-1)(x^3+2x-12)$$

$Q(x)=x^3+2x-12$ とおく。

$Q(2)=0$ より

$$Q(x)=(x-2)(x^2+2x+6)$$

よって，$P(x)=0$ の解は

$$x=\mathbf{1},\ \mathbf{2},\ \mathbf{-1\pm\sqrt{5}\,i}$$

⬅ 12 の約数を代入する。±1，±2，±3 など。

⬅
$$\begin{array}{rrrrr|l} 1 & -1 & 2 & -14 & 12 & \underline{1} \\ & 1 & 0 & 2 & -12 & \\ \hline 1 & 0 & 2 & -12 & 0 & \end{array}$$

⬅
$$\begin{array}{rrrr|l} 1 & 0 & 2 & -12 & \underline{2} \\ & 2 & 4 & 12 & \\ \hline 1 & 2 & 6 & 0 & \end{array}$$

(3)　$(x^2+a)^2-(bx-2)^2$

$$=x^4+(2a-b^2)x^2+4bx+(a^2-4)$$

与式の両辺の係数を比べて

$$\begin{cases} 2a-b^2=-31 \\ 4b=20 \\ a^2-4=5 \end{cases} \qquad \therefore \quad a=\mathbf{-3},\ b=\mathbf{5}$$

よって

$$(x^2-3)^2-(5x-2)^2=0$$

$$(x^2+5x-5)(x^2-5x-1)=0$$

$$x=\mathbf{\frac{-5\pm3\sqrt{5}}{2}},\ \mathbf{\frac{5\pm\sqrt{29}}{2}}$$

類題 9

[ア]+[イ]$\sqrt{[ウ]}$ $5+2\sqrt{6}$　$\sqrt{[エ]}$ $\sqrt{6}$　$\pm\sqrt{[オ]}$ $\pm\sqrt{2}$　[カ] 2

[キ] 3　$\frac{[ク]}{[ケ]}$ $\frac{2}{7}$

(1)　$(与式)=xy+\dfrac{6}{xy}+5\geqq2\sqrt{xy\cdot\dfrac{6}{xy}}+5=5+2\sqrt{6}$

等号は $xy=\dfrac{6}{xy}>0$ すなわち $xy=\sqrt{\mathbf{6}}$ のとき成り立つので，

最小値は　$\mathbf{5+2\sqrt{6}}$

⬅ 展開してから，相加平均と相乗平均の関係を使う。

(2)　$(与式)=x^2+\dfrac{4}{x^2}-2\geqq2\sqrt{x^2\cdot\dfrac{4}{x^2}}-2=2$

等号は $x^2=\dfrac{4}{x^2}$ すなわち $x^2=2$ より $x=\pm\sqrt{\mathbf{2}}$ のとき成り立つので，最小値は　**2**

(3)　$(与式)=\dfrac{2}{x+\dfrac{9}{x}+1}$ であり，$x+\dfrac{9}{x}+1\geqq2\sqrt{x\cdot\dfrac{9}{x}}+1=7$

⬅ 分子，分母を x で割り，分母に相加平均と相乗平均の関係を使う。

等号は $x=\frac{9}{x}>0$ すなわち $x=\mathbf{3}$ のとき成り立つので，最大値は $\frac{\mathbf{2}}{\mathbf{7}}$

類題　10

x^2- ア $x+$ イ　x^2-2x+3　ウ $x-$ エ　$7x-1$　オ　1
カ + キ $\sqrt{17}$　$4+2\sqrt{17}$

(1)　割り算を実行すると

$$
\begin{array}{r}
x^2-2x+3 \\
x^2+x-3 \,\big)\, x^4-x^3-2x^2+16x-10 \\
\underline{x^4+x^3-3x^2 \qquad\qquad} \\
-2x^3+x^2+16x \quad\; \\
\underline{-2x^3-2x^2+6x \quad\;} \\
3x^2+10x-10 \\
\underline{3x^2+3x-9} \\
7x-1
\end{array}
$$

商は　$\mathbf{x^2-2x+3}$，余りは　$\mathbf{7x-1}$

(2)　$x=\frac{-1+\sqrt{17}}{2}$ のとき

$(2x+1)^2=(\sqrt{17})^2$　　∴　$x^2+x=4$　　……①　　⬅ $4x^2+4x+1=17$

ゆえに　$A=\mathbf{1}$

また，(1)より

$B=A(x^2-2x+3)+7x-1$

と変形できるので，この式に①を代入して　　⬅ ① $\Longleftrightarrow$ $x^2=-x+4$

$B=1\cdot(-3x+7)+7x-1=4x+6$

$=4\cdot\frac{-1+\sqrt{17}}{2}+6=\mathbf{4+2\sqrt{17}}$

類題　11

ア　2　イ，ウエオ　3，127　カキ，クケ　−7，37
コ　9　サシス　100

条件(A)より

$f(x)=(x^2-4x+3)g_1(x)+65x-68$　　⬅ 商を $g_1(x)$ とする。

$=(x-1)(x-3)g_1(x)+65x-68$

とおけるので

$$f(1)=-3,\ f(3)=127 \quad \cdots\cdots①$$

である。同様に，条件(B)より

$$f(x)=(x^2+6x-7)g_2(x)-5x+a$$
$$=(x-1)(x+7)g_2(x)-5x+a$$

← 商を $g_2(x)$ とする。

とおけるので

$$f(1)=a-5$$

これと①より $a=\mathbf{2}$ であり，このとき

$$f(-7)=37 \quad \cdots\cdots②$$

$f(x)$ を $x^2+4x-21=(x-3)(x+7)$ で割ったときの商を $h(x)$ とすると

$$f(x)=(x-3)(x+7)h(x)+bx+c$$

とおける。この式と①，②より

$$\begin{cases} f(3)=3b+c=127 \\ f(-7)=-7b+c=37 \end{cases}$$

したがって　$b=\mathbf{9}$，$c=\mathbf{100}$

類題　12

アイ　-2　ウ　1　エ　3　オ　0　カ　6　キク　20

右辺を展開して両辺の係数を比較する。

$$(\text{右辺})=(x-\alpha)(x-\beta)(x-\gamma)$$
$$=\{x^2-(\alpha+\beta)x+\alpha\beta\}(x-\gamma)$$
$$=x^3-(\alpha+\beta+\gamma)x^2+(\alpha\beta+\beta\gamma+\gamma\alpha)x-\alpha\beta\gamma$$

よって

$$\begin{cases} \alpha+\beta+\gamma=2 & \cdots\cdots① \\ \alpha\beta+\beta\gamma+\gamma\alpha=n & \cdots\cdots② \\ \alpha\beta\gamma=-6 & \cdots\cdots③ \end{cases}$$

← 解と係数の関係。

$\alpha \leqq \beta \leqq \gamma$ とすると，①，③より

$$\alpha<0<\beta \leqq \gamma \quad \cdots\cdots④$$

← α，β，γ のうち2つが正，1つが負。

③，④より，α は $6=2\cdot3$ の負の約数であるから

$$\alpha=-1,\ -2,\ -3,\ -6$$

・$\alpha=-1$ のとき

$$\beta+\gamma=3,\ \beta\gamma=6 \quad \cdots\cdots\text{不適}$$

← β，γ は正の整数。

・$\alpha=-2$ のとき

$$\beta+\gamma=4,\ \beta\gamma=3 \qquad \therefore\ \beta=1,\ \gamma=3$$

・$\alpha=-3$ のとき

$\beta+\gamma=5$，$\beta\gamma=2$ ……不適

・$\alpha=-6$ のとき

$\beta+\gamma=8$，$\beta\gamma=1$ ……不適

よって，$\alpha=\mathbf{-2}$，$\beta=\mathbf{1}$，$\gamma=\mathbf{3}$ であり，②より　$n=-5$

このとき，-2，$1+3i$，$1-3i$ を解とする3次方程式(の1つ)は

$$(x+2)\{x-(1+3i)\}\{x-(1-3i)\}=0$$

$$(x+2)(x^2-2x+10)=0$$

$$x^3+6x+20=0$$

よって　$p=\mathbf{0}$，$q=\mathbf{6}$，$r=\mathbf{20}$

類題　13

ア$\sqrt{\text{イ}}$　$3\sqrt{5}$　　$\dfrac{\text{ウエ}}{\text{オ}}$　$\dfrac{-3}{4}$　　(カ，キ)　(3，2)　　ク　4

ケ　0

(1)　$\mathrm{AB}=\sqrt{(5-2)^2+(-2-4)^2}=\mathbf{3\sqrt{5}}$

2点A，Bから等距離にある y 軸上の点を $\mathrm{P}(0,\ p)$ とすると，$\mathrm{AP}=\mathrm{BP}$ より

$$\sqrt{(-2)^2+(p-4)^2}=\sqrt{(-5)^2+(p+2)^2}$$

$$\therefore\quad p^2-8p+20=p^2+4p+29\qquad\therefore\quad p=\mathbf{-\frac{3}{4}}$$

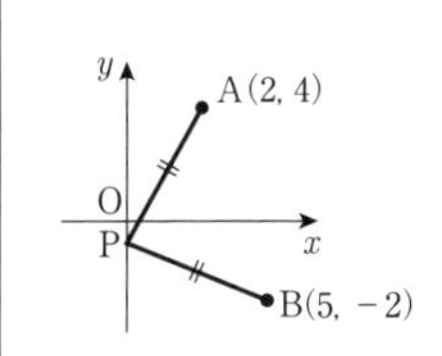

(2)　線分ABを1：2に内分する点の座標は

$$\left(\frac{2\cdot2+1\cdot5}{1+2},\ \frac{2\cdot4+1\cdot(-2)}{1+2}\right)=(\mathbf{3},\ \mathbf{2})$$

線分ACを3：1に外分する点がBのとき

$$\left(\frac{-1\cdot2+3p}{3-1},\ \frac{-1\cdot4+3q}{3-1}\right)=(5,\ -2)$$

$$\therefore\quad p=\mathbf{4},\ q=\mathbf{0}$$

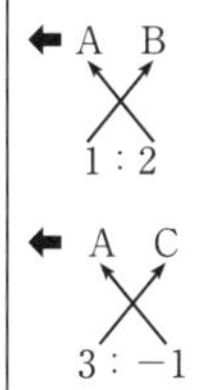

類題　14

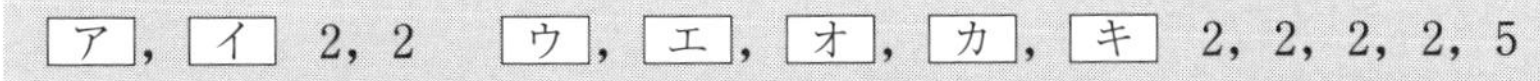

ア，イ　2，2　　ウ，エ，オ，カ，キ　2，2，2，2，5

直線ABの方程式は

$$y-4=\frac{a^2-4}{a+2}(x+2)\qquad\therefore\quad y=(a-\mathbf{2})x+\mathbf{2}a$$

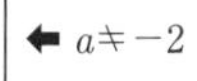

線分ABの中点は$\left(\dfrac{a-2}{2},\ \dfrac{a^2+4}{2}\right)$であるから，線分ABの垂

直二等分線の方程式は，$a \neq 2$ のとき

$$y-\frac{a^2+4}{2}=-\frac{1}{a-2}\left(x-\frac{a-2}{2}\right)$$

$$2(a-2)y-(a-2)(a^2+4)=-2x+(a-2)$$

$$\therefore\quad \boldsymbol{2x+2(a-2)y-(a-2)(a^2+5)=0}$$

これは $a=2$ のときも成り立つ。

← 傾き $a-2$ の直線に垂直な直線の傾きは $-\frac{1}{a-2}$

← $a=2$ のときは，$x=0$

類題 15

$\frac{\boxed{アイ}}{\boxed{ウ}}$ $\frac{-3}{5}$　$\boxed{エ}$ 1　$\boxed{オカ}$，$\boxed{キ}$ -1，3

$x^2+y^2+2ax-4ay+2a+3=0$ ……① より

$$(x+a)^2+(y-2a)^2=5a^2-2a-3$$

①が円を表す条件は

$$5a^2-2a-3>0 \qquad \therefore\quad (5a+3)(a-1)>0$$

$$\therefore\quad \boldsymbol{a<-\frac{3}{5},\ 1<a}$$

← $5a^2-2a-3=(\text{半径})^2$

また，①が円を表すとき，中心の y 座標は $2a$ であるから，x 軸と接する条件は

$$|2a|=\sqrt{5a^2-2a-3}$$

← $|\text{中心の } y \text{ 座標}|=\text{半径}$

2乗して整理すると

$$a^2-2a-3=0 \qquad \therefore\quad \boldsymbol{a=-1,\ 3}$$

類題 16

$\boxed{ア}$，$\boxed{イウ}$ 4, 16　$\boxed{エ}$，$\boxed{オ}$，$\boxed{カキ}$ 1，1，25

(1)　中心の座標を$(p,\ 0)$，半径を r とすると，円の方程式は $(x-p)^2+y^2=r^2$ と表される。

← 中心の y 座標は 0

← 円の方程式を $x^2+y^2+ax-b=0$ とおいて，2点の座標を代入してもよい。

これが2点$(2,\ 2)$，$(0,\ 4)$を通るから

$$\begin{cases}(2-p)^2+4=r^2\\ p^2+16=r^2\end{cases}$$

$$\therefore\quad (2-p)^2+4=p^2+16 \qquad \therefore\quad p=-2 \qquad \therefore\quad r^2=20$$

よって，円の方程式は　$(x+2)^2+y^2=20$

$$\therefore\quad \boldsymbol{x^2+y^2+4x-16=0}$$

(2)　A(4，5)，B(−4，1)，C(6，1)とすると，直線ABの傾きは $\frac{1}{2}$，直線ACの傾きは -2 である。よって，AB⊥AC

← 円の方程式を $x^2+y^2+ax+by+c=0$ とおいて，3点の座標を代入し，a，b，c を求めてもよい。

であり，3点A，B，Cを通る円は，線分BCが直径の円である。

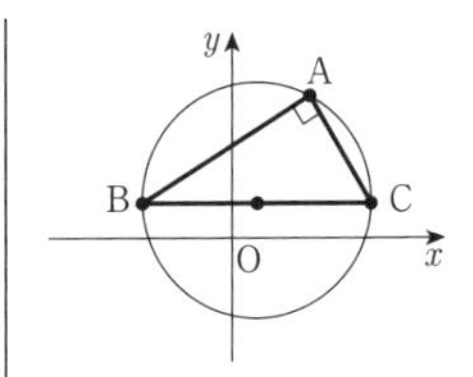

したがって

$$中心\left(\frac{-4+6}{2},\ 1\right)=(1,\ 1),\quad 半径\ \frac{1}{2}BC=5$$

よって，円の方程式は　$(x-1)^2+(y-1)^2=\mathbf{25}$

類題 17

$\left(\frac{\boxed{アイ}}{\boxed{ウ}},\ \frac{\boxed{エ}}{\boxed{オ}}\right)$　$\left(\frac{-3}{5},\ \frac{6}{5}\right)$

A(1, 2)とし，求める点をA′$(p,\ q)$とする。直線AA′の傾きは $\frac{q-2}{p-1}$，ℓ の傾きは -2 であり，AA′$\perp\ell$ より

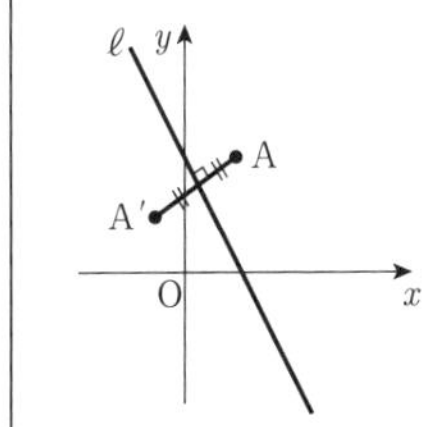

$$\frac{q-2}{p-1}(-2)=-1 \qquad \therefore\quad p=2q-3$$

線分AA′の中点 $\left(\frac{p+1}{2},\ \frac{q+2}{2}\right)$ が ℓ 上にあることから

$$2\left(\frac{p+1}{2}\right)+\frac{q+2}{2}-2=0 \qquad \therefore\quad q=-2p$$

よって　$p=-\frac{3}{5}$，$q=\frac{6}{5}$　　$\therefore$　$\left(-\frac{\mathbf{3}}{\mathbf{5}},\ \frac{\mathbf{6}}{\mathbf{5}}\right)$

類題 18

$\boxed{ア}$，$\boxed{イ}$，$\boxed{ウ}$　3，6，9　$(\boxed{エ},\ \boxed{オ})$　(3, 3)

P′の座標は$(a,\ a-3)$であるから，直線OP′の傾きは $\frac{a-3}{a}$ である。よって，直線PHの方程式は

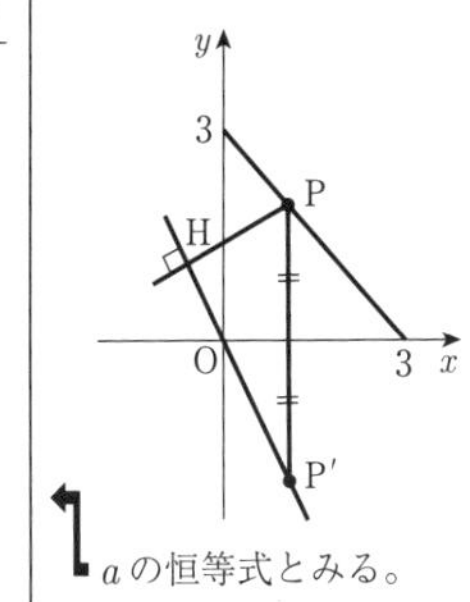

$$y-(3-a)=-\frac{a}{a-3}(x-a)$$

$$\therefore\quad ax+(a-\mathbf{3})y-\mathbf{6}a+\mathbf{9}=0$$

これを a について整理すると

$$(x+y-6)a-3(y-3)=0$$

← a の恒等式とみる。

ここで

$$\begin{cases} x+y-6=0 \\ y-3=0 \end{cases} \quad とすると\quad x=3,\ y=3$$

よって，a の値にかかわらず，すなわち点Pのとり方によらず，直線PHは定点(**3**, **3**)を通る。

類題 19

$\left(\boxed{ア},\ \dfrac{\boxed{イ}}{\boxed{ウ}}\right)$　$\left(1,\ \dfrac{9}{2}\right)$　$\dfrac{\boxed{エ}\sqrt{\boxed{オ}}}{\boxed{カ}}$　$\dfrac{3\sqrt{5}}{2}$　$\dfrac{x+\boxed{キ}}{\boxed{ク}}$　$\dfrac{x+1}{2}$

$\dfrac{y-\boxed{ケ}}{\boxed{コ}}$　$\dfrac{y-2}{2}$　$x^2+\boxed{サ}x+\boxed{シ}$　x^2+2x+3

(1)　P$(x,\ y)$とする。AP：BP$=1:3$ より

$$3\text{AP}=\text{BP}\qquad\therefore\quad 9\text{AP}^2=\text{BP}^2$$
$$9\{(x-2)^2+(y-4)^2\}=(x-10)^2+y^2$$
$$x^2+y^2-2x-9y+10=0$$
$$\therefore\quad (x-1)^2+\left(y-\frac{9}{2}\right)^2=\frac{45}{4}$$

よって，Pの軌跡は中心$\left(\mathbf{1},\ \dfrac{\mathbf{9}}{\mathbf{2}}\right)$，半径$\dfrac{\mathbf{3\sqrt{5}}}{\mathbf{2}}$の円。

⬅ Pの座標を$(x,\ y)$とおいて，x，yが満たす方程式を求める。

(2)　線分APの中点がQであるから

$$u=\frac{x+\mathbf{1}}{\mathbf{2}},\quad v=\frac{y-\mathbf{2}}{\mathbf{2}}\qquad\cdots\cdots①$$

点Qが放物線 $C：y=2x^2$ 上を動くとき

$$v=2u^2$$

が成り立つ。①を代入すると

$$\frac{y-2}{2}=2\left(\frac{x+1}{2}\right)^2$$
$$\therefore\quad y=(x+1)^2+2=x^2+2x+3$$

よって，点Pの軌跡は

放物線 $y=x^2+\mathbf{2}x+\mathbf{3}$

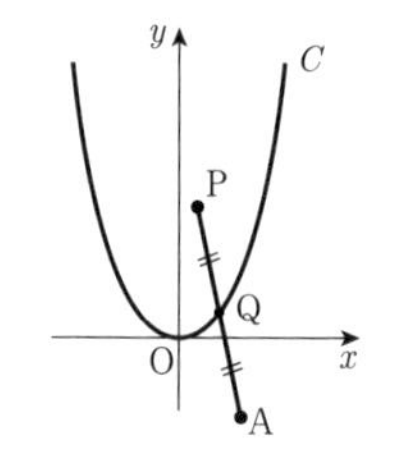

⬅ Pの座標$(x,\ y)$が満たす方程式を求める。

類題 20

$\dfrac{\boxed{ア}\pi+\sqrt{\boxed{イ}}}{\boxed{ウ}}$　$\dfrac{5\pi+\sqrt{3}}{3}$　$\boxed{エ}$，$\boxed{オ}$　①，③（順不同）

(1)　領域は右図の網目部分（境界を含む）。

面積は，半径2，中心角150°の扇形と2辺の長さが2，$\dfrac{2}{\sqrt{3}}$と夾角が30°の三角形を合わせたものであるから

$$\frac{5}{12}\cdot 2^2\pi+\frac{1}{2}\cdot 2\cdot\frac{2}{\sqrt{3}}\cdot\sin 30^\circ$$

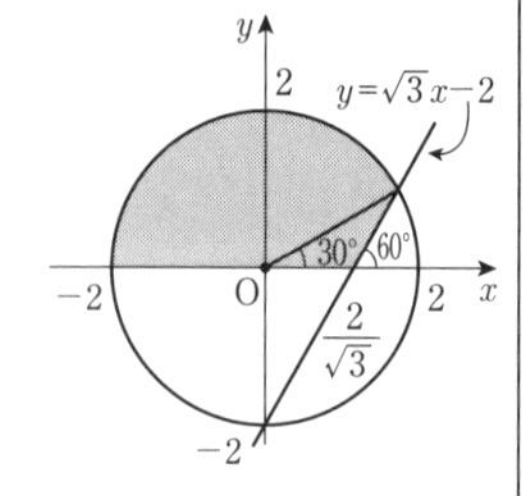

⬅ $\tan 60^\circ=\sqrt{3}$ より直線 $y=\sqrt{3}x-2$ とx軸とのなす角は60°，y軸とのなす角は30°。

$$=\frac{5}{3}\pi+\frac{\sqrt{3}}{3}=\frac{\mathbf{5\pi+\sqrt{3}}}{\mathbf{3}}$$

(2)　$x-2y+6=0$ から

$$y=\frac{1}{2}x+3$$

$x^2+y^2-2x-6y=0$ から

$$(x-1)^2+(y-3)^2=10$$

点$(0,\ 4)$を含む領域は右図の網目部分(境界を含まない)であるから

⬅ 円は原点 O を通る。

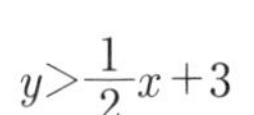

$$y>\frac{1}{2}x+3 \qquad \therefore\ \ x-2y+6<0 \qquad (①)$$

⬅ 直線の上側。

$$(x-1)^2+(y-3)^2<10 \qquad \therefore\ \ x^2+y^2-2x-6y<0 \quad (③)$$

⬅ 円の内部。

類題　21

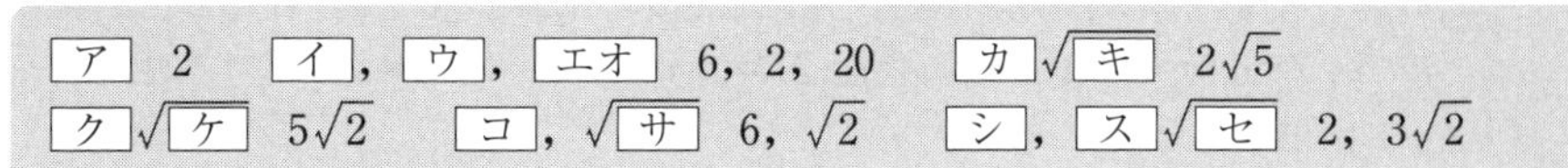
ア　2　　イ，ウ，エオ　6，2，20　　カ$\sqrt{}$キ　$2\sqrt{5}$
ク$\sqrt{}$ケ　$5\sqrt{2}$　　コ，$\sqrt{}$サ　6，$\sqrt{2}$　　シ，ス$\sqrt{}$セ　2，$3\sqrt{2}$

$\mathrm{OP}:\mathrm{AP}=\sqrt{2}:1$ より　$\mathrm{OP}=\sqrt{2}\,\mathrm{AP}$

よって　$\mathrm{OP}^2=\mathbf{2}\mathrm{AP}^2$

$\mathrm{P}(x,\ y)$とおくと

$$\mathrm{OP}^2=x^2+y^2,\ \ \mathrm{AP}^2=(x-3)^2+(y-1)^2$$

であるから

$$x^2+y^2=2\{(x-3)^2+(y-1)^2\}$$

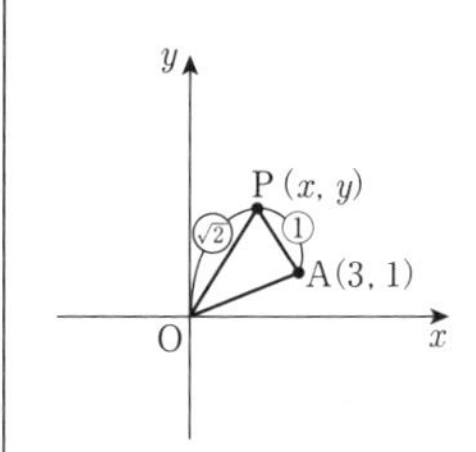

展開して，整理すると

$$x^2+y^2-12x-4y+20=0$$

$$(x-\mathbf{6})^2+(y-\mathbf{2})^2=\mathbf{20}$$

円 C の中心を $\mathrm{D}(6,\ 2)$とする。点 P が円 C 上を動くとき，線分 OA を底辺とする △OAP の高さが最大になるのは，PD⊥OA のときである。したがって，△OAP の高さの最大値は

$$\mathrm{PD}=(\text{円 } C \text{ の半径})=\mathbf{2\sqrt{5}}$$

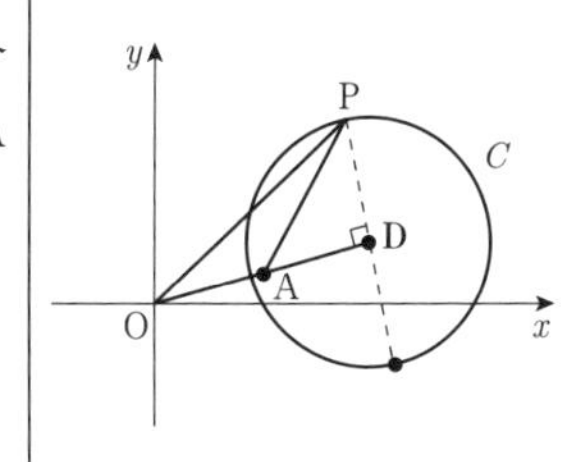

$\mathrm{OA}=\sqrt{3^2+1^2}=\sqrt{10}$ より，△OAP の面積の最大値は

$$\frac{1}{2}\cdot\sqrt{10}\cdot2\sqrt{5}=\mathbf{5\sqrt{2}}$$

点 D を通り，直線 OA に垂直な直線の方程式は

$$y=-3(x-6)+2$$

$$\therefore\ \ y=-3x+20$$

この直線と円 C との交点を求めると

$(x-6)^2+(-3x+18)^2=20$

$(x-6)^2+9(x-6)^2=20$

⬅ 展開して整理すると
$x^2-12x+34=0$

$(x-6)^2=2$

$x=6\pm\sqrt{2}$

このとき　$y=-3(6\pm\sqrt{2})+20=2\mp3\sqrt{2}$　(複号同順)

よって，点Pの座標は

$(\mathbf{6+\sqrt{2}},\ \mathbf{2-3\sqrt{2}})$　または　$(6-\sqrt{2},\ 2+3\sqrt{2})$

類題 22

(アイ，ウ)　$(-1,\ 2)$　$\dfrac{\text{エオ}}{\text{カ}}$，キ　$\dfrac{-1}{2}$，2

ク，$\dfrac{\text{ケ}}{\text{コ}}$　0，$\dfrac{3}{4}$

ℓ：$ax-y+a+2=0$ から　$a(x+1)-(y-2)=0$

⬅ aについて整理する。

$\begin{cases} x+1=0 \\ y-2=0 \end{cases}$　とすると　$x=-1,\ y=2$

よって，ℓ は aの値にかかわらず定点$(\mathbf{-1},\ \mathbf{2})$を通る。

C：$x^2+y^2-4x-6y+8=0$ から $(x-2)^2+(y-3)^2=5$

Cは点$(2,\ 3)$を中心とする半径$\sqrt{5}$ の円である。Cの中心と ℓ との距離を dとすると

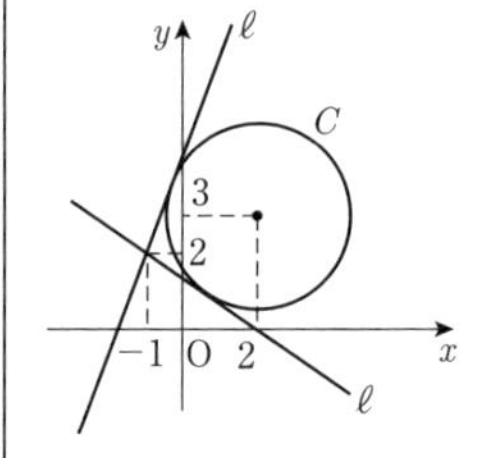

$$d=\frac{|2a-3+a+2|}{\sqrt{a^2+1}}=\frac{|3a-1|}{\sqrt{a^2+1}}$$

Cと ℓ が2点で交わる条件は　$d<\sqrt{5}$

$\therefore$　$|3a-1|<\sqrt{5}\sqrt{a^2+1}$

両辺を2乗して

$(3a-1)^2<5(a^2+1)$

$2a^2-3a-2<0$

$(2a+1)(a-2)<0$

$\therefore$　$\mathbf{-\dfrac{1}{2}}<a<\mathbf{2}$

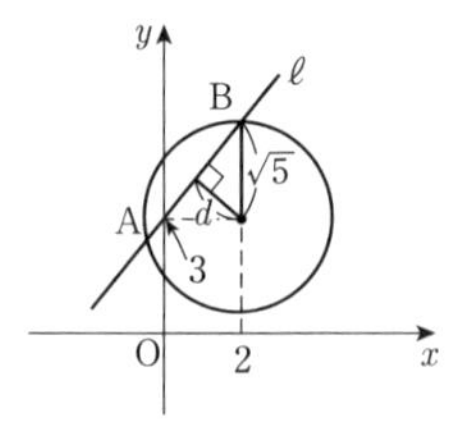

また，Cと ℓ が2点A，Bで交わり，AB=4 になるとき，三平方の定理より

$$d^2+\left(\frac{1}{2}\text{AB}\right)^2=5$$

$$\frac{(3a-1)^2}{a^2+1}=1$$

$4a^2-3a=0 \quad \therefore \quad a=0,\ \frac{3}{4}$

類題 23

ア　5　　イウ $a+$ エ b　$-3a+4b$　　オ　5　　カ　5

(キ, ク)　(1, 2)　$\left(-\frac{ケコ}{サ},\ -\frac{シ}{ス}\right)$　$\left(-\frac{11}{5},\ -\frac{2}{5}\right)$

セ, ソ　3, 4　$\frac{|タm+チ|}{\sqrt{m^2+ツ}}$　$\frac{|3m+4|}{\sqrt{m^2+1}}$　$\sqrt{テ}$　$\sqrt{5}$

$-\frac{ト}{ナ}$　$-\frac{1}{2}$　$-\frac{ニヌ}{ネ}$　$-\frac{11}{2}$　$\frac{ノ}{ハ}$　$\frac{5}{2}$　$\frac{ヒフ}{ヘ}$　$\frac{25}{2}$

(i)　円 $C:x^2+y^2=5$ 上の点 $\mathrm{P}(a, b)$ における接線 ℓ の方程式は

$$ax+by=5$$

← 接線の公式。

で表される。点 $\mathrm{A}(-3,\ 4)$ は ℓ 上にあるから

$$-3a+4b=5 \quad \cdots\cdots ①$$

$\mathrm{P}(a,\ b)$ は C 上にあるから

$$a^2+b^2=5 \quad \cdots\cdots ②$$

①, ②より a を消去すると

$$\left(\frac{4b-5}{3}\right)^2+b^2=5$$

$$5b^2-8b-4=0$$

$$(b-2)(5b+2)=0$$

$$\therefore \quad b=2,\ -\frac{2}{5}$$

$$\therefore \quad (a,\ b)=(1,\ 2),\left(-\frac{11}{5},\ -\frac{2}{5}\right)$$

(ii)　$\mathrm{A}(-3,\ 4)$ を通るから ℓ の方程式を

$$y=m(x+3)+4$$

つまり

$$mx-y+3m+4=0$$

とおくと，C の中心$(0,\ 0)$と ℓ の距離が半径 $\sqrt{5}$ に等しいから

$$\frac{|3m+4|}{\sqrt{m^2+1}}=\sqrt{5}$$

← 点と直線の距離公式。

$$(3m+4)^2=5(m^2+1)$$

$$4m^2+24m+11=0$$

$(2m+11)(2m+1)=0$

$\therefore\ m=-\dfrac{1}{2},\ -\dfrac{11}{2}$

(i), (ii)より，ℓ の方程式は

$y=-\dfrac{1}{2}x+\dfrac{5}{2}$ または $y=-\dfrac{11}{2}x-\dfrac{25}{2}$

類題 24

(［アイ］, ［ウ］)　$(-1,\ 0)$　$\left(\dfrac{［エ］}{［オ］},\ \dfrac{［カ］}{［キ］}\right)$　$\left(\dfrac{4}{5},\ \dfrac{3}{5}\right)$　$\dfrac{［ク］}{［ケ］}$　$\dfrac{3}{4}$

$\dfrac{［コ］}{［サ］}$　$\dfrac{3}{5}$　$\dfrac{［シ］}{［ス］}$　$\dfrac{3}{4}$　$-\dfrac{［セ］}{［ソタ］}$　$-\dfrac{9}{13}$

(1) $3y-x=1$ より $x=3y-1$ であり，$x^2+y^2=1$ に代入して

$(3y-1)^2+y^2=1$

$5y^2-3y=0\qquad\therefore\ y=0,\ \dfrac{3}{5}$

よって，C と直線 $3y-x=1$ との共有点の座標は

$(-1,\ 0),\ \left(\dfrac{4}{5},\ \dfrac{3}{5}\right)$

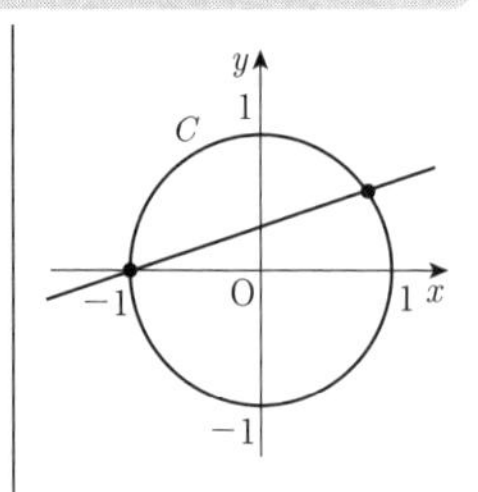

(2) ℓ の方程式は $y=a\left(x-\dfrac{5}{3}\right)$ すなわち $ax-y-\dfrac{5}{3}a=0$ と表される。

円 C の中心$(0,\ 0)$と ℓ の距離を d とすると

$d=\dfrac{\left|-\dfrac{5}{3}a\right|}{\sqrt{a^2+1}}$

⬅ 点と直線の距離公式。

$d=1$ のとき，C と ℓ が接するから

⬅ $d=$(円 C の半径)のとき，C と ℓ が接する。

$\dfrac{\left|-\dfrac{5}{3}a\right|}{\sqrt{a^2+1}}=1,\quad \dfrac{25}{9}a^2=a^2+1$

$a^2=\dfrac{9}{16}\qquad\therefore\ a=\pm\dfrac{3}{4}$

原点を通り ℓ に垂直な直線 $y=-\dfrac{1}{a}x$ と ℓ の交点が接点であるから

$ax+\dfrac{1}{a}x-\dfrac{5}{3}a=0\qquad\therefore\ x=\dfrac{5a^2}{3(a^2+1)}$

$a^2=\dfrac{9}{16}$ より　$x=\dfrac{3}{5}$

$D:\begin{cases} x^2+y^2 \leqq 1 \\ y \leqq \dfrac{1}{3}x+\dfrac{1}{3} \end{cases}$ は右図の斜線部分（境界を含む）。

ℓ と D が共有点をもつような a の最大値は ℓ が C と第4象限で接するときで

$a=\mathbf{\dfrac{3}{4}}$

最小値は ℓ が点 $\left(\dfrac{4}{5},\ \dfrac{3}{5}\right)$ を通るときで

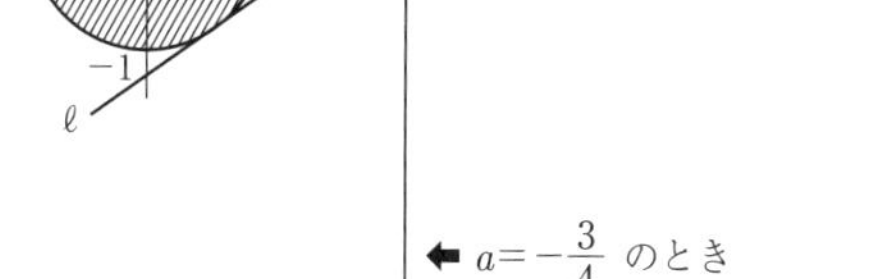

⬅ $a=-\dfrac{3}{4}$ のとき接点は D に含まれない。

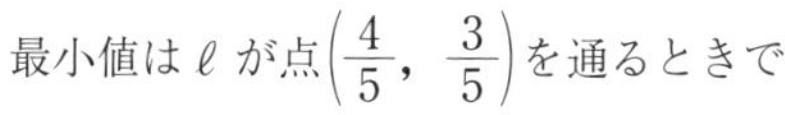

$\dfrac{3}{5}=a\left(\dfrac{4}{5}-\dfrac{5}{3}\right)$　　$\therefore\ \ a=\mathbf{-\dfrac{9}{13}}$

(別解)

(2)　ℓ の方程式は　$y=a\left(x-\dfrac{5}{3}\right)$

$x^2+y^2=1$ に代入すると

$x^2+a^2\left(x-\dfrac{5}{3}\right)^2=1$

$(a^2+1)x^2-\dfrac{10}{3}a^2x+\dfrac{25}{9}a^2-1=0$　　……①

C と ℓ が接するとき，①は重解をもつから

$(\text{判別式})=\left(\dfrac{10}{3}a^2\right)^2-4(a^2+1)\left(\dfrac{25}{9}a^2-1\right)=0$

$\dfrac{16}{9}a^2-1=0$　　$\therefore\ \ a=\pm\mathbf{\dfrac{3}{4}}$

$a=\pm\dfrac{3}{4}$ を①に代入すると

$\dfrac{25}{16}x^2-\dfrac{30}{16}x+\dfrac{9}{16}=0$

$(5x-3)^2=0$　　$\therefore\ \ x=\mathbf{\dfrac{3}{5}}$

類題 25

$\dfrac{\sqrt{\boxed{ア}}}{\boxed{イ}}$ $\dfrac{\sqrt{3}}{2}$　　$\boxed{ウエ}$ -4　　$\dfrac{\boxed{オ}}{\boxed{カ}}$ $\dfrac{7}{6}$

(1)　$(\text{与式})=\left(-\dfrac{\sqrt{3}}{2}\right)-2\cdot\left(-\dfrac{\sqrt{3}}{2}\right)=\mathbf{\dfrac{\sqrt{3}}{2}}$

(2)　(与式)$=\sqrt{2}\cdot\left(-\dfrac{1}{\sqrt{2}}\right)-\sqrt{3}\cdot\sqrt{3}=\mathbf{-4}$

(3)　(与式)$=\dfrac{2}{\sqrt{3}}\cdot\dfrac{1}{\sqrt{3}}-\dfrac{1}{\sqrt{2}}\cdot\left(-\dfrac{1}{\sqrt{2}}\right)=\mathbf{\dfrac{7}{6}}$

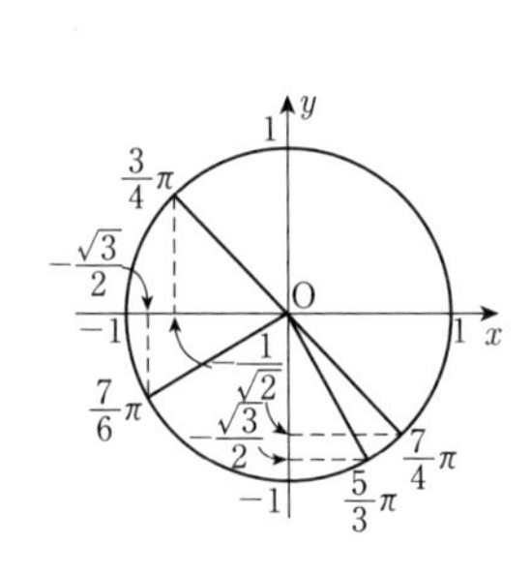

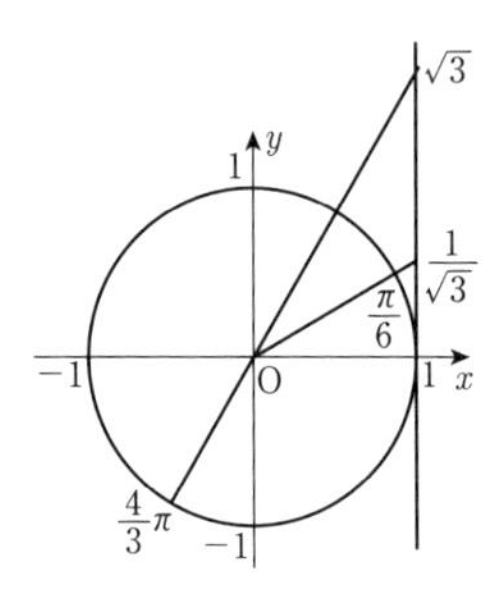

類題　26

$\dfrac{\boxed{ア}+\sqrt{\boxed{イ}}}{\boxed{ウ}}$　$\dfrac{1+\sqrt{7}}{4}$　　$\dfrac{\boxed{エオ}+\sqrt{\boxed{カ}}}{\boxed{キ}}$　$\dfrac{-1+\sqrt{7}}{4}$

$\dfrac{\boxed{ク}+\sqrt{\boxed{ケ}}}{\boxed{コ}}$　$\dfrac{4+\sqrt{7}}{3}$　　$\boxed{サ}-\sqrt{\boxed{シ}}$　$1-\sqrt{2}$

(1)　$\cos\theta=\sin\theta-\dfrac{1}{2}$ より

$\sin^2\theta+\left(\sin\theta-\dfrac{1}{2}\right)^2=1$　　⬅ $\sin^2\theta+\cos^2\theta=1$

$\therefore\quad 8\sin^2\theta-4\sin\theta-3=0$

$0<\theta<\pi$ より $\sin\theta>0$ であるから　$\sin\theta=\mathbf{\dfrac{1+\sqrt{7}}{4}}$　　⬅ 2次方程式の解の公式。

このとき

$\cos\theta=\sin\theta-\dfrac{1}{2}=\mathbf{\dfrac{-1+\sqrt{7}}{4}}$

$\tan\theta=\dfrac{\sin\theta}{\cos\theta}=\dfrac{1+\sqrt{7}}{-1+\sqrt{7}}=\mathbf{\dfrac{4+\sqrt{7}}{3}}$　　⬅ 分母を有理化する。

(2)　$(\sin\theta+\cos\theta)^2=1+2\sin\theta\cos\theta$ が成り立つので，

$\sin\theta+\cos\theta=\sin\theta\cos\theta=t$ とおくと

$t^2=1+2t\qquad\therefore\quad t^2-2t-1=0$

$-1\leqq\sin\theta\leqq1$，$-1\leqq\cos\theta\leqq1$ より $-1\leqq t\leqq1$ であるから

$t=\mathbf{1-\sqrt{2}}$

⬅ $t=\dfrac{1}{2}\sin2\theta$ より $-\dfrac{1}{2}\leqq t\leqq\dfrac{1}{2}$

類題　27

$\dfrac{\boxed{ア}}{\boxed{イ}}\pi$　$\dfrac{2}{3}\pi$　　$\boxed{ウ}$　4　　$\boxed{エ}$　6

正で最小の周期は $\dfrac{2\pi}{3}=\dfrac{2}{3}\pi$ である。$0\leqq\theta\leqq2\pi$ の範囲で，

$y=2\cos3\theta$ のグラフと $y=2$ の共有点は4個あり，$y=2\cos3\theta$ と $y=\sin\theta$ のグラフの共有点は6個あるので，解の個数も，それぞれ4個と6個である。

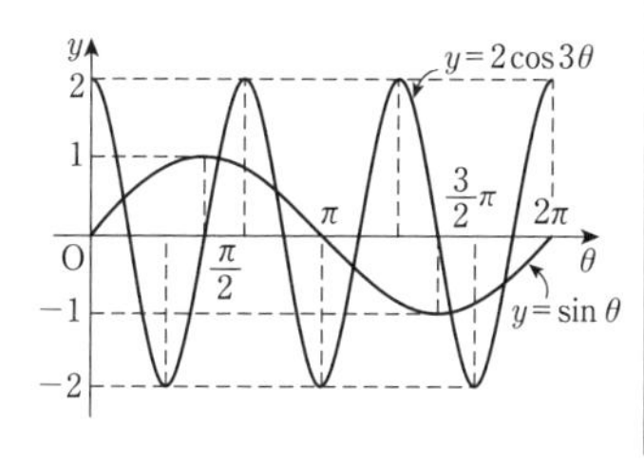

⬅ $y=\cos m\theta$ の周期は $\dfrac{2\pi}{|m|}$ である。

類題　28

$\dfrac{\boxed{ア}}{\boxed{イ}}a$　$\dfrac{1}{2}a$　　$\dfrac{\boxed{ウ}-a^2}{\boxed{エ}}$　$\dfrac{6-a^2}{2}$　　$\boxed{オ}a+\boxed{カ}$　$2a+5$

$\cos\theta=t$ とおくと，$0\leqq\theta\leqq\pi$ のとき $-1\leqq t\leqq1$ である。

$$y=5-2at-2(1-t^2)=2t^2-2at+3$$
$$=2\left(t-\frac{a}{2}\right)^2-\frac{a^2}{2}+3$$

$0<a<2$ より $0<\dfrac{a}{2}<1$ であるから

$t=\dfrac{1}{2}a$ のとき最小値 $\dfrac{6-a^2}{2}$

$t=-1$ のとき最大値 $2a+5$

をとる。

⬅ 変数を $\cos\theta$ に統一する。

⬅ 軸 $t=\dfrac{a}{2}$

類題　29

$\dfrac{\sqrt{\boxed{ア}}-\sqrt{\boxed{イ}}}{\boxed{ウ}}$　$\dfrac{\sqrt{6}-\sqrt{2}}{4}$　　$\dfrac{\boxed{エ}-\boxed{オ}\sqrt{\boxed{カ}}}{\boxed{キ}}$　$\dfrac{3-2\sqrt{3}}{6}$

(1)　$\sin\dfrac{11}{12}\pi=\sin\left(\dfrac{2}{3}\pi+\dfrac{\pi}{4}\right)=\sin\dfrac{2}{3}\pi\cos\dfrac{\pi}{4}+\cos\dfrac{2}{3}\pi\sin\dfrac{\pi}{4}$

$$=\frac{\sqrt{3}}{2}\cdot\frac{\sqrt{2}}{2}+\left(-\frac{1}{2}\right)\cdot\frac{\sqrt{2}}{2}=\frac{\sqrt{6}-\sqrt{2}}{4}$$

⬅ $\dfrac{11}{12}\pi=165^\circ$
$=120^\circ+45^\circ$
$=\dfrac{2}{3}\pi+\dfrac{\pi}{4}$

(2)　$\sin\alpha=\sqrt{\dfrac{2}{3}}$ のとき $\cos\alpha=-\dfrac{1}{\sqrt{3}}$ であるから

$$\cos\left(\alpha-\frac{5}{6}\pi\right)=\cos\alpha\cos\frac{5}{6}\pi+\sin\alpha\sin\frac{5}{6}\pi$$
$$=-\frac{1}{\sqrt{3}}\cdot\left(-\frac{\sqrt{3}}{2}\right)+\sqrt{\frac{2}{3}}\cdot\frac{1}{2}$$
$$=\frac{\sqrt{3}+\sqrt{2}}{2\sqrt{3}}$$

$$\sin\left(\frac{7}{4}\pi+\alpha\right)=\sin\frac{7}{4}\pi\cos\alpha+\cos\frac{7}{4}\pi\sin\alpha$$
$$=-\frac{\sqrt{2}}{2}\cdot\left(-\frac{1}{\sqrt{3}}\right)+\frac{\sqrt{2}}{2}\cdot\sqrt{\frac{2}{3}}$$
$$=\frac{\sqrt{2}+2}{2\sqrt{3}}$$

よって　(与式)$=\dfrac{\sqrt{3}-2}{2\sqrt{3}}=\mathbf{\dfrac{3-2\sqrt{3}}{6}}$

⬅ $\cos^2\alpha=1-\sin^2\alpha=\dfrac{1}{3}$
α が第2象限の角のとき
$\cos\alpha<0$

類題　30

ア, イ　2, 1　$\dfrac{\text{ウエ}-\sqrt{\text{オ}}}{\text{カ}}$　$\dfrac{-2-\sqrt{2}}{2}$

キク, ケ, コ　−3, 2, 2　$\dfrac{\text{サ}}{\text{シ}}$　$\dfrac{7}{3}$　ス　1

(1)　$f(\theta)=\dfrac{1-\cos2\theta}{2}+\sin2\theta-3\cdot\dfrac{1+\cos2\theta}{2}$

$$=\sin2\theta-\mathbf{2}\cos2\theta-\mathbf{1}$$

と変形できるので

$$f\left(\frac{\pi}{8}\right)=\sin\frac{\pi}{4}-2\cos\frac{\pi}{4}-1=\mathbf{\frac{-2-\sqrt{2}}{2}}$$

⬅ $\cos2\theta=2\cos^2\theta-1$
$=1-2\sin^2\theta$

(2)　$g(\theta)=2\sin\theta+(1-2\sin^2\theta)+(1-\sin^2\theta)$

$$=\mathbf{-3}\sin^2\theta+\mathbf{2}\sin\theta+\mathbf{2}$$

$\sin\theta=t$ とおくと $0\leqq\theta\leqq\pi$ のとき $0\leqq t\leqq1$ であり

$$g(\theta)=-3t^2+2t+2=-3\left(t-\frac{1}{3}\right)^2+\frac{7}{3}$$

よって　最大値 $\mathbf{\dfrac{7}{3}}\left(t=\dfrac{1}{3}\right)$, 最小値 $\mathbf{1}$ $(t=1)$

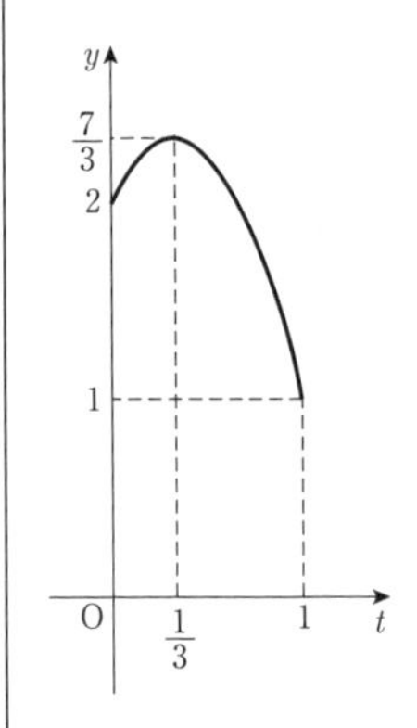

類題　31

ア , イ	2, 1	$\frac{\pi}{\boxed{ウ}}$	$\frac{\pi}{2}$	$\frac{\boxed{エ}}{\boxed{オ}}\pi$	$\frac{7}{6}\pi$	$\frac{\boxed{カキ}}{\boxed{ク}}\pi$	$\frac{11}{6}\pi$
$\frac{\boxed{ケ}}{\boxed{コ}}\pi$	$\frac{5}{4}\pi$	$\frac{\boxed{サ}}{\boxed{シ}}\pi$	$\frac{7}{4}\pi$				

$$y=\cos(2\theta+\pi)+\cos\left(\theta+\frac{\pi}{2}\right)=-\cos 2\theta-\sin\theta$$
$$=-(1-2\sin^2\theta)-\sin\theta=\mathbf{2\sin^2\theta-\sin\theta-1}$$

と表されるので，$y=0$ のとき

$$2\sin^2\theta-\sin\theta-1=0$$
$$(\sin\theta-1)(2\sin\theta+1)=0$$
$$\sin\theta=1,\ -\frac{1}{2}\qquad \therefore\quad \theta=\frac{\pi}{2},\ \frac{7}{6}\pi,\ \frac{11}{6}\pi$$

$y=\dfrac{\sqrt{2}}{2}$ のとき

$$2\sin^2\theta-\sin\theta-\left(1+\frac{\sqrt{2}}{2}\right)=0$$
$$4\sin^2\theta-2\sin\theta-(2+\sqrt{2})=0$$
$$(2\sin\theta+\sqrt{2})\{2\sin\theta-(\sqrt{2}+1)\}=0$$

$-1\leqq\sin\theta\leqq1$ より　$\sin\theta=-\dfrac{\sqrt{2}}{2}$　　$\therefore\quad \theta=\dfrac{5}{4}\pi,\ \dfrac{7}{4}\pi$

⬅ $\cos(\theta+\pi)=-\cos\theta$

$\cos\left(\theta+\frac{\pi}{2}\right)=-\sin\theta$

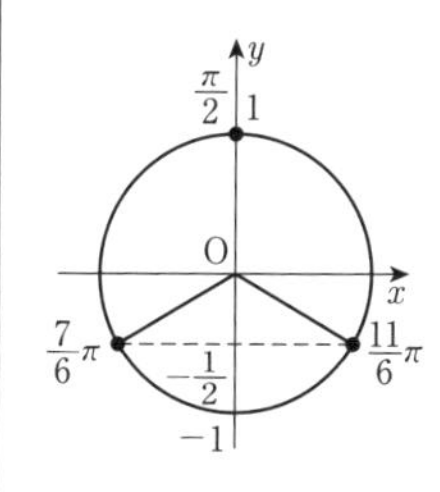

$2+\sqrt{2}=\sqrt{2}(\sqrt{2}+1)$

2 ╲╱ $\sqrt{2}$

2 ╱╲ $-(\sqrt{2}+1)$

2次方程式の解の公式を用いてもよい。

類題　32

ア , イ , ウ	4, 2, 2	$\frac{\pi}{\boxed{エ}},\frac{\boxed{オ}}{\boxed{カ}}\pi$	$\frac{\pi}{6},\frac{2}{3}\pi$
$\frac{\boxed{キ}}{\boxed{ク}}\pi,\frac{\boxed{ケ}}{\boxed{コ}}\pi$	$\frac{5}{6}\pi,\frac{4}{3}\pi$		

与式より

$$2\sin\theta\cos\theta>\sqrt{2}\left(\cos\theta\cos\frac{\pi}{4}-\sin\theta\sin\frac{\pi}{4}\right)+\frac{1}{2}$$
$$2ab>\sqrt{2}\left(\frac{1}{\sqrt{2}}b-\frac{1}{\sqrt{2}}a\right)+\frac{1}{2}$$
$$\mathbf{4ab+2a-2b-1>0}$$
$$(2a-1)(2b+1)>0$$
$$\therefore\quad \begin{cases} a>\dfrac{1}{2} \\ b>-\dfrac{1}{2} \end{cases}$$

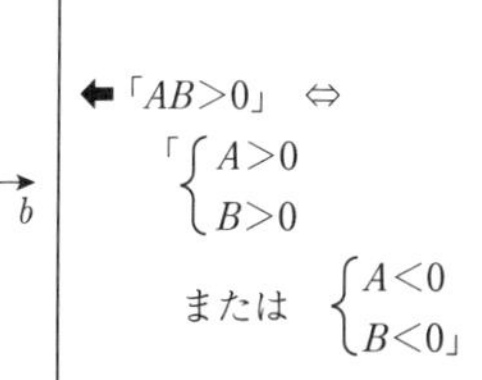

⬅「$AB>0$」 ⇔

「$\begin{cases} A>0 \\ B>0 \end{cases}$ または $\begin{cases} A<0 \\ B<0 \end{cases}$」

または $\begin{cases} a<\dfrac{1}{2} \\ b<-\dfrac{1}{2} \end{cases}$

よって

$$\frac{\pi}{6}<\theta<\frac{2}{3}\pi,\quad \frac{5}{6}\pi<\theta<\frac{4}{3}\pi$$

類題 33

$\sqrt{\boxed{ア}}$，$\dfrac{\pi}{\boxed{イ}}$　$\sqrt{2}$，$\dfrac{\pi}{3}$　$\dfrac{\boxed{ウ}}{\boxed{エオ}}\pi$　$\dfrac{7}{12}\pi$　$\dfrac{\boxed{カキ}}{\boxed{クケ}}\pi$　$\dfrac{13}{12}\pi$

$\dfrac{\pi}{\boxed{コ}}$　$\dfrac{\pi}{2}$　$\dfrac{\boxed{サ}}{\boxed{シ}}\pi$　$\dfrac{7}{6}\pi$

$$\begin{aligned} y&=\sqrt{2}\sin\left(\theta-\frac{5}{3}\pi\right)-\sqrt{6}\cos\theta \\ &=\sqrt{2}\left(\sin\theta\cos\frac{5}{3}\pi-\cos\theta\sin\frac{5}{3}\pi\right)-\sqrt{6}\cos\theta \\ &=\sqrt{2}\left(\frac{1}{2}\sin\theta+\frac{\sqrt{3}}{2}\cos\theta\right)-\sqrt{6}\cos\theta \\ &=\frac{1}{2}(\sqrt{2}\sin\theta-\sqrt{6}\cos\theta)=\sqrt{2}\sin\left(\theta-\frac{\pi}{3}\right) \end{aligned}$$

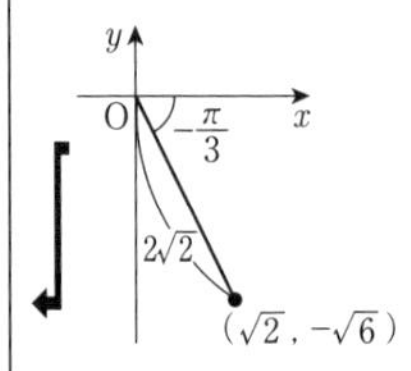

$-\dfrac{\pi}{3}\leqq\theta-\dfrac{\pi}{3}<\dfrac{5}{3}\pi$ であるから，$y=1$ のとき

$$\sin\left(\theta-\frac{\pi}{3}\right)=\frac{1}{\sqrt{2}}$$

$$\theta-\frac{\pi}{3}=\frac{\pi}{4},\ \frac{3}{4}\pi \qquad \therefore\quad \theta=\frac{7}{12}\pi,\ \frac{13}{12}\pi$$

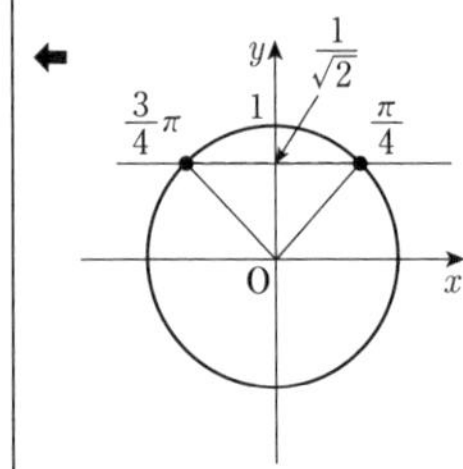

$y>\dfrac{1}{\sqrt{2}}$ のとき

$$\sin\left(\theta-\frac{\pi}{3}\right)>\frac{1}{2}$$

$$\frac{\pi}{6}<\theta-\frac{\pi}{3}<\frac{5}{6}\pi \qquad \therefore\quad \frac{\pi}{2}<\theta<\frac{7}{6}\pi$$

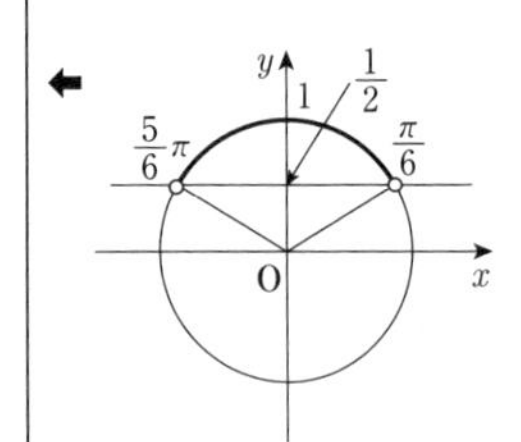

類題 34

ア$\sqrt{\text{イ}}$, $\dfrac{\text{ウ}}{\text{エ}}\pi$　$2\sqrt{3}$, $\dfrac{2}{3}\pi$　　オ　3　　カキ$\sqrt{\text{ク}}$　$-2\sqrt{3}$

$\dfrac{\text{ケ}}{\text{コ}}\pi$　$\dfrac{5}{6}\pi$

$$\begin{aligned} y&=2\sqrt{3}\cos\left(\theta+\frac{5}{6}\pi\right)+6\cos\theta \\ &=2\sqrt{3}\left\{\cos\theta\cdot\left(-\frac{\sqrt{3}}{2}\right)-\sin\theta\cdot\frac{1}{2}\right\}+6\cos\theta \\ &=-\sqrt{3}\sin\theta+3\cos\theta \\ &=\mathbf{2\sqrt{3}}\sin\left(\theta+\frac{\mathbf{2}}{\mathbf{3}}\pi\right) \end{aligned}$$

$(-\sqrt{3},\ 3)$　$2\sqrt{3}$　$\dfrac{2}{3}\pi$

$0\leqq\theta\leqq\pi$ より $\dfrac{2}{3}\pi\leqq\theta+\dfrac{2}{3}\pi\leqq\dfrac{5}{3}\pi$ であるから

$\theta+\dfrac{2}{3}\pi=\dfrac{2}{3}\pi$ つまり $\theta=0$ のとき

最大値　$2\sqrt{3}\cdot\dfrac{\sqrt{3}}{2}=\mathbf{3}$

$\theta+\dfrac{2}{3}\pi=\dfrac{3}{2}\pi$ つまり $\theta=\dfrac{\mathbf{5}}{\mathbf{6}}\pi$ のとき

最小値　$2\sqrt{3}\cdot(-1)=\mathbf{-2\sqrt{3}}$

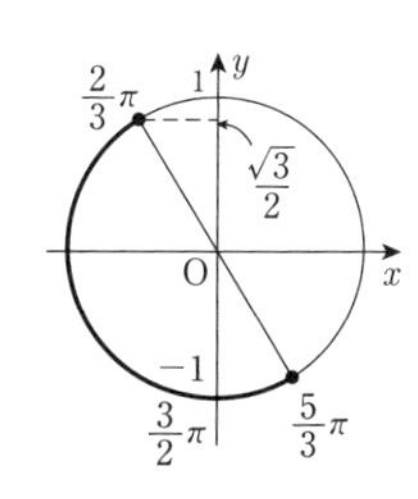

類題 35

ア　①　　イ　⑥　　ウ　⑦

(i)　$y=\dfrac{1}{2}\sin x$ のグラフは $y=\sin x$ のグラフを y 軸方向に $\dfrac{1}{2}$ 倍したグラフであるから　**①**

(ii)　$y=\sin\left(x+\dfrac{3}{2}\pi\right)=\sin\left(x-\dfrac{\pi}{2}\right)$ のグラフは $y=\sin x$ のグラフを x 軸方向に $\dfrac{\pi}{2}$ 平行移動したグラフであるから

$y=-\cos x$ のグラフに等しく　**⑥**

⬅ $\sin(\theta-2\pi)$
$=\sin\theta$

(iii)　$y=\cos\dfrac{x-\pi}{2}=\sin\dfrac{x}{2}$ のグラフは $y=\sin x$ のグラフを x 軸方向に2倍したグラフであるから　**⑦**

⬅ $\cos\left(\theta-\dfrac{\pi}{2}\right)$
$=\cos\left(\dfrac{\pi}{2}-\theta\right)$
$=\sin\theta$

類題 36

ア ④　イ ③　ウ ⑦　エ ①

(i)　$\sin\left(\frac{3}{2}\pi+\theta\right)=\sin\left(\pi+\frac{\pi}{2}+\theta\right)=-\sin\left(\frac{\pi}{2}+\theta\right)$

$=-\cos\theta$　(④)

← $\sin(\pi+\theta)=-\sin\theta$

← $\sin\left(\frac{\pi}{2}+\theta\right)=\cos\theta$

(ii)　$\cos\left(\frac{3}{2}\pi-\theta\right)=\cos\left(\pi+\frac{\pi}{2}-\theta\right)=-\cos\left(\frac{\pi}{2}-\theta\right)$

$=-\sin\theta$　(③)

← $\cos(\pi+\theta)=-\cos\theta$

← $\cos\left(\frac{\pi}{2}-\theta\right)=\sin\theta$

(iii)　$\tan\left(\frac{\pi}{2}+\theta\right)=-\frac{1}{\tan\theta}$　(⑦)

(iv)　$\sin\left(\frac{5}{2}\pi+\theta\right)=\sin\left(2\pi+\frac{\pi}{2}+\theta\right)=\sin\left(\frac{\pi}{2}+\theta\right)$

$=\cos\theta$　(①)

← $\sin(2\pi+\theta)=\sin\theta$

(注)　P を右図のようにとると

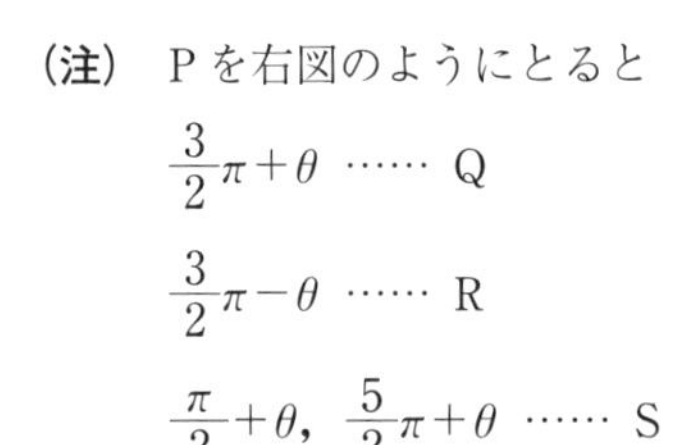

$\frac{3}{2}\pi+\theta$ …… Q

$\frac{3}{2}\pi-\theta$ …… R

$\frac{\pi}{2}+\theta$, $\frac{5}{2}\pi+\theta$ …… S

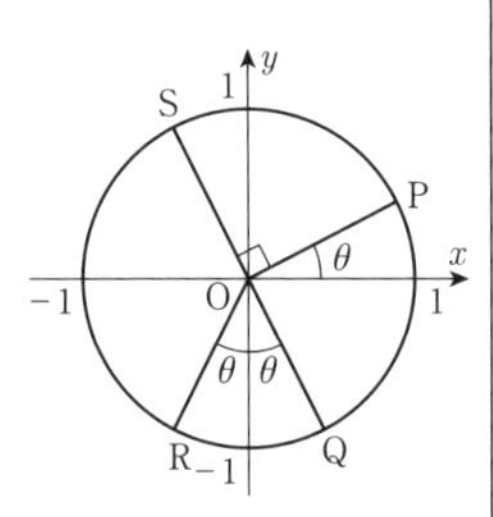

となる。

← P$(\cos\theta,\ \sin\theta)$

θ を $0<\theta<\frac{\pi}{4}$ として単位円周上にとってみる。

(i)　(Q の y 座標)$=-$(P の x 座標)

$\therefore\ \sin\left(\frac{3}{2}\pi+\theta\right)=-\cos\theta$

(ii)　(R の x 座標)$=-$(P の y 座標)

$\therefore\ \cos\left(\frac{3}{2}\pi-\theta\right)=-\sin\theta$

← $\cos\left(\frac{3}{2}\pi-\theta\right)$
$=\cos\frac{3}{2}\pi\cos\theta$
$+\sin\frac{3}{2}\pi\sin\theta$
$=-\sin\theta$

(iii)　(OS の傾き)$=-\frac{1}{(\text{OP の傾き})}$

$\therefore\ \tan\left(\frac{\pi}{2}+\theta\right)=-\frac{1}{\tan\theta}$

(iv)　(S の y 座標)$=$(P の x 座標)

$\therefore\ \sin\left(\frac{5}{2}\pi+\theta\right)=\cos\theta$

← $\sin\left(\frac{5}{2}\pi+\theta\right)$
$=\sin\left(\frac{\pi}{2}+\theta\right)$

類題 37

[ア], [イ]　⓪, ⓪　$\dfrac{\pi}{[ウ]}-\dfrac{\alpha}{[エ]}$　$\dfrac{\pi}{4}-\dfrac{\alpha}{2}$　$\dfrac{[オ]}{[カ]}\pi+\dfrac{\alpha}{[キ]}$　$\dfrac{3}{4}\pi+\dfrac{\alpha}{2}$

$-\dfrac{\pi}{[ク]}+\dfrac{\alpha}{[ケ]}$　$-\dfrac{\pi}{4}+\dfrac{\alpha}{2}$　$\dfrac{[コ]}{[サ]}\pi-\dfrac{\alpha}{[シ]}$　$\dfrac{5}{4}\pi-\dfrac{\alpha}{2}$

一般に，すべての x について

$$\sin x=\cos\left(\frac{\pi}{2}-x\right)=\cos\left(x-\frac{\pi}{2}\right)$$　（⓪，⓪）

が成り立つ。

$0\leqq\alpha<\dfrac{\pi}{2}$ のとき，①，②より

$$\cos 2\theta=\cos\left(\frac{\pi}{2}-\alpha\right)$$

← $0\leqq 2\theta\leqq 2\pi$　$0<\dfrac{\pi}{2}-\alpha\leqq\dfrac{\pi}{2}$

であるから

$$2\theta=\frac{\pi}{2}-\alpha,\ 2\pi-\left(\frac{\pi}{2}-\alpha\right)$$

$$\therefore\quad \theta_1=\boldsymbol{\frac{\pi}{4}-\frac{\alpha}{2}},\ \theta_2=\boldsymbol{\frac{3}{4}\pi+\frac{\alpha}{2}}$$

← $\dfrac{\pi}{4}-\dfrac{\alpha}{2}<\dfrac{3}{4}\pi+\dfrac{\alpha}{2}$

$\dfrac{\pi}{2}\leqq\alpha\leqq\pi$ のとき，①，②より

$$\cos 2\theta=\cos\left(\alpha-\frac{\pi}{2}\right)$$

← $0\leqq 2\theta\leqq 2\pi$　$0\leqq\alpha-\dfrac{\pi}{2}\leqq\dfrac{\pi}{2}$

であるから

$$2\theta=\alpha-\frac{\pi}{2},\ 2\pi-\left(\alpha-\frac{\pi}{2}\right)$$

$$\therefore\quad \theta_1=\boldsymbol{-\frac{\pi}{4}+\frac{\alpha}{2}},\ \theta_2=\boldsymbol{\frac{5}{4}\pi-\frac{\alpha}{2}}$$

← $-\dfrac{\pi}{4}+\dfrac{\alpha}{2}<\dfrac{5}{4}\pi-\dfrac{\alpha}{2}$

類題 38

[ア], [イ]$\sqrt{[ウ]}$, [エ]　2，$2\sqrt{3}$，1　[オ], [カ]　2，2

[キ], $\dfrac{\pi}{[ク]}$　2，$\dfrac{\pi}{3}$　[ケコ], $\sqrt{[サ]}$　-1，$\sqrt{3}$　$-\dfrac{\pi}{[シ]}$　$-\dfrac{\pi}{6}$

[スセ]　-3　$\dfrac{\sqrt{[ソ]}}{[タ]}$, $\dfrac{[チ]}{[ツ]}\pi$, $\dfrac{[テ]}{[ト]}$　$\dfrac{\sqrt{2}}{2}$，$\dfrac{3}{4}\pi$，$\dfrac{1}{2}$　[ナ]　1

$\dfrac{[ニ]-\sqrt{[ヌ]}}{[ネ]}$　$\dfrac{1-\sqrt{2}}{2}$　$\dfrac{[ノ]}{[ハ]}\pi$　$\dfrac{3}{8}\pi$

(1)　$t=\sin\theta+\sqrt{3}\cos\theta$ とおくと

$$t^2=\sin^2\theta+2\sqrt{3}\sin\theta\cos\theta+3\cos^2\theta$$

$$=\mathbf{2}\cos^2\theta+\mathbf{2\sqrt{3}}\sin\theta\cos\theta+\mathbf{1}$$

$$=2\cdot\frac{1+\cos 2\theta}{2}+2\sqrt{3}\cdot\frac{1}{2}\sin 2\theta+1$$

$$=\cos 2\theta+\sqrt{3}\sin 2\theta+2$$

← $\sin^2\theta=1-\cos^2\theta$

← $\cos^2\theta=\dfrac{1+\cos 2\theta}{2}$

$\sin\theta\cos\theta=\dfrac{1}{2}\sin 2\theta$

であるから

$$y=\cos 2\theta+\sqrt{3}\sin 2\theta+2$$
$$-2(\sqrt{3}\cos\theta+\sin\theta)-2$$
$$=t^2-\mathbf{2}t-\mathbf{2}$$
$$=(t-1)^2-3$$

← $\cos 2\theta+\sqrt{3}\sin 2\theta+2$ の形にする。

また，$t=\mathbf{2}\sin\left(\theta+\dfrac{\pi}{\mathbf{3}}\right)$ であり，$-\dfrac{\pi}{2}\leqq t\leqq 0$ のとき

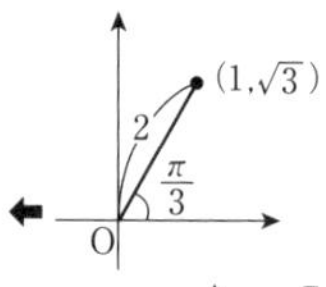

$-\dfrac{\pi}{6}\leqq\theta+\dfrac{\pi}{3}\leqq\dfrac{\pi}{3}$ であるから

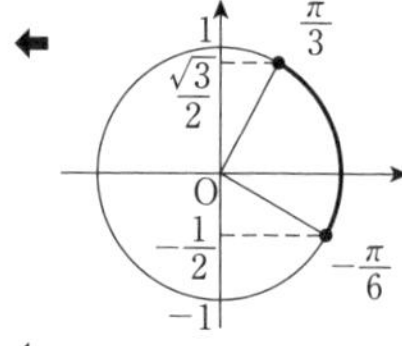

$$-\frac{1}{2}\leqq\sin\left(\theta+\frac{\pi}{3}\right)\leqq\frac{\sqrt{3}}{2}\qquad\therefore\quad \mathbf{-1}\leqq t\leqq\boldsymbol{\sqrt{3}}$$

したがって，y は

　$t=1$ のとき，最小値 $\mathbf{-3}$

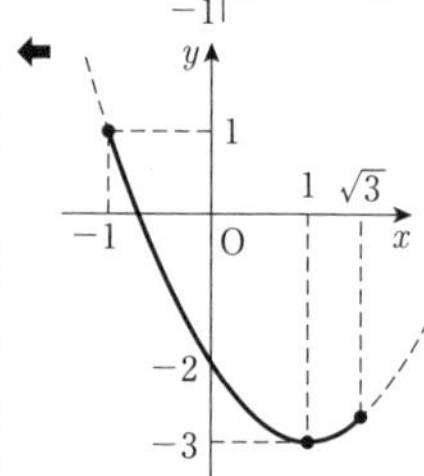

をとる。$t=1$ のとき

$$\sin\left(\theta+\frac{\pi}{3}\right)=\frac{1}{2}\qquad \theta+\frac{\pi}{3}=\frac{\pi}{6}\qquad\therefore\quad\theta=-\frac{\pi}{\mathbf{6}}$$

(2)　$y=\cos^2\theta-\sin\theta\cos\theta$

$$=\frac{1+\cos 2\theta}{2}-\frac{1}{2}\sin 2\theta$$

$$=\frac{1}{2}(-\sin 2\theta+\cos 2\theta)+\frac{1}{2}$$

$$=\frac{\sqrt{\mathbf{2}}}{\mathbf{2}}\sin\left(2\theta+\frac{\mathbf{3}}{\mathbf{4}}\pi\right)+\frac{\mathbf{1}}{\mathbf{2}}$$

$0\leqq\theta\leqq\dfrac{\pi}{2}$ より $\dfrac{3}{4}\pi\leqq 2\theta+\dfrac{3}{4}\pi\leqq\dfrac{7}{4}\pi$ であるから

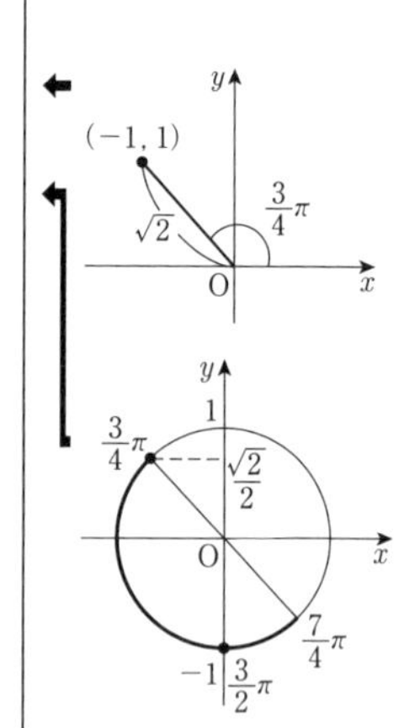

$2\theta+\dfrac{3}{4}\pi=\dfrac{3}{4}\pi$ つまり $\theta=0$ のとき

　最大値　$\mathbf{1}$

$2\theta+\dfrac{3}{4}\pi=\dfrac{3}{2}\pi$ つまり $\theta=\dfrac{\mathbf{3}}{\mathbf{8}}\pi$ のとき

　最小値　$\dfrac{\mathbf{1-\sqrt{2}}}{\mathbf{2}}$

類題 39

ア, イ　①, ⓪　ウ, エ　③, ④　オ　②

(1)　$P(\cos\theta,\ \sin\theta)$　(①, ⓪)

$Q\left(\cos\left(\frac{3}{2}\pi-\theta\right),\ \sin\left(\frac{3}{2}\pi-\theta\right)\right)=(-\sin\theta,\ -\cos\theta)$

(③, ④)

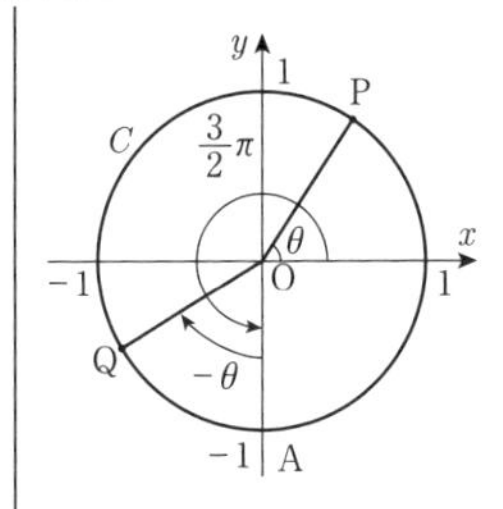

(2)

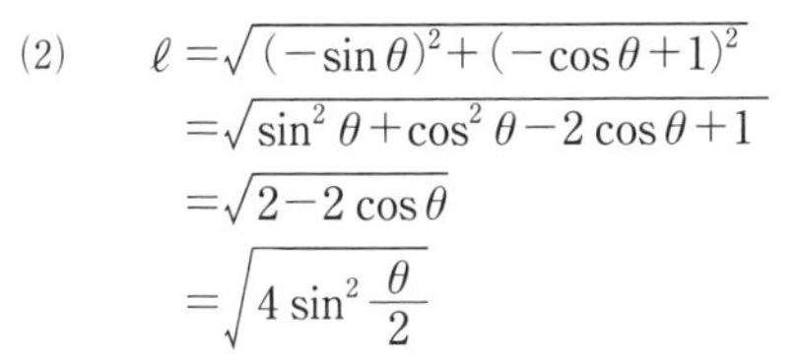

$$\ell=\sqrt{(-\sin\theta)^2+(-\cos\theta+1)^2}$$
$$=\sqrt{\sin^2\theta+\cos^2\theta-2\cos\theta+1}$$
$$=\sqrt{2-2\cos\theta}$$
$$=\sqrt{4\sin^2\frac{\theta}{2}}$$

⬅ $\sin^2\frac{\theta}{2}=\frac{1-\cos\theta}{2}$

$0<\frac{\theta}{2}<\frac{\pi}{2}$ より $\sin\frac{\theta}{2}>0$ であるから

$$\ell=2\sin\frac{\theta}{2}$$　(②)

類題 40

ア　⑨　イ　⑥　ウ　⑤　エ　③　オ, カ　4, 2
キ, ク　7, 4

(1)　$a=2^{-2}$　(⑨)

$b=(2^2)^{\frac{1}{3}}=2^{\frac{2}{3}}$　(⑥)

$c=(2^{-3})^{\frac{1}{2}}=2^{-\frac{3}{2}}$　(⑤)

$d=\frac{2}{(2^4)^{\frac{1}{3}}}=2^{1-\frac{4}{3}}=2^{-\frac{1}{3}}$　(③)

⬅ $\frac{1}{a^n}=a^{-n}$
$\sqrt[n]{a}=a^{\frac{1}{n}}$
$(a^r)^s=a^{rs}$
$\frac{a^r}{a^s}=a^{r-s}$

(2)　$x^{\frac{1}{2}}+x^{-\frac{1}{2}}=1+\sqrt{2}$ のとき

$$x+x^{-1}=(x^{\frac{1}{2}}+x^{-\frac{1}{2}})^2-2\cdot x^{\frac{1}{2}}\cdot x^{-\frac{1}{2}}$$
$$=(1+\sqrt{2})^2-2=1+2\sqrt{2}$$

⬅ a^2+b^2
$=(a+b)^2-2ab$

$$x^{\frac{3}{2}}+x^{-\frac{3}{2}}=(x^{\frac{1}{2}}+x^{-\frac{1}{2}})(x-x^{\frac{1}{2}}\cdot x^{-\frac{1}{2}}+x^{-1})$$
$$=(1+\sqrt{2})\cdot 2\sqrt{2}=\mathbf{4}+\mathbf{2}\sqrt{2}$$

⬅ a^3+b^3
$=(a+b)(a^2-ab+b^2)$

$$x^2+x^{-2}=(x+x^{-1})^2-2\cdot x\cdot x^{-1}$$
$$=(1+2\sqrt{2})^2-2=\mathbf{7}+\mathbf{4}\sqrt{2}$$

類題 41

$\frac{\boxed{ア}}{\boxed{イ}}$ $\frac{5}{4}$　$\boxed{ウ}$ 0　$\boxed{エ}$ 5

(1)　(与式) $=\dfrac{\log_2 32}{\log_2 16}=\dfrac{5}{4}$

← $\log_a b=\dfrac{\log_c b}{\log_c a}$

(2)　(与式) $=\dfrac{1}{3}\log_2 2^2\cdot 3-\dfrac{\log_2 6}{\log_2 4}+\dfrac{\log_2\sqrt{\dfrac{3}{2}}}{\log_2 8}$

$=\dfrac{1}{3}(2+\log_2 3)-\dfrac{1}{2}(1+\log_2 3)+\dfrac{1}{3}\cdot\dfrac{1}{2}(\log_2 3-1)$

$=\left(\dfrac{2}{3}-\dfrac{1}{2}-\dfrac{1}{6}\right)+\left(\dfrac{1}{3}-\dfrac{1}{2}+\dfrac{1}{6}\right)\log_2 3$

$=\mathbf{0}$

← $\log_a a^r=r$
$\log_a MN=\log_a M+\log_a N$
$\log_a\dfrac{M}{N}=\log_a M-\log_a N$

(3)　(与式) $=(2^2)^{\log_2\sqrt{5}}=2^{2\log_2\sqrt{5}}=2^{\log_2 5}=\mathbf{5}$

← $a^{\log_a M}=M$

類題 42

$\boxed{ア}$ ④　$\boxed{イ}$ ③　$\boxed{ウ}$ ④　$\boxed{エ}$ ①

(1)　$y=\left(\dfrac{1}{2}\right)^x=2^{-x}$ より，$y=-2^x$ のグラフは $y=\left(\dfrac{1}{2}\right)^x$ のグラフと原点に関して対称である(**④**)。

← x と y の符号が異なるので原点対称。

また，$y=\log_2(-x)$ より $-x=2^y$ であり，$x=-2^y$ であるから，直線 $y=x$ に関して対称である(**③**)。

← x と y を入れかえているので直線 $y=x$ に関して対称。

(2)　$y=\log_{\frac{1}{2}}\dfrac{1}{x}=\dfrac{\log_2\dfrac{1}{x}}{\log_2\dfrac{1}{2}}=\dfrac{-\log_2 x}{-1}=\log_2 x$ であるから，

$y=-\log_2(-x)$ のグラフと原点に関して対称である(**④**)。

← x と y の符号が異なるので原点対称。

また，$y=2\log_{\frac{1}{4}}x=2\cdot\dfrac{\log_2 x}{\log_2\frac{1}{4}}=-\log_2 x$ より，x 軸に関して対称である(**①**)。

← y の符号が異なるので x 軸対称。

類題 43

$\boxed{ア}$ 4　$\boxed{イ}$ 1　$\boxed{ウ}$ 4

$$y=\log_{\frac{1}{2}}(2x+8)=\log_{\frac{1}{2}}2(x+4)=\log_{\frac{1}{2}}(x+4)-1$$

より，このグラフを x 軸方向に **4**，y 軸方向に **1** だけ平行移動すると①のグラフになる。

← x を $x-4$，y を $y-1$ とおきかえる。

また，①において，$x=16k$ とおくと

$$y=\log_{\frac{1}{2}}16k=\log_{\frac{1}{2}}16+\log_{\frac{1}{2}}k=\log_{\frac{1}{2}}k-4$$

より，y の値は **4** 減少する。

類題 44

$\boxed{ア}$, $\dfrac{\boxed{イ}}{X}$, $\boxed{ウエ}$　9, $\dfrac{4}{X}$, 37　$\boxed{オ}$, $\dfrac{\boxed{カ}}{\boxed{キ}}$　4, $\dfrac{1}{9}$

$\dfrac{\boxed{ク}}{\log_2 3-\boxed{ケ}}$　$\dfrac{2}{\log_2 3-1}$　$\boxed{コサ}$　-2

①より

$$9+\frac{4\cdot 2^x}{3^x}+\frac{9\cdot 3^x}{2^x}+4=50$$

← まず展開する。

$$9\cdot\left(\frac{3}{2}\right)^x+4\cdot\left(\frac{2}{3}\right)^x-37=0$$

$X=\left(\dfrac{3}{2}\right)^x$ とおくと，$\dfrac{1}{X}=\left(\dfrac{2}{3}\right)^x$ であるから

$$\mathbf{9}X+\frac{\mathbf{4}}{X}-\mathbf{37}=0$$

$$9X^2-37X+4=0$$

← 両辺に X をかける。

$$(X-4)(9X-1)=0$$

$$\therefore\quad X=\mathbf{4},\ \frac{\mathbf{1}}{\mathbf{9}}$$

$X=\left(\dfrac{3}{2}\right)^x$ より

$$\log_2 X=x\log_2\frac{3}{2}$$

$$=x(\log_2 3-1)$$

から

$$x=\frac{\log_2 X}{\log_2 3-1}$$

← $\left(\dfrac{3}{2}\right)^x=4$

$x=\log_{\frac{3}{2}}4$

$=\dfrac{\log_2 4}{\log_2\dfrac{3}{2}}$

$=\dfrac{2}{\log_2 3-1}$

$X=4$ のとき　$x=\dfrac{\log_2 4}{\log_2 3-1}=\dfrac{\mathbf{2}}{\log_2 3-\mathbf{1}}$

$X=\dfrac{1}{9}$ のとき　$x=\dfrac{\log_2\dfrac{1}{9}}{\log_2 3-1}=\dfrac{\mathbf{-2}\log_2 3}{\log_2 3-1}$

類題の答

類題 45

$\frac{\boxed{ア}}{\boxed{イ}}$ $\frac{5}{4}$ $\frac{\boxed{ウエ}}{\boxed{オカ}}$ $\frac{17}{16}$

$f(1)=g(1)$，$f\left(\frac{1}{2}\right)=g\left(\frac{1}{2}\right)$ より

$$\begin{cases} \log_2(1+a)=\log_4(4+b) & \cdots\cdots① \\ \log_2\left(\frac{1}{2}+a\right)=\log_4(2+b) & \cdots\cdots② \end{cases}$$

①と $\log_4(4+b)=\frac{\log_2(4+b)}{\log_2 4}=\frac{1}{2}\log_2(4+b)$ から

← 底の変換公式。

$$2\log_2(1+a)=\log_2(4+b)$$
$$\log_2(1+a)^2=\log_2(4+b)$$
$$\therefore\quad (1+a)^2=4+b \qquad \cdots\cdots③$$

同様にして，②より

$$\left(\frac{1}{2}+a\right)^2=2+b \qquad \cdots\cdots④$$

③−④より　$a+\frac{3}{4}=2$　　$\therefore$　$a=\frac{5}{4}$

← $a>0$ を満たす。

このとき③より　$b=\frac{17}{16}$

← $b>0$ を満たす。

類題 46

$\boxed{ア}$，$\frac{\boxed{イ}}{\boxed{ウ}}$ 3，$\frac{1}{3}$ $\frac{\boxed{エオ}}{\boxed{カ}}<x<\boxed{キ}$ $\frac{-1}{2}<x<0$

$f(x)=3^x+3^{-x}$ のとき

$$f(x+1)=3^{x+1}+3^{-(x+1)}=3\cdot3^x+\frac{1}{3}\cdot3^{-x}$$

← $3^{-(x+1)}=3^{-x-1}=\frac{1}{3}\cdot3^{-x}$

である。

$f(x+1)>f(x)$ より

$$3\cdot3^x+\frac{1}{3}\cdot3^{-x}>3^x+3^{-x}$$
$$2\cdot3^x>\frac{2}{3}\cdot3^{-x}$$
$$\therefore\quad 3^x>3^{-x-1}$$

← 両辺を2で割る。
$\frac{1}{3}\cdot3^{-x}=3^{-x-1}$

底 $3>1$ より　$x>-x-1$　　$\therefore$　$x>-\frac{1}{2}$

また，$f(x-1)=3^{x-1}+3^{-(x-1)}=\frac{1}{3}\cdot 3^x+3\cdot 3^{-x}$ であるから，

$f(x-1)>f(x+1)$ より

$$\frac{1}{3}\cdot 3^x+3\cdot 3^{-x}>3\cdot 3^x+\frac{1}{3}\cdot 3^{-x}$$

$$\frac{8}{3}\cdot 3^{-x}>\frac{8}{3}\cdot 3^x$$

$$\therefore\quad 3^{-x}>3^x$$

← 両辺に $\frac{3}{8}$ をかける。

底 $3>1$ より　$-x>x$　　$\therefore\quad x<0$

よって，$f(x)<f(x+1)<f(x-1)$ を満たす x の範囲は

$$-\frac{1}{2}<x<0$$

類題　47

［ア］$<x<$［イ］　$2<x<8$　　［ウ］$<x<$［エ］　$6<x<8$

［オ］$<x<$［カ］　$2<x<6$

(真数)>0 より

$$8-x>0,\quad x-2>0$$

$$\therefore\quad 2<x<8 \quad\cdots\cdots②$$

・$0<a<1$ のとき，①より

$$\log_a(8-x)^2>\log_a(x-2)$$

$$(8-x)^2<x-2$$

$$(x-6)(x-11)<0$$

$$\therefore\quad 6<x<11$$

← 底 a が $0<a<1$ の場合，不等号の向きが反対になる。

②を考えて　$6<x<8$

・$a>1$ のとき，①より

$$(8-x)^2>x-2$$

$$(x-6)(x-11)>0$$

$$x<6,\quad 11<x$$

②を考えて　$2<x<6$

類題の答

類題 48

ア	⓪	イ	②	ウ	②	エ	⓪	オ	5

カ，キ ⓪，③　$a+$ ク $a+1$　ケ，コ ①，⓪

サ，シ ⓪，①　ス，セ，ソ ①，②，⓪

$3^5=243$，$4^4=256$ より　$3^5<4^4$　(⓪)

両辺の対数(底 3)をとると

$$5<4\log_3 4 \qquad \therefore \quad \frac{5}{4}<\log_3 4$$

よって　$a>\frac{5}{4}$　(②)

$4^5=1024$，$5^4=625$ より　$4^5>5^4$　(②)

両辺の対数(底 4)をとると

$$5>4\log_4 5 \qquad \therefore \quad \frac{5}{4}>\log_4 5$$

よって　$b<\frac{5}{4}$　(⓪)

$$ab=\log_3 4\cdot\frac{\log_3 5}{\log_3 4}=\log_3 5$$

⬅ 底を 3 に変換する。

$$c=\frac{\log_3 20}{\log_3 12}=\frac{\log_3 4+\log_3 5}{\log_3 4+\log_3 3}=\frac{a+ab}{a+1} \quad (⓪，③)$$

⬅ $20=4\cdot5$
$12=4\cdot3$

であり

$$c-a=\frac{a+ab}{a+1}-a=\frac{ab-a^2}{a+1}$$

$$=\frac{a}{a+1}(b-a) \quad (①，⓪)$$

$$c-b=\frac{a+ab}{a+1}-b=\frac{1}{a+1}(a-b) \quad (⓪，①)$$

$b<\frac{5}{4}<a$ より

$$c-a<0,\quad c-b>0$$

$$\therefore \quad b<c<a \quad (①，②，⓪)$$

類題 49

アイ，ウ　-3，1　エ，オ，カ　2，8，6　キ　2
クケ　16　$\frac{\text{コ}}{\text{サ}}$　$\frac{1}{4}$　シス　-2　セ，$\frac{\text{ソ}}{\text{タ}}$，チ　1，$\frac{1}{2}$，3
ツ$\sqrt{\text{テ}}$　$8\sqrt{3}$　$\sqrt{\text{ト}}$　$\sqrt{6}$　$\sqrt{\text{ナ}}$　$\sqrt{6}$

(1)　$t=\log_2 x$ とおくと，$\frac{1}{8}\leqq x\leqq 2$ のとき

$$\mathbf{-3\leqq t\leqq 1}$$

であり

$$\log_2 2x=\log_2 2+\log_2 x=1+t$$

であるから

$$y=2(\log_2 2x)^2+2\log_2(2x)+2\log_2 x+2$$
$$=2(1+t)^2+2(1+t)+2t+2$$
$$=\mathbf{2t^2+8t+6}=2(t+2)^2-2$$

したがって

$t=1$　のとき最大値　**16**

$t=-2$ のとき最小値　**-2**

をとる。また

$t=1$　のとき　$\log_2 x=1$　　$\therefore$　$x=\mathbf{2}$

$t=-2$ のとき　$\log_2 x=-2$　　$\therefore$　$x=\mathbf{\frac{1}{4}}$

である。

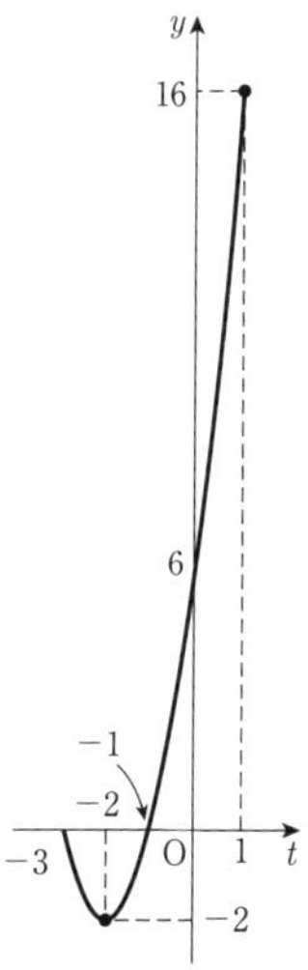

⬅ $\log_2\frac{1}{8}=-3$
$\log_2 2=1$

⬅ $\log_2(2x)^2=2\log_2(2x)$

(2)　$2^x>0$ であるから，相加平均と相乗平均の関係により

$$6\cdot 2^x+2^{3-x}=6\cdot 2^x+\frac{8}{2^x}\geqq 2\sqrt{6\cdot 2^x\cdot\frac{8}{2^x}}=8\sqrt{3}$$

等号が成り立つのは

$$6\cdot 2^x=\frac{8}{2^x}$$

$$2^{2x}=\frac{4}{3}$$

$$2x=\log_2\frac{4}{3}$$

$$x=\frac{1}{2}\log_2\frac{4}{3}=1-\frac{1}{2}\log_2 3$$

のときである。

よって，$x=\mathbf{1-\frac{1}{2}\log_2 3}$ のとき，最小値 $\mathbf{8\sqrt{3}}$ をとる。

⬅ $a>0$，$b>0$ のとき
$\frac{a+b}{2}\geqq\sqrt{ab}$
$(a+b\geqq 2\sqrt{ab})$
$a=b$ のとき等号が成り立つ。

(3)　$\log_x 8+\log_4 x=\frac{3}{\log_2 x}+\frac{\log_2 x}{2}$

⬅ 底を2にそろえる。

$x>1$ のとき，$\log_2 x>0$ であるから，相加平均と相乗平均の関係により

$$\frac{3}{\log_2 x}+\frac{\log_2 x}{2}\geqq 2\sqrt{\frac{3}{\log_2 x}\cdot\frac{\log_2 x}{2}}=\sqrt{6}$$

等号が成り立つのは

$$\frac{3}{\log_2 x}=\frac{\log_2 x}{2}$$

$$(\log_2 x)^2=6$$

$\log_2 x>0$ より

$$\log_2 x=\sqrt{6}$$

$$x=2^{\sqrt{6}}$$

のときである。

よって，$x=2^{\sqrt{6}}$ のとき，最小値 $\sqrt{\mathbf{6}}$ をとる。

類題　50

アイ	22	ウエ	19	オカ	26	キ	4	ク	1

(1)　$\log_{10}12^{20}=20\log_{10}12=20(2\log_{10}2+\log_{10}3)$

$\qquad=20(2\cdot 0.3010+0.4771)=21.5820$

← $12=2^2\cdot 3$

より，$12^{20}=10^{21.5820}$ であるから

$$10^{21}<12^{20}<10^{22}$$

よって，12^{20} は **22** 桁の数である。

(2)　$\log_{10}\left(\frac{1}{18}\right)^{15}=15\log_{10}\frac{1}{18}=-15(\log_{10}2+2\log_{10}3)$

$\qquad=-15(0.3010+2\cdot 0.4771)=-18.8280$

← $18=2\cdot 3^2$

より，$\left(\frac{1}{18}\right)^{15}=10^{-18.8280}$ であるから

$$10^{-19}<\left(\frac{1}{18}\right)^{15}<10^{-18}$$

よって，$\left(\frac{1}{18}\right)^{15}$ は小数第 **19** 位に初めて 0 でない数が現れる。

(3)　条件より

$$\begin{cases}10^7\leqq 2^n<10^8\\10^8\leqq 2^{n+1}<10^9\end{cases}\qquad\therefore\quad\begin{cases}7\leqq n\log_{10}2<8\\8\leqq(n+1)\log_{10}2<9\end{cases}$$

ここで

$$\frac{7}{\log_{10}2}=23.2\cdots,\quad\frac{8}{\log_{10}2}=26.5\cdots,\quad\frac{9}{\log_{10}2}=29.9\cdots$$

であるから

$$\begin{cases} 23.2<n<26.6 \\ 25.5<n<29.0 \end{cases}$$

n は整数であるから　$n=\mathbf{26}$

(4)　条件より

$$10^{23} \leqq a^5b^5 < 10^{24} \quad \cdots\cdots ①$$

$$10^{15} \leqq \frac{a^5}{b^5} < 10^{16} \quad \cdots\cdots ②$$

①，②式を辺々かけると

$$10^{38} \leqq a^{10} < 10^{40}$$

$$\therefore \quad 10^{3.8} \leqq a < 10^4 \quad \cdots\cdots ③$$

よって　a は **4** 桁の数

③より

$$10^{-20} < a^{-5} \leqq 10^{-19} \quad \cdots\cdots ④$$

⬅ $10^{19} \leqq a^5 < 10^{20}$ より $10^{-19} \geqq a^{-5} > 10^{-20}$

①，④式を辺々かけると

$$10^3 < b^5 < 10^5$$

$$\therefore \quad 10^{0.6} < b < 10$$

よって　b は **1** 桁の数

類題の答

類題　51

ア ③　イ ④　ウ ②　エ ⓪　オ ③

a から　$a+h$ まで変化するときの平均変化率は

$$\frac{f(a+h)-f(a)}{h} = \frac{1}{h}\left\{\frac{1}{2}(a+h)^2 - \frac{1}{2}a^2\right\}$$

$$= \frac{1}{2h}(2ah+h^2)$$

$$= a + \frac{h}{2} \quad (③,\ ④,\ ②)$$

よって，求める微分係数は

$$f'(a) = \lim_{h \to 0}\left(a + \frac{h}{2}\right) = a \quad (⓪,\ ③)$$

⬅ $y=\frac{1}{2}x^2$ 上の点 $\left(a,\ \frac{1}{2}a^2\right)$ における接線の傾き。

類題　52

ア $a^2-\dfrac{イ}{ウ}$　$3a^2-\dfrac{4}{3}$　　エ $a^{オ}$　$2a^3$　　カキ a　$-2a$

$\dfrac{\sqrt{クケ}}{コ}$　$\dfrac{\sqrt{10}}{6}$

$$f(x)=x^3-\frac{4}{3}x \text{ より } \quad f'(x)=3x^2-\frac{4}{3}$$

点$(a,\ f(a))$における接線の方程式は

$$y=\left(3a^2-\frac{4}{3}\right)(x-a)+a^3-\frac{4}{3}a$$

⬅ $y=f'(a)(x-a)+f(a)$

$$\therefore \quad y=\left(\mathbf{3}a^2-\frac{\mathbf{4}}{\mathbf{3}}\right)x-\mathbf{2}a^{\mathbf{3}}$$

この接線と曲線 $y=f(x)$ との交点の x 座標は

$$x^3-\frac{4}{3}x=\left(3a^2-\frac{4}{3}\right)x-2a^3$$

$$x^3-3a^2x+2a^3=0$$

$$(x-a)^2(x+2a)=0$$

⬅ $x=a$ を重解にもつことに注意。

$b \neq a$ より　$b=\mathbf{-2}a$

点Bでの接線と直交するとき

⬅ 傾き m_1，m_2 の2直線が直交する条件は $m_1m_2=-1$

$$f'(a)f'(-2a)=-1$$

$$\left(3a^2-\frac{4}{3}\right)\left(12a^2-\frac{4}{3}\right)=-1$$

$$36a^4-20a^2+\frac{25}{9}=0$$

$$\left(6a^2-\frac{5}{3}\right)^2=0 \quad \therefore \quad a^2=\frac{5}{18} \quad \therefore \quad a=\pm\frac{\sqrt{\mathbf{10}}}{\mathbf{6}}$$

類題　53

ア，イ　0，4　　ウ，$\dfrac{エオ}{カ}$，キ　2，$\dfrac{-4}{3}$，4　　$\dfrac{\sqrt{ク}}{ケ}$　$\dfrac{\sqrt{6}}{2}$

$$f(x)=\frac{1}{3}x^3-px^2+4$$

$$f'(x)=x^2-2px=x(x-2p)$$

$p>0$ より $f(x)$の増減表は次のようになる。

x	$\cdots$	0	$\cdots$	$2p$	$\cdots$
$f'(x)$	$+$	0	$-$	0	$+$
$f(x)$	↗	極大	↘	極小	↗

よって，$f(x)$ は

$x=\mathbf{0}$　で極大値　$\mathbf{4}$

$x=2p$　で極小値　$-\dfrac{4}{3}p^3+4$

をとる。このとき

$A(0,\ 4),\ B\left(0,\ -\dfrac{4}{3}p^3+4\right),\ C\left(2p,\ -\dfrac{4}{3}p^3+4\right),\ D(2p,\ 4)$ ⬅

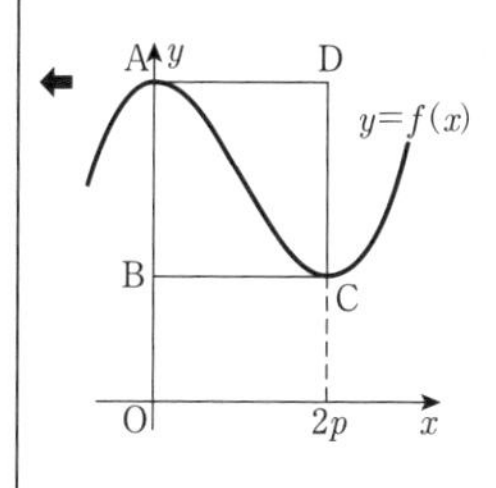

であり，四角形 ABCD が正方形となる条件は

$$4-\left(-\frac{4}{3}p^3+4\right)=2p \quad から \quad 2p\left(\frac{2}{3}p^2-1\right)=0$$

$p>0$ より　$p=\sqrt{\dfrac{3}{2}}=\dfrac{\sqrt{6}}{2}$

類題 54

$\dfrac{\boxed{アイ}}{\boxed{ウ}}m$　$\dfrac{-3}{2}m$　$\boxed{エ}$　0　$\dfrac{m}{\boxed{オ}}$　$\dfrac{m}{2}$　$\boxed{カ}$　2　$\boxed{キ}$　1

$f(x)=x^3+px^2+qx+r$

$f'(x)=3x^2+2px+q$

条件より

$$\begin{cases} f'(0)=q=0 \\ f'(m)=3m^2+2pm+q=0 \\ f(m)=m^3+pm^2+qm+r=0 \end{cases}$$ ⬅

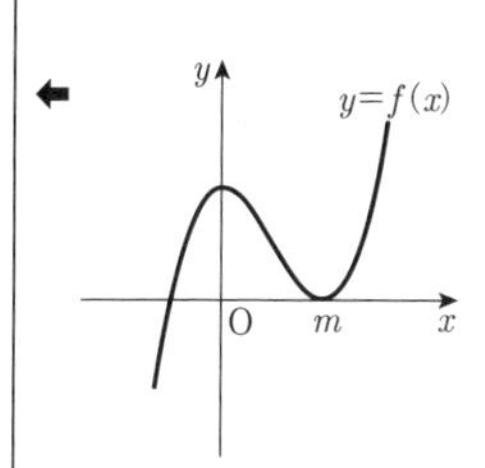

であり，$m \neq 0$ より

$$p=-\frac{3}{2}m,\quad q=\mathbf{0},\quad r=\frac{m^3}{2}$$

であるから

$$f(x)=x^3-\frac{3}{2}mx^2+\frac{m^3}{2}=(x-m)^2\left(x+\frac{m}{2}\right)$$

と因数分解できる。さらに，極大値が 4 であるならば

$$f(0)=\frac{m^3}{2}=4 \qquad \therefore \quad m=\mathbf{2}$$

⬅ m は実数。

であり，$f(x)=(x-2)^2(x+1)$ となる。

類題 55

$\dfrac{\boxed{アイ}}{\boxed{ウ}} \leqq x \leqq \boxed{エ}$　$\dfrac{-1}{2} \leqq x \leqq 1$　$\dfrac{\sqrt{\boxed{オ}}}{\boxed{カ}}$，$\sqrt{\boxed{キ}}$　$\dfrac{\sqrt{2}}{2}$，$\sqrt{2}$

$\dfrac{\boxed{クケ}}{\boxed{コ}}$，$\dfrac{\boxed{サシ}}{\boxed{ス}}$　$\dfrac{-1}{2}$，$\dfrac{-5}{4}$

$x=\sin\theta$ とおくと

$$y=3x-2x^3$$

$$y'=3-6x^2=-3(2x^2-1)$$

⬅ $y'=0$ とおくと
$x=\pm\dfrac{1}{\sqrt{2}}$

$0 \leqq \theta \leqq \dfrac{7}{6}\pi$ より $\boldsymbol{-\dfrac{1}{2} \leqq x \leqq 1}$ であるから，増減表は次のようになる。

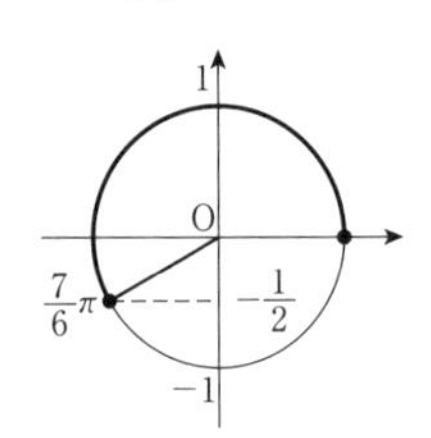

x	$-\dfrac{1}{2}$	$\cdots$	$\dfrac{1}{\sqrt{2}}$	$\cdots$	1
y'		+	0	−	
y	$-\dfrac{5}{4}$	↗	$\sqrt{2}$	↘	1

よって，y は

$x=\dfrac{1}{\sqrt{2}}=\boldsymbol{\dfrac{\sqrt{2}}{2}}$ のとき最大値　$\boldsymbol{\sqrt{2}}$

$x=\boldsymbol{-\dfrac{1}{2}}$ 　　のとき最小値　$\boldsymbol{-\dfrac{5}{4}}$

をとる。

(注)　最大値，最小値をとるときの θ の値は

$x=\dfrac{1}{\sqrt{2}}$ のとき　$\theta=\dfrac{\pi}{4}$，$\dfrac{3}{4}\pi$

$x=-\dfrac{1}{2}$ のとき　$\theta=\dfrac{7}{6}\pi$

類題 56

$\boxed{アイ}a^3+\boxed{ウ}a^2-\boxed{エ}$　$-4a^3+6a^2-3$　$\boxed{オカ}<b<\boxed{キク}$　$-3<b<-1$

$y=2x^3-3x$ より　$y'=6x^2-3$

C 上の点 $(a,\ 2a^3-3a)$ における接線

$$y=(6a^2-3)(x-a)+2a^3-3a$$

が点 $(1,\ b)$ を通るとき

$$b=(6a^2-3)(1-a)+2a^3-3a$$

$$\therefore\quad b=\boldsymbol{-4a^3+6a^2-3} \quad\cdots\cdots①$$

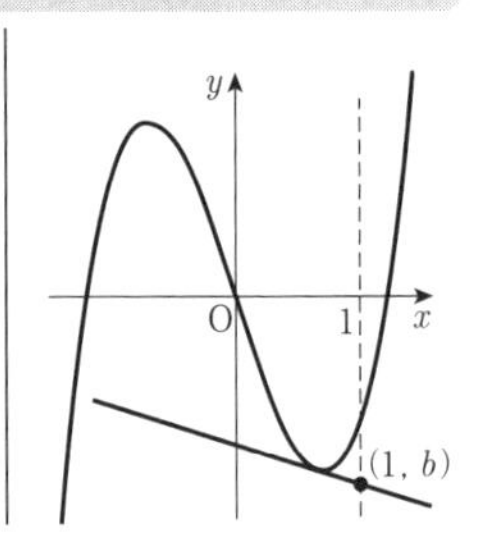

が成り立つ。点(1, b)からCへ相異なる3本の接線が引けるための条件は，aの方程式①が，異なる3個の実数解をもつことである。

$f(a)=-4a^3+6a^2-3$ とおくと

$$f'(a)=-12a^2+12a=-12a(a-1)$$

より，増減表は次のようになる。

⬅ $f'(a)=0$ とおくと $a=0$，1

a	$\cdots$	0	$\cdots$	1	$\cdots$
$f'(a)$	$-$	0	$+$	0	$-$
$f(a)$	↘	-3	↗	-1	↘

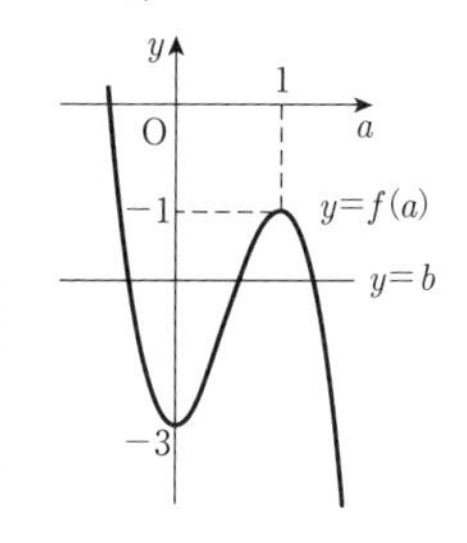

①より，$y=f(a)$ のグラフと直線 $y=b$ が異なる3点で交わるようなbの範囲を求めて

$$\mathbf{-3<b<-1}$$

(注) 点(1, b)から曲線Cへ引ける接線の本数は

$-3<b<-1$ のとき　3本

$b=-1$，-3 のとき　2本

$b<-3$，$-1<b$ のとき　1本

類題 57

$\dfrac{\boxed{アイ}}{\boxed{ウ}}$　$\dfrac{27}{2}$	$\dfrac{\boxed{エオ}}{\boxed{カ}}$　$\dfrac{22}{3}$	$\boxed{キ}a+\boxed{ク}$　$4a+6$	$\boxed{ケ}$　3

(1)　$$\int_0^3\left(2x^2-\frac{x}{3}-1\right)dx=\left[\frac{2}{3}x^3-\frac{x^2}{6}-x\right]_0^3$$

$$=18-\frac{3}{2}-3=\mathbf{\frac{27}{2}}$$

$$\int_{-1}^3\left(\frac{x^2}{2}-\frac{4}{3}x+2\right)dx=\left[\frac{x^3}{6}-\frac{2}{3}x^2+2x\right]_{-1}^3$$

$$=\frac{9}{2}-6+6-\left(-\frac{1}{6}-\frac{2}{3}-2\right)=\mathbf{\frac{22}{3}}$$

(2)　条件より

$$f(-1)=3a-b+c=-9$$

$$\therefore\quad b-c=3a+9 \quad\cdots\cdots①$$

また

$$\int_{-1}^0 f(x)\,dx=\left[ax^3+\frac{b}{2}x^2+cx\right]_{-1}^0$$

⬅ $f(x)=3ax^2+bx+c$

$$=0-\left(-a+\frac{b}{2}-c\right)=-6$$

$$\therefore\quad b-2c=2a+12 \quad\cdots\cdots②$$

①，②より　$b=\mathbf{4}a+\mathbf{6}$，　$c=a-\mathbf{3}$

類題　58

$\dfrac{\boxed{アイ}}{\boxed{ウ}}$　$\dfrac{-9}{8}$　　$\dfrac{\boxed{エ}}{\boxed{オ}}$　$\dfrac{1}{6}$　　$\boxed{カ}$　6　　$\dfrac{\boxed{キ}}{\boxed{ク}}$　$\dfrac{3}{2}$

(1)　(与式)$=\displaystyle\int_{-1}^{\frac{1}{2}}(x+1)(2x-1)\,dx=\int_{-1}^{\frac{1}{2}}2(x+1)\left(x-\frac{1}{2}\right)dx$

$\displaystyle=-\frac{2}{6}\left\{\frac{1}{2}-(-1)\right\}^3=\mathbf{-\frac{9}{8}}$

⬅ x^2 の係数に注意。

(2)　(与式)$=\displaystyle\int_{\frac{1}{2}}^{1}(2x-1)^2dx=4\int_{\frac{1}{2}}^{1}\left(x-\frac{1}{2}\right)^2dx$

$\displaystyle=4\left[\frac{1}{3}\left(x-\frac{1}{2}\right)^3\right]_{\frac{1}{2}}^{1}=\mathbf{\frac{1}{6}}$

⬅ x^2 の係数に注意。

(3)　(与式)$=\displaystyle 2\int_{0}^{3}(x^2-2)\,dx=2\left[\frac{x^3}{3}-2x\right]_0^3=2(9-6)=\mathbf{6}$

⬅ $\displaystyle\int_{-3}^{3}6xdx=0$

(4)　(与式)$=\displaystyle\left[\frac{x^3}{3}-\frac{x^2}{2}+x\right]_{-\frac{1}{2}}^{1}$

$\displaystyle=\frac{1}{3}\left\{1-\left(-\frac{1}{8}\right)\right\}-\frac{1}{2}\left(1-\frac{1}{4}\right)+\left\{1-\left(-\frac{1}{2}\right)\right\}$

$\displaystyle=\frac{3}{8}-\frac{3}{8}+\frac{3}{2}=\mathbf{\frac{3}{2}}$

類題　59

$\dfrac{\boxed{アイ}}{\boxed{ウ}}$　$\dfrac{34}{3}$　　$\boxed{エ}$　6　　$\boxed{オ}$　⑥

(1)　右図より

$\displaystyle\int_{-1}^{1}(-x^2+x+6)\,dx=2\int_{0}^{1}(-x^2+6)\,dx$

$\displaystyle=2\left[-\frac{x^3}{3}+6x\right]_0^1=\mathbf{\frac{34}{3}}$

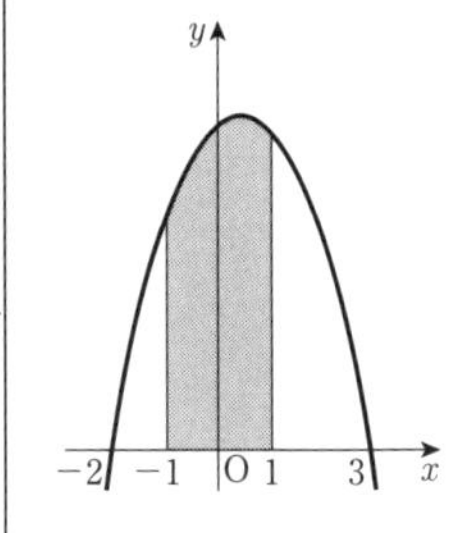

(2)　2つの放物線の交点の x 座標は

$x^2-4=-x^2+2x$

$2(x+1)(x-2)=0$

$x=-1,\ 2$

であるから，求める面積は，右図より

$$\int_1^2\{(-x^2+2x)-(x^2-4)\}\,dx+\int_2^3\{x^2-4-(-x^2+2x)\}\,dx$$

$$=\int_1^2(-2x^2+2x+4)\,dx+\int_2^3(2x^2-2x-4)\,dx$$

$$=\left[-\frac{2}{3}x^3+x^2+4x\right]_1^2+\left[\frac{2}{3}x^3-x^2-4x\right]_2^3$$

$$=-\frac{2}{3}(2^3-1^3)+(2^2-1^2)+4(2-1)$$

$$+\frac{2}{3}(3^3-2^3)-(3^2-2^2)-4(3-2)$$

$$=6$$

(3)　$a\leqq x\leqq b$ において　$f(x)\geqq 0$

　$b\leqq x\leqq c$ において　$f(x)\leqq 0$

であるから

$$\int_a^c f(x)\,dx=\int_a^b f(x)\,dx+\int_b^c f(x)\,dx$$

$$=S-T\quad (⑥)$$

類題 60

ア，イ，ウ　⑤，⑤，①　エ　①　オ，カ　⑤，①

キ，ク，ケ，コ，サ　⑤，①，④，⑤，6

シ：スセ　7：20

ℓ の方程式は

$$y=a(x-1)+1$$

$$\therefore\quad y=ax-a+1\quad (⑤,\ ⑤,\ ①)$$

であり，ℓ と C の交点の x 座標は

$$x^2=ax-a+1$$

$$x^2-ax+a-1=0$$

$$(x-1)\{x-(a-1)\}=0$$

$$\therefore\quad x=1,\ a-1\quad (①,\ ⑤,\ ①)$$

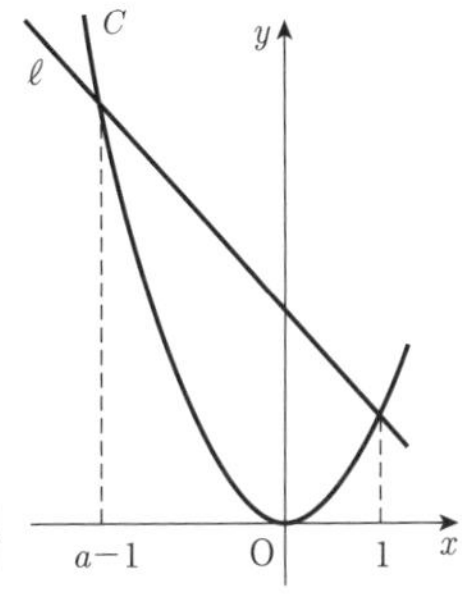

図形 D の $x\leqq 0$ の部分の面積 S は

← $a-1<x<0$ の範囲において $ax-a+1>x^2$

$$S=\int_{a-1}^0(ax-a+1-x^2)\,dx$$

$$=\left[\frac{a}{2}x^2-(a-1)x-\frac{x^3}{3}\right]_{a-1}^0$$

$$=-\left\{\frac{a}{2}(a-1)^2-(a-1)^2-\frac{(a-1)^3}{3}\right\}$$

$$=-\frac{(a-1)^2}{6}\{3a-6-2(a-1)\}$$

$$=\frac{(a-1)^2(4-a)}{6}\quad（⑤，①，④，⑤）$$

また，図形 D の面積 T は

$$T=\int_{a-1}^{1}(ax-a+1-x^2)\,dx$$

$$=-\int_{a-1}^{1}(x-1)\{x-(a-1)\}\,dx$$

$$=\frac{1}{6}\{1-(a-1)\}^3=\frac{(2-a)^3}{6}$$

⬅ $-\int_{\alpha}^{\beta}(x-\alpha)(x-\beta)\,dx=\frac{1}{6}(\beta-\alpha)^3$

$a=-1$ のとき $S=\frac{20}{6}$，$T=\frac{27}{6}$ であるから，図形 D の面積は y 軸によって **7：20** の比に分けられる。

類題　61

$\frac{ア}{イ}$	$\frac{2}{3}$	$\frac{ウ}{エ}$	$\frac{8}{3}$	オ $a-$ カ	$2a-2$
a^2- キ $a+$ ク	a^2-2a+2				

(1)　$x^2-2x=x(x-2)$ より

$$|x^2-2x|=\begin{cases}x^2-2x & (x\leqq 0,\ 2\leqq x)\\ -(x^2-2x) & (0\leqq x\leqq 2)\end{cases}$$

⬅

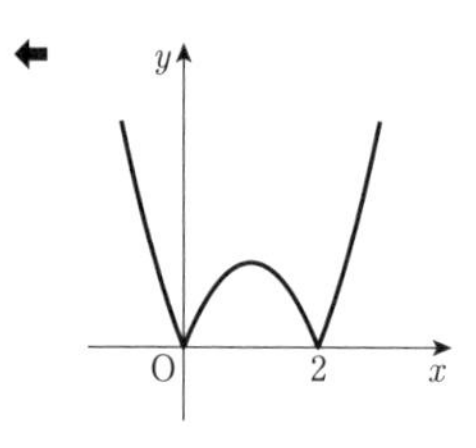

$$f(1)=\int_0^1|x^2-2x|\,dx=-\int_0^1(x^2-2x)\,dx$$

$$=-\left[\frac{1}{3}x^3-x^2\right]_0^1=-\left(\frac{1}{3}-1\right)=\frac{2}{3}$$

$$f(3)=\int_0^3|x^2-2x|\,dx=-\int_0^2(x^2-2x)\,dx+\int_2^3(x^2-2x)\,dx$$

$$=\frac{1}{6}(2-0)^3+\left[\frac{1}{3}x^3-x^2\right]_2^3$$

$$=\frac{4}{3}+(9-9)-\left(\frac{8}{3}-4\right)=\frac{8}{3}$$

⬅ 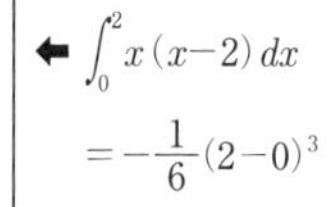
$\int_0^2 x(x-2)\,dx=-\frac{1}{6}(2-0)^3$

(2)

$$|x-a|=\begin{cases}x-a & (x\geqq a)\\ a-x & (x\leqq a)\end{cases}$$

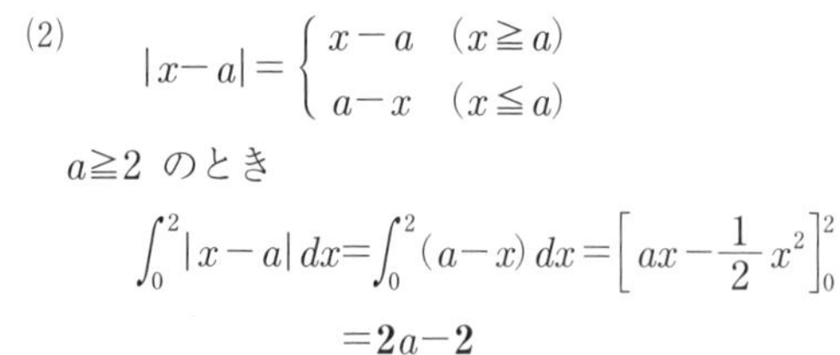

$a\geqq 2$ のとき

$$\int_0^2|x-a|\,dx=\int_0^2(a-x)\,dx=\left[ax-\frac{1}{2}x^2\right]_0^2$$

$$=\mathbf{2a-2}$$

⬅ $a\geqq 2$ のとき

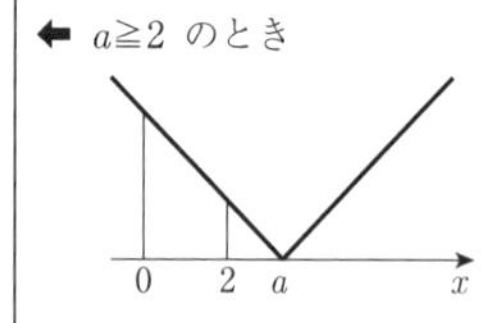

$0<a<2$ のとき

$$\int_0^2 |x-a|\,dx=\int_0^a (a-x)\,dx+\int_a^2 (x-a)\,dx$$
$$=\left[ax-\frac{1}{2}x^2\right]_0^a+\left[\frac{1}{2}x^2-ax\right]_a^2$$
$$=\left(a^2-\frac{1}{2}a^2\right)+(2-2a)-\left(\frac{1}{2}a^2-a^2\right)$$
$$=\boldsymbol{a^2-2a+2}$$

⬅ $0<a<2$ のとき

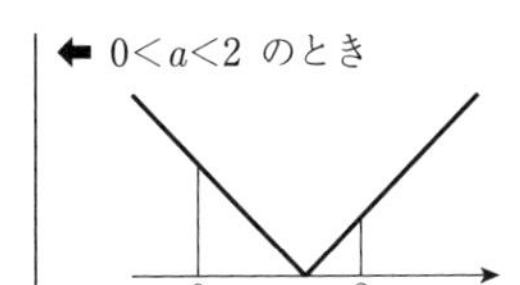

類題 62

ア 2　イ x^2－ ウ x＋ エ　$3x^2-8x+6$　オカ x＋ キ　$-2x+3$

$$\int_1^x f(t)\,dt=x^3-(a+2)x^2+3ax-3 \quad \cdots\cdots①$$

① で $x=1$ とおくと

$$0=1-(a+2)+3a-3 \qquad \therefore \quad a=\boldsymbol{2}$$

これを ① へ代入して

$$\int_1^x f(t)\,dt=x^3-4x^2+6x-3 \quad \cdots\cdots②$$

② の両辺を x で微分すると

$$f(x)=\boldsymbol{3x^2-8x+6}$$
$$f'(x)=6x-8$$

⬅ $\dfrac{d}{dx}\displaystyle\int_1^x f(t)\,dt=f(x)$

よって，$f(1)=1$，$f'(1)=-2$ であり，点$(1,\ f(1))$における接線の方程式は

$$y=-2(x-1)+1 \qquad \therefore \quad y=\boldsymbol{-2x+3}$$

類題 63

$\dfrac{\boxed{ア}}{\boxed{イ}}a$　$\dfrac{1}{8}a$　$\dfrac{\boxed{ウ}}{\boxed{エオ}}a^2$　$\dfrac{3}{64}a^2$　$\dfrac{\boxed{カキ}}{\boxed{クケ}}a^2$　$\dfrac{-1}{16}a^2$

$\boxed{コ}$，$\dfrac{\boxed{サシス}}{\boxed{セ}}$　0，$\dfrac{-16}{3}$　$(\boxed{ソ},\ \boxed{タチ})$　$(1,\ -1)$

$y=3x^2$ 　より　$y'=6x$

$y=-x^2+ax+b$ 　より　$y'=-2x+a$

条件より

$$\begin{cases} v=3u^2=-u^2+au+b & \cdots\cdots① \\ 6u=-2u+a & \cdots\cdots② \end{cases}$$

⬅ $\begin{cases} f(u)=g(u) \\ f'(u)=g'(u) \end{cases}$

②より　$u=\frac{1}{8}a$，これと①より　$v=\frac{3}{64}a^2$，$b=-\frac{1}{16}a^2$

このとき

$$D : y=-x^2+ax-\frac{1}{16}a^2$$

であり，D が点 $\mathrm{Q}(p,\ q)$ において直線 $y=-2x+1$ と接するとき

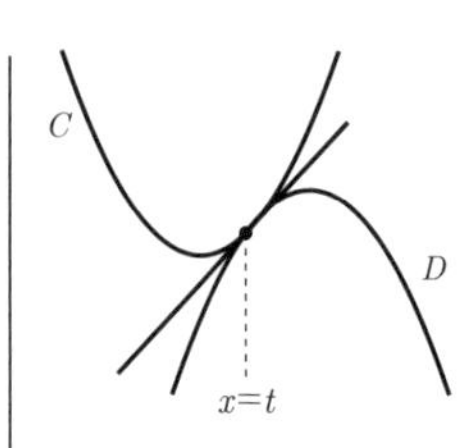

$$\begin{cases} q=-p^2+ap-\frac{1}{16}a^2=-2p+1 & \cdots\cdots③ \\ -2p+a=-2 & \cdots\cdots④ \end{cases}$$

⬅ $\begin{cases} f(p)=g(p) \\ f'(p)=g'(p) \end{cases}$

④より　$p=\frac{a}{2}+1$，これを③へ代入して

$$-\left(\frac{a}{2}+1\right)^2+a\left(\frac{a}{2}+1\right)-\frac{a^2}{16}=-2\left(\frac{a}{2}+1\right)+1$$

$$a(3a+16)=0$$

$$\therefore\quad a=\mathbf{0},\ -\frac{\mathbf{16}}{\mathbf{3}}$$

$a=0$ のとき $p=1$，$q=-1$ より　$\mathrm{Q}(\mathbf{1},\ \mathbf{-1})$

類題 64

ア　4　　イ　②　　ウ　①　　エ　⓪

(1)　$f'(x)=x^2-4x+a$

$f(x)$ が極値をもたないための必要十分条件は，2 次方程式 $f'(x)=0$ が異なる 2 実数解をもたないことであるから

$$\frac{(\text{判別式})}{4}=4-a\leqq 0$$

$$\therefore\quad a\geqq 4\quad(❷)$$

(2)　$f'(x)=-3x^2+4x+2$

$f'(x)=0$ とすると

$$3x^2-4x-2=0$$

$$x=\frac{2\pm\sqrt{10}}{3}$$

$\alpha=\frac{2-\sqrt{10}}{3}$，$\beta=\frac{2+\sqrt{10}}{3}$ とおくと

$3<\sqrt{10}<4$ より

$$-1<\alpha<0,\quad 1<\beta<2$$

よって

x	$\cdots$	α	$\cdots$	β	$\cdots$
$f'(x)$	$-$	0	$+$	0	$-$
$f(x)$	↘	極小	↗	極大	↘

$-1\leqq x\leqq 1$ において

$f(x)$ は極小値をとるが極大値はとらない（❶）

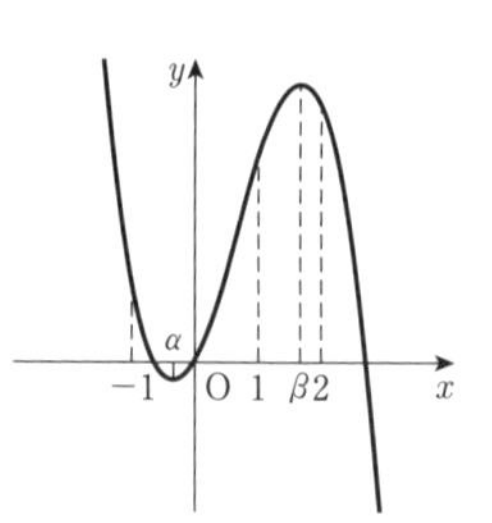

$2 \leqq x \leqq 4$ において

$f(x)$ は減少する（⓪）

類題 65

ア ③　イ，ウ ③，⑧　エ，オ，カ 2，⓪，③
キク，ケ，コ，サ 24，⓪，③，3

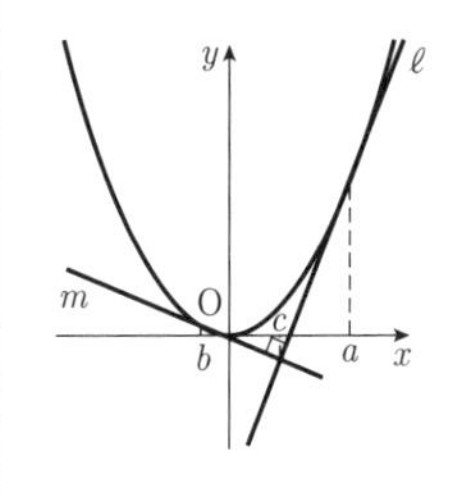

$y=\frac{1}{2}x^2$ より　$y'=x$

ℓ の方程式は

$$y=a(x-a)+\frac{1}{2}a^2 \quad \therefore \quad y=ax-\frac{a^2}{2} \quad \cdots\cdots ①$$

m と C の接点の x 座標を b とすると，$\ell \perp m$ より

$$a \cdot b=-1 \quad \therefore \quad b=-\frac{1}{a} \quad (③)$$

よって，m の方程式は

$$y=-\frac{1}{a}x-\frac{1}{2a^2} \quad (③,\ ⑧) \quad \cdots\cdots ②$$

⬅ ℓ の式で a を $-\frac{1}{a}$ とおく。

ℓ と m の交点の x 座標を c とすると，①−② より

$$\left(a+\frac{1}{a}\right)x-\frac{1}{2}\left(a^2-\frac{1}{a^2}\right)=0$$

$$\left(a+\frac{1}{a}\right)x=\frac{1}{2}\left(a+\frac{1}{a}\right)\left(a-\frac{1}{a}\right)$$

$$\therefore \quad x=c=\frac{1}{\mathbf{2}}\left(a-\frac{1}{a}\right) \quad (⓪,\ ③)$$

求める面積は

$$\int_b^c\left\{\frac{1}{2}x^2-\left(-\frac{1}{a}x-\frac{1}{2a^2}\right)\right\}dx+\int_c^a\left\{\frac{1}{2}x^2-\left(ax-\frac{a^2}{2}\right)\right\}dx$$

$$=\int_b^c\frac{1}{2}\left(x+\frac{1}{a}\right)^2dx+\int_c^a\frac{1}{2}(x-a)^2dx$$

⬅ $(\quad)^2$ で表す。

$$=\left[\frac{1}{6}\left(x+\frac{1}{a}\right)^3\right]_b^c+\left[\frac{1}{6}(x-a)^3\right]_c^a$$

$$=\frac{1}{6}\left\{\left(c+\frac{1}{a}\right)^3-\left(b+\frac{1}{a}\right)^3\right\}+\frac{1}{6}\left\{-(c-a)^3\right\}$$

⬅ $b=-\frac{1}{a}$
$c=\frac{1}{2}\left(a-\frac{1}{a}\right)$

$$=\frac{1}{6}\left\{\frac{1}{2}\left(a+\frac{1}{a}\right)\right\}^3+\frac{1}{6}\left\{\frac{1}{2}\left(a+\frac{1}{a}\right)\right\}^3$$

$$=\frac{1}{\mathbf{24}}\left(a+\frac{1}{a}\right)^3 \quad (⓪,\ ③)$$

類題　66

$\sqrt{\boxed{ア}}x-\dfrac{\boxed{イ}}{\boxed{ウ}}$　$\sqrt{3}x-\dfrac{3}{2}$　　$\dfrac{\boxed{エ}\sqrt{\boxed{オ}}}{\boxed{カ}}x+\dfrac{\boxed{キ}}{\boxed{ク}}$　$\dfrac{-\sqrt{3}}{3}x+\dfrac{5}{2}$

$\dfrac{\boxed{ケ}\sqrt{\boxed{コ}}}{\boxed{サ}}$　$\dfrac{3\sqrt{3}}{2}$　　$\boxed{シ}$　1　　$\boxed{スセ}°$　30°

$\dfrac{\boxed{ソ}\sqrt{\boxed{タ}}}{\boxed{チ}}-\dfrac{\pi}{\boxed{ツ}}$　$\dfrac{9\sqrt{3}}{8}-\dfrac{\pi}{3}$

$y=\dfrac{1}{2}x^2$ より　$y'=x$

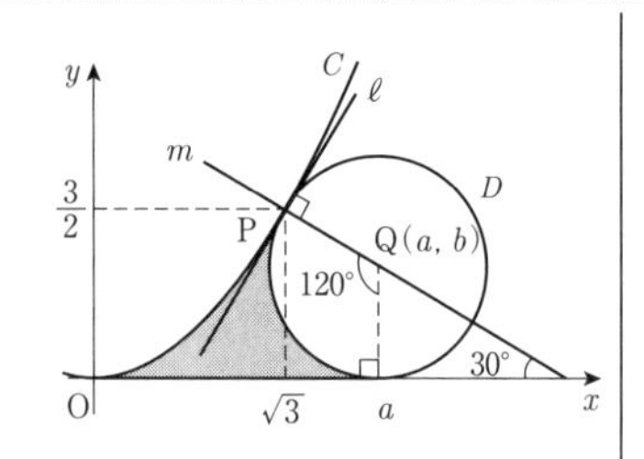

ℓ の方程式は

$$y=\sqrt{3}(x-\sqrt{3})+\frac{3}{2}$$

$$\therefore\quad \boldsymbol{y=\sqrt{3}x-\frac{3}{2}}$$

m の方程式は

$$y=-\frac{1}{\sqrt{3}}(x-\sqrt{3})+\frac{3}{2}\qquad \therefore\quad \boldsymbol{y=-\frac{\sqrt{3}}{3}x+\frac{5}{2}}$$

⬅ $\ell\perp m$ より m の傾きは $-\dfrac{1}{\sqrt{3}}$ になる。

D が ℓ と x 軸の両方に接するとき

$\mathrm{PQ}=|b|=$(半径)

が成り立つので

$\mathrm{PQ}^2=b^2$

$$(a-\sqrt{3})^2+\left(b-\frac{3}{2}\right)^2=b^2$$

$$a^2-2\sqrt{3}a-3b+\frac{21}{4}=0 \qquad \cdots\cdots①$$

⬅ (中心Qと ℓ の距離)＝(半径)より

$$\frac{\left|\sqrt{3}a-b-\frac{3}{2}\right|}{\sqrt{(\sqrt{3})^2+(-1)^2}}=|b|$$

でもよい。

また，Qは m 上にあるので

$$b=-\frac{\sqrt{3}}{3}a+\frac{5}{2} \qquad \cdots\cdots②$$

②を①に代入して　$a^2-\sqrt{3}a-\dfrac{9}{4}=0$

$$a=\frac{\sqrt{3}\pm\sqrt{3+9}}{2}=\frac{3\sqrt{3}}{2},\ -\frac{\sqrt{3}}{2}$$

$a>0$ より　$a=\boldsymbol{\dfrac{3\sqrt{3}}{2}}$，②より　$\boldsymbol{b=1}$

m の傾きは $-\dfrac{\sqrt{3}}{3}=\tan 150°$ であるから，m と x 軸のなす角は **30°** である。求める部分の面積は

$$\int_0^{\sqrt{3}}\frac{1}{2}x^2dx+\frac{1}{2}\left(1+\frac{3}{2}\right)\left(\frac{3\sqrt{3}}{2}-\sqrt{3}\right)-\pi\cdot 1^2\cdot\frac{120}{360}$$

⬅ 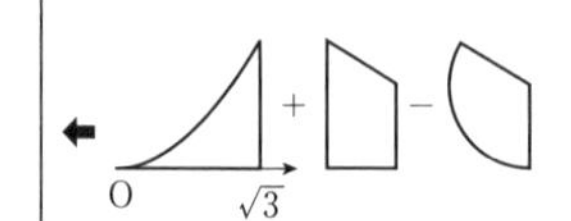

$$=\left[\frac{x^3}{6}\right]_0^{\sqrt{3}}+\frac{5\sqrt{3}}{8}-\frac{\pi}{3}=\frac{9\sqrt{3}}{8}-\frac{\pi}{3}$$

類題 67

ア　−　イ　3　$\dfrac{\text{ウ}}{\text{エオ}}$，カ，キ　$\dfrac{8}{27}$，4，8

ク a−ケ　$4a-8$

$$F(x)=\int_0^x\{f(t)-g(t)\}\,dt$$
$$=\int_0^x(-3t^2+2at)\,dt$$
$$=\left[-t^3+at^2\right]_0^x$$
$$=-x^3+ax^2$$

$$f(x)-g(x)=-3x^2+2ax$$
$$=-3x\left(x-\frac{2}{3}a\right)$$

から，$y=f(x)$ と $y=g(x)$ の交点の x 座標は

$$x=0,\ \frac{2}{3}a$$

・$0<\dfrac{2}{3}a<2$ つまり $0<a<3$ のとき

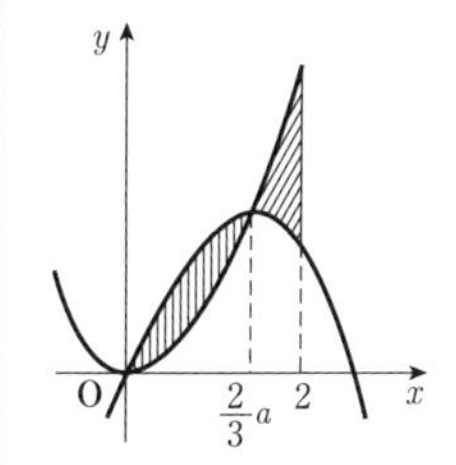

$$\begin{cases}0\leqq x\leqq\dfrac{2}{3}a \text{ において}\quad f(x)\geqq g(x)\\ \dfrac{2}{3}a\leqq x\leqq 2 \text{ において}\quad f(x)\leqq g(x)\end{cases}$$

であるから

$$T(a)=\int_0^{\frac{2}{3}a}\{f(x)-g(x)\}\,dx-\int_{\frac{2}{3}a}^2\{f(x)-g(x)\}\,dx$$
$$=\int_0^{\frac{2}{3}a}\{f(x)-g(x)\}\,dx$$
$$-\left\{\int_0^2\{f(x)-g(x)\}\,dx-\int_0^{\frac{2}{3}a}\{f(x)-g(x)\}\,dx\right\}$$
$$=F\left(\frac{2}{3}a\right)-\left\{F(2)-F\left(\frac{2}{3}a\right)\right\}$$

← $F(x)$ を利用する。

$$=2F\left(\frac{2}{3}a\right)-F(2)$$
$$=2\left\{-\left(\frac{2}{3}a\right)^3+a\left(\frac{2}{3}a\right)^2\right\}-(-8+4a)$$

$=\dfrac{8}{27}a^3-4a+8$

・$2\leqq\dfrac{2}{3}a$ つまり $a\geqq3$ のとき

$0\leqq x\leqq2$ において　$f(x)\geqq g(x)$

であるから

$T(a)=\displaystyle\int_0^2\{f(x)-g(x)\}\,dx$

$=F(2)$

$=4a-8$

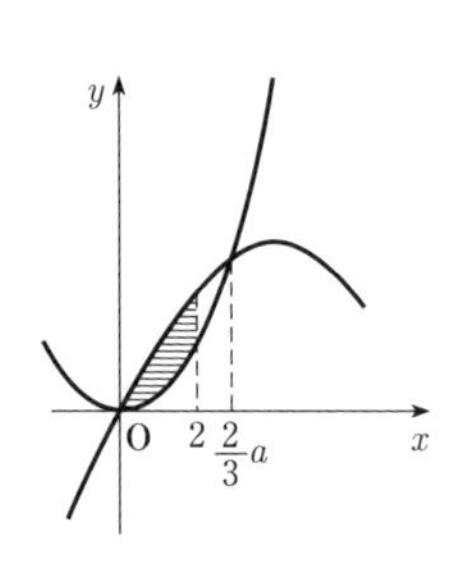

類題　68

アイ　34　ウエ　33　オ　3　カ　5

(1)　$a_n=2+3(n-1)=3n-1$

← $a_n=a+(n-1)d$

$a_n>100$ とすると

$3n-1>100$　　$\therefore$　$n>\dfrac{101}{3}=33.6\cdots\cdots$

よって，最小の n は　$n=\mathbf{34}$

$a_n<200$ とすると　$3n-1<200$　　$\therefore$　$n<67$

よって，$100<a_n<200$ を満たす n は

$n=34,\ 35,\ \cdots\cdots,\ 66$

その個数は　$66-33=\mathbf{33}$（個）

(2)　$\begin{cases} a_6=a+5d=28 \\ a_{20}=a+19d=98 \end{cases}$　　$\therefore$　$a=\mathbf{3}$，$d=\mathbf{5}$

類題　69

アイウ　340　エオ　−4　カ　1

(1)　$a_2+a_4+a_6+\cdots\cdots+a_{20}=7+13+19+\cdots\cdots+61$

これは初項 7，末項 61，項数 10 の等差数列の和であるから

← 初項，末項，項数を確認する。

$\dfrac{10(7+61)}{2}=\mathbf{340}$

← $\dfrac{\text{項数}(\text{初項}+\text{末項})}{2}$

(2)　公差を d とすると　$a_7=a_1+6d=2$

$S_{12}=\dfrac{12(a_1+a_{12})}{2}=18$　　$\therefore$　$2a_1+11d=3$

← $a_{12}=a_1+11d$

$\therefore$　$a_1=\mathbf{-4}$，$d=\mathbf{1}$

類題 70

ア　4　　イ　3　　ウ　7　　エオカキ　2916

公比を r とすると

$$a_1+a_2=a_1+a_1r=a_1(1+r)=16 \quad \cdots\cdots①$$

$$a_4+a_5=a_1r^3+a_1r^4=a_1r^3(1+r)=432 \quad \cdots\cdots②$$

②÷① より

$$r^3=27 \qquad \therefore \quad r=3$$

←r は実数。

①に代入して　$a_1=\mathbf{4}$

よって，$a_n=4\cdot3^{n-1}$ であり，$a_n>1000$ とすると

$$3^{n-1}>250$$

であるから

$$n-1\geqq6 \qquad \therefore \quad n\geqq7$$

←$3^5=243$
$3^6=729$

1000 より大きい最小の項は　$a_7=\mathbf{2916}$

類題 71

ア　7　　$\dfrac{\text{イウエオ}}{\text{カキク}}$　$\dfrac{1023}{128}$

(1)　$S_n=\dfrac{2(3^n-1)}{3-1}=3^n-1$

←$\dfrac{a(r^n-1)}{r-1}$

$S_n>1000$ とすると

$$3^n>1001$$

←$3^6=729$
$3^7=2187$

であるから，最小の n は

$$n=\mathbf{7}$$

(2)　$a_n=4\left(-\dfrac{1}{\sqrt{2}}\right)^{n-1}$

$$a_1+a_3+a_5+\cdots\cdots+a_{19}$$

は初項 4，公比 $\left(-\dfrac{1}{\sqrt{2}}\right)^2=\dfrac{1}{2}$，項数 10 の等比数列の和であるから

←初項，公比，項数を確認する。

$$\frac{4\left\{1-\left(\frac{1}{2}\right)^{10}\right\}}{1-\frac{1}{2}}=8\left(1-\frac{1}{2^{10}}\right)=\mathbf{\frac{1023}{128}}$$

類題の答

類題 72

アイウエ　5190　　オ　1　　$\frac{\boxed{カ}}{\boxed{キ}}$　$\frac{1}{2}$

(1)　$\sum_{k=1}^{20}(2k^2-3k+4)$

$=2\cdot\frac{1}{6}\cdot 20\cdot 21\cdot 41-3\cdot\frac{1}{2}\cdot 20\cdot 21+4\cdot 20$

$=5740-630+80=\mathbf{5190}$

(2)　$\sum_{k=1}^{n}k(3k-2)=\sum_{k=1}^{n}(3k^2-2k)$

$=3\cdot\frac{1}{6}n(n+1)(2n+1)-2\cdot\frac{1}{2}n(n+1)$

$=n(n+\mathbf{1})\left(n-\frac{\mathbf{1}}{\mathbf{2}}\right)$

← $\sum_{k=1}^{n}k^2=\frac{1}{6}n(n+1)(2n+1)$

$\sum_{k=1}^{n}k=\frac{1}{2}n(n+1)$

$\sum_{k=1}^{n}c=nc$

類題 73

アイウエ　2245　　$\frac{n}{\boxed{オ}}(\boxed{カ}n^2-\boxed{キ})$　$\frac{n}{3}(4n^2-1)$

(1)　$1\cdot 4+3\cdot 7+5\cdot 10+\cdots\cdots+19\cdot 31$

$=\sum_{k=1}^{10}(2k-1)(3k+1)$

$=\sum_{k=1}^{10}(6k^2-k-1)$

$=6\cdot\frac{1}{6}\cdot 10\cdot 11\cdot 21-\frac{1}{2}\cdot 10\cdot 11-10$

$=\mathbf{2245}$

(2)　$1^2+3^2+5^2+\cdots\cdots+(2n-1)^2$

$=\sum_{k=1}^{n}(2k-1)^2=\sum_{k=1}^{n}(4k^2-4k+1)$

$=4\cdot\frac{1}{6}n(n+1)(2n+1)-4\cdot\frac{1}{2}n(n+1)+n$

$=\frac{n}{\mathbf{3}}(\mathbf{4}n^2-\mathbf{1})$

← Σで表す。
1，3，5，……，19 は初項 1，公差 2 の等差数列。
4，7，10，……，31 は初項 4，公差 3 の等差数列。

類題 74

$\dfrac{\boxed{ア}}{\boxed{イ}}\cdot 3^n-\dfrac{\boxed{ウ}}{\boxed{エ}}\left(-\dfrac{2}{3}\right)^n-\dfrac{\boxed{オ}}{\boxed{カキ}}$　$\dfrac{1}{2}\cdot 3^n-\dfrac{2}{5}\left(-\dfrac{2}{3}\right)^n-\dfrac{1}{10}$

$n^3-\boxed{ク}n^2+\boxed{ケ}n-\boxed{コ}$　n^3-2n^2+3n-6

(1) $\displaystyle\sum_{k=1}^{n}\left\{3^{k-1}-\left(-\frac{2}{3}\right)^k\right\}$

$=\dfrac{3^n-1}{3-1}-\dfrac{-\frac{2}{3}\left\{1-\left(-\frac{2}{3}\right)^n\right\}}{1-\left(-\frac{2}{3}\right)}$

$=\dfrac{3^n-1}{2}+\dfrac{2}{5}\left\{1-\left(-\dfrac{2}{3}\right)^n\right\}$

$=\dfrac{\mathbf{1}}{\mathbf{2}}\cdot 3^n-\dfrac{\mathbf{2}}{\mathbf{5}}\left(-\dfrac{2}{3}\right)^n-\dfrac{\mathbf{1}}{\mathbf{10}}$

← $\displaystyle\sum_{k=1}^{n}3^{k-1}$ は初項1，公比3，項数 n の等比数列の和，$\displaystyle\sum_{k=1}^{n}\left(-\frac{2}{3}\right)^k$ は初項 $-\dfrac{2}{3}$，公比 $-\dfrac{2}{3}$，項数 n の等比数列の和。

(2) $\displaystyle\sum_{k=2}^{n-1}(3k^2-k+2)=\sum_{k=1}^{n-1}(3k^2-k+2)-4$

$=3\cdot\dfrac{1}{6}(n-1)n(2n-1)-\dfrac{1}{2}(n-1)n+2(n-1)-4$

$=n^3-\mathbf{2}n^2+\mathbf{3}n-\mathbf{6}$

← $k=1$ のとき
$3k^2-k+2=3-1+2=4$

類題 75

$\dfrac{\boxed{アイ}}{\boxed{ウエ}}$　$\dfrac{11}{12}$　$\dfrac{n}{\boxed{オ}n+\boxed{カ}}$　$\dfrac{n}{3n+1}$　$\boxed{キ}$　5

(1) $\displaystyle\sum_{k=2}^{12}\frac{1}{k^2-k}=\sum_{k=2}^{12}\frac{1}{k(k-1)}=\sum_{k=2}^{12}\left(\frac{1}{k-1}-\frac{1}{k}\right)$

$=\left(\dfrac{1}{1}-\dfrac{1}{2}\right)+\left(\dfrac{1}{2}-\dfrac{1}{3}\right)+\cdots\cdots+\left(\dfrac{1}{11}-\dfrac{1}{12}\right)$

$=1-\dfrac{1}{12}=\dfrac{\mathbf{11}}{\mathbf{12}}$

← $\dfrac{1}{k-1}-\dfrac{1}{k}$
$=\dfrac{k-(k-1)}{k(k-1)}$
$=\dfrac{1}{k(k-1)}$

(2) $\displaystyle\sum_{k=1}^{n}\frac{1}{(3k-2)(3k+1)}=\sum_{k=1}^{n}\frac{1}{3}\left(\frac{1}{3k-2}-\frac{1}{3k+1}\right)$

$=\dfrac{1}{3}\left\{\left(\dfrac{1}{1}-\dfrac{1}{4}\right)+\left(\dfrac{1}{4}-\dfrac{1}{7}\right)+\cdots\cdots+\left(\dfrac{1}{3n-2}-\dfrac{1}{3n+1}\right)\right\}$

$=\dfrac{1}{3}\left(1-\dfrac{1}{3n+1}\right)=\dfrac{\boldsymbol{n}}{\mathbf{3}\boldsymbol{n}\mathbf{+1}}$

← $\dfrac{1}{3k-2}-\dfrac{1}{3k+1}$
$=\dfrac{(3k+1)-(3k-2)}{(3k-2)(3k+1)}$
$=\dfrac{3}{(3k-2)(3k+1)}$

(3) $\displaystyle\sum_{k=1}^{60}\frac{1}{\sqrt{2k-1}+\sqrt{2k+1}}=\frac{1}{2}\sum_{k=1}^{60}(\sqrt{2k+1}-\sqrt{2k-1})$

$=\dfrac{1}{2}\{(\sqrt{3}-\sqrt{1})+(\sqrt{5}-\sqrt{3})+\cdots\cdots+(\sqrt{121}-\sqrt{119})\}$

$=\dfrac{1}{2}(11-1)=\mathbf{5}$

← 分母の有理化。

類題 76

ア 3	イウ −3	$\dfrac{\boxed{エ}-(-3)^{n-1}}{\boxed{オ}}$	$\dfrac{3-(-3)^{n-1}}{2}$

$$a_2=a_1+b_1=\mathbf{3},\quad a_3=a_2+b_2=3-6=\mathbf{-3}$$

であり，$n\geqq2$ のとき

$$a_n=1+\sum_{k=1}^{n-1}2(-3)^{k-1}=1+\frac{2\{1-(-3)^{n-1}\}}{1-(-3)}$$

$$=\frac{\mathbf{3-(-3)^{n-1}}}{\mathbf{2}}$$

これは $n=1$ でも成り立つ。

← 初項2，公比 −3 項数 $n-1$ の等比数列の和。

類題 77

ア 1	イn−ウ $4n-6$	エn^2−オn $4n^2-2n$		
カ 6	キ 4	$\dfrac{\boxed{ク}}{\boxed{ケコ}}-\dfrac{1}{\boxed{サ}}\left(\dfrac{1}{3}\right)^{n-1}$	$\dfrac{7}{24}-\dfrac{1}{8}\left(\dfrac{1}{3}\right)^{n-1}$	

(1)　$a_1=S_1=2\cdot1^2-4\cdot1+3=\mathbf{1}$

$n\geqq2$ のとき

$$a_n=S_n-S_{n-1}$$
$$=(2n^2-4n+3)-\{2(n-1)^2-4(n-1)+3\}$$
$$=\mathbf{4n-6}$$

$$\sum_{k=1}^{n}a_{2k}=\sum_{k=1}^{n}\{4(2k)-6\}=\sum_{k=1}^{n}(8k-6)$$
$$=8\cdot\frac{1}{2}n(n+1)-6n=\mathbf{4n^2-2n}$$

← $a_1=S_1$

← $n\geqq2$ のとき $a_n=S_n-S_{n-1}$

← $n=1$ のときは成り立たない。

← 偶数番目の項の和。

(2)　$a_1=S_1=2\cdot3=\mathbf{6}$

$n\geqq2$ のとき

$$a_n=S_n-S_{n-1}=2\cdot3^n-2\cdot3^{n-1}$$
$$=2\cdot3^{n-1}(3-1)=\mathbf{4\cdot3^{n-1}}$$

$$\sum_{k=1}^{n}\frac{1}{a_k}=\frac{1}{6}+\sum_{k=2}^{n}\frac{1}{4\cdot3^{k-1}}$$

$$=\frac{1}{6}+\frac{\frac{1}{12}\left\{1-\left(\frac{1}{3}\right)^{n-1}\right\}}{1-\frac{1}{3}}$$

$$=\frac{1}{6}+\frac{1}{8}\left\{1-\left(\frac{1}{3}\right)^{n-1}\right\}$$

$$=\frac{\mathbf{7}}{\mathbf{24}}-\frac{1}{8}\left(\frac{1}{3}\right)^{n-1}$$

← $n=1$ のときは成り立たない。

← $n=1$ と $n\geqq2$ に分ける。

← $\displaystyle\sum_{k=2}^{n}\frac{1}{4\cdot3^{k-1}}$ は初項 $\dfrac{1}{12}$，公比 $\dfrac{1}{3}$，項数 $n-1$ の等比数列の和。

類題 78

$\dfrac{\boxed{ア}}{\boxed{イ}}n^2-\dfrac{\boxed{ウエ}}{\boxed{オ}}n+\boxed{カ}$　$\dfrac{3}{2}n^2-\dfrac{13}{2}n+7$

$\dfrac{\boxed{キ}}{\boxed{ク}}-\dfrac{\boxed{ケ}}{\boxed{コ}}(-3)^{n-1}$　$\dfrac{3}{2}-\dfrac{1}{2}(-3)^{n-1}$

(1)　$n \geqq 2$ のとき

$$a_n=2+\sum_{k=1}^{n-1}(3k-5)$$

$$=2+3\cdot\frac{1}{2}(n-1)n-5(n-1)$$

$$=\frac{3}{2}n^2-\frac{13}{2}n+7$$

$n=1$ のとき2となり，成り立つ。

(2)　$n \geqq 2$ のとき

$$a_n=1+\sum_{k=1}^{n-1}2\cdot(-3)^{k-1}$$

$$=1+\frac{2\{1-(-3)^{n-1}\}}{1-(-3)}$$

$$=\frac{3}{2}-\frac{1}{2}(-3)^{n-1}$$

$n=1$ のとき1となり，成り立つ。

⬅ 階差数列の一般項 $3n-5$

⬅ 階差数列の一般項 $2\cdot(-3)^{n-1}$

類題 79

$\boxed{ア}$　2　$\boxed{イ}\cdot5^{n-1}+\boxed{ウ}$　$2\cdot5^{n-1}+2$　$\boxed{エ}$　2　$\dfrac{\boxed{オカ}}{\boxed{キ}}$　$\dfrac{-1}{2}$

$\boxed{ク}\left(\dfrac{\boxed{ケコ}}{\boxed{サ}}\right)^{n-1}-\boxed{シ}$　$8\left(\dfrac{-1}{2}\right)^{n-1}-2$　$\dfrac{\boxed{スセソ}}{\boxed{タチ}}$　$\dfrac{-63}{32}$

(1)　$a_{n+1}=5a_n-8$ より　$a_{n+1}-2=5(a_n-2)$

数列 $\{a_n-2\}$ は公比5の等比数列であるから

$$a_n-2=(a_1-2)\cdot5^{n-1}$$

$a_1=4$ より

$$a_n=2\cdot5^{n-1}+2$$

(2)　$a_{n+1}=-\dfrac{1}{2}a_n-3$ より

$$a_{n+1}+2=-\frac{1}{2}(a_n+2)$$

数列 $\{a_n+2\}$ は公比 $-\dfrac{1}{2}$ の等比数列であるから

⬅
$$\begin{array}{rl} & a_{n+1}=5a_n-8 \\ -) & \alpha=5\alpha-8 \\ \hline & a_{n+1}-\alpha=5(a_n-\alpha) \end{array}$$

$\alpha=5\alpha-8$ より

$\alpha=2$

⬅
$$\begin{array}{rl} & a_{n+1}=-\frac{1}{2}a_n-3 \\ -) & \alpha=-\frac{1}{2}\alpha-3 \\ \hline & a_{n+1}-\alpha=-\frac{1}{2}(a_n-\alpha) \end{array}$$

$\alpha=-\dfrac{1}{2}\alpha-3$ より

$\alpha=-2$

$$a_n+2=(a_1+2)\left(-\frac{1}{2}\right)^{n-1}$$

$a_1=6$ より

$$a_n+2=8\cdot\left(-\frac{1}{2}\right)^{n-1}$$

$$a_n=\mathbf{8}\left(\mathbf{-\frac{1}{2}}\right)^{n-1}\mathbf{-2}$$

よって

$$a_9=8\left(-\frac{1}{2}\right)^8-2=\mathbf{-\frac{63}{32}}$$

類題 80

アイ 20　ウエ −3　オカ 22　キクケ 737

初項から第 m 項までの和は

$$\frac{m}{2}\{2\cdot65+(m-1)d\}=730$$

$$\therefore\quad m\{130+(m-1)d\}=1460 \qquad \cdots\cdots①$$

初項から第 $2m-1$ 項までの奇数番目の項の和は，公差が $2d$ であるから

$$\frac{m}{2}\{2\cdot65+(m-1)\cdot2d\}=160$$

← 項数は m。

$$\therefore\quad m\{65+(m-1)d\}=160 \qquad \cdots\cdots②$$

①−②より　$65m=1300$

$$\therefore\quad m=\mathbf{20}$$

②に代入して　$d=\mathbf{-3}$

よって　$a_n=65-3(n-1)=68-3n$

$a_n>0$ とすると　$68-3n>0$　　$\therefore\quad n<\frac{68}{3}=22.6\cdots\cdots$

よって，初項から第 22 項までが正の数，第 23 項から負の数であるから，$\sum_{k=1}^{n}a_k$ が最大になるのは $n=\mathbf{22}$ のときで，最大値は

← 最後の正の項までの和が最大。

$$\frac{22}{2}(2\cdot65-3\cdot21)=\mathbf{737}$$

類題 81

ア 1　$\frac{イ}{ウ}$ $\frac{1}{2}$　エ，オ，$\frac{カ}{キ}$，ク 2，2，$\frac{1}{2}$，②

ケ，コ，$\frac{サ}{シ}$，ス 4，2，$\frac{1}{2}$，①

$$a_1+a_2=a_1(1+r)=\frac{3}{2}$$

$$a_4+a_5=a_1r^3(1+r)=\frac{3}{16}$$

$$\therefore\quad r^3=\frac{1}{8}$$

r は実数であるから　$r=\frac{1}{2}$

$$\therefore\quad a_1=1$$

$a_n=\left(\frac{1}{2}\right)^{n-1}$ から　$S_n=\sum_{k=1}^{n}k\left(\frac{1}{2}\right)^{k-1}$

⬅ 等差×等比

$$S_n=1+2\left(\frac{1}{2}\right)+3\left(\frac{1}{2}\right)^2+\cdots\cdots+n\left(\frac{1}{2}\right)^{n-1}$$

$$\frac{1}{2}S_n=\left(\frac{1}{2}\right)+2\left(\frac{1}{2}\right)^2+\cdots\cdots+(n-1)\left(\frac{1}{2}\right)^{n-1}+n\left(\frac{1}{2}\right)^n$$

$$\therefore\quad S_n-\frac{1}{2}S_n=1+\left(\frac{1}{2}\right)+\left(\frac{1}{2}\right)^2+\cdots\cdots+\left(\frac{1}{2}\right)^{n-1}-n\left(\frac{1}{2}\right)^n$$

$$=\frac{1-\left(\frac{1}{2}\right)^n}{1-\frac{1}{2}}-n\left(\frac{1}{2}\right)^n$$

$$=\mathbf{2}-(n+\mathbf{2})\left(\frac{\mathbf{1}}{\mathbf{2}}\right)^n\ (②)$$

⬅ $\frac{1}{2}S_n$

$$\therefore\quad S_n=4-2(n+2)\left(\frac{1}{2}\right)^n$$

$$=\mathbf{4}-(n+\mathbf{2})\left(\frac{\mathbf{1}}{\mathbf{2}}\right)^{n-1}\ (①)$$

類題 82

アイウ 382　エオカ 749　キクケコ 4496

(1)　$a_n=1+3(n-1)=3n-2$

m 番目の群の最初の数は

$$(1+2+2^2+\cdots\cdots+2^{m-2})+1=\frac{2^{m-1}-1}{2-1}+1=2^{m-1}\text{(項目)}$$

の数である（これは $m=1$ でも成り立つ）。

⬅ $m-1$ 番目の群には 2^{m-2} 個の数が含まれる。

類題の答

$\therefore\quad b_m=a_{2^{m-1}}=3\cdot2^{m-1}-2$

よって　$b_8=3\cdot2^7-2=\mathbf{382}$

また　$b_1+b_2+\cdots\cdots+b_8=\sum_{k=1}^{8}(3\cdot2^{k-1}-2)$

$=3\cdot\frac{2^8-1}{2-1}-2\cdot8$

$=\mathbf{749}$

← a_n において n を 2^{m-1} とする。

(2)　6番目の群に含まれる項は，$2^5=32$，$2^6=64$ より

a_{32}，a_{33}，……，a_{63}

であるから，その和は

$\frac{32(a_{32}+a_{63})}{2}=16(94+187)=\mathbf{4496}$

← 等差数列の和。項数は 32 個。

類題　83

ア 4　イ 6　ウ$n-$エ　$6n-2$　$\frac{\text{オ}}{\text{カ}}$　$\frac{4}{3}$

$\frac{\text{キ}}{\text{ク}}x_n+\frac{\text{ケ}}{\text{コ}}$　$\frac{1}{3}x_n+\frac{1}{6}$　$\frac{1}{\text{サ}}$(シス・セ^n+ソ^n)　$\frac{1}{4}(13\cdot2^n+6^n)$

タ 2　チ 1　ツ 2　テ 5

ト・ナ$^{n-1}$−ニn+ヌ　$2\cdot5^{n-1}-2n+1$　ネ 3　ノ 1　ハ 3

$\frac{\text{ヒ}^{n-1}+\text{フ}}{\text{ヘ}}$　$\frac{3^{n-1}+3}{2}$

(1)　$a_1=12$ より　$x_1=\frac{a_1}{3}=4$

$a_{n+1}=3a_n+2\cdot3^{n+2}=3a_n+6\cdot3^{n+1}$

両辺を 3^{n+1} で割ると

$\frac{a_{n+1}}{3^{n+1}}=\frac{a_n}{3^n}+6$

$\therefore\quad x_{n+1}=x_n+\mathbf{6}$

← $\frac{a_n}{3^n}=x_n$，$\frac{a_{n+1}}{3^{n+1}}=x_{n+1}$

数列$\{x_n\}$は初項4，公差6の等差数列であるから

$x_n=4+6(n-1)=6n-2$

よって

$a_n=3^nx_n=(\mathbf{6}n-\mathbf{2})3^n$

(2)　$x_1=\frac{a_1}{6}=\frac{8}{6}=\frac{\mathbf{4}}{\mathbf{3}}$

$a_{n+1}=2a_n+6^n$

両辺を 6^{n+1} で割ると

$$\frac{a_{n+1}}{6^{n+1}}=\frac{1}{3}\cdot\frac{a_n}{6^n}+\frac{1}{6}$$

$$\therefore\quad x_{n+1}=\boldsymbol{\frac{1}{3}}x_n+\boldsymbol{\frac{1}{6}}$$

⬅ $\frac{a_n}{6^n}=x_n$，$\frac{a_{n+1}}{6^{n+1}}=x_{n+1}$

これは

$$x_{n+1}-\frac{1}{4}=\frac{1}{3}\left(x_n-\frac{1}{4}\right)$$

⬅ $\alpha=\frac{1}{3}\alpha+\frac{1}{6}$ の解は $\alpha=\frac{1}{4}$

と変形できて，数列 $\left\{x_n-\frac{1}{4}\right\}$ は初項 $x_1-\frac{1}{4}=\frac{13}{12}$，公比 $\frac{1}{3}$ の等比数列であるから

$$x_n-\frac{1}{4}=\frac{13}{12}\left(\frac{1}{3}\right)^{n-1}$$

$$x_n=\frac{13}{12}\left(\frac{1}{3}\right)^{n-1}+\frac{1}{4}=\frac{13}{4}\left(\frac{1}{3}\right)^n+\frac{1}{4}$$

よって

$$a_n=6^nx_n=\frac{13}{4}\cdot2^n+\frac{6^n}{4}=\boldsymbol{\frac{1}{4}(13\cdot2^n+6^n)}$$

(3)　$a_{n+1}+p(n+1)-q=5(a_n+pn-q)$ とおくと

$$a_{n+1}=5a_n+4pn-p-4q$$

これが，$a_{n+1}=5a_n+8n-6$ と一致するとき

$$\begin{cases}4p=8\\-p-4q=-6\end{cases}\qquad\therefore\quad p=2,\ q=1$$

⬅ 係数を比べる。

よって

$$a_{n+1}+\boldsymbol{2}(n+1)-\boldsymbol{1}=5(a_n+2n-1)$$

$b_n=a_n+2n-1$ とおくと

$$b_{n+1}=5b_n$$

$b_1=a_1+2\cdot1-1=\boldsymbol{2}$ より，数列 $\{b_n\}$ は初項 2，公比 $\boldsymbol{5}$ の等比数列であるから

$$b_n=2\cdot5^{n-1}$$

よって

$$a_n=b_n-2n+1=\boldsymbol{2\cdot5^{n-1}-2n+1}$$

(4)　$a_{n+2}=4a_{n+1}-3a_n$ より

$$a_{n+2}-a_{n+1}=\boldsymbol{3}(a_{n+1}-a_n)$$

$b_n=a_{n+1}-a_n$ とおくと

$$b_{n+1}=3b_n$$

数列 $\{b_n\}$ は初項 $b_1=a_2-a_1=\boldsymbol{1}$，公比 $\boldsymbol{3}$ の等比数列であるから

$$b_n=3^{n-1}$$

数列 $\{b_n\}$ は数列 $\{a_n\}$ の階差数列であるから

類題の答

$n \geqq 2$ のとき

$$a_n = a_1 + \sum_{k=1}^{n-1} 3^{k-1}$$
$$= 2 + \frac{3^{n-1}-1}{3-1}$$
$$= \frac{1}{2} \cdot 3^{n-1} + \frac{3}{2}$$

これは $n=1$ のときも成り立つ。

よって

$$a_n = \mathbf{\frac{3^{n-1}+3}{2}}$$

(別解)　$a_{n+2} - 3a_{n+1} = a_{n+1} - 3a_n$ と変形して，

$c_n = a_{n+1} - 3a_n$ とおくと

$$c_{n+1} = c_n$$

であるから数列 $\{c_n\}$ は定数数列となる。

$c_1 = a_2 - 3a_1 = 3 - 6 = -3$ より

$$c_n = -3$$

$$\begin{cases} b_n = a_{n+1} - a_n = 3^{n-1} & \cdots\cdots① \\ c_n = a_{n+1} - 3a_n = -3 & \cdots\cdots② \end{cases}$$

← b_n と c_n から a_{n+1} を消去する。

①−②より

$$2a_n = 3^{n-1} + 3$$

$$\therefore \quad a_n = \mathbf{\frac{3^{n-1}+3}{2}}$$

類題 84

ア　4　　イ，ウ　7，3　　エ，オ，カ　7，3，1

$\frac{キ}{ク}$　$\frac{5}{4}$　　$\frac{ケ}{コ}$　$\frac{3}{2}$　　サ　1

(1)［Ⅰ］　$n=1$ のとき，$a_1 = 7 - 2 - 1 = 4$ より，①が成り立つ。

← $n=1$ のときに成り立つことを示す。

［Ⅱ］　$n=k$ のとき，①が成り立つと仮定すると

$$a_k = 7^k - 2k - 1 = 4m \quad (m \text{ は整数})$$

と表せるので

← $n=k$ のときに成り立つことを仮定して，$n=k+1$ のときに成り立つことを示す。

$$7^k = 4m + 2k + 1$$

このとき

$$a_{k+1} = 7^{k+1} - 2(k+1) - 1 = 7 \cdot 7^k - 2k - 3$$
$$= 7(4m + 2k + 1) - 2k - 3$$
$$= 28m + 12k + 4$$

$=4(\mathbf{7m+3k+1})$

$7m+3k+1$ は整数であるから，a_{k+1} は4の倍数であり，$n=k+1$ のときも①は成り立つ。

[Ⅰ],[Ⅱ]より，すべての自然数 n について，①は成り立つ。

(2)[Ⅰ]　$n=2$ のとき

$$(\text{左辺})=\frac{1}{1^2}+\frac{1}{2^2}=\frac{\mathbf{5}}{\mathbf{4}},\ (\text{右辺})=2-\frac{1}{2}=\frac{\mathbf{3}}{\mathbf{2}}\left(=\frac{6}{4}\right)$$

より，②が成り立つ。

⬅ $n=2$ のときに成り立つことを示す。

[Ⅱ]　$n=k$ のとき，②が成り立つと仮定すると

⬅ $n=k$ のときに成り立つことを仮定して，$n=k+1$ のときに成り立つことを示す。

$$\frac{1}{1^2}+\frac{1}{2^2}+\frac{1}{3^2}+\cdots\cdots+\frac{1}{k^2}<2-\frac{1}{k}$$

両辺に $\frac{1}{(k+1)^2}$ を加えると

$$\frac{1}{1^2}+\frac{1}{2^2}+\frac{1}{3^2}+\cdots\cdots+\frac{1}{k^2}+\frac{1}{(k+1)^2}<2-\frac{1}{k}+\frac{1}{(k+1)^2}$$

ここで

$$\left(2-\frac{1}{k+1}\right)-\left\{2-\frac{1}{k}+\frac{1}{(k+1)^2}\right\}=-\frac{1}{k+1}+\frac{1}{k}-\frac{1}{(k+1)^2}$$

$$=\frac{-k(k+1)+(k+1)^2-k}{k(k+1)^2}$$

$$=\frac{\mathbf{1}}{k(k+1)^2}>0$$

よって

$$\frac{1}{1^2}+\frac{1}{2^2}+\frac{1}{3^2}+\cdots\cdots+\frac{1}{k^2}+\frac{1}{(k+1)^2}<2-\frac{1}{k}+\frac{1}{(k+1)^2}$$

$$<2-\frac{1}{k+1}$$

であるから，$n=k+1$ のときも②は成り立つ。

[Ⅰ],[Ⅱ]より，2以上の自然数 n について，②は成り立つ。

類題　85

アイ　10　$\sqrt{\text{ウ}}$　$\sqrt{7}$

X の期待値は

$$E(X)=2\cdot\frac{1}{6}+5\cdot\frac{1}{3}+6\cdot\frac{1}{4}+a\cdot\frac{1}{4}=\frac{a}{4}+\frac{7}{2}$$

であり，$E(X)=6$ より

$$\frac{a}{4}+\frac{7}{2}=6\qquad\therefore\quad a=\mathbf{10}$$

このとき，分散は

$$V(X)=(2-6)^2\cdot\frac{1}{6}+(5-6)^2\cdot\frac{1}{3}+(6-6)^2\cdot\frac{1}{4}+(10-6)^2\cdot\frac{1}{4}$$
$$=7$$

よって，標準偏差は

$$\sigma(X)=\sqrt{7}$$

⬅ $E(X^2)-\{E(X)\}^2$
$=2^2\cdot\frac{1}{6}+5^2\cdot\frac{1}{3}$
$+6^2\cdot\frac{1}{4}+10^2\cdot\frac{1}{4}-6^2$
$=7$

類題　86

ア　8　　$\dfrac{\text{イウ}}{\text{エ}}$　$\dfrac{63}{2}$

X の確率分布は

$$P(X=0)=\frac{{}_6C_2}{{}_9C_2}=\frac{5}{12}$$

$$P(X=1)=\frac{{}_3C_1\cdot{}_6C_1}{{}_9C_2}=\frac{6}{12}$$

$$P(X=2)=\frac{{}_3C_2}{{}_9C_2}=\frac{1}{12}$$

⬅ 当たりくじが3本，はずれくじが6本ある。

X	0	1	2	計
$P(X)$	$\frac{5}{12}$	$\frac{6}{12}$	$\frac{1}{12}$	1

X の期待値は

$$E(X)=0\cdot\frac{5}{12}+1\cdot\frac{6}{12}+2\cdot\frac{1}{12}=\frac{2}{3}$$

分散は

$$V(X)=0^2\cdot\frac{5}{12}+1^2\cdot\frac{6}{12}+2^2\cdot\frac{1}{12}-\left(\frac{2}{3}\right)^2=\frac{7}{18}$$

⬅ $E(X^2)-\{E(X)\}^2$

よって，Y の期待値は

$$E(Y)=9E(X)+2=8$$

分散は

$$V(Y)=9^2V(X)=\frac{63}{2}$$

類題　87

$$P(A)=\frac{5}{10}=\frac{1}{2},\ P(B)=\frac{3}{10},\ P(C)=\frac{2}{10}=\frac{1}{5}$$

$$P(A\cap B)=\frac{1}{10},\ P(A\cap C)=\frac{1}{10}$$

⬅ $A\cap B$：6 の倍数
$A\cap C$：10 の倍数

$P(A\cap B)\neq P(A)P(B)$ から，A と B は従属である。（①）
$P(A\cap C)=P(A)P(C)$ から，A と C は独立である。（⓪）

類題　88

ア　7　$\dfrac{\boxed{イウ}}{\boxed{エ}}$　$\dfrac{35}{6}$　$\dfrac{\boxed{オカ}}{\boxed{キ}}$　$\dfrac{49}{4}$　クケ　14　$\dfrac{\sqrt{\boxed{コサ}}}{\boxed{シ}}$　$\dfrac{\sqrt{70}}{2}$

1個のサイコロを投げるとき，出る目の期待値 e は

$$e=\frac{1}{6}(1+2+3+4+5+6)=\frac{7}{2}$$

⬅ サイコロのそれぞれの目の出る確率は $\frac{1}{6}$

分散 v は

$$v=\frac{1}{6}(1^2+2^2+3^2+4^2+5^2+6^2)-\left(\frac{7}{2}\right)^2=\frac{35}{12}$$

⬅ $E(X^2)-\{E(X)\}^2$

3個のサイコロの出る目は，それぞれ互いに独立であるから X の期待値は

$$E(X)=2e=\mathbf{7}$$

分散は

$$V(X)=2v=\mathbf{\frac{35}{6}}$$

Y の期待値は

$$E(Y)=e^2=\mathbf{\frac{49}{4}}$$

また，$X+2Z$ の期待値は

$$E(X+2Z)=E(X)+2E(Z)=7+2e=\mathbf{14}$$

分散は

$$V(X+2Z)=V(X)+2^2V(Z)=\frac{35}{6}+4v=\frac{35}{2}$$

標準偏差は

$$\sqrt{\frac{35}{2}}=\mathbf{\frac{\sqrt{70}}{2}}$$

⬅ $\sigma(X+2Z)\neq\sigma(X)+2\sigma(Z)$ であることに注意。

類題　89

アイウ　152　$\dfrac{\boxed{エ}}{\boxed{オカ}}$　$\dfrac{8}{27}$

確率変数 X は，二項分布 $B(n,\ p)$ に従うので，X の平均は np，標準偏差は $\sqrt{np(1-p)}$ である。よって

$$np=\frac{1216}{27}\ \cdots\cdots①,\quad \sqrt{np(1-p)}=\frac{152}{27}\ \cdots\cdots②$$

②より

$$np(1-p)=\left(\frac{152}{27}\right)^2$$

これと①より

$$\frac{1216}{27}(1-p)=\left(\frac{152}{27}\right)^2 \quad \therefore \quad p=\frac{\mathbf{8}}{\mathbf{27}}$$

← $1216=8^2\cdot 19$
$152=8\cdot 19$

①より

$$n=\mathbf{152}$$

類題 90

$\dfrac{X-\boxed{アイ}}{\boxed{ウエ}}$　$\dfrac{X-95}{20}$　$\boxed{オ}.\boxed{カキ}$　0.25　$\boxed{クケ}$　40　$\boxed{コ}$　①

確率変数 X は，正規分布 $N(95,\ 20^2)$ に従うので

$$Z=\frac{X-\mathbf{95}}{\mathbf{20}}$$

とおくと，Z は標準正規分布 $N(0,\ 1)$ に従う。

$$\begin{aligned}P(X\geqq 100)&=P(Z\geqq \mathbf{0.25})\\&=0.5-P(0\leqq Z\leqq 0.25)\\&=0.5-0.0987\\&=0.4013\end{aligned}$$

← 正規分布表より。

よって，合格率は **40**% である。

また，正規分布表より

$$P(0\leqq Z\leqq 1.28)=0.3997$$

← 0.4 に近い値をさがす。

であるから

$$\begin{aligned}P(Z\geqq 1.28)&=0.5-P(0\leqq Z\leqq 1.28)\\&=0.5-0.3997\\&=0.1003\end{aligned}$$

← およそ 10% になる。

$Z\geqq 1.28$ のとき

$$\frac{X-95}{20}\geqq 1.28 \quad \therefore \quad X\geqq 120.6$$

であるから

$$P(X\geqq 120.6)=0.1003$$

よって，上位 10% に入る受験者の最低点は，およそ

121 点　(**①**)

類題 91

$\boxed{アイ}.\boxed{ウ}$　79.8　$\boxed{エオ}.\boxed{カ}$　80.8　$\boxed{キ}$　⑤

m に対する信頼度 95% の信頼区間は

$$80.3-1.96\cdot\frac{2.5}{\sqrt{100}}\leqq m\leqq 80.3+1.96\cdot\frac{2.5}{\sqrt{100}}$$

← $79.81\leqq m\leqq 80.79$

つまり

$$\mathbf{79.8}\leqq m\leqq \mathbf{80.8}$$

標本の大きさを n とすると

$$A=80.3-1.96\cdot\frac{2.5}{\sqrt{n}},\quad B=80.3+1.96\cdot\frac{2.5}{\sqrt{n}}$$

であるから，信頼区間の幅は

$$B-A=2\cdot 1.96\cdot\frac{2.5}{\sqrt{n}}$$

よって，信頼区間の幅を半分にするには

$$2\cdot 1.96\cdot\frac{2.5}{\sqrt{n}}=\frac{1}{2}\cdot 2\cdot 1.96\cdot\frac{2.5}{\sqrt{100}}$$

$\therefore\quad n=400$ （⑤）

類題 92

[アイウ] 960　0.[エオ] 0.38　0.[カキ] 0.42

点 A が正の向きに n 回移動したとすると

$$3n+(-1)(2400-n)=1440$$

$\therefore\quad n=\mathbf{960}$

よって，標本比率は

$$R=\frac{960}{2400}=0.4$$

であり，2400 は十分に大きいことから，p に対する信頼度 95% の信頼区間は

$$0.4-1.96\cdot\sqrt{\frac{0.4\cdot 0.6}{2400}}\leqq p\leqq 0.4+1.96\cdot\sqrt{\frac{0.4\cdot 0.6}{2400}}$$

← $0.3804\leqq p\leqq 0.4196$

つまり

$$\mathbf{0.38}\leqq p\leqq \mathbf{0.42}$$

類題 93

[ア] 1　[イ]a+[ウ]b　$4a+2b$　$\frac{[エオ]}{[カ]}a$+[キ]b　$\frac{26}{3}a+4b$

$\frac{[クケ]}{[コ]}$　$\frac{-1}{2}$　$\frac{[サ]}{[シ]}$　$\frac{3}{2}$　[ス]$-\sqrt{[セ]}$　$3-\sqrt{3}$

$$P(1\leqq X\leqq 3)=\int_1^3(ax+b)\,dx$$

類題の答

$$=\left[\frac{a}{2}x^2+bx\right]_1^3$$

$$=4a+2b$$

$P(1 \leqq X \leqq 3)=\mathbf{1}$ であるから

$$\mathbf{4}a+\mathbf{2}b=\mathbf{1} \quad \cdots\cdots①$$

⬅ $\int_1^3 f(x)\,dx=1$

X の平均は

$$E(X)=\int_1^3 x(ax+b)\,dx$$

$$=\int_1^3 (ax^2+bx)\,dx$$

$$=\left[\frac{a}{3}x^3+\frac{b}{2}x^2\right]_1^3$$

$$=\frac{26}{3}a+4b$$

$E(X)=\frac{5}{3}$ より

⬅ $E(X)=\int_1^3 xf(x)\,dx$

$$\frac{\mathbf{26}}{\mathbf{3}}a+\mathbf{4}b=\frac{5}{3} \quad \cdots\cdots②$$

①，②から

$$a=-\frac{\mathbf{1}}{\mathbf{2}},\quad b=\frac{\mathbf{3}}{\mathbf{2}}$$

このとき

$$P(1 \leqq X \leqq c)=\int_1^c \left(-\frac{1}{2}x+\frac{3}{2}\right)dx$$

$$=\left[-\frac{x^2}{4}+\frac{3}{2}x\right]_1^c$$

$$=-\frac{c^2}{4}+\frac{3}{2}c-\frac{5}{4}$$

⬅

$P(1 \leqq X \leqq c)=\frac{1}{4}$ より

$$-\frac{c^2}{4}+\frac{3}{2}c-\frac{5}{4}=\frac{1}{4}$$

$$c^2-6c+6=0$$

$1 \leqq c \leqq 3$ より

$$c=\mathbf{3}-\sqrt{\mathbf{3}}$$

類題 94

アイ	80	ウエ	64	0. オカキ	0.023	ク	②

$n=400$ のとき，確率変数 Y は二項分布 $B\left(400,\ \frac{1}{5}\right)$ に従うので

Yの平均は　$400\cdot\frac{1}{5}=\mathbf{80}$

Yの分散は　$400\cdot\frac{1}{5}\cdot\frac{4}{5}=\mathbf{64}$

⬅ Yの標準偏差は $\sqrt{64}=8$

$n=400$ は十分大きいので，Yは近似的に正規分布 $N(80,\ 8^2)$ に従うとしてよい。よって，$Z=\frac{Y-80}{8}$ とおくと，Zは近似的に標準正規分布 $N(0,\ 1)$ に従う。

したがって

$$P(Y\leqq 64)=P(Z\leqq -2)$$
$$=0.5-P(0\leqq Z\leqq 2)$$
$$=0.5-0.4772$$
$$=0.0228$$

⬅ 正規分布表より。

$\therefore\quad p_1=\mathbf{0.023}$

$n=800$ のとき，Yは二項分布 $B\left(800,\ \frac{1}{5}\right)$ に従うので，Yの平均は160，標準偏差は $8\sqrt{2}$ である。よって，$W=\frac{Y-160}{8\sqrt{2}}$ とおくと，Wは近似的に標準正規分布 $N(0,\ 1)$ に従うとしてよい。したがって

⬅ Yの分散は $800\cdot\frac{1}{5}\cdot\frac{4}{5}=128$

$$P(Y\leqq 128)=P(W\leqq -2\sqrt{2})$$

⬅ $Y=128$ のとき $W=\frac{-32}{8\sqrt{2}}=-2\sqrt{2}$

$2\sqrt{2}>2$ より $-2\sqrt{2}<-2$ であるから

$$P(W\leqq -2\sqrt{2})<P(Z\leqq -2)$$

$\therefore\quad p_2<p_1$　(❷)

類題 95

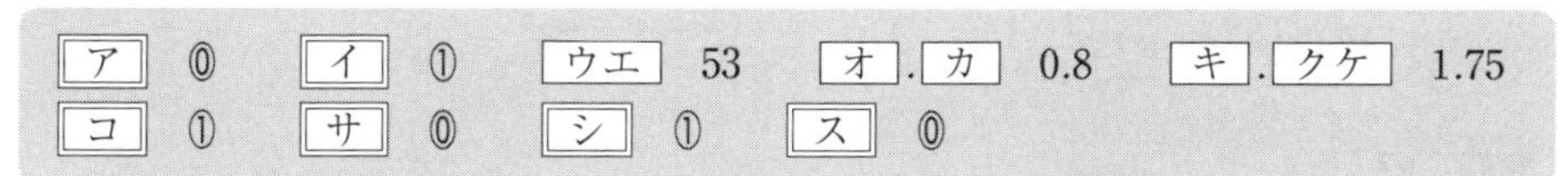
ア ⓪　イ ①　ウエ 53　オ.カ 0.8　キ.クケ 1.75
コ ①　サ ⓪　シ ①　ス ⓪

(1) 帰無仮説 H_0：A県の成績は全国平均と比べて差がない（⓿）
　対立仮説 H_1：A県の成績は全国平均と比べて異なる（❶）

とする。

H_0が正しいとする。標本の大きさ625は十分に大きいので，標本平均 $\overline{X}$ は，平均 **53** 点，標準偏差 $\frac{20}{\sqrt{625}}=\mathbf{0.8}$ 点の正規分布に近似的に従う。よって

⬅ $E(\overline{X})=m$　$\sigma(\overline{X})=\frac{\sigma}{\sqrt{n}}$

$$Z=\frac{\overline{X}-53}{0.8}$$

とおくと，Zは標準正規分布 $N(0,\ 1)$ に近似的に従う。

類題の答

$\overline{X}=54.4$ のとき，Zの値を zとおくと $z=\mathbf{1.75}$ である。
正規分布表より

$$P(Z \leqq -1.75,\ 1.75 \leqq Z)=2\cdot(0.5-0.4599)$$
$$=0.0802$$

であり，0.05 より大きいので，H_0 は棄却できない。
したがって，A 県の成績は全国平均と比べて異なるとはいえない。（①）

⬅ 両側検定の場合
$|Z| \geqq 1.75$ の確率を考える。

(2)　帰無仮説 H_0：A 県の成績は全国平均と比べて差がない（⓪）
　対立仮説 H_1：A 県の成績は全国平均より高い（①）
(1)より，$\overline{X}=54.4$ のとき，Zの値は 1.75 である。
正規分布表より

$$P(Z \geqq 1.75)=0.5-0.4599$$
$$=0.0401$$

であり，0.05 より小さいので，H_0 を棄却する。
したがって，A 県の成績は全国平均と比べて高いといえる。（⓪）

⬅ 片側検定の場合
$Z \geqq 1.75$ の確率を考える。

類題　96

［ア］，［イ］　②，⓪　［ウ］，［エ］　①，②

$$\overrightarrow{PQ}=\overrightarrow{PB}+\overrightarrow{BC}+\overrightarrow{CQ}$$
$$=(1-a)\vec{x}+\vec{y}+a\vec{z}\quad(②,\ ⓪)$$
$$\overrightarrow{PR}=\overrightarrow{PA}+\overrightarrow{AE}+\overrightarrow{ER}$$
$$=-a\vec{x}+\vec{z}+(1-a)\vec{y}$$
$$=-a\vec{x}+(1-a)\vec{y}+\vec{z}\quad(①,\ ②)$$

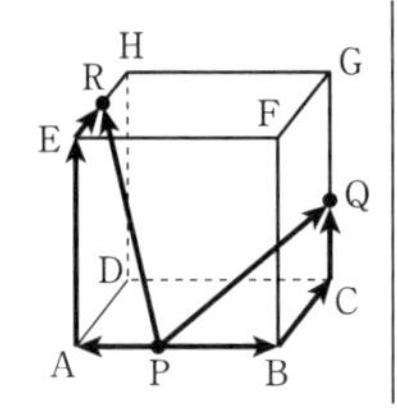

⬅ ベクトルの和を考える。

類題　97

$\dfrac{［アイ］}{［ウエ］}$，$\dfrac{［オカ］}{［キク］}$　$\dfrac{13}{17}$，$\dfrac{11}{17}$

$\dfrac{［ケコ］}{［サシ］}$，$\dfrac{［スセ］}{［ソタ］}$，$\dfrac{［チツ］}{［テト］}$　$\dfrac{-7}{17}$，$\dfrac{13}{17}$，$\dfrac{11}{17}$

$$-7\overrightarrow{PA}+13\overrightarrow{PB}+11\overrightarrow{PC}=\vec{0}$$

始点を A にすると

$$-7(-\overrightarrow{AP})+13(\overrightarrow{AB}-\overrightarrow{AP})+11(\overrightarrow{AC}-\overrightarrow{AP})=\vec{0}$$
$$-17\overrightarrow{AP}+13\overrightarrow{AB}+11\overrightarrow{AC}=\vec{0}$$

⬅ $\overrightarrow{PA}=-\overrightarrow{AP}$
$\overrightarrow{PB}=\overrightarrow{AB}-\overrightarrow{AP}$

$\therefore\quad \overrightarrow{AP}=\dfrac{13}{17}\overrightarrow{AB}+\dfrac{11}{17}\overrightarrow{AC}$

さらに始点を O にすると

$$\overrightarrow{OP}-\overrightarrow{OA}=\frac{13}{17}(\overrightarrow{OB}-\overrightarrow{OA})+\frac{11}{17}(\overrightarrow{OC}-\overrightarrow{OA})$$

$$\therefore\quad \overrightarrow{OP}=-\frac{7}{17}\overrightarrow{OA}+\frac{13}{17}\overrightarrow{OB}+\frac{11}{17}\overrightarrow{OC}$$

類題　98

$\dfrac{\boxed{ア}}{\boxed{イ}}$, $\dfrac{\boxed{ウ}}{\boxed{エ}}$　$\dfrac{2}{7}$, $\dfrac{3}{7}$　　$\dfrac{\boxed{オカ}}{\boxed{キク}}$, $\dfrac{\boxed{ケ}}{\boxed{コサ}}$　$\dfrac{-1}{14}$, $\dfrac{9}{14}$

$$\overrightarrow{OD}=\frac{4\overrightarrow{OC}+3\overrightarrow{OB}}{4+3}=\frac{4}{7}\overrightarrow{OC}+\frac{3}{7}\overrightarrow{OB}$$

$$=\frac{4}{7}\left(\frac{1}{2}\overrightarrow{OA}\right)+\frac{3}{7}\overrightarrow{OB}$$

$$=\frac{2}{7}\overrightarrow{OA}+\frac{3}{7}\overrightarrow{OB}$$

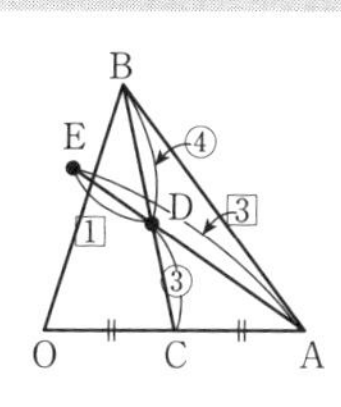

← 内分点の公式。

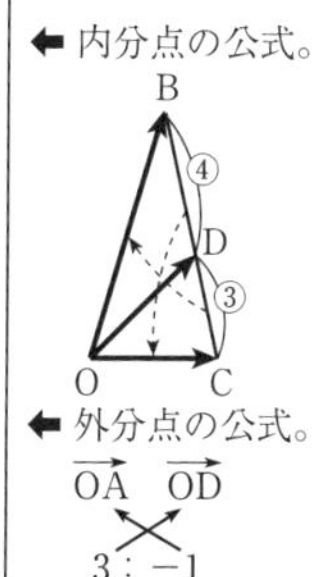

$$\overrightarrow{OE}=\frac{-1\cdot\overrightarrow{OA}+3\overrightarrow{OD}}{3-1}=-\frac{1}{2}\overrightarrow{OA}+\frac{3}{2}\overrightarrow{OD}$$

$$=-\frac{1}{2}\overrightarrow{OA}+\frac{3}{2}\left(\frac{2}{7}\overrightarrow{OA}+\frac{3}{7}\overrightarrow{OB}\right)$$

$$=-\frac{1}{14}\overrightarrow{OA}+\frac{9}{14}\overrightarrow{OB}$$

← 外分点の公式。

$\overrightarrow{OA}$　$\overrightarrow{OD}$
3 : −1

類題　99

$\dfrac{\boxed{ア}}{\boxed{イ}}$, $\dfrac{\boxed{ウ}}{\boxed{エ}}$　$\dfrac{5}{8}$, $\dfrac{3}{8}$　　$\dfrac{\boxed{オ}}{\boxed{カ}}$, $\dfrac{\boxed{キ}}{\boxed{ク}}$　$\dfrac{1}{3}$, $\dfrac{1}{5}$

$\dfrac{\boxed{ケ}}{\boxed{コサ}}$, $\dfrac{\boxed{シス}}{\boxed{セソ}}$　$\dfrac{5}{24}$, $\dfrac{11}{24}$

BD : DC = AB : AC = 3 : 5 であるから

← 角の二等分線の性質。

$$\overrightarrow{AD}=\frac{5\overrightarrow{AB}+3\overrightarrow{AC}}{3+5}$$

$$=\frac{5}{8}\overrightarrow{AB}+\frac{3}{8}\overrightarrow{AC}$$

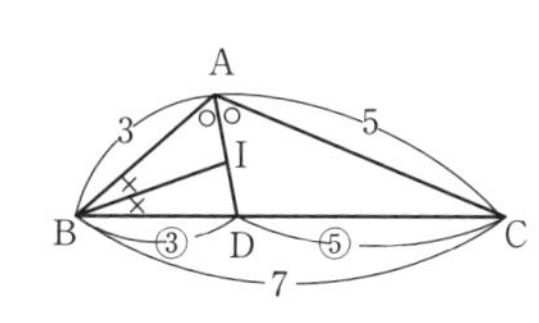

$\mathrm{BD}=\dfrac{3}{8}\cdot 7=\dfrac{21}{8}$ より

$$\mathrm{AI}:\mathrm{ID}=\mathrm{AB}:\mathrm{BD}=3:\frac{21}{8}=8:7$$

$$\therefore\quad \overrightarrow{AI}=\frac{8}{15}\overrightarrow{AD}=\frac{8}{15}\left(\frac{5}{8}\overrightarrow{AB}+\frac{3}{8}\overrightarrow{AC}\right)=\frac{1}{3}\overrightarrow{AB}+\frac{1}{5}\overrightarrow{AC}$$

また

$$\overrightarrow{AG}=\frac{1}{3}\left(\overrightarrow{AD}+\overrightarrow{AC}\right)=\frac{1}{3}\left(\frac{5}{8}\overrightarrow{AB}+\frac{3}{8}\overrightarrow{AC}+\overrightarrow{AC}\right)$$

$$=\mathbf{\frac{5}{24}}\overrightarrow{AB}+\mathbf{\frac{11}{24}}\overrightarrow{AC}$$

⬅ 重心の位置ベクトル。

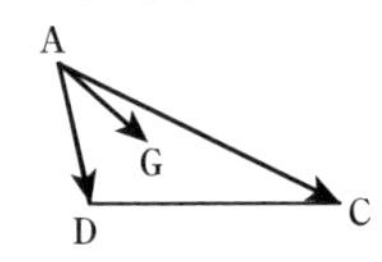

類題 100

ア　4　　イウ　−4　　エ　0　　オ　4　　カ　8　　キ　4

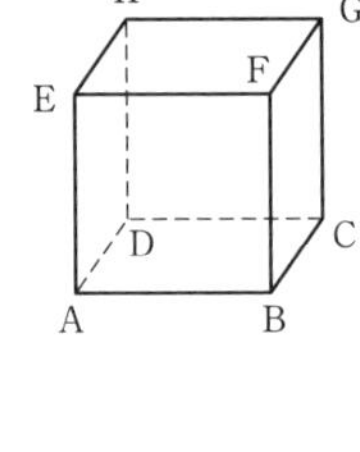

$\overrightarrow{AB}\cdot\overrightarrow{DG}=\overrightarrow{AB}\cdot\overrightarrow{AF}$

$=2\cdot2\sqrt{2}\cdot\cos45°=\mathbf{4}$

⬅ $\overrightarrow{DG}=\overrightarrow{AF}$

$\overrightarrow{AB}\cdot\overrightarrow{GE}=\overrightarrow{AB}\cdot\overrightarrow{CA}$

$=2\cdot2\sqrt{2}\cdot\cos135°=\mathbf{-4}$

⬅ $\overrightarrow{GE}=\overrightarrow{CA}$

$\overrightarrow{AF}\cdot\overrightarrow{EH}=\overrightarrow{AF}\cdot\overrightarrow{AD}$

$=2\sqrt{2}\cdot2\cdot\cos90°=\mathbf{0}$

⬅ $\overrightarrow{EH}=\overrightarrow{AD}$

$\overrightarrow{AF}\cdot\overrightarrow{AH}=2\sqrt{2}\cdot2\sqrt{2}\cdot\cos60°=\mathbf{4}$

⬅ △AFH は正三角形。

$\overrightarrow{AG}\cdot\overrightarrow{AC}=AG\cdot AC\cdot\cos\angle GAC$

$=AG\cdot AC\cdot\dfrac{AC}{AG}$

$=AC^2=(2\sqrt{2})^2$

$=\mathbf{8}$

⬅

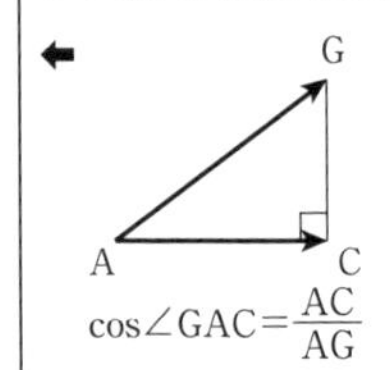

$\cos\angle GAC=\dfrac{AC}{AG}$

$\overrightarrow{AG}\cdot\overrightarrow{BC}=\overrightarrow{AG}\cdot\overrightarrow{AD}$

⬅ $\overrightarrow{BC}=\overrightarrow{AD}$

$=AG\cdot AD\cdot\cos\angle GAD$

$=AG\cdot AD\cdot\dfrac{AD}{AG}$

$=AD^2=\mathbf{4}$

⬅

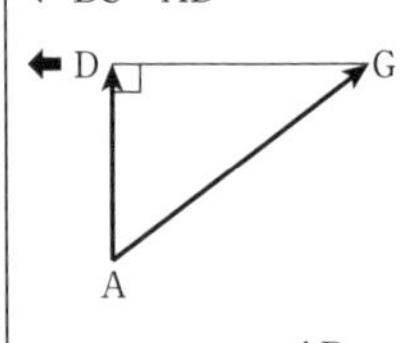

$\cos\angle GAD=\dfrac{AD}{AG}$

類題 101

$\dfrac{ア}{イ}$　$\dfrac{9}{4}$　　ウ　7　　$\dfrac{エ}{オ}$　$\dfrac{5}{4}$　　$\dfrac{カキ}{ク}$　$\dfrac{13}{2}$

(1)　$|2\vec{a}-\vec{b}|^2=16$ より　$4|\vec{a}|^2-4\vec{a}\cdot\vec{b}+|\vec{b}|^2=16$

⬅ 内積の性質。

$\therefore\ 16-4\vec{a}\cdot\vec{b}+9=16$　　$\therefore\ \vec{a}\cdot\vec{b}=\mathbf{\dfrac{9}{4}}$

また　$|\vec{a}+2\vec{b}|^2=|\vec{a}|^2+4\vec{a}\cdot\vec{b}+4|\vec{b}|^2=4+9+36=49$

$\therefore\ |\vec{a}+2\vec{b}|=\mathbf{7}$

(2)　$|\vec{a}+\vec{b}|^2=9$ より　$|\vec{a}|^2+2\vec{a}\cdot\vec{b}+|\vec{b}|^2=9$　……①

$|\vec{a}-\vec{b}|^2=4$ より　$|\vec{a}|^2-2\vec{a}\cdot\vec{b}+|\vec{b}|^2=4$　……②

①−②より　$4\vec{a}\cdot\vec{b}=5$　　$\therefore$　$\vec{a}\cdot\vec{b}=\mathbf{\dfrac{5}{4}}$

①+②より　$2(|\vec{a}|^2+|\vec{b}|^2)=13$

$\therefore$　$|\vec{a}|^2+|\vec{b}|^2=\mathbf{\dfrac{13}{2}}$

類題 102

$\dfrac{\boxed{ア}}{\boxed{イ}}$, $\dfrac{\boxed{ウ}}{\boxed{エ}}$　$\dfrac{3}{4}$, $\dfrac{1}{2}$　　$\boxed{オ}$　1　　$\dfrac{\boxed{カ}}{\boxed{キ}}$　$\dfrac{1}{2}$　　$\boxed{ク}$　2

$\boxed{ケ}:\boxed{コ}$　1：2　　$\dfrac{\boxed{サ}}{\boxed{シス}}$　$\dfrac{9}{10}$

$$\overrightarrow{ML}=\overrightarrow{OL}-\overrightarrow{OM}=\frac{3}{4}\overrightarrow{OA}-\frac{1}{2}\overrightarrow{OB}$$

$\overrightarrow{AN}=a\overrightarrow{AB}$ より

$$\overrightarrow{ON}-\overrightarrow{OA}=a(\overrightarrow{OB}-\overrightarrow{OA})$$

$$\overrightarrow{ON}=(1-a)\overrightarrow{OA}+a\overrightarrow{OB}$$

← 始点をOに変更する。

よって

$$\overrightarrow{MN}=\overrightarrow{ON}-\overrightarrow{OM}$$
$$=(1-a)\overrightarrow{OA}+a\overrightarrow{OB}-\frac{1}{2}\overrightarrow{OB}$$
$$=(\mathbf{1}-a)\overrightarrow{OA}+\left(a-\mathbf{\frac{1}{2}}\right)\overrightarrow{OB}$$

$a=-\dfrac{1}{2}$のとき

$$\overrightarrow{MN}=\left(1+\frac{1}{2}\right)\overrightarrow{OA}+\left(-\frac{1}{2}-\frac{1}{2}\right)\overrightarrow{OB}$$
$$=\frac{3}{2}\overrightarrow{OA}-\overrightarrow{OB}$$
$$=2\left(\frac{3}{4}\overrightarrow{OA}-\frac{1}{2}\overrightarrow{OB}\right)=\mathbf{2}\overrightarrow{ML}$$

よって，3点L，M，Nは一直線上にあり，LN：MN=1：2より，点Nは線分LMを**1**：**2**に外分している。

←

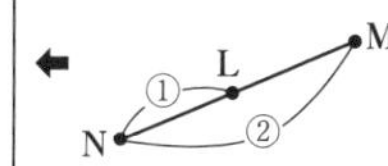

また，△OABが正三角形のとき

$\overrightarrow{OA}=\vec{a}$，$\overrightarrow{OB}=\vec{b}$　とおくと

$$|\vec{a}|=|\vec{b}|=2,\ \vec{a}\cdot\vec{b}=2\cdot2\cos60^\circ=2$$

∠LMN=90°　のとき

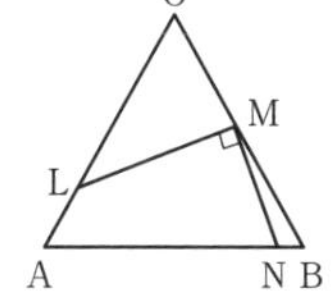

$$\overrightarrow{\mathrm{ML}}\cdot\overrightarrow{\mathrm{MN}}=0$$

← $\overrightarrow{\mathrm{ML}}\perp\overrightarrow{\mathrm{MN}}$ となる条件。

$$\left(\frac{3}{4}\vec{a}-\frac{1}{2}\vec{b}\right)\cdot\left\{(1-a)\vec{a}+\left(a-\frac{1}{2}\right)\vec{b}\right\}=0$$

$$\frac{3}{4}(1-a)|\vec{a}|^2+\left\{\frac{3}{4}\left(a-\frac{1}{2}\right)-\frac{1}{2}(1-a)\right\}\vec{a}\cdot\vec{b}$$
$$-\frac{1}{2}\left(a-\frac{1}{2}\right)|\vec{b}|^2=0$$

$$3(1-a)+2\left(\frac{5}{4}a-\frac{7}{8}\right)-2\left(a-\frac{1}{2}\right)=0$$

$$-\frac{5}{2}a+\frac{9}{4}=0$$

$$\therefore\quad a=\mathbf{\frac{9}{10}}$$

類題 103

$\dfrac{\boxed{ア}}{a+\boxed{イ}}$, $\dfrac{\boxed{ウ}}{a+\boxed{エ}}$　$\dfrac{4}{a+9}$, $\dfrac{5}{a+9}$　　$\dfrac{\boxed{オ}}{\boxed{カ}}$, $\dfrac{\boxed{キ}}{\boxed{ク}}$　$\dfrac{4}{9}$, $\dfrac{5}{9}$

$\dfrac{\boxed{ケ}}{\boxed{コ}}$　$\dfrac{5}{4}$　　$\dfrac{\boxed{サ}}{a}$　$\dfrac{9}{a}$

$$a\overrightarrow{\mathrm{PA}}+4\overrightarrow{\mathrm{PB}}+5\overrightarrow{\mathrm{PC}}=\vec{0}$$

始点を A にすると

$$a(-\overrightarrow{\mathrm{AP}})+4(\overrightarrow{\mathrm{AB}}-\overrightarrow{\mathrm{AP}})+5(\overrightarrow{\mathrm{AC}}-\overrightarrow{\mathrm{AP}})=\vec{0}$$

$$(a+9)\overrightarrow{\mathrm{AP}}=4\overrightarrow{\mathrm{AB}}+5\overrightarrow{\mathrm{AC}}$$

$$\overrightarrow{\mathrm{AP}}=\mathbf{\frac{4}{a+9}}\overrightarrow{\mathrm{AB}}+\mathbf{\frac{5}{a+9}}\overrightarrow{\mathrm{AC}}$$
$$=\frac{9}{a+9}\left(\frac{4}{9}\overrightarrow{\mathrm{AB}}+\frac{5}{9}\overrightarrow{\mathrm{AC}}\right)$$

← $\dfrac{4}{a+9}\overrightarrow{\mathrm{AB}}+\dfrac{5}{a+9}\overrightarrow{\mathrm{AC}}$
$=\dfrac{4\overrightarrow{\mathrm{AB}}+5\overrightarrow{\mathrm{AC}}}{a+9}$
$=\dfrac{9}{a+9}\cdot\dfrac{4\overrightarrow{\mathrm{AB}}+5\overrightarrow{\mathrm{AC}}}{9}$

よって

$$\overrightarrow{\mathrm{AD}}=\mathbf{\frac{4}{9}}\overrightarrow{\mathrm{AB}}+\mathbf{\frac{5}{9}}\overrightarrow{\mathrm{AC}},\quad \overrightarrow{\mathrm{AP}}=\frac{9}{a+9}\overrightarrow{\mathrm{AD}}$$

であり，これは，点 D が辺 BC を 5：4 に内分し，点 P が線分 AD を 9：a に内分する点であることを表す。

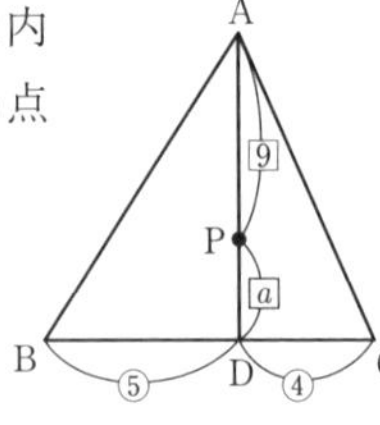

したがって

$$\frac{\mathrm{BD}}{\mathrm{DC}}=\mathbf{\frac{5}{4}},\quad \frac{\mathrm{AP}}{\mathrm{PD}}=\mathbf{\frac{9}{a}}$$

類題 104

$\frac{\boxed{ア}}{\boxed{イ}}$ $\frac{5}{4}$　$\frac{\boxed{ウ}}{\boxed{エ}}$ $\frac{3}{2}$　$\frac{\boxed{オ}}{\boxed{カ}}t$ $\frac{3}{2}t$　$\boxed{キク}$ -2　$\boxed{ケ}\sqrt{\boxed{コ}}$ $4\sqrt{5}$

$\vec{p}=s\vec{a}+t\vec{b}=(2t,\ 2s+t)$

(1)　$\vec{p}=(3,\ 4)$ のとき

$$\begin{cases} 2t=3 \\ 2s+t=4 \end{cases} \quad \therefore \quad s=\mathbf{\frac{5}{4}},\ t=\mathbf{\frac{3}{2}}$$

(2)　$\vec{b}-\vec{a}=(2,\ -1)$ より，$\vec{p}\perp(\vec{b}-\vec{a})$ のとき

$$\vec{p}\cdot(\vec{b}-\vec{a})=2\cdot2t-1\cdot(2s+t)=0$$

$$\therefore \quad s=\mathbf{\frac{3}{2}}t$$

(3)　$s=5$ のとき　$\vec{p}=(2t,\ 10+t)$

$$|\vec{p}|^2=(2t)^2+(10+t)^2=5t^2+20t+100$$

$$=5(t+2)^2+80$$

← t の2次関数とみる。

$t=\mathbf{-2}$ のとき，$|\vec{p}|$ は最小となり，最小値は

$$|\vec{p}|=\sqrt{80}=\mathbf{4\sqrt{5}}$$

類題 105

$\boxed{アイ}$ 30　$\boxed{ウエ}°$ 45°　$\boxed{オ}$ 3　$\boxed{カキ}$ -3

$(\boxed{クケ},\ \boxed{コサ})$　$(-5,\ 14)$

$\overrightarrow{AB}=(3,\ 9)$，$\overrightarrow{AC}=(-2,\ 4)$ より

$$\overrightarrow{AB}\cdot\overrightarrow{AC}=3\cdot(-2)+9\cdot4=\mathbf{30}$$

$$|\overrightarrow{AB}|=3\sqrt{1^2+3^2}=3\sqrt{10}$$

$$|\overrightarrow{AC}|=2\sqrt{(-1)^2+2^2}=2\sqrt{5}$$

← $\overrightarrow{AB}=3(1,\ 3)$
　$\overrightarrow{AC}=2(-1,\ 2)$

$$\cos\angle BAC=\frac{\overrightarrow{AB}\cdot\overrightarrow{AC}}{|\overrightarrow{AB}||\overrightarrow{AC}|}$$

$$=\frac{30}{3\sqrt{10}\cdot2\sqrt{5}}=\frac{1}{\sqrt{2}}$$

$$\therefore \quad \angle BAC=\mathbf{45°}$$

$\overrightarrow{AD}=t\overrightarrow{AC}=(-2t,\ 4t)$ より △ABD の面積は

$$\frac{1}{2}|3\cdot4t-9\cdot(-2t)|=15|t|$$

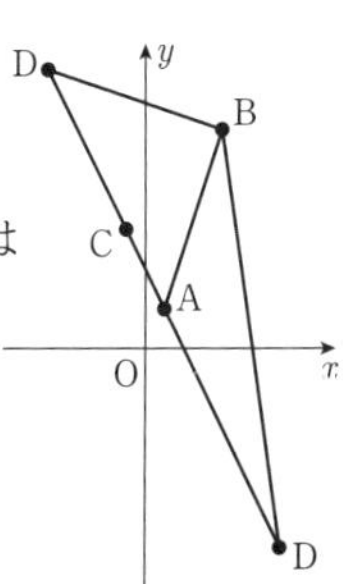

← $\overrightarrow{AB}=(x_1,\ y_1)$
　$\overrightarrow{AC}=(x_2,\ y_2)$
　とすると，△ABC の面積は
　$\frac{1}{2}|x_1y_2-x_2y_1|$

と表される。これが45であるとき

$$15|t|=45 \qquad \therefore \quad |t|=3$$

よって，$t=\mathbf{3}$ または $t=\mathbf{-3}$

$t=3$ のとき

$$\overrightarrow{OD}=\overrightarrow{OA}+\overrightarrow{AD}$$
$$=\overrightarrow{OA}+3\overrightarrow{AC}$$
$$=(1,\ 2)+3(-2,\ 4)$$
$$=(-5,\ 14)$$

したがって，D の座標は　**(−5，14)**

類題 106

アイ	−7	ウエオ°	120°	$\dfrac{カ\sqrt{キ}}{ク}$	$\dfrac{7\sqrt{3}}{2}$
$\left(\dfrac{ケ}{コ},\ \dfrac{サシス}{セ},\ \dfrac{ソ}{タ}\right)$	$\left(\dfrac{7}{9},\ \dfrac{-14}{9},\ \dfrac{7}{9}\right)$				

$$\overrightarrow{OA}=(1,\ -3,\ 2),\ \overrightarrow{OB}=(2,\ 1,\ -3)$$
$$\overrightarrow{OA}\cdot\overrightarrow{OB}=1\cdot2+(-3)\cdot1+2\cdot(-3)=\mathbf{-7}$$
$$|\overrightarrow{OA}|=\sqrt{1^2+(-3)^2+2^2}=\sqrt{14}$$
$$|\overrightarrow{OB}|=\sqrt{2^2+1^2+(-3)^2}=\sqrt{14}$$

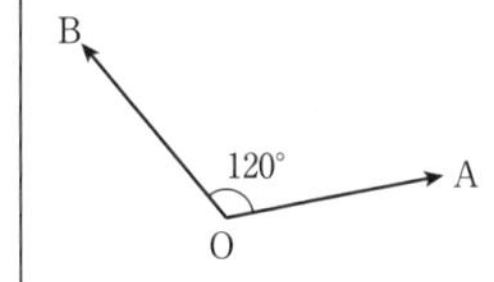

より

$$\cos\angle AOB=\frac{\overrightarrow{OA}\cdot\overrightarrow{OB}}{|\overrightarrow{OA}||\overrightarrow{OB}|}=\frac{-7}{\sqrt{14}\sqrt{14}}=-\frac{1}{2}$$

よって　∠AOB＝**120°**

△OAB の面積は

$$\frac{1}{2}|\overrightarrow{OA}||\overrightarrow{OB}|\sin\angle AOB=\frac{1}{2}\cdot\sqrt{14}\cdot\sqrt{14}\cdot\sin 120°$$
$$=\mathbf{\frac{7\sqrt{3}}{2}}$$

また，点 D は線分 AB を 2：1 に内分するので

$$\overrightarrow{OD}=\frac{1}{3}(\overrightarrow{OA}+2\overrightarrow{OB})=\left(\frac{5}{3},\ -\frac{1}{3},\ -\frac{4}{3}\right)$$

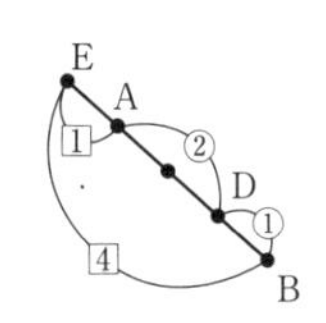

点 E は線分 AB を 1：4 に外分するので

$$\overrightarrow{OE}=\frac{1}{3}(4\overrightarrow{OA}-\overrightarrow{OB})=\left(\frac{2}{3},\ -\frac{13}{3},\ \frac{11}{3}\right)$$

よって，△ODE の重心は

$$\frac{1}{3}(\overrightarrow{OD}+\overrightarrow{OE})=\left(\frac{7}{9},\ -\frac{14}{9},\ \frac{7}{9}\right)$$

$$\therefore\ \left(\mathbf{\frac{7}{9},\ -\frac{14}{9},\ \frac{7}{9}}\right)$$

類題 107

アイ, ウエ　-2, -2　$\dfrac{\text{オ}}{\text{カ}}$　$\dfrac{5}{6}$　キク　-2　ケ　1

コサ　-3　シ　2　$\dfrac{\sqrt{\text{ス}}}{\text{セ}}$　$\dfrac{\sqrt{2}}{2}$

(1)　$\overrightarrow{AB}=(2,\ 1,\ 1)$

$\overrightarrow{OP}=\overrightarrow{OA}+t\overrightarrow{AB}=(2t,\ -1+t,\ 1+t)$

点Pが xy 平面上にあるとき，Pの z 座標は0であるから

$1+t=0 \quad \therefore \quad t=-1$

よって，Pの座標は　$(\mathbf{-2},\ \mathbf{-2},\ 0)$

また，$\overrightarrow{CP}=\overrightarrow{OP}-\overrightarrow{OC}=(2t-1,\ t-2,\ t-1)$ より，$\overrightarrow{CP}\perp\overrightarrow{AB}$ のとき

$\overrightarrow{CP}\cdot\overrightarrow{AB}=2(2t-1)+1\cdot(t-2)+1\cdot(t-1)=0$

$\therefore \quad t=\mathbf{\dfrac{5}{6}}$

← xy 平面：$z=0$

(2)　線分ABの中点の座標は

$\left(\dfrac{0+2}{2},\ \dfrac{-1+0}{2},\ \dfrac{1+2}{2}\right)=\left(1,\ -\dfrac{1}{2},\ \dfrac{3}{2}\right)$

← 中心の座標。

また

$\dfrac{1}{2}AB=\dfrac{1}{2}\sqrt{(2-0)^2+(0+1)^2+(2-1)^2}=\dfrac{\sqrt{6}}{2}$

← 半径

よって，球面 S の方程式は

$(x-1)^2+\left(y+\dfrac{1}{2}\right)^2+\left(z-\dfrac{3}{2}\right)^2=\left(\dfrac{\sqrt{6}}{2}\right)^2$

$\therefore \quad x^2+y^2+z^2-2x+y-3z+2=0$

$a=\mathbf{-2},\ b=\mathbf{1},\ c=\mathbf{-3},\ d=\mathbf{2}$

$x=2$ を代入すると

$1^2+\left(y+\dfrac{1}{2}\right)^2+\left(z-\dfrac{3}{2}\right)^2=\left(\dfrac{\sqrt{6}}{2}\right)^2$

$\therefore \quad \left(y+\dfrac{1}{2}\right)^2+\left(z-\dfrac{3}{2}\right)^2=\left(\dfrac{\sqrt{2}}{2}\right)^2$

よって，S と平面 $x=2$ との交わりの円の半径は　$\mathbf{\dfrac{\sqrt{2}}{2}}$

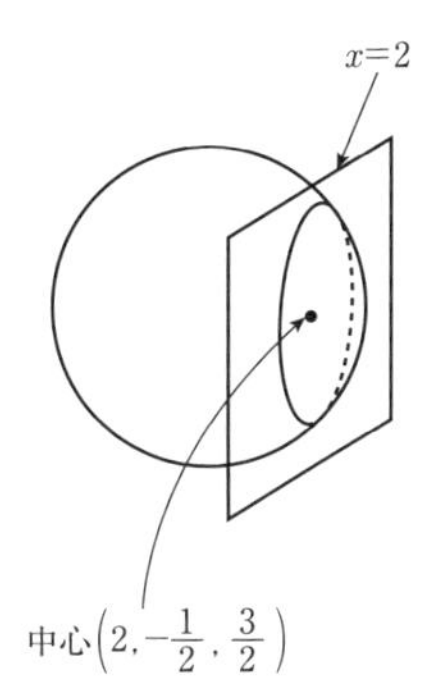

類題 108

$\frac{\boxed{ア}}{\boxed{イウ}}$，$\frac{\boxed{エ}}{\boxed{オカ}}$　$\frac{2}{11}$，$\frac{6}{11}$　$\frac{\boxed{キ}}{\boxed{ク}}$，$\frac{\boxed{ケ}}{\boxed{コ}}$　$\frac{1}{4}$，$\frac{3}{4}$　$\frac{\boxed{サ}}{\boxed{シス}}$　$\frac{8}{11}$

$\frac{\boxed{セ}}{\boxed{ソ}}$　$\frac{1}{3}$　$\boxed{タ}$　$-$　$\frac{\boxed{チ}}{\boxed{ツ}}$　$\frac{1}{2}$　$\frac{\boxed{テ}-a}{\boxed{ト}-a}$，$\frac{a}{\boxed{ナ}-a}$　$\frac{1-a}{2-a}$，$\frac{a}{2-a}$

$\frac{\boxed{ニ}}{\boxed{ヌ}}$　$\frac{2}{3}$

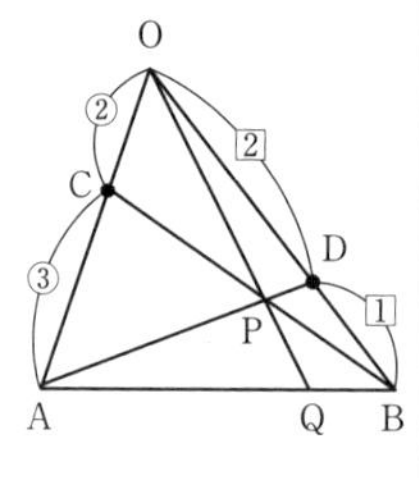

(1)　$\overrightarrow{AP}=s\overrightarrow{AD}$（$s$：実数）とおくと

$$\overrightarrow{OP}-\overrightarrow{OA}=s(\overrightarrow{OD}-\overrightarrow{OA})$$

$$\therefore\quad \overrightarrow{OP}=(1-s)\overrightarrow{OA}+\frac{2}{3}s\overrightarrow{OB}$$

← AP：PD$=s:1-s$ とおいてもよい。

← $\overrightarrow{OD}=\frac{2}{3}\overrightarrow{OB}$

$\overrightarrow{BP}=t\overrightarrow{BC}$（$t$：実数）とおくと

$$\overrightarrow{OP}-\overrightarrow{OB}=t(\overrightarrow{OC}-\overrightarrow{OB})$$

$$\therefore\quad \overrightarrow{OP}=\frac{2}{5}t\overrightarrow{OA}+(1-t)\overrightarrow{OB}$$

← BP：PC$=t:1-t$ とおいてもよい。

← $\overrightarrow{OC}=\frac{2}{5}\overrightarrow{OA}$

$\overrightarrow{OA}$ と $\overrightarrow{OB}$ は $\overrightarrow{0}$ でも平行でもないので

$$1-s=\frac{2}{5}t,\quad \frac{2}{3}s=1-t$$

← 係数比較。

$$\therefore\quad s=\frac{9}{11},\quad t=\frac{5}{11}$$

よって

$$\overrightarrow{OP}=\frac{\mathbf{2}}{\mathbf{11}}\overrightarrow{OA}+\frac{\mathbf{6}}{\mathbf{11}}\overrightarrow{OB}$$

さらに

$$\overrightarrow{OP}=\frac{8}{11}\cdot\frac{2\overrightarrow{OA}+6\overrightarrow{OB}}{8}=\frac{8}{11}\cdot\frac{\overrightarrow{OA}+3\overrightarrow{OB}}{4}$$

← 分点公式と実数倍で表す。

と変形できるので

$$\overrightarrow{OQ}=\frac{\overrightarrow{OA}+3\overrightarrow{OB}}{4}=\frac{\mathbf{1}}{\mathbf{4}}\overrightarrow{OA}+\frac{\mathbf{3}}{\mathbf{4}}\overrightarrow{OB}\qquad\cdots\cdots①$$

と表せ　$\overrightarrow{OP}=\frac{8}{11}\overrightarrow{OQ}$　　$\therefore\quad \frac{OP}{OQ}=\frac{\mathbf{8}}{\mathbf{11}}$

また，①より　AQ：QB$=3:1$

$$\therefore\quad \frac{QB}{AQ}=\frac{\mathbf{1}}{\mathbf{3}}$$

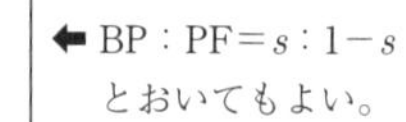

(2)　$\overrightarrow{BF}=\overrightarrow{AF}-\overrightarrow{AB}=-\overrightarrow{AB}+a\overrightarrow{AD}$

$$\overrightarrow{DE}=\overrightarrow{AE}-\overrightarrow{AD}=\frac{\mathbf{1}}{\mathbf{2}}\overrightarrow{AB}-\overrightarrow{AD}$$

$\overrightarrow{AP}=\overrightarrow{AB}+s\overrightarrow{BF}$（$s$：実数）とおくと

$$\overrightarrow{AP}=(1-s)\overrightarrow{AB}+sa\overrightarrow{AD}$$

← BP：PF$=s:1-s$ とおいてもよい。

$\overrightarrow{AP}=\overrightarrow{AD}+t\overrightarrow{DE}$ (t：実数)とおくと

← DP：PE$=t:1-t$ とおいてもよい。

$$\overrightarrow{AP}=\frac{1}{2}t\overrightarrow{AB}+(1-t)\overrightarrow{AD}$$

$\overrightarrow{AB}$ と $\overrightarrow{AD}$ は $\vec{0}$ でも平行でもないので

$$1-s=\frac{1}{2}t,\quad sa=1-t$$

← 係数比較。

$$\therefore\quad s=\frac{1}{2-a},\quad t=\frac{2-2a}{2-a}$$

よって

$$\overrightarrow{AP}=\frac{\mathbf{1-a}}{\mathbf{2-a}}\overrightarrow{AB}+\frac{a}{\mathbf{2-a}}\overrightarrow{AD}$$

AP：PQ=1：3 のとき

$$\overrightarrow{AQ}=4\overrightarrow{AP}=\frac{4(1-a)}{2-a}\overrightarrow{AB}+\frac{4a}{2-a}\overrightarrow{AD}$$

点Qが辺BC上にあるとき

$$\frac{4(1-a)}{2-a}=1$$

← $\overrightarrow{AB}$ の係数が1

$$\therefore\quad 4(1-a)=2-a$$

$$\therefore\quad a=\frac{\mathbf{2}}{\mathbf{3}}$$

← $\overrightarrow{AQ}=\overrightarrow{AB}+2\overrightarrow{AD}$

類題 109

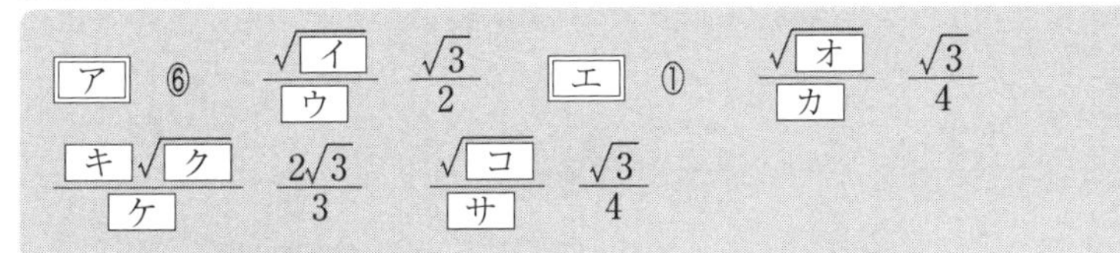

ア ⑥　$\frac{\sqrt{イ}}{ウ}$ $\frac{\sqrt{3}}{2}$　エ ①　$\frac{\sqrt{オ}}{カ}$ $\frac{\sqrt{3}}{4}$

$\frac{キ\sqrt{ク}}{ケ}$ $\frac{2\sqrt{3}}{3}$　$\frac{\sqrt{コ}}{サ}$ $\frac{\sqrt{3}}{4}$

正六角形ABCDEFの中心をOとする。点Pの存在する範囲は

$0\leqq s\leqq1$，$0\leqq t\leqq1$ のとき，四角形ABOF(**⑥**)の周および内部であるから，面積は

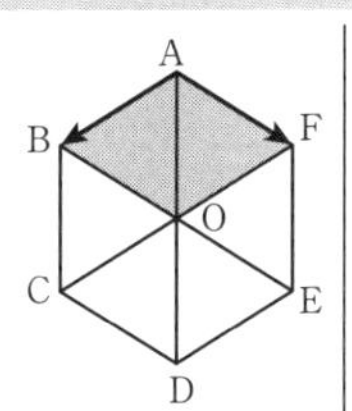

$$1\cdot1\cdot\sin120^\circ=\frac{\sqrt{3}}{2}$$

← ∠BAF=120°

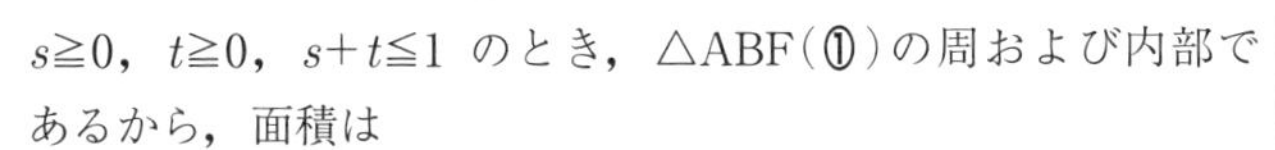

$s\geqq0$，$t\geqq0$，$s+t\leqq1$ のとき，△ABF(**①**)の周および内部であるから，面積は

$$\frac{1}{2}\cdot1\cdot1\cdot\sin120^\circ=\frac{\sqrt{3}}{4}$$

また，$\frac{1}{3}\overrightarrow{AC}=\overrightarrow{AG}$，$\frac{1}{3}\overrightarrow{FD}=\overrightarrow{FH}$ とすると，点Qの存在する

範囲は $\frac{1}{3} \leqq s \leqq 1$，$0 \leqq t \leqq 1$ のとき，

四角形 GCDH の周および内部である。

$AC=\sqrt{3}$ より，$GC=\frac{2}{3}\sqrt{3}$ であり，

$\angle CGH=\angle CAF=90^\circ$ であるから，面積は

$$\frac{2}{3}\sqrt{3}\cdot 1=\frac{2\sqrt{3}}{3}$$

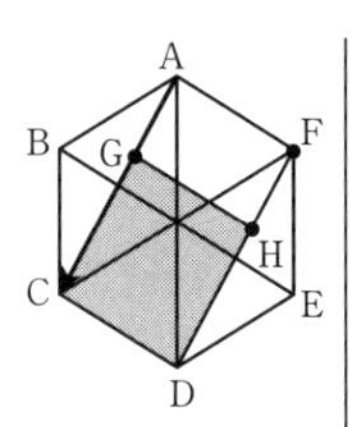

← 四角形 GCDH は長方形。

$\frac{1}{2}\overrightarrow{AC}=\overrightarrow{AM}$ とし，$2s=s'$ とおくと

$$\overrightarrow{AQ}=s\overrightarrow{AC}+t\overrightarrow{AF}=2s\left(\frac{1}{2}\overrightarrow{AC}\right)+t\overrightarrow{AF}$$
$$=s'\overrightarrow{AM}+t\overrightarrow{AF}$$

$s'\geqq 0, t\geqq 0$，$s'+t\leqq 1$ より点 Q の存在する範囲は，$\triangle AMF$ の周および内部である。

$AM=\frac{\sqrt{3}}{2}$ より，面積は

$$\frac{1}{2}\cdot\frac{\sqrt{3}}{2}\cdot 1=\frac{\sqrt{3}}{4}$$

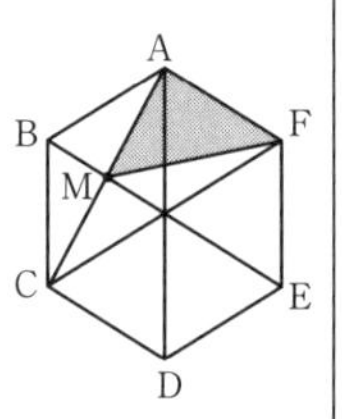

← $\triangle AMF$ は直角三角形。

類題 110

$\frac{ア}{イ}$，$\frac{ウ}{エ}$　$\frac{3}{4}$，$\frac{1}{4}$　$\frac{オカ}{キ}$　$\frac{-2}{3}$　$\frac{ク}{ケコ}$，$\frac{サ}{シ}$　$\frac{1}{12}$，$\frac{1}{4}$

$\frac{\sqrt{ス}}{セ}$　$\frac{\sqrt{3}}{4}$　$\frac{ソタ}{チ}$　$\frac{10}{3}$　$\frac{ツ}{テ}$　$\frac{4}{3}$　$\frac{ト}{ナ}$　$\frac{5}{3}$

(1)　$\overrightarrow{CP}=t\overrightarrow{OA}$ より

$$\overrightarrow{OP}=\overrightarrow{OC}+t\overrightarrow{OA}$$
$$=\frac{3\overrightarrow{OA}+\overrightarrow{OB}}{4}+t\overrightarrow{OA}$$
$$=\left(\frac{3}{4}+t\right)\overrightarrow{OA}+\frac{1}{4}\overrightarrow{OB}$$

← CP は OA に平行。

$\overrightarrow{OP}\perp\overrightarrow{CP}$ のとき，$\overrightarrow{OP}\perp\overrightarrow{OA}$ であるから

$$\overrightarrow{OP}\cdot\overrightarrow{OA}=0$$
$$\left(\frac{3}{4}+t\right)|\overrightarrow{OA}|^2+\frac{1}{4}\overrightarrow{OA}\cdot\overrightarrow{OB}=0$$
$$\left(\frac{3}{4}+t\right)\cdot 9-\frac{3}{4}=0 \qquad \therefore\ t=-\frac{2}{3}$$

← $|\overrightarrow{OA}|=3$，$|\overrightarrow{OB}|=2$，$\overrightarrow{OA}\cdot\overrightarrow{OB}=3\cdot 2\cdot\cos 120^\circ$ $=-3$

よって

$$\overrightarrow{OP}=\frac{1}{12}\overrightarrow{OA}+\frac{1}{4}\overrightarrow{OB}$$

$$|\overrightarrow{OP}|^2=\left|\frac{1}{12}(\overrightarrow{OA}+3\overrightarrow{OB})\right|^2$$

$$=\frac{1}{144}(|\overrightarrow{OA}|^2+6\overrightarrow{OA}\cdot\overrightarrow{OB}+9|\overrightarrow{OB}|^2)=\frac{3}{16}$$

$$\therefore\quad |\overrightarrow{OP}|=\frac{\sqrt{3}}{4}$$

(2)　$\overrightarrow{ON}=-\overrightarrow{OM}$ であるから

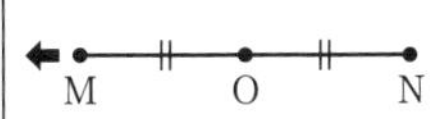

$$|\overrightarrow{OX}+\overrightarrow{OM}|=2|\overrightarrow{OX}-\overrightarrow{OM}|$$

$$|\overrightarrow{OX}+\overrightarrow{OM}|^2=4|\overrightarrow{OX}-\overrightarrow{OM}|^2$$

⬅ $\overrightarrow{OX}$ についての2次方程式と考える。

$$|\overrightarrow{OX}|^2+2\overrightarrow{OX}\cdot\overrightarrow{OM}+|\overrightarrow{OM}|^2$$

$$=4|\overrightarrow{OX}|^2-8\overrightarrow{OX}\cdot\overrightarrow{OM}+4|\overrightarrow{OM}|^2$$

$$|\overrightarrow{OX}|^2-\frac{10}{3}\overrightarrow{OX}\cdot\overrightarrow{OM}+|\overrightarrow{OM}|^2=0$$

$$\therefore\quad \left|\overrightarrow{OX}-\frac{5}{3}\overrightarrow{OM}\right|^2=\frac{16}{9}|\overrightarrow{OM}|^2$$

⬅ 平方完成する。

よって，点Xは半径 $\frac{4}{3}|\overrightarrow{OM}|$ の円を描き，その中心をAとすると

$$\overrightarrow{OA}=\frac{5}{3}\overrightarrow{OM}$$

類題 111

$\dfrac{\boxed{アイ}}{\boxed{ウ}}$，$\dfrac{\boxed{エ}}{\boxed{オ}}$，$\dfrac{\boxed{カ}}{\boxed{キ}}$　$\dfrac{-3}{5}$，$\dfrac{3}{7}$，$\dfrac{4}{7}$　　$\boxed{ク}:\boxed{ケ}$　7 : 3

$\overrightarrow{OP}=\frac{3}{5}\vec{a}$，$\overrightarrow{OQ}=\frac{3\vec{b}+4\vec{c}}{7}$ より

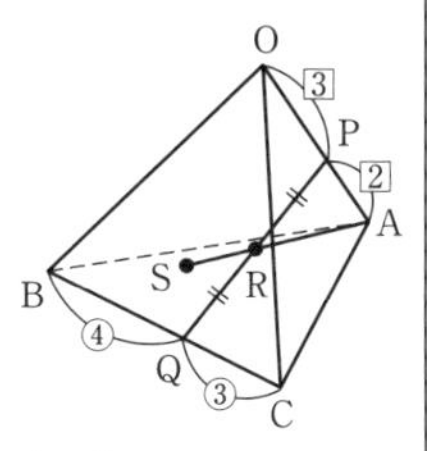

$$\overrightarrow{PQ}=\overrightarrow{OQ}-\overrightarrow{OP}$$

$$=-\frac{3}{5}\vec{a}+\frac{3}{7}\vec{b}+\frac{4}{7}\vec{c}$$

$$\therefore\quad \overrightarrow{OR}=\overrightarrow{OP}+\frac{1}{2}\overrightarrow{PQ}$$

⬅ $\overrightarrow{OR}=\frac{1}{2}(\overrightarrow{OP}+\overrightarrow{OQ})$ から求めてもよい。

$$=\frac{3}{5}\vec{a}+\frac{1}{2}\left(-\frac{3}{5}\vec{a}+\frac{3}{7}\vec{b}+\frac{4}{7}\vec{c}\right)$$

$$=\frac{3}{10}\vec{a}+\frac{3}{14}\vec{b}+\frac{2}{7}\vec{c}$$

点Sは直線AR上にあるので

$$\overrightarrow{OS}=\overrightarrow{OA}+t\overrightarrow{AR}$$

⬅ $\overrightarrow{AS}=t\overrightarrow{AR}$

$$=\overrightarrow{OA}+t(\overrightarrow{OR}-\overrightarrow{OA})$$
$$=(1-t)\overrightarrow{OA}+t\overrightarrow{OR}$$
$$=(1-t)\vec{a}+t\left(\frac{3}{10}\vec{a}+\frac{3}{14}\vec{b}+\frac{2}{7}\vec{c}\right)$$
$$=\left(1-\frac{7}{10}t\right)\vec{a}+\frac{3}{14}t\vec{b}+\frac{2}{7}t\vec{c}\quad (t:\text{実数})$$

点 S が平面 OBC 上にあるとき

$$1-\frac{7}{10}t=0\qquad \therefore\quad t=\frac{10}{7}$$

⬅ $\vec{a}$ の係数が 0

$$\therefore\quad \mathrm{AR}:\mathrm{RS}=1:\left(\frac{10}{7}-1\right)$$
$$=\mathbf{7}:\mathbf{3}$$

類題 112

ア　0　$\dfrac{1}{\boxed{イ}}$　$\dfrac{1}{2}$　$\dfrac{\boxed{ウエ}}{\boxed{オ}}$, $\dfrac{\boxed{カ}}{\boxed{キ}}$, $\dfrac{\boxed{ク}}{\boxed{ケ}}$　$\dfrac{-1}{2}$, $\dfrac{1}{6}$, $\dfrac{1}{3}$

$\dfrac{\boxed{コ}}{\boxed{サ}}$　$\dfrac{2}{3}$

$$\overrightarrow{OA}\cdot\overrightarrow{OC}=1\cdot1\cdot\cos 90^\circ=\mathbf{0}$$
$$\overrightarrow{OC}\cdot\overrightarrow{OD}=1\cdot1\cdot\cos 60^\circ=\mathbf{\frac{1}{2}}$$

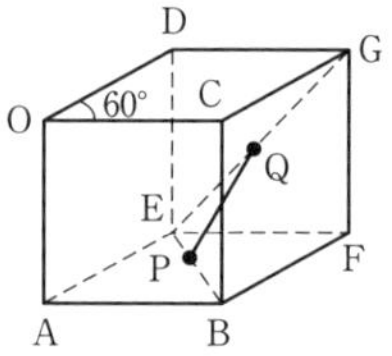

$\overrightarrow{OA}=\vec{a}$, $\overrightarrow{OC}=\vec{c}$, $\overrightarrow{OD}=\vec{d}$ とすると

$$\overrightarrow{OP}=\overrightarrow{OA}+\overrightarrow{AB}+\frac{2}{3}\overrightarrow{BE}$$

⬅ $\overrightarrow{AB}=\overrightarrow{OC}$

$$=\vec{a}+\vec{c}+\frac{2}{3}(\vec{d}-\vec{c})$$

⬅ $\overrightarrow{BE}=\overrightarrow{CD}$

$$=\vec{a}+\frac{1}{3}\vec{c}+\frac{2}{3}\vec{d}$$

$$\overrightarrow{OQ}=\overrightarrow{OC}+\overrightarrow{CG}+\frac{1}{2}\overrightarrow{GE}$$

⬅ $\overrightarrow{CG}=\overrightarrow{OD}$

$$=\vec{c}+\vec{d}+\frac{1}{2}(\vec{a}-\vec{c})$$

⬅ $\overrightarrow{GE}=\overrightarrow{CA}$

$$=\frac{1}{2}\vec{a}+\frac{1}{2}\vec{c}+\vec{d}$$

$$\therefore\quad \overrightarrow{PQ}=\overrightarrow{OQ}-\overrightarrow{OP}$$
$$=\left(\frac{1}{2}\vec{a}+\frac{1}{2}\vec{c}+\vec{d}\right)-\left(\vec{a}+\frac{1}{3}\vec{c}+\frac{2}{3}\vec{d}\right)$$
$$=-\mathbf{\frac{1}{2}}\vec{a}+\mathbf{\frac{1}{6}}\vec{c}+\mathbf{\frac{1}{3}}\vec{d}$$

$$=\frac{1}{6}(-3\vec{a}+\vec{c}+2\vec{d})$$

$|\vec{a}|=|\vec{c}|=|\vec{d}|=1$，$\vec{a}\cdot\vec{c}=\vec{a}\cdot\vec{d}=0$，$\vec{c}\cdot\vec{d}=\frac{1}{2}$ より

$$|\overrightarrow{PQ}|^2=\frac{1}{36}(9|\vec{a}|^2+|\vec{c}|^2+4|\vec{d}|^2+4\vec{c}\cdot\vec{d})$$

$$=\frac{16}{36}=\frac{4}{9} \qquad \therefore\ |\overrightarrow{PQ}|=\frac{2}{3}$$

類題 113

$\dfrac{\boxed{ア}a+\boxed{イ}}{\boxed{ウ}}$ $\dfrac{2a+5}{4}$　$\dfrac{\boxed{エ}a-\boxed{オ}}{\boxed{カ}}$ $\dfrac{2a-1}{4}$　$\dfrac{\boxed{キ}}{\boxed{ク}}$ $\dfrac{5}{4}$　$\dfrac{\boxed{ケ}}{\boxed{コ}}$ $\dfrac{1}{4}$

$\dfrac{\boxed{サシ}}{\boxed{ス}}$ $\dfrac{-1}{5}$　$\dfrac{\boxed{セ}}{\boxed{ソ}}$ $\dfrac{8}{5}$　$\dfrac{\boxed{タチ}}{\boxed{ツ}}$ $\dfrac{11}{5}$　$\dfrac{\boxed{テト}}{\boxed{ナ}}$ $\dfrac{-1}{5}$　$\boxed{ニ}$ 2

$\boxed{ヌ}$ 6

$$\overrightarrow{OE}=\frac{3\overrightarrow{OA}+\overrightarrow{OB}}{4}=\frac{3}{4}(2,\ 0,\ 2)+\frac{1}{4}(-1,\ -1,\ -1)$$

$$=\left(\frac{5}{4},\ -\frac{1}{4},\ \frac{5}{4}\right)$$

$$\overrightarrow{OF}=\frac{3\overrightarrow{OC}+\overrightarrow{OD}}{4}=\frac{3}{4}(2,\ 0,\ 1)+\frac{1}{4}(1,\ 1,\ 2)$$

$$=\left(\frac{7}{4},\ \frac{1}{4},\ \frac{5}{4}\right)$$

よって

$$\overrightarrow{OG}=(1-a)\overrightarrow{OE}+a\overrightarrow{OF}$$

$$=(1-a)\left(\frac{5}{4},\ -\frac{1}{4},\ \frac{5}{4}\right)+a\left(\frac{7}{4},\ \frac{1}{4},\ \frac{5}{4}\right)$$

$$=\left(\boldsymbol{\frac{2a+5}{4}},\ \boldsymbol{\frac{2a-1}{4}},\ \boldsymbol{\frac{5}{4}}\right)$$

$\overrightarrow{AH}=s\overrightarrow{AD}$ より

$$\overrightarrow{OH}=\overrightarrow{OA}+s\overrightarrow{AD}$$

$$=(2,\ 0,\ 2)+s(-1,\ 1,\ 0)$$

$$=(2-s,\ s,\ 2) \quad \cdots\cdots①$$

$\overrightarrow{OH}=t\overrightarrow{OG}$ より

$$\overrightarrow{OH}=\left(\frac{2a+5}{4}t,\ \frac{2a-1}{4}t,\ \frac{5}{4}t\right) \quad \cdots\cdots②$$

①，②より

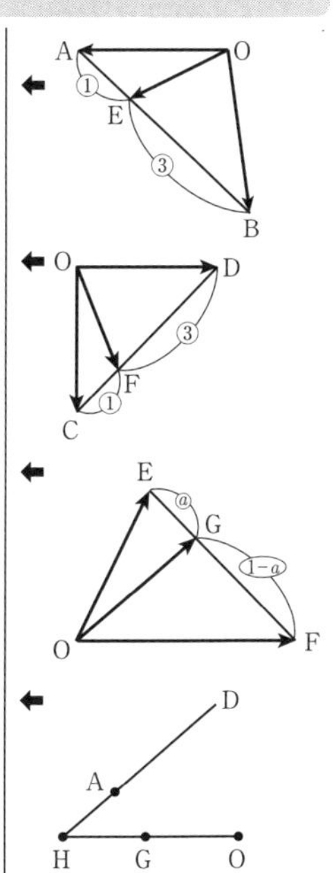

類題の答

$$\begin{cases} 2-s=\dfrac{2a+5}{4}t & \cdots\cdots③ \\ s=\dfrac{2a-1}{4}t & \cdots\cdots④ \\ 2=\dfrac{5}{4}t & \cdots\cdots⑤ \end{cases}$$

⑤より　$t=\mathbf{\dfrac{8}{5}}$

③＋④より

$$2=(a+1)t=\frac{8}{5}(a+1)$$

$$\therefore\quad a=\mathbf{\frac{1}{4}}$$

④より　$s=\dfrac{2\cdot\frac{1}{4}-1}{4}\cdot\dfrac{8}{5}=\mathbf{-\dfrac{1}{5}}$

①より　$\overrightarrow{OH}=\left(\dfrac{11}{5},\ -\dfrac{1}{5},\ 2\right)$ であるから，点Hの座標は

$$\left(\mathbf{\frac{11}{5}},\ \mathbf{-\frac{1}{5}},\ \mathbf{2}\right)$$

また，$\overrightarrow{AH}=-\dfrac{1}{5}\overrightarrow{AD}$ より，点Hは線分ADを1：**6** に外分している。

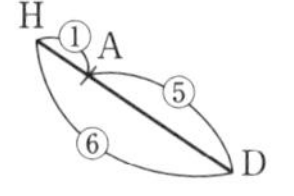

類題 114

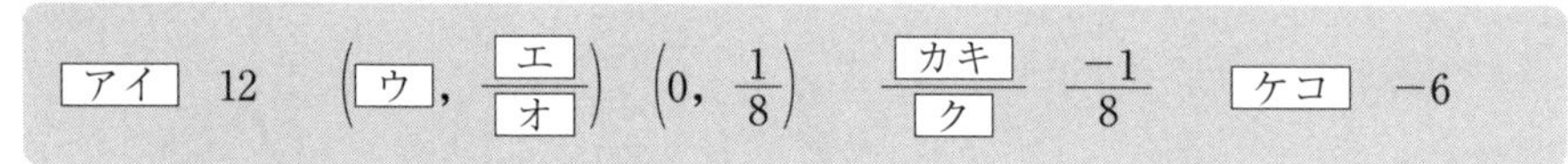

(1)　$y^2=4\cdot3\cdot x=\mathbf{12}x$　　⬅ $p=3$

(2)　$x^2=4\cdot\dfrac{1}{8}y$ より，焦点は$\left(\mathbf{0},\ \mathbf{\dfrac{1}{8}}\right)$，準線は $y=\mathbf{-\dfrac{1}{8}}$　　⬅ $p=\dfrac{1}{8}$

(3)　準線が $x=\dfrac{3}{2}$，焦点が$\left(-\dfrac{3}{2},\ 0\right)$より　　⬅ $p=-\dfrac{3}{2}$

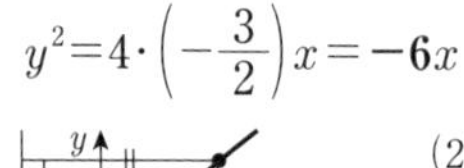

$$y^2=4\cdot\left(-\frac{3}{2}\right)x=\mathbf{-6}x$$

(1)
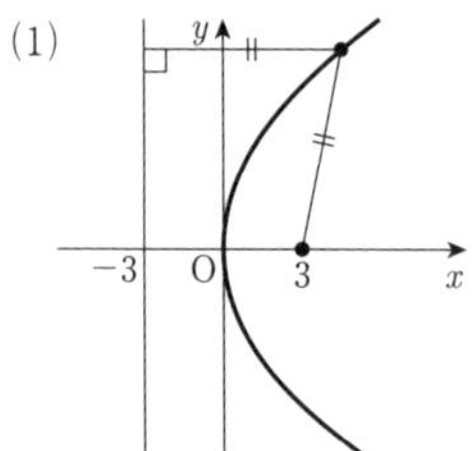

(2)
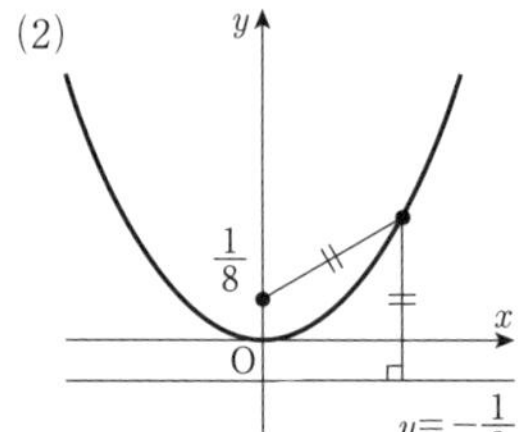

(3)
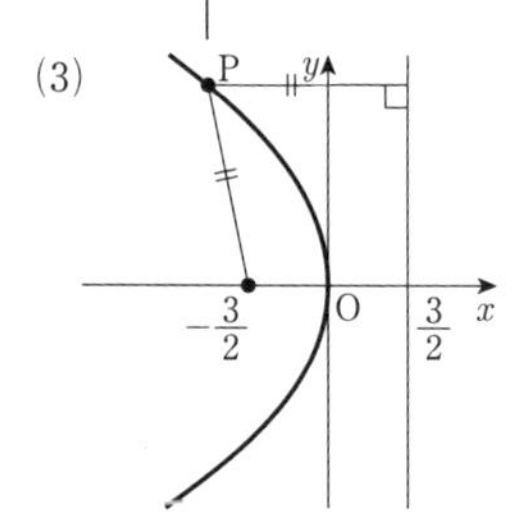

類題 115

（[ア]，$\pm\sqrt{[イ]}$）　$(0,\ \pm\sqrt{5})$　[ウ]　6　$\dfrac{x^2}{[エオ]}+\dfrac{y^2}{[カ]}$　$\dfrac{x^2}{13}+\dfrac{y^2}{4}$

(1)　$\dfrac{x^2}{4}+\dfrac{y^2}{9}=1$ より $\sqrt{9-4}=\sqrt{5}$ であるから，焦点 F，F′ は　$(\mathbf{0},\ \pm\sqrt{\mathbf{5}})$

頂点は$(\pm2,\ 0)$，$(0,\ \pm3)$より　$\mathrm{PF}+\mathrm{PF'}=\mathbf{6}$

(2)　楕円の方程式を $\dfrac{x^2}{a^2}+\dfrac{y^2}{b^2}=1$ $(a>b>0)$とおくと，

$\sqrt{a^2-b^2}=3$ より　$a^2-b^2=9$

短軸の長さが $2b=4$ より　$b=2$

$b^2=4$ であるから　$a^2=13$

よって　$\dfrac{x^2}{\mathbf{13}}+\dfrac{y^2}{\mathbf{4}}=1$

← $a=2$，$b=3$ より $a<b$ であるから，焦点は y 軸上にある。

← 長軸の長さに等しい。

← 焦点が x 軸上にあるから，$a>b$ である。

(1)

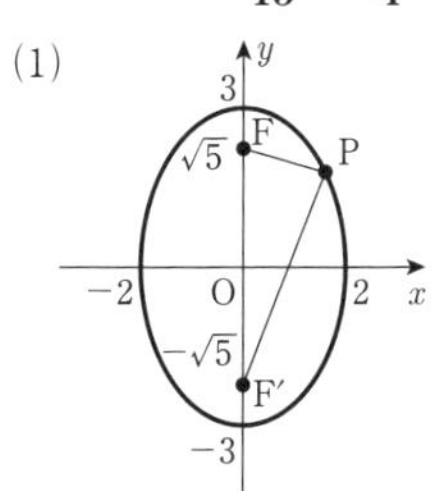

(2)

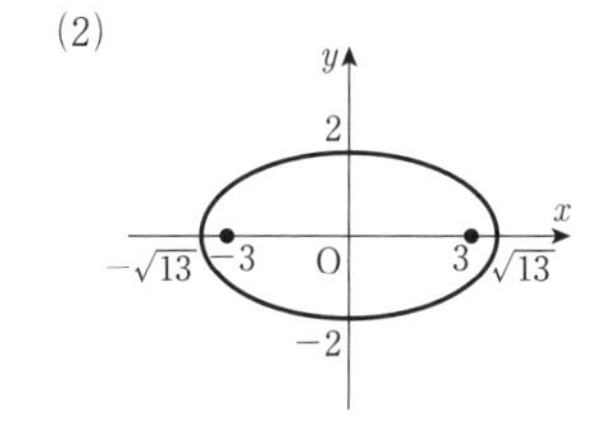

類題 116

$(\pm[ア],\ [イ])$　$(\pm2,\ 0)$　$\pm\dfrac{\sqrt{[ウ]}}{[エ]}$　$\pm\dfrac{\sqrt{3}}{3}$　$[オ]\sqrt{[カ]}$　$2\sqrt{3}$

$\dfrac{x^2}{[キク]}-\dfrac{y^2}{[ケ]}$　$\dfrac{x^2}{16}-\dfrac{y^2}{9}$　（[コ]，$\pm$[サ]）　$(0,\ \pm3)$

(1)　$\sqrt{3+1}=2$ より，焦点 F，F′ は　$(\pm\mathbf{2},\ \mathbf{0})$

漸近線の方程式は $y=\pm\dfrac{1}{\sqrt{3}}x=\pm\dfrac{\sqrt{\mathbf{3}}}{\mathbf{3}}x$ であり，頂点の座標が$(\pm\sqrt{3},\ 0)$であるから　$|\mathrm{PF}-\mathrm{PF'}|=\mathbf{2\sqrt{3}}$

← 頂点間の距離に等しい。

(2)　双曲線の方程式を $\dfrac{x^2}{a^2}-\dfrac{y^2}{b^2}=-1$ $(a>0,\ b>0)$とおくと，

← 焦点が y 軸上にある。

漸近線の傾きは $\dfrac{b}{a}=\dfrac{3}{4}$ より　$b=\dfrac{3}{4}a$

焦点の座標から　$\sqrt{a^2+b^2}=5$　　∴　$a^2+b^2=25$

よって　$a=4$，$b=3$

双曲線の方程式は　$\dfrac{x^2}{\mathbf{16}}-\dfrac{y^2}{\mathbf{9}}=-1$

頂点の座標は　$(\mathbf{0},\ \pm\mathbf{3})$

(1)

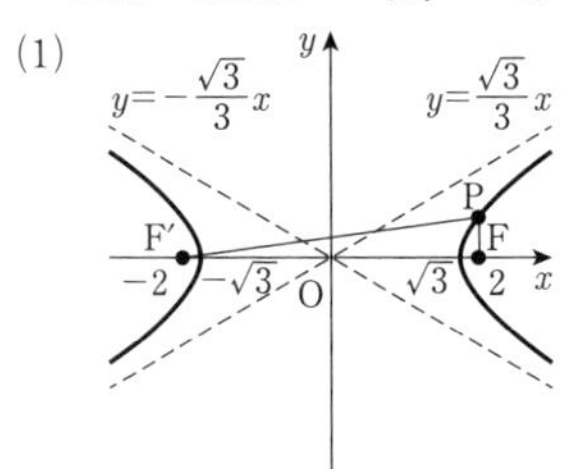

(2)

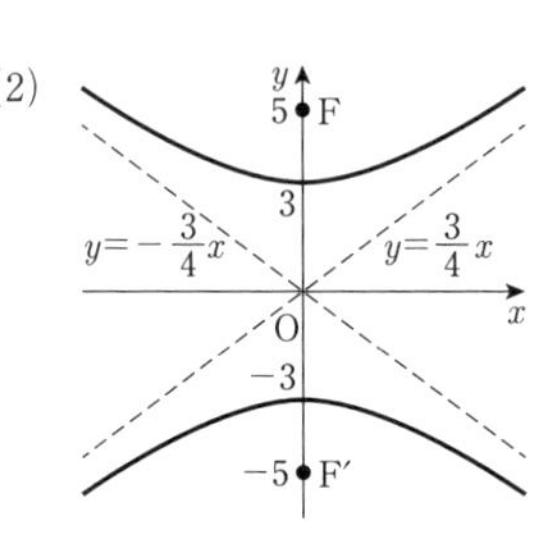

類題 117

(ア, イ) (2, 2)　ウ 0　(エ, オカ) (5, −1)
(キ, クケ) (1, −1)　(コサ, シ) (−1, 2)
(スセ, ソ) (−7, 2)　$\dfrac{\sqrt{タ}}{チ}$, ツ$\sqrt{テ}$, ト　$\dfrac{\sqrt{5}}{2}$, $2\sqrt{5}$, 2

(1)　$(y-2)^2-4x+4=0$ より　$(y-2)^2=4(x-1)$

頂点は$(1,\ 2)$より焦点は　$(1+1,\ 2)=(\mathbf{2},\ \mathbf{2})$

準線は　$x=\mathbf{0}$

← $y^2=4x$ を x 軸方向に 1，y 軸方向に 2 だけ平行移動。

(2)
$$x^2+3y^2-6x+6y+6=0$$
$$(x-3)^2+3(y+1)^2=6$$
$$\frac{(x-3)^2}{6}+\frac{(y+1)^2}{2}=1$$

中心は$(3,\ -1)$であり，$\sqrt{6-2}=2$ より，焦点は

$(3\pm2,\ -1)=(\mathbf{5},\ \mathbf{-1}),(\mathbf{1},\ \mathbf{-1})$

← 楕円 $\dfrac{x^2}{6}+\dfrac{y^2}{2}=1$ を x 軸方向に 3，y 軸方向に −1 だけ平行移動した楕円。

(3)
$$5x^2-4y^2+40x+16y+44=0$$
$$5(x+4)^2-4(y-2)^2=20$$
$$\frac{(x+4)^2}{4}-\frac{(y-2)^2}{5}=1$$

中心は$(-4,\ 2)$であり，$\sqrt{4+5}=3$ より，焦点は

$(-4\pm3,\ 2)=(\mathbf{-1},\ \mathbf{2}),(\mathbf{-7},\ \mathbf{2})$

← 双曲線 $\dfrac{x^2}{4}-\dfrac{y^2}{5}=1$ を x 軸方向に −4，y 軸方向に 2 だけ平行移動した双曲線。

漸近線は

$$y-2=\pm\frac{\sqrt{5}}{2}(x+4)$$

← $\dfrac{b}{a}=\dfrac{\sqrt{5}}{2}$

$y=\dfrac{\sqrt{\mathbf{5}}}{\mathbf{2}}x+\mathbf{2}\sqrt{\mathbf{5}}+\mathbf{2}$,　$y=-\dfrac{\sqrt{5}}{2}x-2\sqrt{5}+2$

(1)

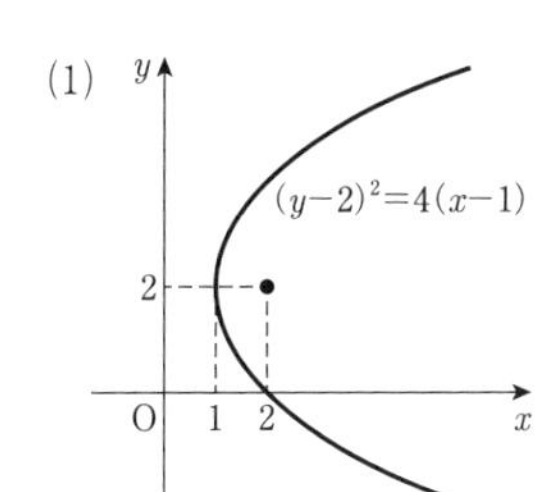

(2)

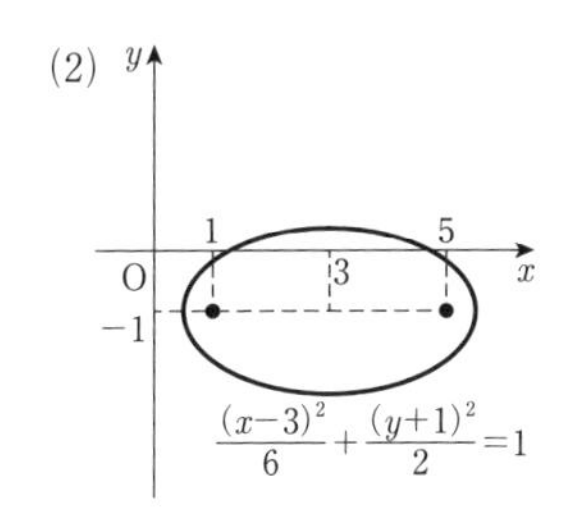

(3)

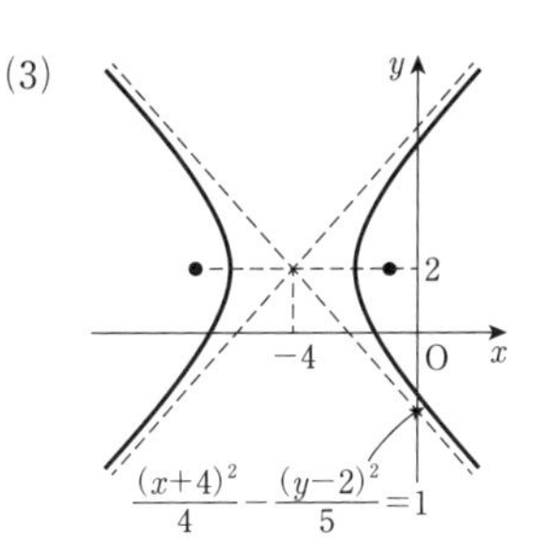

類題 118

ア，イ，ウ　1，2，9　　エ，オ，カ，キ　1，4，2，9
ク，ケ，コ　2，2，1

(1)　$3\cos\theta=x-1$，$3\sin\theta=y-2$ より

$$(x-\mathbf{1})^2+(y-\mathbf{2})^2=\mathbf{9}$$

(2)　$\cos\theta=\dfrac{x+1}{2}$，$\sin\theta=\dfrac{y-2}{3}$ より

$$\left(\frac{x+1}{2}\right)^2+\left(\frac{y-2}{3}\right)^2=1$$

$$\therefore\quad \frac{(x+\mathbf{1})^2}{\mathbf{4}}+\frac{(y-\mathbf{2})^2}{\mathbf{9}}=1$$

(3)　$t=\dfrac{y}{2}$ より

$$x=2\left(\frac{y}{2}\right)^2+4\left(\frac{y}{2}\right)+1$$

$$=\frac{1}{2}y^2+2y+1$$

$$=\frac{1}{2}(y+2)^2-1$$

$$\therefore\quad (y+\mathbf{2})^2=\mathbf{2}(x+\mathbf{1})$$

⬅ $\cos^2\theta+\sin^2\theta=1$

⬅ 円

⬅ 楕円

⬅ t を消去する。

⬅ 放物線

(1)

y
$(x-1)^2+(y-2)^2=9$
2
O 1
x

(2)

$\dfrac{(x+1)^2}{4}+\dfrac{(y-2)^2}{9}=1$
y
2
−1 O
x

(3)

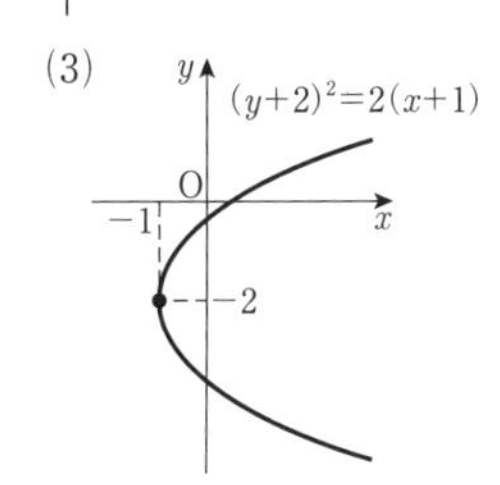

類題 119

$\left(\boxed{\text{ア}},\ \dfrac{\boxed{\text{イ}}}{\boxed{\text{ウ}}}\pi\right)$ $\left(2,\ \dfrac{3}{2}\pi\right)$ 　$(\boxed{\text{エ}},\ \boxed{\text{オ}}\sqrt{\boxed{\text{カ}}})$ $(1,\ -\sqrt{3})$

$\boxed{\text{キ}}$, $\boxed{\text{ク}}$, $\boxed{\text{ケ}}$ 1, 1, 2 　$\boxed{\text{コ}}$, $\boxed{\text{サ}}$, $\boxed{\text{シ}}$ 1, 4, 3

(1) $r=2$, $\cos\theta=\dfrac{0}{2}=0$,

$\sin\theta=-\dfrac{2}{2}=-1$ より $\theta=\dfrac{3}{2}\pi$ であるから

$$\left(\mathbf{2},\ \frac{\mathbf{3}}{\mathbf{2}}\pi\right)$$

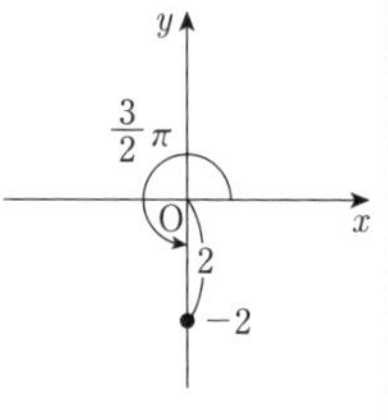

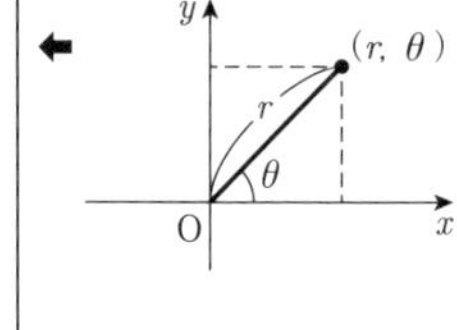

(2) $x=2\cos\left(-\dfrac{\pi}{3}\right)=1$,

$y=2\sin\left(-\dfrac{\pi}{3}\right)=-\sqrt{3}$ より

$$(\mathbf{1},\ -\sqrt{\mathbf{3}})$$

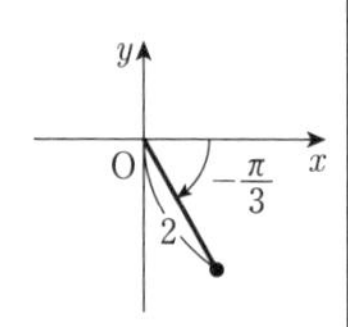

(3) 両辺に r をかけて

$$r^2=2r(\sin\theta-\cos\theta)$$

$$x^2+y^2=2y-2x$$

$$(x+\mathbf{1})^2+(y-\mathbf{1})^2=\mathbf{2}$$

⬅ $r^2=x^2+y^2$
$r\sin\theta=y$
$r\cos\theta=x$

(4) $(2-\cos\theta)r=3$

$$2r=r\cos\theta+3$$

両辺2乗して

$$4r^2=(r\cos\theta+3)^2$$

$$4(x^2+y^2)=(x+3)^2$$

$$3x^2+4y^2-6x-9=0$$

$$3(x-1)^2+4y^2=12$$

$$\frac{(x-\mathbf{1})^2}{\mathbf{4}}+\frac{y^2}{\mathbf{3}}=1$$

⬅ 楕円

(3)

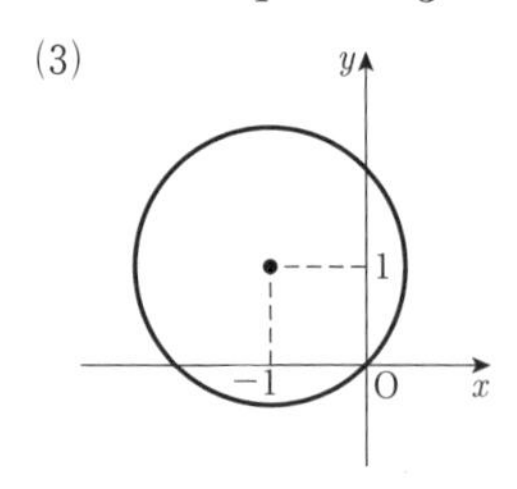

(4)

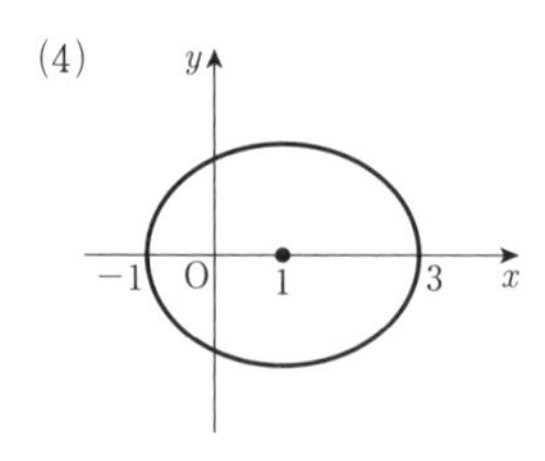

類題 120

ア ⑤　イ ⑦　ウ ③　エ ①

点 A(z)と実軸に関する対称点を A′ とすると　A′$(\overline{z})$

$\overrightarrow{OE}=-\overrightarrow{OA'}$ であるから

$E(-\overline{z})$　(①)

$\overrightarrow{OB}=\overrightarrow{OE}+\overrightarrow{EB}=\overrightarrow{OE}+2\overrightarrow{OA}$ であるから

$B(2z-\overline{z})$　(⑤)

$\overrightarrow{OC}=2(\overrightarrow{OA}+\overrightarrow{OE})$ であるから

$C(2z-2\overline{z})$　(⑦)

$\overrightarrow{OD}=\overrightarrow{OA}+\overrightarrow{AD}=\overrightarrow{OA}+2\overrightarrow{OE}$ であるから

$D(z-2\overline{z})$　(③)

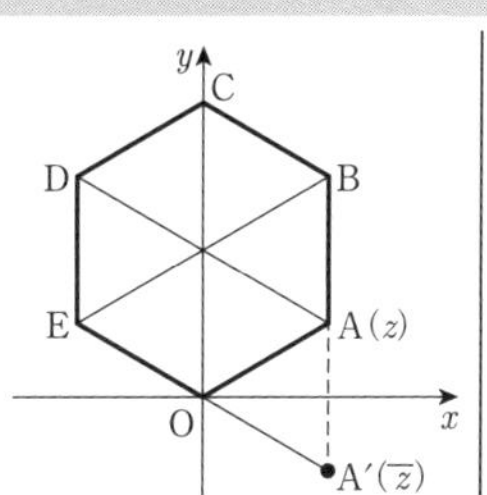

← 和，差，実数倍はベクトルと同じ。

類題 121

$\sqrt{\text{アイ}}$ $\sqrt{10}$　$\text{ウエ}\sqrt{\text{オ}}$ $10\sqrt{2}$　$\sqrt{\text{カ}}$ $\sqrt{2}$　$\sqrt{\text{キ}}$ $\sqrt{7}$
$\sqrt{\text{ク}}$ $\sqrt{2}$

(1)　$z-w=3+i$ より　$|z-w|=\sqrt{3^2+1^2}=\sqrt{\mathbf{10}}$

$|z|=\sqrt{2^2+4^2}=2\sqrt{5}$，$|w|=\sqrt{(-1)^2+3^2}=\sqrt{10}$ より

$|zw|=|z||w|=2\sqrt{5}\cdot\sqrt{10}=\mathbf{10\sqrt{2}}$

$\left|\dfrac{z}{w}\right|=\dfrac{|z|}{|w|}=\dfrac{2\sqrt{5}}{\sqrt{10}}=\sqrt{\mathbf{2}}$

← $|x+yi|=\sqrt{x^2+y^2}$

← $|zw|=|z||w|$

$\left|\dfrac{z}{w}\right|=\dfrac{|z|}{|w|}$

(2)　$|\alpha|^2=\alpha\overline{\alpha}=4$，$|\beta|^2=\beta\overline{\beta}=4$

$|\alpha-\beta|^2=(\alpha-\beta)(\overline{\alpha-\beta})=(\alpha-\beta)(\overline{\alpha}-\overline{\beta})$

$=\alpha\overline{\alpha}-\alpha\overline{\beta}-\overline{\alpha}\beta+\beta\overline{\beta}$

$9=4-(\alpha\overline{\beta}+\overline{\alpha}\beta)+4$

$\alpha\overline{\beta}+\overline{\alpha}\beta=-1$

$|\alpha+\beta|^2=(\alpha+\beta)(\overline{\alpha+\beta})=(\alpha+\beta)(\overline{\alpha}+\overline{\beta})$

$=\alpha\overline{\alpha}+\alpha\overline{\beta}+\overline{\alpha}\beta+\beta\overline{\beta}$

$=4-1+4=7$

$\therefore\ |\alpha+\beta|=\sqrt{\mathbf{7}}$

← $|z|^2=z\overline{z}$

$\overline{z+w}=\overline{z}+\overline{w}$

$\overline{z-w}=\overline{z}-\overline{w}$

(3)　$z+\dfrac{2}{z}$ が実数であるから

$\overline{\left(z+\dfrac{2}{z}\right)}=z+\dfrac{2}{z}$

$\overline{z}+\dfrac{2}{\overline{z}}=z+\dfrac{2}{z}$

← 複素数 z が実数である条件は $\overline{z}=z$

類題の答

$$\bar{z}-z+\frac{2(z-\bar{z})}{z\bar{z}}=0$$

$$z\bar{z}(\bar{z}-z)-2(\bar{z}-z)=0$$

$$(z\bar{z}-2)(\bar{z}-z)=0$$

zは虚数であるから　$\bar{z}\neq z$

よって　$z\bar{z}=|z|^2=2$　　$\therefore$　$|z|=\boldsymbol{\sqrt{2}}$

類題 122

ア$\sqrt{\text{イ}}$　$2\sqrt{2}$	$\frac{\text{ウエ}}{\text{オ}}\pi$　$\frac{11}{6}\pi$	$\sqrt{\text{カ}}$　$\sqrt{6}$	$\frac{\text{キ}}{\text{ク}}\pi$　$\frac{3}{4}\pi$
ケ$\sqrt{\text{コ}}$　$4\sqrt{3}$	$\frac{\text{サ}}{\text{シス}}\pi$　$\frac{7}{12}\pi$	$\frac{\text{セ}\sqrt{\text{ソ}}}{\text{タ}}$　$\frac{2\sqrt{3}}{3}$	
$\frac{\text{チツ}}{\text{テト}}\pi$　$\frac{13}{12}\pi$	$-\frac{\text{ナ}\sqrt{\text{ニ}}}{\text{ヌネ}}+\frac{\text{ノ}\sqrt{\text{ハ}}}{\text{ヒフ}}i$　$-\frac{8\sqrt{2}}{27}+\frac{8\sqrt{6}}{27}i$		

$$z_1=\boldsymbol{2\sqrt{2}}\left(\cos\boldsymbol{\frac{11}{6}}\pi+i\sin\frac{11}{6}\pi\right)$$

$$z_2=\boldsymbol{\sqrt{6}}\left(\cos\boldsymbol{\frac{3}{4}}\pi+i\sin\frac{3}{4}\pi\right)$$

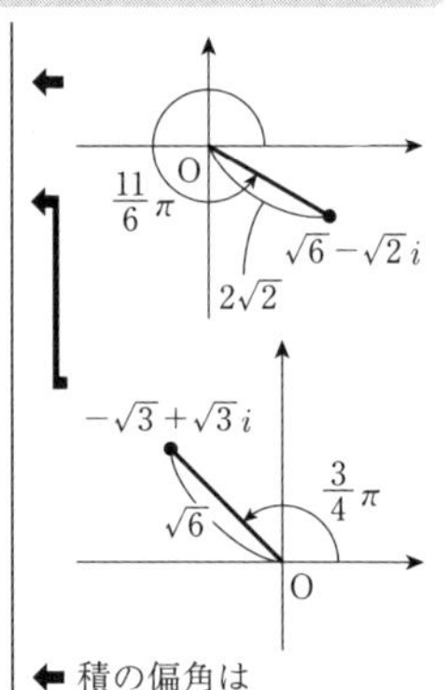

$$z_1z_2=2\sqrt{2}\cdot\sqrt{6}\left\{\cos\left(\frac{11}{6}\pi+\frac{3}{4}\pi\right)+i\sin\left(\frac{11}{6}\pi+\frac{3}{4}\pi\right)\right\}$$

$$=4\sqrt{3}\left(\cos\frac{31}{12}\pi+i\sin\frac{31}{12}\pi\right)$$

$$=\boldsymbol{4\sqrt{3}}\left(\cos\boldsymbol{\frac{7}{12}}\pi+i\sin\frac{7}{12}\pi\right)$$

$$\frac{z_1}{z_2}=\frac{2\sqrt{2}}{\sqrt{6}}\left\{\cos\left(\frac{11}{6}\pi-\frac{3}{4}\pi\right)+i\sin\left(\frac{11}{6}\pi-\frac{3}{4}\pi\right)\right\}$$

$$=\boldsymbol{\frac{2\sqrt{3}}{3}}\left(\cos\boldsymbol{\frac{13}{12}}\pi+i\sin\frac{13}{12}\pi\right)$$

⬅ 積の偏角は偏角の和
商の偏角は偏角の差

また，ド・モアブルの定理より

⬅ $(\cos\theta+i\sin\theta)^n=\cos n\theta+i\sin n\theta$

$$z_1{}^5=(2\sqrt{2})^5\left\{\cos\left(\frac{11}{6}\pi\times5\right)+i\sin\left(\frac{11}{6}\pi\times5\right)\right\}$$

$$=128\sqrt{2}\left(\cos\frac{55}{6}\pi+i\sin\frac{55}{6}\pi\right)$$

$$=128\sqrt{2}\left(\cos\frac{7}{6}\pi+i\sin\frac{7}{6}\pi\right)$$

⬅ $\frac{55}{6}\pi=8\pi+\frac{7}{6}\pi$

$$z_2{}^6=(\sqrt{6})^6\left\{\cos\left(\frac{3}{4}\pi\times6\right)+i\sin\left(\frac{3}{4}\pi\times6\right)\right\}$$

$$=216\left(\cos\frac{9}{2}\pi+i\sin\frac{9}{2}\pi\right)$$

$$=216\left(\cos\frac{\pi}{2}+i\sin\frac{\pi}{2}\right)$$

← $\frac{9}{2}\pi=4\pi+\frac{\pi}{2}$

よって

$$\frac{z_1^5}{z_2^6}=\frac{128\sqrt{2}}{216}\left\{\cos\left(\frac{7}{6}\pi-\frac{\pi}{2}\right)+i\sin\left(\frac{7}{6}\pi-\frac{\pi}{2}\right)\right\}$$

$$=\frac{16\sqrt{2}}{27}\left(\cos\frac{2}{3}\pi+i\sin\frac{2}{3}\pi\right)$$

$$=\frac{16\sqrt{2}}{27}\left(-\frac{1}{2}+\frac{\sqrt{3}}{2}i\right)$$

$$=-\frac{8\sqrt{2}}{27}+\frac{8\sqrt{6}}{27}i$$

類題 123

[ア]√[イ]−[ウ]i　$5\sqrt{3}-7i$　　[エ]+[オ]√[カ]i　$2+2\sqrt{3}i$

−[キ]−√[ク]+([ケ]−√[コ])i　$-3-\sqrt{3}+(4-\sqrt{3})i$

(1)　$\left(\cos\frac{\pi}{6}+i\sin\frac{\pi}{6}\right)(4-6\sqrt{3}i)=\left(\frac{\sqrt{3}}{2}+\frac{1}{2}i\right)(4-6\sqrt{3}i)$

$=\mathbf{5\sqrt{3}-7}i$

(2)　$2\left\{\cos\left(-\frac{\pi}{3}\right)+i\sin\left(-\frac{\pi}{3}\right)\right\}(-1+\sqrt{3}i)$

$=2\left(\frac{1}{2}-\frac{\sqrt{3}}{2}i\right)(-1+\sqrt{3}i)$

$=(1-\sqrt{3}i)(-1+\sqrt{3}i)=\mathbf{2+2\sqrt{3}}i$

(3)　求める点を z とすると

$$z-i=\sqrt{3}\left(\cos\frac{2}{3}\pi+i\sin\frac{2}{3}\pi\right)(2+3i-i)$$

$$z=\sqrt{3}\left(-\frac{1}{2}+\frac{\sqrt{3}}{2}i\right)(2+2i)+i$$

$$=\sqrt{3}(-1+\sqrt{3}i)(1+i)+i$$

$$=-\mathbf{3}-\sqrt{\mathbf{3}}+(\mathbf{4}-\sqrt{\mathbf{3}})i$$

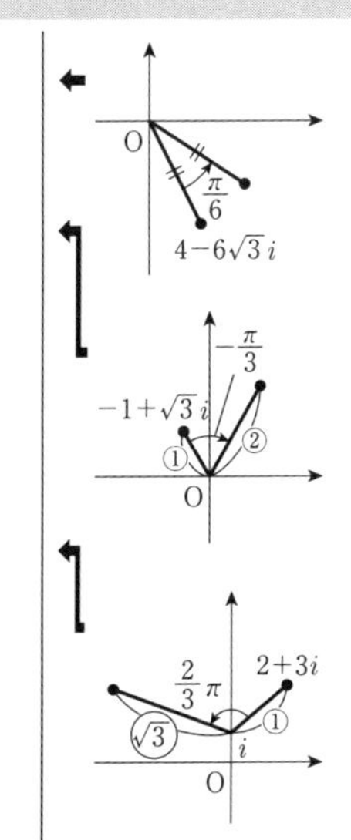

類題 124

$\dfrac{\boxed{ア}k+\boxed{イ}}{\boxed{ウエ}}$　$\dfrac{3k+1}{10}$　　$\boxed{オカ}$　13　　$\dfrac{\pi}{\boxed{キ}}$　$\dfrac{\pi}{4}$　　$\sqrt{\boxed{ク}}$　$\sqrt{2}$

$\boxed{ケコ}$　13　　$\boxed{サ}$　3　　$\dfrac{\boxed{シス}}{\boxed{セ}}$　$\dfrac{-1}{3}$

$$\frac{\gamma-\alpha}{\beta-\alpha}=\frac{(k+6i)-(1+2i)}{(4+3i)-(1+2i)}=\frac{k-1+4i}{3+i}$$

$$=\frac{(k-1+4i)(3-i)}{(3+i)(3-i)}=\frac{3k+1}{10}+\frac{13-k}{10}i$$

$k=3$ のとき　$\dfrac{\gamma-\alpha}{\beta-\alpha}=1+i=\sqrt{2}\left(\cos\dfrac{\pi}{4}+i\sin\dfrac{\pi}{4}\right)$

よって

$$\angle BAC=\frac{\pi}{4},\ \frac{AC}{AB}=\sqrt{2}$$

3 点 A，B，C が一直線上にあるのは $\dfrac{\gamma-\alpha}{\beta-\alpha}$ が実数のときであるから　$13-k=0$　　∴　$k=13$

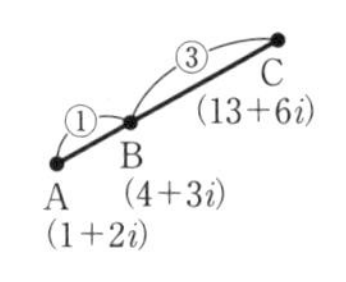

このとき，$\dfrac{\gamma-\alpha}{\beta-\alpha}=4$ より

$$\frac{AC}{AB}=4\qquad\therefore\quad AB:BC=1:3$$

AB⊥AC となるのは $\dfrac{\gamma-\alpha}{\beta-\alpha}$ が純虚数のときであるから

$$3k+1=0 \text{ かつ } 13-k\neq0\qquad\therefore\quad k=-\frac{1}{3}$$

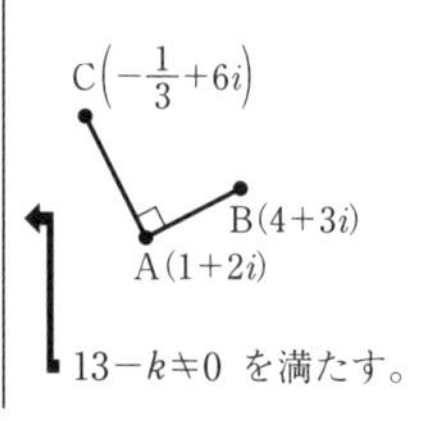

13−k≠0 を満たす。

類題 125

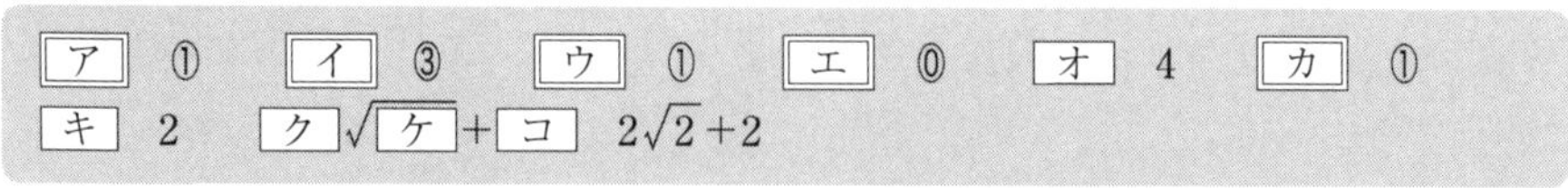

$\boxed{ア}$　①　　$\boxed{イ}$　③　　$\boxed{ウ}$　①　　$\boxed{エ}$　⓪　　$\boxed{オ}$　4　　$\boxed{カ}$　①

$\boxed{キ}$　2　　$\boxed{ク}\sqrt{\boxed{ケ}}+\boxed{コ}$　$2\sqrt{2}+2$

(1)　$|z-1|=|z+i|$ は 2 点 1，$-i$ を結ぶ線分の垂直二等分線であるから　①

$|z-2+i|=1$ は点 $2-i$ を中心とする半径 1 の円であるから　③

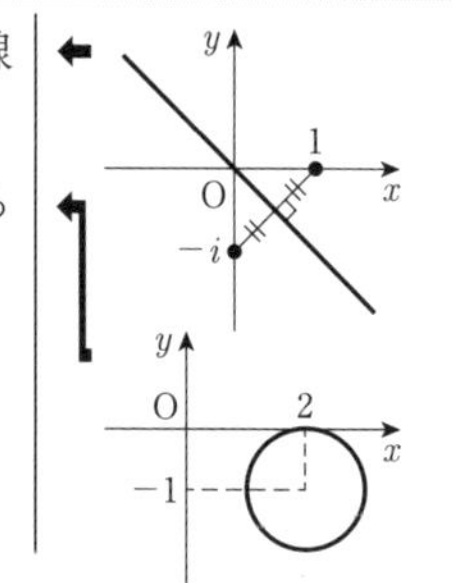

(2)　$z\bar{z}-(2-i)z-(2+i)\bar{z}+1=0$ より

$$\{z-(2+i)\}\{\bar{z}-(2-i)\}=4\quad(①，⓪)$$

$$\{z-(2+i)\}\{\overline{z-(2+i)}\}=4$$

$$|z-(2+i)|^2=4$$
$$|z-(2+i)|=\mathbf{2}\quad(\text{①})$$

これは点 $2+i$ を中心とする半径2の円を表す。

A$(2+i)$，B$(-i)$，P(z)とすると $|z+i|=\text{BP}$ であるから，3点B，A，Pがこの順に一直線上にあるとき，BPは最大となる。

$\text{AB}=\sqrt{2^2+2^2}=2\sqrt{2}$ より，$|z+i|$ の最大値は　$\mathbf{2\sqrt{2}+2}$

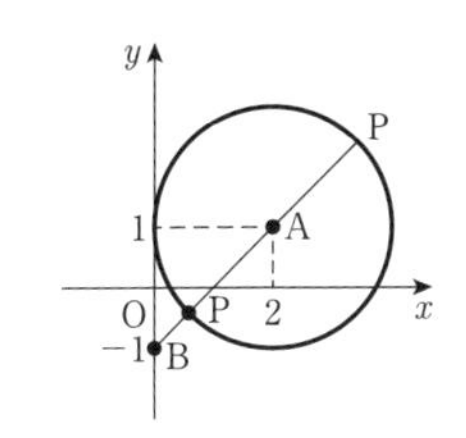

類題 126

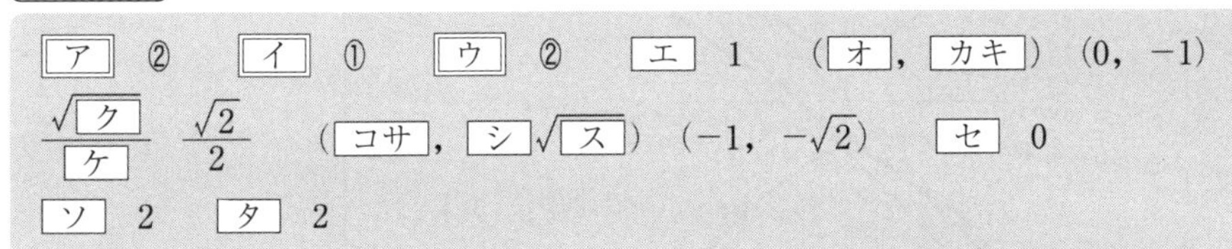
ア ②　イ ①　ウ ②　エ 1　（オ，カキ）(0，−1)

$\dfrac{\sqrt{ク}}{ケ}$ $\dfrac{\sqrt{2}}{2}$　（コサ，シ$\sqrt{ス}$）$(-1,\ -\sqrt{2})$　セ 0

ソ 2　タ 2

$\begin{cases} x^2-y^2=-1 \\ y=a(x-1) \end{cases}$ より y を消去して

$$x^2-a^2(x-1)^2=-1$$
$$(a^2-1)x^2-2a^2x+a^2-1=0\quad(\text{②，①，②})\quad\cdots\cdots①$$

$a^2-1=0$，つまり $a=\mathbf{1}$ のとき，①は $-2x=0$ となり

⬅ (x^2 の係数)$=0$
$a>0$

$$x=0$$

このとき $y=-1$ より，C と ℓ の共有点は$(\mathbf{0},\ \mathbf{-1})$の1個。

$a\neq1$ のとき，①の判別式を D とすると

$$D/4=a^4-(a^2-1)^2=2a^2-1$$

$D=0$ のとき $2a^2-1=0$ より

$$a=\frac{1}{\sqrt{2}}=\mathbf{\frac{\sqrt{2}}{2}}$$

⬅ $a>0$

このとき，①より

$$-\frac{1}{2}x^2-x-\frac{1}{2}=0$$
$$x^2+2x+1=0$$
$$(x+1)^2=0\quad\therefore\quad x=-1$$
$$y=\frac{\sqrt{2}}{2}(-2)=-\sqrt{2}$$

よって，$a=\dfrac{\sqrt{2}}{2}$ のとき C と ℓ の共有点は$(\mathbf{-1},\ \mathbf{-\sqrt{2}})$の1個。

⬅ C と ℓ は接する。

C と ℓ の共有点の個数は

$0<a<\frac{\sqrt{2}}{2}$ のとき　$D<0$ より **0** 個

$a=\frac{\sqrt{2}}{2}$ のとき　1 個

$\frac{\sqrt{2}}{2}<a<1$ のとき　$D>0$ より **2** 個

$a=1$ のとき　1 個

$a>1$ のとき　$D>0$ より **2** 個

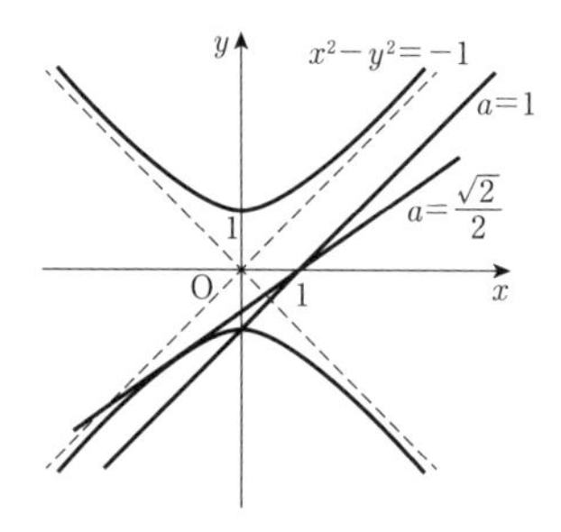

類題 127

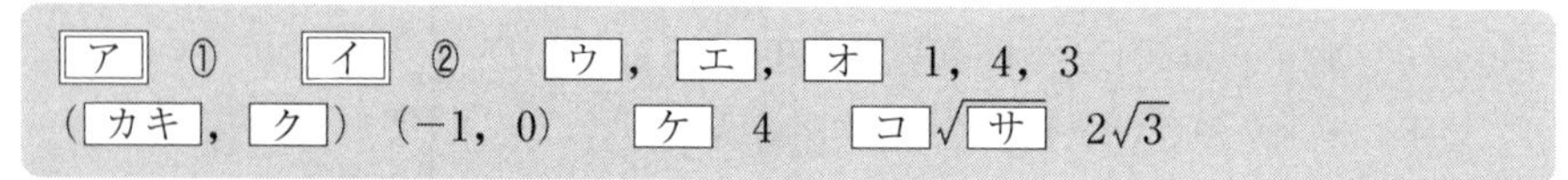

$\mathrm{OP}=r$，$\mathrm{PH}=3-r\cos\theta$（⓪）であり，

OP : PH＝1 : 2 より

$$2\mathrm{OP}=\mathrm{PH}$$

$$2r=3-r\cos\theta \qquad \cdots\cdots①$$

$$(2+\cos\theta)r=3$$

$$r=\frac{3}{2+\cos\theta} \quad (②)$$

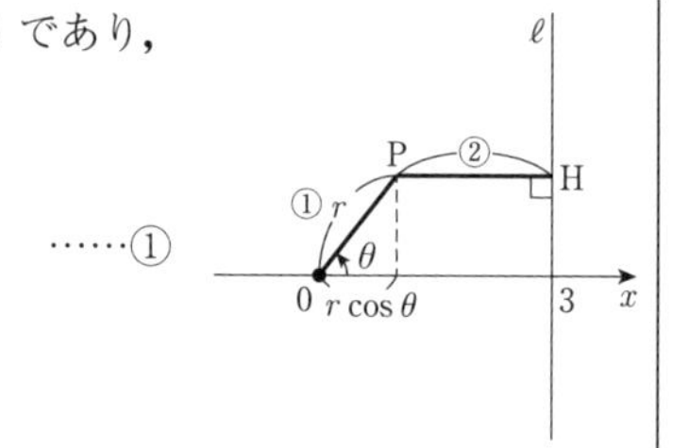

①の両辺を 2 乗すると

$$4r^2=(3-r\cos\theta)^2$$

$r^2=x^2+y^2$，$r\cos\theta=x$ であるから

$$4(x^2+y^2)=(3-x)^2$$

$$3x^2+4y^2+6x-9=0$$

$$3(x+1)^2+4y^2=12$$

$$\frac{(x+\mathbf{1})^2}{\mathbf{4}}+\frac{y^2}{\mathbf{3}}=1$$

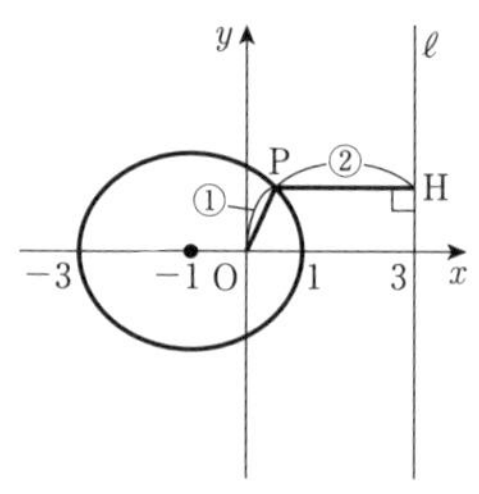

よって，C は中心が$(\mathbf{-1},\ \mathbf{0})$，長軸の長さが **4**，短軸の長さが $\mathbf{2\sqrt{3}}$ の楕円である。

類題 128

ア	6	イ	3	ウエ	12	$\pm\sqrt{\text{オ}}$	$\pm\sqrt{3}$
$\text{カ}\pm\sqrt{\text{キ}}i$	$3\pm\sqrt{3}i$	ク	6	ケコサシス	-1728		

$|\alpha-\beta|=\sqrt{7}$ より　$|\alpha-\beta|^2=7$

$$(\alpha-\beta)(\overline{\alpha}-\overline{\beta})=7$$

$$\alpha\overline{\alpha}-(\alpha\overline{\beta}+\overline{\alpha}\beta)+\beta\overline{\beta}=7$$

$|\alpha|^2=\alpha\overline{\alpha}=1$，$|\beta|^2=\beta\overline{\beta}=12$ より

$$\alpha\overline{\beta}+\overline{\alpha}\beta=\mathbf{6} \quad \cdots\cdots①$$

$\overline{\alpha}\beta=x+yi$ (x，y は実数) とおくと　$\alpha\overline{\beta}=x-yi$

①より　$2x=6$　　$\therefore$　$x=\mathbf{3}$

$|\overline{\alpha}\beta|^2=(\overline{\alpha}\beta)(\alpha\overline{\beta})=\alpha\overline{\alpha}\beta\overline{\beta}=\mathbf{12}$ より

$$x^2+y^2=12$$

$x=3$ より　$y^2=3$　　$\therefore$　$y=\pm\sqrt{\mathbf{3}}$

$|\alpha|^2=\alpha\overline{\alpha}=1$ より　$\dfrac{1}{\alpha}=\overline{\alpha}$ であるから

$$\frac{\beta}{\alpha}=\overline{\alpha}\beta=\mathbf{3}\pm\sqrt{\mathbf{3}}i$$

$$=2\sqrt{3}\left(\cos\frac{\pi}{6}\pm i\sin\frac{\pi}{6}\right)$$

$$=2\sqrt{3}\left\{\cos\left(\pm\frac{\pi}{6}\right)+i\sin\left(\pm\frac{\pi}{6}\right)\right\}$$

ド・モアブルの定理より

$$\left(\frac{\beta}{\alpha}\right)^n=(2\sqrt{3})^n\left\{\cos\left(\pm\frac{n\pi}{6}\right)+i\sin\left(\pm\frac{n\pi}{6}\right)\right\}$$

$$=(2\sqrt{3})^n\left(\cos\frac{n\pi}{6}\pm i\sin\frac{n\pi}{6}\right)$$

これが実数となる条件は

$$\sin\frac{n\pi}{6}=0$$

最小の自然数 n は　$n=\mathbf{6}$

このとき

$$\left(\frac{\beta}{\alpha}\right)^6=(2\sqrt{3})^6(\cos\pi\pm i\sin\pi)$$

$$=\mathbf{-1728}$$

⬅ $\overline{\alpha-\beta}=\overline{\alpha}-\overline{\beta}$

⬅ $\alpha\overline{\alpha}=1$，$\beta\overline{\beta}=12$

⬅ 極形式で表す。

類題 129

[アイ] 64　$\dfrac{[ウ]}{[エ]}\pi$ $\dfrac{4}{3}\pi$　[オ]$\sqrt{[カ]}$ $2\sqrt{2}$　$\dfrac{\pi}{[キ]}$ $\dfrac{\pi}{3}$

$\dfrac{[ク]}{[ケ]}\pi$ $\dfrac{5}{6}\pi$　$\dfrac{[コ]}{[サ]}\pi$ $\dfrac{4}{3}\pi$　$\dfrac{[シス]}{[セ]}\pi$ $\dfrac{11}{6}\pi$

$\sqrt{[ソ]}-\sqrt{[タ]}i$ $\sqrt{6}-\sqrt{2}i$　[チ] 1　[ツ] 1

$\dfrac{[テト]+\sqrt{[ナ]}}{[ニ]}$ $\dfrac{-1+\sqrt{5}}{4}$

(1)　$32(-1-\sqrt{3}i)=64\left(-\dfrac{1}{2}-\dfrac{\sqrt{3}}{2}i\right)$

$=\mathbf{64}\left(\cos\dfrac{\mathbf{4}}{\mathbf{3}}\pi+i\sin\dfrac{4}{3}\pi\right)$

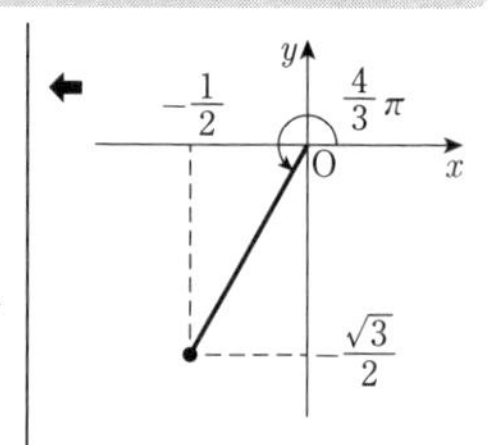

$z=r(\cos\theta+i\sin\theta)$ $(r>0,\ 0\leqq\theta<2\pi)$ とおくと，ド・モアブルの定理より

$z^4=r^4(\cos 4\theta+i\sin 4\theta)$

絶対値と偏角を比較して

$$\begin{cases} r^4=64 & \cdots\cdots① \\ 4\theta=\dfrac{4}{3}\pi+2n\pi \quad (n\text{ は整数}) & \cdots\cdots② \end{cases}$$

⬅ 一般角で表す。

①より

$r=\mathbf{2\sqrt{2}}$

⬅ $r^2=8$

②より

$\theta=\dfrac{\pi}{3}+\dfrac{n}{2}\pi=\dfrac{\pi}{\mathbf{3}},\ \dfrac{\mathbf{5}}{\mathbf{6}}\pi,\ \dfrac{\mathbf{4}}{\mathbf{3}}\pi,\ \dfrac{\mathbf{11}}{\mathbf{6}}\pi$

⬅ $n=0,\ 1,\ 2,\ 3$

よって，解は

$z=2\sqrt{2}\left(\cos\dfrac{\pi}{3}+i\sin\dfrac{\pi}{3}\right),\ 2\sqrt{2}\left(\cos\dfrac{5}{6}\pi+i\sin\dfrac{5}{6}\pi\right),$

$2\sqrt{2}\left(\cos\dfrac{4}{3}\pi+i\sin\dfrac{4}{3}\pi\right),$

$2\sqrt{2}\left(\cos\dfrac{11}{6}\pi+i\sin\dfrac{11}{6}\pi\right)$

実部が最も大きいのは

$z=2\sqrt{2}\left(\cos\dfrac{11}{6}\pi+i\sin\dfrac{11}{6}\pi\right)$

$=2\sqrt{2}\left(\dfrac{\sqrt{3}}{2}-\dfrac{1}{2}i\right)$

$=\sqrt{\mathbf{6}}-\sqrt{\mathbf{2}}i$

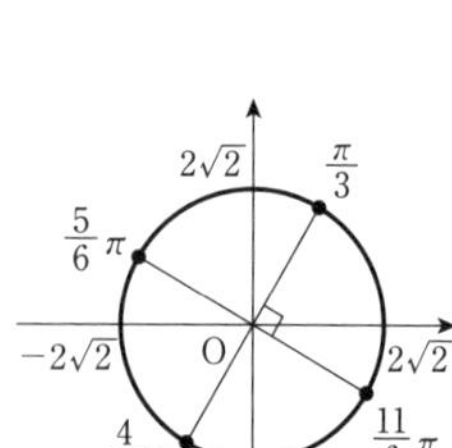

(2)　ド・モアブルの定理より

$$z^5=\cos 2\pi+i\sin 2\pi=1$$
$$z^5-1=(z-1)(z^4+z^3+z^2+z+1)=0$$
$z\neq 1$ より，z は $z^4+z^3+z^2+z+1=0$ の解である。
両辺を z^2 で割ると
$$z^2+z+1+\frac{1}{z}+\frac{1}{z^2}=0$$
$$\left(z+\frac{1}{z}\right)^2+z+\frac{1}{z}-1=0$$
$t=z+\dfrac{1}{z}$ とおくと　$t^2+t-1=0$
$$t=\frac{-1\pm\sqrt{5}}{2}$$
$\dfrac{1}{z}=\bar{z}=\cos\dfrac{2}{5}\pi-i\sin\dfrac{2}{5}\pi$ より

⬅ $|z|^2=1$

$$z+\frac{1}{z}=2\cos\frac{2}{5}\pi\,(>0)$$
よって
$$\cos\frac{2}{5}\pi=\frac{-1+\sqrt{5}}{4}$$

類題の答

類題 130

$\dfrac{\boxed{ア}\pm\sqrt{\boxed{イ}}\,i}{\boxed{ウ}}$　$\dfrac{3\pm\sqrt{3}\,i}{3}$　$\dfrac{\pi}{\boxed{エ}}$　$\dfrac{\pi}{6}$　$\dfrac{\boxed{オ}\sqrt{\boxed{カ}}}{\boxed{キ}}$　$\dfrac{2\sqrt{3}}{3}$　$\dfrac{\pi}{\boxed{ク}}$　$\dfrac{\pi}{2}$

$\sqrt{\boxed{ケ}}+\boxed{コ}\,i$　$\sqrt{3}+6i$　$\dfrac{\boxed{サシ}\sqrt{\boxed{ス}}}{\boxed{セ}}+\dfrac{\boxed{ソ}}{\boxed{タ}}i$　$\dfrac{-5\sqrt{3}}{2}+\dfrac{9}{2}i$

$3\alpha^2-6\alpha\beta+4\beta^2=0$ の両辺を β^2 で割ると
$$3\left(\frac{\alpha}{\beta}\right)^2-6\left(\frac{\alpha}{\beta}\right)+4=0$$
$$\frac{\alpha}{\beta}=\frac{3\pm\sqrt{3}\,i}{3}=\frac{2\sqrt{3}}{3}\left(\frac{\sqrt{3}}{2}\pm\frac{1}{2}i\right)$$

⬅ $\dfrac{\alpha}{\beta}$ の2次方程式。

$$=\frac{2\sqrt{3}}{3}\left\{\cos\left(\pm\frac{\pi}{6}\right)+i\sin\left(\pm\frac{\pi}{6}\right)\right\}$$

⬅

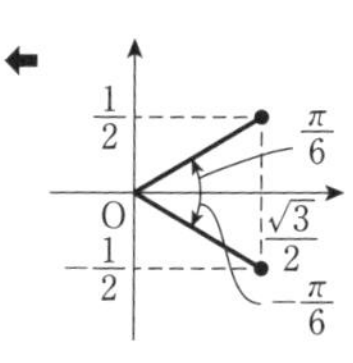

よって
$$\angle\mathrm{AOB}=\left|\arg\frac{\alpha}{\beta}\right|=\frac{\pi}{6},\quad \frac{\mathrm{OA}}{\mathrm{OB}}=\frac{|\alpha|}{|\beta|}=\frac{2\sqrt{3}}{3}=\frac{2}{\sqrt{3}}$$
であるから，△OAB は
OA：OB：AB＝2：$\sqrt{3}$：1 の直角三角形。
$$\angle\mathrm{OBA}=\frac{\pi}{2}$$

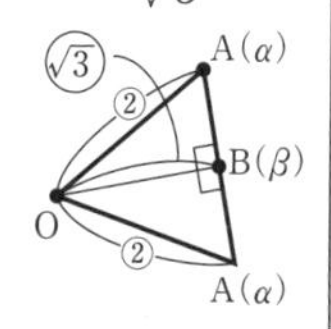

四角形 OACB が平行四辺形のとき

$$\alpha+\beta=13i$$

⬅ $\overrightarrow{OC}=\overrightarrow{OA}+\overrightarrow{OB}$

$\alpha=\dfrac{3+\sqrt{3}\,i}{3}\beta$ のとき

$$\frac{6+\sqrt{3}\,i}{3}\beta=13i$$

$$\beta=\frac{39i}{6+\sqrt{3}\,i}=\frac{39i(6-\sqrt{3}\,i)}{(6+\sqrt{3}\,i)(6-\sqrt{3}\,i)}$$

$$=\frac{39i(6-\sqrt{3}\,i)}{39}=\boldsymbol{\sqrt{3}+6i}$$

$\angle\mathrm{AOB}=\angle\mathrm{AOD}=\dfrac{\pi}{6}$，OB＝OD より

△OBD は正三角形。

D(δ)とすると

$$\delta=\left(\cos\frac{\pi}{3}+i\sin\frac{\pi}{3}\right)\beta$$

$$=\left(\frac{1}{2}+\frac{\sqrt{3}}{2}i\right)(\sqrt{3}+6i)$$

$$=\boldsymbol{-\frac{5\sqrt{3}}{2}+\frac{9}{2}}i$$

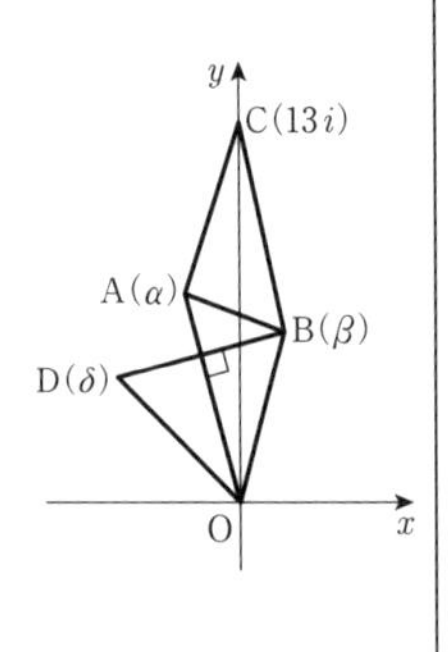

類題 131

ア ①　イ ⑤　ウ ③

$w=\dfrac{iz}{z-2}$ より　$(z-2)w=iz$　　∴　$(w-i)z=2w$

$$\therefore\quad z=\frac{2w}{w-i}\qquad\cdots\cdots①$$

⬅ zについて解く。

点 z が原点を中心とする半径 2 の円周上を動くとき

$$|z|=2$$

⬅ 円の方程式。

①を代入して

$$\left|\frac{2w}{w-i}\right|=2$$

$$2|w|=2|w-i|$$

$$|w|=|w-i|$$

⬅ 垂直二等分線の方程式。

このとき，点 w は点 0 と点 i を結ぶ線分の垂直二等分線上を動く。(**①**)

点 z が虚軸上を動くとき，$\overline{z}=-z$ であるから，①を代入して

⬅ z は純虚数または 0

$$\overline{\left(\frac{2w}{w-i}\right)}=-\frac{2w}{w-i}$$

$$\frac{2\overline{w}}{\overline{w}+i}=-\frac{2w}{w-i}$$

$$2\overline{w}(w-i)+2w(\overline{w}+i)=0$$

$$4w\overline{w}+2iw-2i\overline{w}=0$$

$$\left(w-\frac{i}{2}\right)\left(\overline{w}+\frac{i}{2}\right)=\frac{1}{4}$$

$$\left(w-\frac{i}{2}\right)\left(\overline{w-\frac{i}{2}}\right)=\frac{1}{4}$$

$$\left|w-\frac{i}{2}\right|^2=\frac{1}{4}$$

$$\left|w-\frac{i}{2}\right|=\frac{1}{2}$$

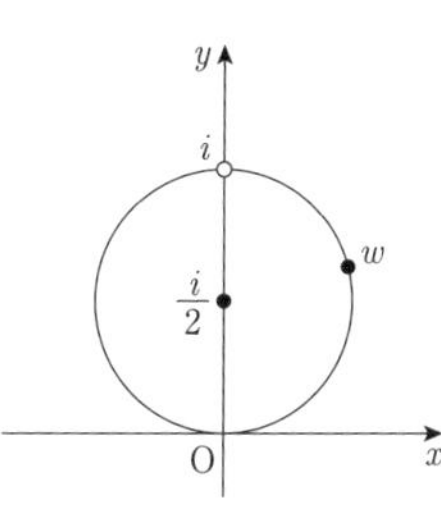

⬅ $\overline{\left(\frac{z_1}{z_2}\right)}=\frac{\overline{z_1}}{\overline{z_2}}$
$\overline{i}=-i$

⬅ 円の方程式。

このとき，点 w は中心が $\frac{i}{2}$，半径が $\frac{1}{2}$ の円上を動く。(⑤)

ただし，①より $w \neq i$ であるから，点 i を除く。

また，点 w が実軸上を動くとき，$\overline{w}=w$ であるから，

⬅ w は実数。

$w=\frac{iz}{z-2}$ を代入して

$$\overline{\left(\frac{iz}{z-2}\right)}=\frac{iz}{z-2}$$

$$\frac{-i\overline{z}}{\overline{z}-2}=\frac{iz}{z-2}$$

$$iz(\overline{z}-2)+i\overline{z}(z-2)=0$$

$$2iz\overline{z}-2iz-2i\overline{z}=0$$

$$z\overline{z}-z-\overline{z}=0$$

$$(z-1)(\overline{z}-1)=1$$

$$(z-1)(\overline{z-1})=1$$

$$|z-1|^2=1$$

$$|z-1|=1$$

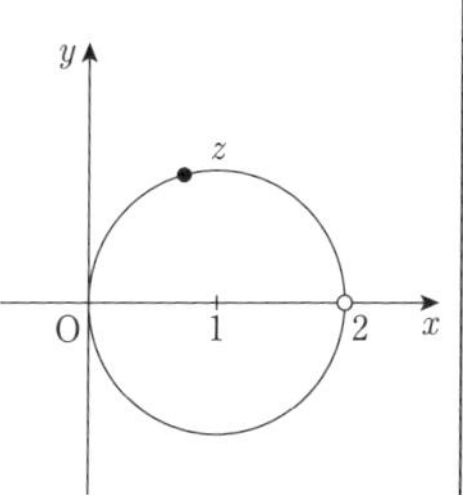

⬅ 円の方程式。

このとき，点 z は中心が1，半径が1の円上を動く。(③)

ただし，$w=\frac{iz}{z-2}$ より $z \neq 2$ であるから，点2を除く。

総合演習問題の答

■ 1

ア	3	イ, ウ, エ	3, 2, 1	オ	3		
カ	1	キク	13	ケコ	17	サ	1
シス	−5	セソタ	−11	チ, ツテ	1, 13		
ト	①	ナ	④	ニ	3	ヌ	5
ネ$\sqrt{\text{ノ}}$	$2\sqrt{2}$						

$P(x)$をkについて整理すると

$$P(x)=k(x^2+5x+6)+(x^3-10x-3)$$
$$=k(x+2)(x+3)+(x^3-10x-3)$$
$$P(-3)=-27+30-3=0$$

⬅ $P(-2)=9\neq 0$

であるから，$P(x)$は $x+3$ で割り切れる。

このとき商は $x^2+(k-3)x+2k-1$ であるから

⬅
1	k	$5k-10$	$6k-3$	$\lfloor -3$
	-3	$-3k+9$	$-6k+3$	
1	$k-3$	$2k-1$	0	

$$P(x)=(x+3)\{x^2+(\boldsymbol{k}-\mathbf{3})x+\mathbf{2}\boldsymbol{k}-\mathbf{1}\}$$

(1)　$P(x)=0$ の異なる実数解の個数は最大**3**個。また，

$P(x)=0$ がちょうど2個の実数解をもつのは，2次方程式 $x^2+(k-3)x+2k-1=0$ が -3 以外の重解をもつときと，-3 と -3 以外の解をもつときである。

$Q(x)=x^2+(k-3)x+2k-1$ とすると，2次方程式 $Q(x)=0$ が重解をもつとき，判別式をDとして

$$D=(k-3)^2-4(2k-1)=0$$
$$k^2-14k+13=0$$
$$(k-1)(k-13)=0$$
$$\therefore\quad k=\mathbf{1},\ \mathbf{13}$$

$Q(x)=0$ が $x=-3$ を解にもつとき

$$Q(-3)=-k+17=0$$
$$\therefore\quad k=\mathbf{17}$$

$k=1$ のとき，$Q(x)=(x-1)^2$ より $P(x)=0$ の実数解は

⬅ $Q(x)=x^2-2x+1$

$$x=-3,\ \mathbf{1}$$

$k=13$ のとき，$Q(x)=(x+5)^2$ より $P(x)=0$ の実数解は

⬅ $Q(x)=x^2+10x+25$

$$x=-3,\ \mathbf{-5}$$

$k=17$ のとき，$Q(x)=(x+3)(x+11)$ より $P(x)=0$ の実数解は

⬅ $Q(x)=x^2+14x+33$

$$x=-3,\ \mathbf{-11}$$

$P(x)=0$ が虚数解をもつのは，$Q(x)=0$ が虚数解をもつときであるから

$$D=(k-1)(k-13)<0$$

$$\therefore\quad \mathbf{1<k<13}$$

(2)　p を実数，q を正の実数として

$$\alpha=p+qi,\ \beta=p-qi$$

とすると，α の実部 p は

$$p=\frac{\alpha+\beta}{2}\quad (\text{①})$$

α の虚部 q は

$$q=\frac{\alpha-\beta}{2i}\quad (\text{④})$$

と表される。また

$$\alpha=\frac{-(k-3)+\sqrt{k^2-14k+13}}{2},$$

$$\beta=\frac{-(k-3)-\sqrt{k^2-14k+13}}{2}$$

であるから

$$\alpha-\beta=\sqrt{k^2-14k+13}$$

$k^2-14k+13<0$ より

$$\alpha-\beta=\sqrt{-k^2+14k-13}\,i$$

よって

$$q=\frac{\sqrt{-k^2+14k-13}\,i}{2i}=\frac{\sqrt{-(k-7)^2+36}}{2}$$

$1<k<13$ より，$k=7$ のとき，q は最大値 **3** をとる。

⬅ $\sqrt{\underset{(負)}{k^2-14k+13}}=\sqrt{\underset{(正)}{-k^2+14k-13}}\,i$

(3)　α の実部は $\dfrac{-(k-3)}{2}$ であるから

$$\frac{-(k-3)}{2}=-1$$

$$k=\mathbf{5}$$

このとき，$q=2\sqrt{2}$ より，虚数解の虚部は　$\pm\mathbf{2\sqrt{2}}$

■ 2

アイ , ウエ 12, 36	オ , カ , キク 8, 8, 30
(ケ , コサ) (4, −4)	シ 2　スセ 50
ソ $\sqrt{\text{タチ}}$ $3\sqrt{13}$	(ツ , テト) (6, −7)

(1)　P$(x,\ y)$とおくと

$$AP^2=(x-6)^2+y^2$$
$$=x^2+y^2-\mathbf{12}x+\mathbf{36}$$

← 2点間の距離。

同様にして

$$BP^2=(x+1)^2+y^2$$
$$=x^2+y^2+2x+1$$
$$CP^2=x^2+(y-2)^2$$
$$=x^2+y^2-4y+4$$

①に代入して

$$(x^2+y^2-12x+36)+2(x^2+y^2+2x+1)$$
$$-2(x^2+y^2-4y+4)=a$$
$$x^2+y^2-\mathbf{8}x+\mathbf{8}y+\mathbf{30}=a \quad \cdots\cdots②$$
$$\therefore\quad (x-4)^2+(y+4)^2=a+2$$

← 平方完成。

よって，Kは，点$(\mathbf{4},\ \mathbf{-4})$を中心とする半径 $\sqrt{a+\mathbf{2}}$ の円である。

(2)　点Cが円Kの内部にあるのは，$(x,\ y)=(0,\ 2)$ が

$$(x-4)^2+(y+4)^2<a+2$$

を満たすことである。

よって　$16+36<a+2$　　$\therefore\quad a>\mathbf{50}$

(3)　$a=11$ のとき，Kは半径$\sqrt{13}$の円であり，Kの中心をD$(4,\ -4)$とする。

点CとK上の点Pの距離が最大になるのは，直線CDと円Kとの交点のうちCから遠い方の点がPのときである。

← 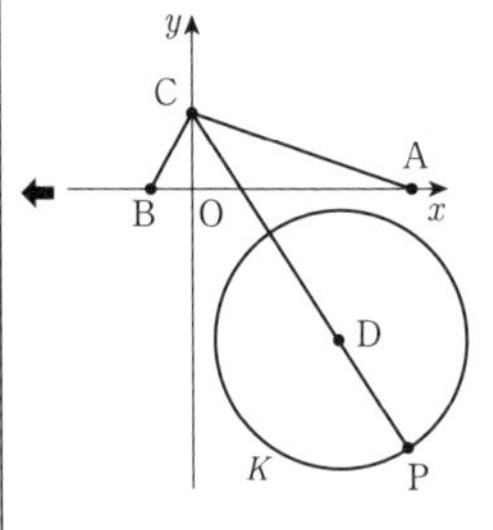

$$CD=\sqrt{4^2+(-4-2)^2}=2\sqrt{13}$$

であるから，CPの最大値は　CD+DP$=\mathbf{3}\sqrt{\mathbf{13}}$

このときPは線分CDを3：1に外分するから

← CP：PD＝3：1

$$\left(\frac{-1\cdot 0+3\cdot 4}{3-1},\ \frac{-1\cdot 2+3\cdot(-4)}{3-1}\right)=(\mathbf{6},\ \mathbf{-7})$$

■ 3

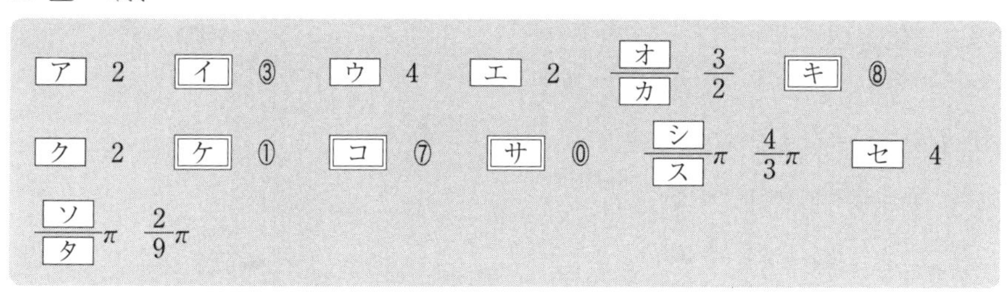
ア 2　イ ③　ウ 4　エ 2　$\frac{\text{オ}}{\text{カ}}$ $\frac{3}{2}$　キ ⑧

ク 2　ケ ①　コ ⑦　サ ⓪　$\frac{\text{シ}}{\text{ス}}\pi$ $\frac{4}{3}\pi$　セ 4

$\frac{\text{ソ}}{\text{タ}}\pi$ $\frac{2}{9}\pi$

(1) $\sqrt{3}\cos\frac{3}{4}x-\sin\frac{3}{4}x$

$=2\left(-\frac{1}{2}\sin\frac{3}{4}x+\frac{\sqrt{3}}{2}\cos\frac{3}{4}x\right)$

$=2\left(\cos\frac{2}{3}\pi\sin\frac{3}{4}x+\sin\frac{2}{3}\pi\cos\frac{3}{4}x\right)$

$=\mathbf{2}\sin\left(\frac{3}{4}x+\frac{2}{3}\pi\right)$　(③)

⬅ $\sin\alpha\cos\beta+\cos\alpha\sin\beta$
$=\sin(\alpha+\beta)$

$f(x)=\mathbf{4}\sin^2\left(\frac{3}{4}x+\frac{2}{3}\pi\right)$

$=2\left\{1-\cos\left(\frac{3}{2}x+\frac{4}{3}\pi\right)\right\}$

$=-\mathbf{2}\cos\left(\frac{\mathbf{3}}{\mathbf{2}}x+\frac{4}{3}\pi\right)+\mathbf{2}$　(⑧)

⬅ $\cos 2\theta=1-2\sin^2\theta$
より
$\sin^2\theta=\frac{1-\cos 2\theta}{2}$

(2) $-\cos\theta=\sin\left(\theta-\frac{\pi}{2}\right)$ (①)より

⬅ $\sin(\theta-\pi)=-\sin\theta$
$\sin\left(\theta+\frac{\pi}{2}\right)=\cos\theta$

$f(x)=2\sin\left(\frac{3}{2}x+\frac{4}{3}\pi-\frac{\pi}{2}\right)+2$

$=2\sin\left(\frac{3}{2}x+\frac{5}{6}\pi\right)+2$

$=2\sin\frac{3}{2}\left(x+\frac{5}{9}\pi\right)+2$　(⑦)

(3) $y=f(x)$ のグラフは，$y=2\sin\frac{3}{2}x$ のグラフを x 軸方向に $-\frac{5}{9}\pi$，y 軸方向に2だけ平行移動したものであるから，グラフは次のようになる。(⓪)

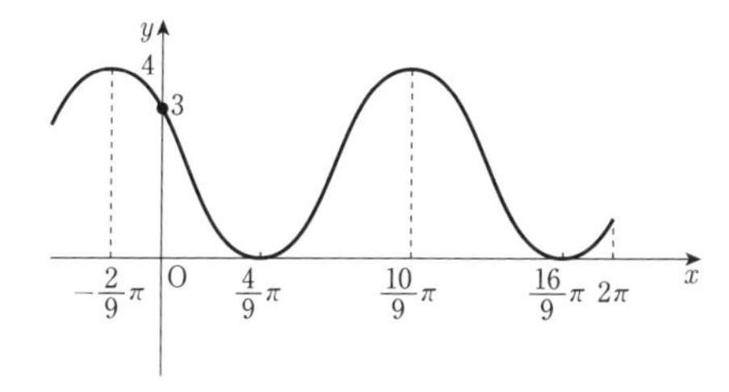

関数 $y=f(x)$ の正の最小の周期は

$$\frac{2\pi}{\frac{3}{2}}=\frac{4}{3}\pi$$

← $y=\sin px$ $(p\neq 0)$ の周期は $\frac{2\pi}{|p|}$

(4)　$f(x)=1$ となるのは

$$\sin\left(\frac{3}{2}x+\frac{5}{6}\pi\right)=-\frac{1}{2}$$

$\frac{5}{6}\pi\leqq\frac{3}{2}x+\frac{5}{6}\pi\leqq3\pi+\frac{5}{6}\pi$ より

← $0\leqq x\leqq 2\pi$

$$\frac{3}{2}x+\frac{5}{6}\pi=\frac{7}{6}\pi,\ \frac{11}{6}\pi,\ \frac{19}{6}\pi,\ \frac{23}{6}\pi$$

の **4** 個。その中で最小のものは

$$\frac{3}{2}x+\frac{5}{6}\pi=\frac{7}{6}\pi$$

$$\therefore\quad x=\frac{2}{9}\pi$$

■ 4

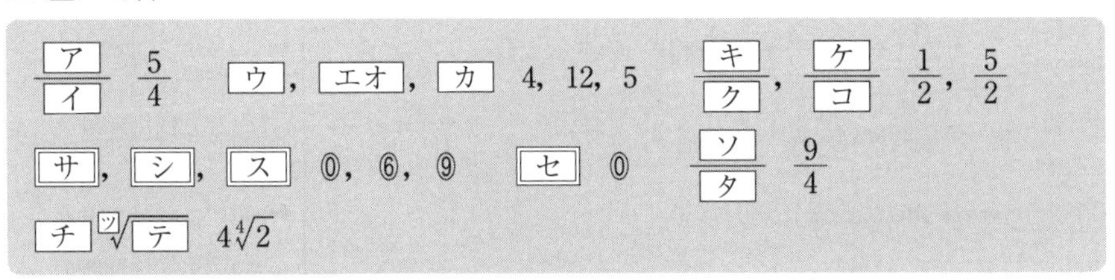

ア/イ	$\frac{5}{4}$
ウ, エオ, カ	4, 12, 5
キ/ク, ケ/コ	$\frac{1}{2}$, $\frac{5}{2}$
サ, シ, ス	⓪, ⑥, ⑨
セ	⓪
ソ/タ	$\frac{9}{4}$
チ ツ√テ	$4\sqrt[4]{2}$

(1)　$\log_2\sqrt[4]{32}=\log_2 2^{\frac{5}{4}}=\frac{5}{4}$

← $\sqrt[q]{a^p}=a^{\frac{p}{q}}$

①の両辺の 2 を底とする対数をとると

$$\log_2 x^{\log_2 x}\geqq\log_2\frac{x^3}{\sqrt[4]{32}}$$

$$(\log_2 x)^2\geqq\log_2 x^3-\log_2\sqrt[4]{32}$$

$$t^2\geqq 3t-\frac{5}{4}$$

$$4t^2-12t+5\geqq 0$$

$$(2t-1)(2t-5)\geqq 0$$

$$t\leqq\frac{1}{2},\ \frac{5}{2}\leqq t$$

$$\log_2 x\leqq\frac{1}{2},\ \frac{5}{2}\leqq\log_2 x$$

$$0<x\leqq\sqrt{2},\ 4\sqrt{2}\leqq x\quad(⓪,\ ⑥,\ ⑨)$$

← $P>0$, $Q>0$ として $a>1$ のとき $P\geqq Q\iff\log_a P\geqq\log_a Q$

← $\log_a P^r=r\log_a P$

$\log_a\frac{P}{Q}=\log_a P-\log_a Q$

(2)(i)　$x>1$ のとき，$t=\log_2 x>0$ より，t のとり得る値の範囲は正の実数全体である(⓪)。

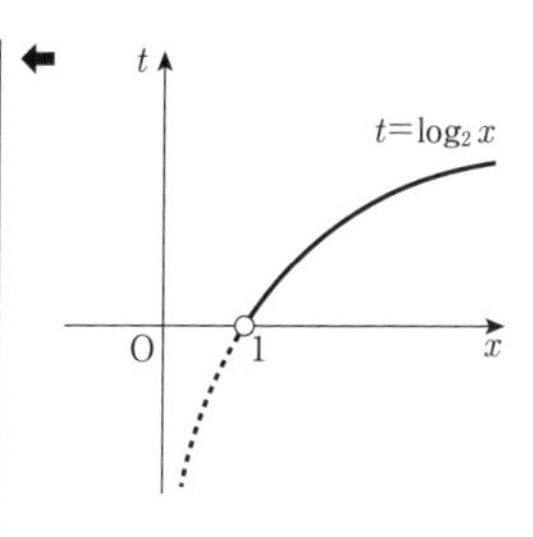

(ii)　②の両辺の 2 を底とする対数をとると

$$\log_2 x^{\log_2 x} \geqq \log_2 \frac{x^3}{c}$$
$$(\log_2 x)^2 \geqq \log_2 x^3 - \log_2 c$$
$$\log_2 c \geqq -(\log_2 x)^2 + 3\log_2 x$$
$$\log_2 c \geqq -t^2 + 3t$$

$f(t)=-t^2+3t$ とすると

$$f(t) = -\left(t-\frac{3}{2}\right)^2 + \frac{9}{4}$$

であり，$\frac{3}{2}>0$ であるから，$t>0$ のとき $f(t)$ の最大値は $\frac{9}{4}$ したがって，$t>0$ において $\log_2 c \geqq f(t)$ が成り立つ条件は

$$\log_2 c \geqq \frac{9}{4}$$

よって

$$c \geqq 2^{\frac{9}{4}} = 4\sqrt[4]{2}$$

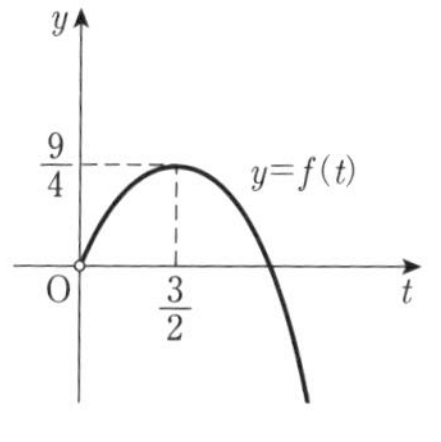

■ 5

$-\boxed{ア}x^2+\boxed{イ}x+\boxed{ウ}$　$-3x^2+8x+3$　$-\frac{\boxed{エ}}{\boxed{オ}}$　$-\frac{1}{3}$　$\boxed{カ}$　①

$\boxed{キ}$　3　$\boxed{ク}$　⓪　$\boxed{ケ}$　9　$-\boxed{コ}$　-9

$-\boxed{サ}<k<\boxed{シ}$　$-9<k<9$　$\boxed{ス}x-\boxed{セ}$　$3x-9$　$\boxed{ソ}-\boxed{タ}a$　$3-2a$

$\boxed{チ}$　9　$\boxed{ツ}$　3　$\boxed{テ}+\sqrt{\boxed{ト}}$　$2+\sqrt{3}$　$\boxed{ナ}$　④

$\frac{\boxed{ニ}+\sqrt{\boxed{ヌネ}}}{\boxed{ノ}}$　$\frac{3+\sqrt{51}}{3}$

(1)　$f(x)=-x^3+4x^2+3x-9$

$$f'(x) = -3x^2+8x+3$$
$$= -(3x+1)(x-3)$$

x	$\cdots$	$-\frac{1}{3}$	$\cdots$	3	$\cdots$
$f'(x)$	$-$	0	$+$	0	$-$
$f(x)$	↘	極小	↗	極大	↘

$f(x)$ は $x=-\frac{1}{3}$ で極小値(①)をとり，$x=3$ で極大値(⓪)

をとる。

$f(0)=-9$, $f(3)=9$, $f(4)=3$ より $0\leqq x\leqq 4$ における最大値は

$$f(3)=\mathbf{9}$$

最小値は

$$f(0)=\mathbf{-9}$$

方程式 $f(x)=k$ が正の解を二つもつのは，曲線 $y=f(x)$ と直線 $y=k$ が $x>0$ の範囲において共有点を二つもつときであるから

$$\mathbf{-9}<k<\mathbf{9}$$

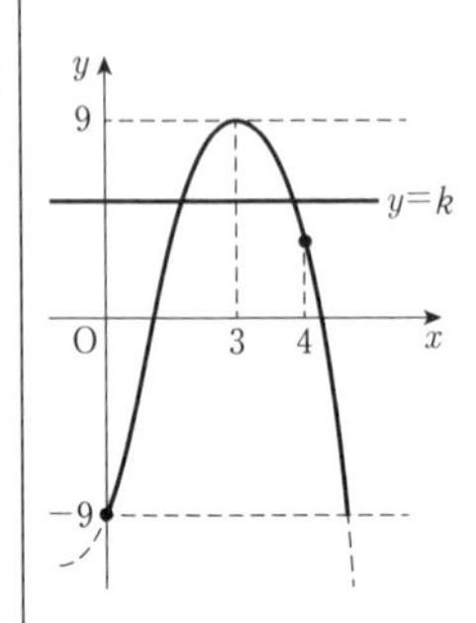

(2)　$f(0)=-9$, $f'(0)=3$ より ℓ の方程式は

$$y=\mathbf{3}x\mathbf{-9}$$

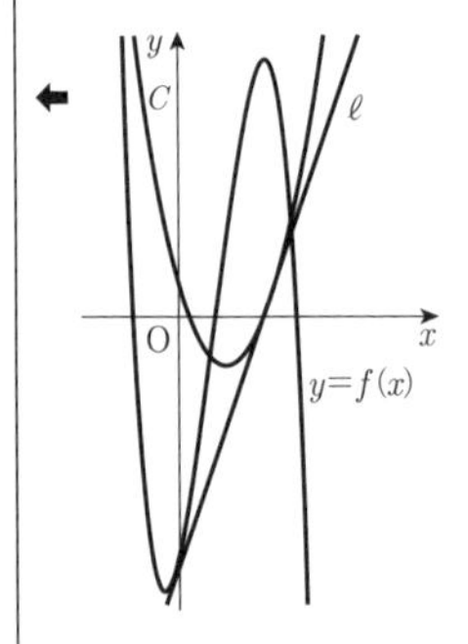

$g(x)=x^2+px+q$, $g'(x)=2x+p$ より

$$\begin{cases} g'(a)=2a+p=3 \\ g(a)=a^2+pa+q=3a-9 \end{cases}$$

よって

$$p=\mathbf{3-2}a,\quad q=a^2\mathbf{-9}$$

(3)　$0<\alpha<2<\beta$ となる条件は，Cのグラフを考えて

$$\begin{cases} g(0)=a^2-9>0 \\ g(2)=a^2-4a+1<0 \end{cases}$$

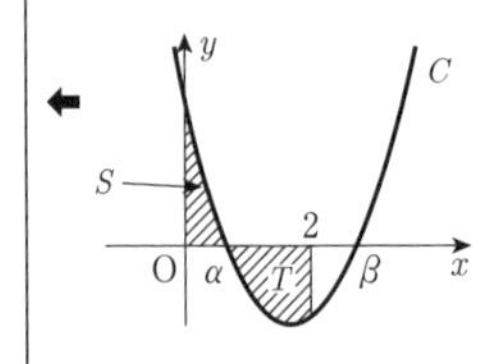

であるから

$$\begin{cases} a<-3,\ 3<a \\ 2-\sqrt{3}<a<2+\sqrt{3} \end{cases}$$

よって

$$\mathbf{3}<a<\mathbf{2+\sqrt{3}}$$

このとき

$$S=\int_0^\alpha g(x)\,dx,\quad T=-\int_\alpha^2 g(x)\,dx$$

であるから

$$\int_0^2 g(x)\,dx=\int_0^\alpha g(x)\,dx+\int_\alpha^2 g(x)\,dx$$
$$=S-T\quad(\text{④})$$

また

$$\int_0^2 g(x)\,dx=\left[\frac{1}{3}x^3+\frac{1}{2}(3-2a)x^2+(a^2-9)x\right]_0^2$$
$$=\frac{8}{3}+2(3-2a)+2(a^2-9)$$

⬅ $g(x)=x^2+(3-2a)x+a^2-9$

$$=2a^2-4a-\frac{28}{3}$$

であるから，$S=T$ のとき

$$2a^2-4a-\frac{28}{3}=0$$

$$3a^2-6a-14=0$$

$3<a<2+\sqrt{3}$ より

$$a=\frac{3+\sqrt{51}}{3}$$

■ 6

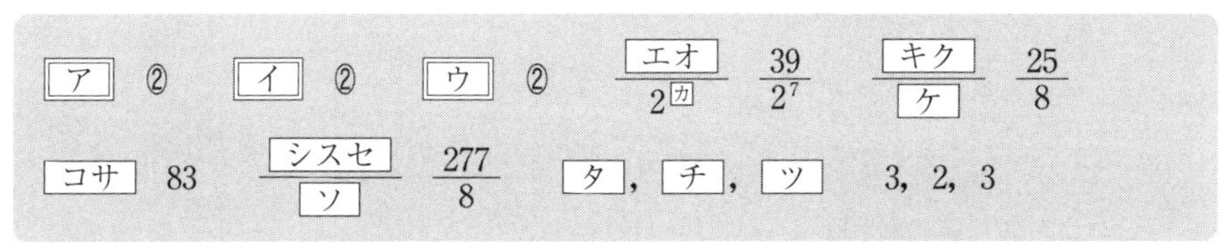

(1)　第 n 群の最初の数は $\frac{1}{2^n}$（②），最後の数の分子は

$$2\cdot2^{n-1}-1=2^n-1$$

← 奇数の一般項は $2n-1$

であるから，最後の数は

$$\frac{2^n-1}{2^n}\quad(②)$$

(2)　第 n 群の分母は 2^n，分子は初項 1，公差 2，項数 2^{n-1}，末項 2^n-1 の等差数列であるから，その和は

$$\frac{2^{n-1}}{2}\{1+(2^n-1)\}=2^{2n-2}$$

← $\frac{項数}{2}$(初項＋末項)

よって

$$S_n=\frac{2^{2n-2}}{2^n}=2^{n-2}\quad(②)$$

(3)(i)　第 7 群の 20 番目の数は，分子が 1 から始まる 20 番目の奇数であるから

← 奇数の一般項は $2n-1$

$$\frac{2\cdot20-1}{2^7}=\frac{39}{2^7}$$

である。$\frac{1}{2^7}$ から $\frac{39}{2^7}$ までの和は，等差数列の和であるから

$$\frac{20}{2}\left(\frac{1}{2^7}+\frac{39}{2^7}\right)=\frac{25}{8}$$

← 初項 $\frac{1}{2^7}$，末項 $\frac{39}{2^7}$
項数 20

(ii)　第1群から第6群までに

$$\sum_{k=1}^{6} 2^{k-1}=\frac{2^6-1}{2-1}=63$$

個の数があるから，$\frac{39}{2^7}$ は初項 $\frac{1}{2}$ から数えて63+20=83

より　第**83**項

第1群から第6群までに含まれる数の和は

$$\sum_{k=1}^{6} 2^{k-2}=\frac{\frac{1}{2}(2^6-1)}{2-1}=\frac{63}{2}$$

← $S_n=2^{n-2}$

よって，$\frac{1}{2}$ から $\frac{39}{2^7}$ までの和は

$$\frac{63}{2}+\frac{25}{8}=\mathbf{\frac{277}{8}}$$

(4)　$a_n=\frac{2n-1}{2^n}$ であるから

$$T_n=\sum_{k=1}^{n} a_k=\sum_{k=1}^{n}\frac{2k-1}{2^k}$$

とおくと

$$T_n=\frac{1}{2}+\frac{3}{2^2}+\frac{5}{2^3}+\cdots\cdots+\frac{2n-1}{2^n}$$

$$\frac{1}{2}T_n=\qquad\frac{1}{2^2}+\frac{3}{2^3}+\cdots\cdots+\frac{2n-3}{2^n}+\frac{2n-1}{2^{n+1}}$$

← 一般項は，(等差)×(等比)の形である。

辺々引くと

$$\frac{1}{2}T_n=\frac{1}{2}+\frac{2}{2^2}+\frac{2}{2^3}+\cdots\cdots+\frac{2}{2^n}-\frac{2n-1}{2^{n+1}}$$

$$=\frac{1}{2}+\frac{1}{2}+\frac{1}{2^2}+\cdots\cdots+\frac{1}{2^{n-1}}-\frac{2n-1}{2^{n+1}}$$

であるから

$$T_n=1+1+\frac{1}{2}+\cdots\cdots+\frac{1}{2^{n-2}}-\frac{2n-1}{2^n}$$

$$=1+1\cdot\frac{1-\left(\frac{1}{2}\right)^{n-1}}{1-\frac{1}{2}}-\frac{2n-1}{2^n}$$

← 初項1，公比 $\frac{1}{2}$，項数 $n-1$ の等比数列の和。

$$=3-\mathbf{\frac{2n+3}{2^n}}$$

■ 7

$\dfrac{\boxed{アイ}-a}{\boxed{ウエ}}$	$\dfrac{25-a}{10}$	$\dfrac{\boxed{オ}a^2+\boxed{カキ}a+\boxed{クケ}}{\boxed{コサシ}}$	$\dfrac{-a^2+10a+25}{100}$
$\boxed{ス}$ 5	$\dfrac{\boxed{セ}}{\boxed{ソ}}$ $\dfrac{1}{2}$	$\boxed{タチ}$ 80　$\boxed{ツ}$ 8	$-\boxed{テ}.\boxed{トナ}$ -1.75
$0.\boxed{ニヌ}$ 0.04	$\boxed{ネ}$ ②		

(1)　X の平均 $E(X)$ は

$$E(X)=1\cdot\frac{a}{20}+2\cdot\frac{10}{20}+3\cdot\frac{10-a}{20}$$

$$=\mathbf{\frac{25-a}{10}}$$

← $E(X)=\sum_{i=1}^{n}x_ip_i$

X^2 の平均 $E(X^2)$ は

$$E(X^2)=1^2\cdot\frac{a}{20}+2^2\cdot\frac{10}{20}+3^2\cdot\frac{10-a}{20}$$

$$=\frac{65-4a}{10}$$

← $E(X^2)=\sum_{i=1}^{n}x_i{}^2p_i$

X の分散 $V(X)$ は

$$V(X)=E(X^2)-\{E(X)\}^2$$

$$=\frac{65-4a}{10}-\left(\frac{25-a}{10}\right)^2$$

$$=\mathbf{\frac{-a^2+10a+25}{100}}$$

$$=\frac{1}{100}\{-(a-5)^2+50\}$$

ゆえに，$V(X)$ は

$a=\mathbf{5}$ のとき，最大値 $\mathbf{\dfrac{1}{2}}$

をとる。

(2)　袋の中から球を1個取り出すとき

赤球を取り出す確率は　$\dfrac{1}{5}$

白球を取り出す確率は　$\dfrac{4}{5}$

確率変数 Y は二項分布 $B\left(400,\ \dfrac{1}{5}\right)$ に従うので

Y の平均は　$400\cdot\dfrac{1}{5}=\mathbf{80}$

Y の分散は　$400\cdot\dfrac{1}{5}\cdot\dfrac{4}{5}=64$

← $E(Y)=np$
$V(Y)=np(1-p)$
$\sigma(Y)=\sqrt{V(X)}$

Yの標準偏差は　$\sqrt{64}=\mathbf{8}$

400は十分に大きいと考えられるので，Yは近似的に正規分布$N(80,\ 8^2)$に従うとしてよい。よって

$$Z=\frac{Y-80}{8}$$

とおくと，Zは標準正規分布$N(0,\ 1)$に従うとしてよい。

$$Y\leqq 66 \iff Z\leqq\frac{66-80}{8}=\mathbf{-1.75}$$

であるから，正規分布表を用いると

$$\begin{aligned}P(Y\leqq 66)&=P(Z\leqq -1.75)\\&=0.5-P(0\leqq Z\leqq 1.75)\\&=0.5-0.4599\\&=0.0401\\&\fallingdotseq\mathbf{0.04}\end{aligned}$$

(3)　正規分布表より

$$P(0\leqq Z\leqq 1.65)=0.4505$$
$$P(0\leqq Z\leqq 1.96)=0.4750$$

であるから

$$P(|Z|\leqq 1.65)=2\cdot 0.4505=0.901$$
$$P(|Z|\leqq 1.96)=2\cdot 0.4750=0.950$$

ゆえに，母標準偏差σの母集団から，大きさnの無作為標本を抽出するとき，標本平均を$\overline{x}$とすると，母平均mの信頼区間は，信頼度90%のとき

$$\overline{x}-1.65\cdot\frac{\sigma}{\sqrt{n}}\leqq m\leqq\overline{x}+1.65\cdot\frac{\sigma}{\sqrt{n}}$$

信頼度95%のとき

$$\overline{x}-1.96\cdot\frac{\sigma}{\sqrt{n}}\leqq m\leqq\overline{x}+1.96\cdot\frac{\sigma}{\sqrt{n}}$$

である。

よって

$$A=\overline{x}-1.65\cdot\frac{\sigma}{\sqrt{10000}}$$
$$B=\overline{x}+1.65\cdot\frac{\sigma}{\sqrt{10000}}$$
$$C=\overline{x}-1.96\cdot\frac{\sigma}{\sqrt{40000}}$$
$$D=\overline{x}+1.96\cdot\frac{\sigma}{\sqrt{40000}}$$

であるから

⬅ 信頼度90%の信頼区間
$P(|Z|\leqq a)\fallingdotseq 0.9$
となるaの値を，正規分布表から求める。

$$L_1 = B - A = 2\cdot 1.65\cdot\frac{\sigma}{\sqrt{10000}} = \frac{3.30\sigma}{100}$$

$$L_2 = D - C = 2\cdot 1.96\cdot\frac{\sigma}{\sqrt{40000}} = \frac{3.92\sigma}{200}$$

であり

$$\frac{L_2}{L_1} = \frac{100}{3.30\sigma}\cdot\frac{3.92\sigma}{200} \fallingdotseq 0.6 \quad (②)$$

■ 8

[ア], [イ], [ウ], [エ]　⓪, ③, ②, ④

$\frac{[オ]}{[カ]}$, [キ], $\frac{[ク]}{[ケ]}$　$\frac{1}{3}$, 2, $\frac{1}{3}$　　[コ]　⑤　　$\frac{[サ]}{[シ]}$　$\frac{2}{5}$　　$\frac{[ス]}{[セ]}$　$\frac{4}{5}$

$\frac{[ソタ]}{[チ]}$　$\frac{-1}{5}$　　$\frac{[ツ]}{[テ]}$　$\frac{2}{5}$　　[トナ]　-3　　$\frac{[ニ]}{[ヌ]}$　$\frac{2}{9}$

$\frac{[ネ]\sqrt{[ノハ]}}{[ヒフ]}$　$\frac{3\sqrt{39}}{26}$

(1)　$(2-5a)\overrightarrow{PA} + (1-a)\overrightarrow{PB} + 6a\overrightarrow{PC} = \vec{0}$　……①

Aを始点として表すと

$$(2-5a)(-\overrightarrow{AP}) + (1-a)(\overrightarrow{AB} - \overrightarrow{AP}) + 6a(\overrightarrow{AC} - \overrightarrow{AP}) = \vec{0}$$

$$\therefore\quad -3\overrightarrow{AP} + (1-a)\overrightarrow{AB} + 6a\overrightarrow{AC} = \vec{0}$$

$$\therefore\quad \overrightarrow{AP} = \frac{1-a}{3}\overrightarrow{AB} + 2a\overrightarrow{AC} \quad (⓪, ③, ②, ④) \cdots\cdots ②$$

⬅ (1)を利用する。

②より

$$\overrightarrow{AP} = \frac{1}{3}\overrightarrow{AB} - \frac{1}{3}a\overrightarrow{AB} + 2a\overrightarrow{AC}$$

$$= \frac{1}{3}\overrightarrow{AB} + a\left(2\overrightarrow{AC} - \frac{1}{3}\overrightarrow{AB}\right)$$

であるから

$$\overrightarrow{AD} = \frac{1}{3}\overrightarrow{AB},\ \overrightarrow{AE} = 2\overrightarrow{AC},\ \overrightarrow{AF} = 2\overrightarrow{AC} - \frac{1}{3}\overrightarrow{AB}$$

とおくと

$$\overrightarrow{AP} = \overrightarrow{AD} + a\overrightarrow{AF}$$

よって，aが実数値をとるとき，点Pの描く図形は

点Dを通り$\overrightarrow{AF}$に平行な直線

すなわち，直線DE(⑤)である。

⬅

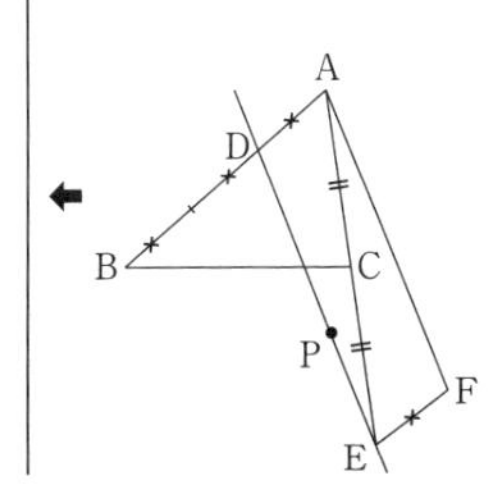

(2)(i)　Pが直線BC上にあるとき，②より

$$\frac{1-a}{3}+2a=1 \qquad \therefore \quad a=\mathbf{\frac{2}{5}}$$

← $\overrightarrow{AB}$, $\overrightarrow{AC}$ の係数の和が1

このとき

$$\overrightarrow{AP}=\frac{1}{5}\overrightarrow{AB}+\frac{4}{5}\overrightarrow{AC}$$

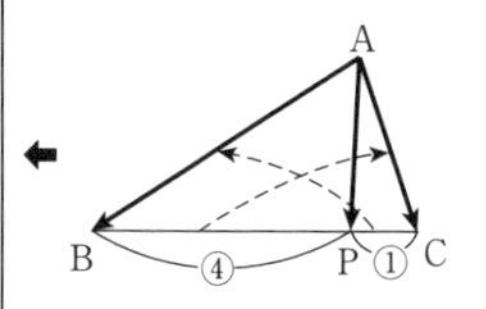

より，Pは線分BCを4：1に内分しているから

$$\frac{CP}{BP}=\frac{1}{4} \qquad \therefore \quad \frac{BP}{BC}=\mathbf{\frac{4}{5}}$$

(ii)　$\overrightarrow{AP}/\!/\overrightarrow{BC}$ になるとき，$\overrightarrow{AP}=t\overrightarrow{BC}$（$t$は実数）とおける。

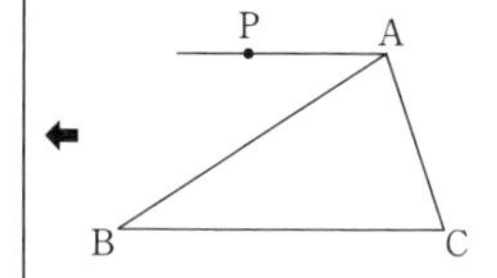

$$\therefore \quad \frac{1-a}{3}\overrightarrow{AB}+2a\overrightarrow{AC}=t(\overrightarrow{AC}-\overrightarrow{AB})$$

よって

$$\frac{1-a}{3}=-t,\ 2a=t \qquad \therefore \quad a=\mathbf{-\frac{1}{5}},\ t=-\frac{2}{5}$$

← $\overrightarrow{AB}\neq\vec{0}$, $\overrightarrow{AC}\neq\vec{0}$, $\overrightarrow{AB}$と$\overrightarrow{AC}$は平行でない。（$\overrightarrow{AB}$, $\overrightarrow{AC}$が1次独立）

であるから

$$\frac{AP}{BC}=|t|=\mathbf{\frac{2}{5}}$$

(3)　$|\overrightarrow{AB}|=3$，$|\overrightarrow{AC}|=2$，$\overrightarrow{AB}\cdot\overrightarrow{AC}=3\cdot2\cdot\cos120^\circ=\mathbf{-3}$

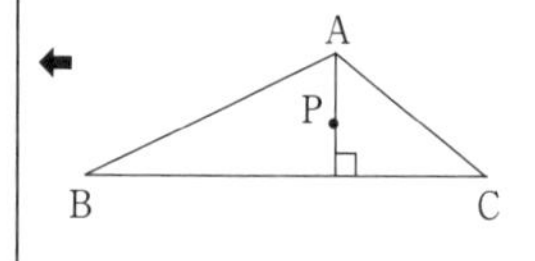

であり，$\overrightarrow{AP}\perp\overrightarrow{BC}$ となるとき

$$\overrightarrow{AP}\cdot\overrightarrow{BC}=\left(\frac{1-a}{3}\overrightarrow{AB}+2a\overrightarrow{AC}\right)\cdot(\overrightarrow{AC}-\overrightarrow{AB})=0$$

$$\therefore \quad \frac{1-7a}{3}\overrightarrow{AB}\cdot\overrightarrow{AC}-\frac{1-a}{3}|\overrightarrow{AB}|^2+2a|\overrightarrow{AC}|^2=0$$

であるから

$$-(1-7a)-3(1-a)+8a=0 \qquad \therefore \quad a=\mathbf{\frac{2}{9}}$$

このとき

$$\overrightarrow{AP}=\frac{7}{27}\overrightarrow{AB}+\frac{4}{9}\overrightarrow{AC}$$

$$\overrightarrow{BP}=\overrightarrow{AP}-\overrightarrow{AB}=-\frac{20}{27}\overrightarrow{AB}+\frac{4}{9}\overrightarrow{AC}$$

$$=\frac{4}{27}(-5\overrightarrow{AB}+3\overrightarrow{AC})$$

である。$\overrightarrow{BQ}=-5\overrightarrow{AB}+3\overrightarrow{AC}$ とおくと

← $\overrightarrow{BQ}$と$\overrightarrow{AC}$のなす角を考える。

$$|\overrightarrow{BQ}|^2=25|\overrightarrow{AB}|^2-30\overrightarrow{AB}\cdot\overrightarrow{AC}+9|\overrightarrow{AC}|^2$$

$$=25\cdot3^2-30\cdot(-3)+9\cdot2^2=351$$

$$|\overrightarrow{BQ}|=\sqrt{351}=3\sqrt{39}$$

であり

$$\overrightarrow{\mathrm{BQ}}\cdot\overrightarrow{\mathrm{AC}}=-5\,\overrightarrow{\mathrm{AB}}\cdot\overrightarrow{\mathrm{AC}}+3|\overrightarrow{\mathrm{AC}}|^2$$
$$=-5\cdot(-3)+3\cdot2^2=27$$

よって

$$\cos\theta=\frac{\overrightarrow{\mathrm{BQ}}\cdot\overrightarrow{\mathrm{AC}}}{|\overrightarrow{\mathrm{BQ}}||\overrightarrow{\mathrm{AC}}|}=\frac{27}{3\sqrt{39}\cdot2}=\frac{\mathbf{3\sqrt{39}}}{\mathbf{26}}$$

⬅ 内積を利用して $\cos\theta$ の値を求める。

■ 9 ◀◀◀

$\dfrac{x^2}{[\text{ア}]}+\dfrac{y^2}{[\text{イ}]}$　$\dfrac{x^2}{2}+\dfrac{y^2}{3}$　[ウ] 1　[エ] 2　([オ], [カ]) (1, 3)

([キ], [ク]) (1, 1)　[ケ]$\sqrt{[\text{コ}]}$ $2\sqrt{3}$　[サ] ②　[シ] ⑦

$\dfrac{\pi}{[\text{ス}]}$　$\dfrac{\pi}{4}$　[セ] 1　$\dfrac{\pi}{[\text{ソ}]}$　$\dfrac{\pi}{3}$　[タ], [チ] ③, ⑤

$\dfrac{[\text{ツ}]}{[\text{テ}]}-\dfrac{\sqrt{[\text{ト}]}}{[\text{ナ}]}i$　$\dfrac{1}{2}-\dfrac{\sqrt{3}}{2}i$

〔1〕 $3x^2+2y^2-6x-8y+5=0$

$3(x-1)^2+2(y-2)^2-6=0$

$$\frac{(x-1)^2}{2}+\frac{(y-2)^2}{3}=1$$

これは，楕円 $\dfrac{x^2}{2}+\dfrac{y^2}{3}=1$ を x 軸方向に **1**，y 軸方向に **2** だけ平行移動した楕円である。

$\sqrt{3-2}=1$ であるから，焦点 F，F′ の座標は，(1，2±1) つまり，**(1，3)**，**(1，1)** である。

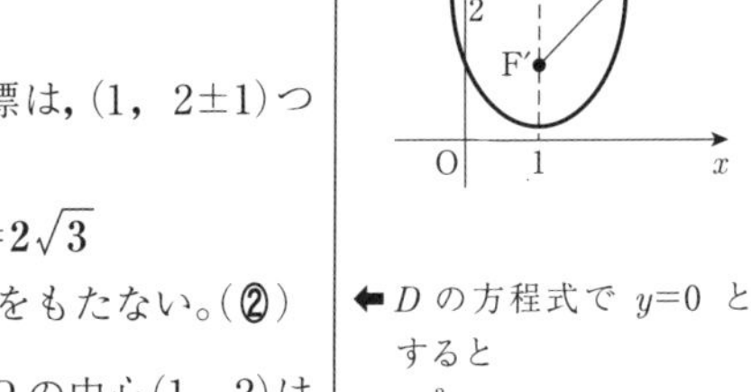

長軸の長さは $2\sqrt{3}$ であるから　PF＋PF′＝$\mathbf{2\sqrt{3}}$

$2-\sqrt{3}>0$ であるから，D は x 軸と共有点をもたない。(**②**)

⬅ D の方程式で $y=0$ とすると
$3x^2-6x+5=0$
(判別式)/4＝9−15<0
より，x 軸と共有点をもたない。

D を原点のまわりに $\dfrac{\pi}{2}$ だけ回転すると，D の中心 (1，2) は (−2, 1) に移り，長軸が x 軸に平行，短軸が y 軸に平行になるから，E の方程式は

$$\frac{(x+2)^2}{3}+\frac{(y-1)^2}{2}=1$$

媒介変数表示は

$$\begin{cases}x=-2+\sqrt{3}\cos\theta\\ y=1+\sqrt{2}\sin\theta\end{cases}\quad(\text{⑦})$$

〔2〕 $\gamma=\frac{1}{\sqrt{2}}+\frac{1}{\sqrt{2}}i=\cos\frac{\pi}{4}+i\sin\frac{\pi}{4}$

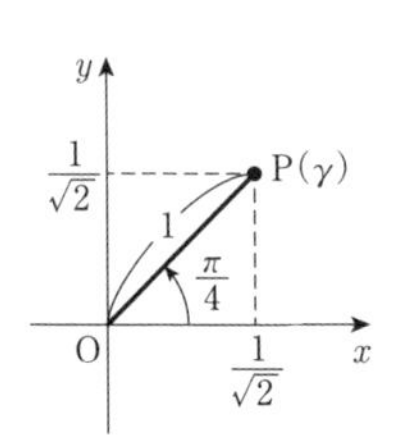

①より

$$\alpha\beta-\alpha+\frac{1+i}{\sqrt{2}}=0$$

$$\alpha\beta-\alpha+\gamma=0$$

$$\therefore\quad \alpha-\gamma=\alpha\beta \qquad \cdots\cdots②$$

よって

$$|\alpha-\gamma|=|\alpha\beta|=|\alpha||\beta|$$

点A，Bは原点Oを中心とする半径1の円周上にあるから

$$|\alpha|=|\beta|=1$$

よって

$$|\alpha-\gamma|=1 \qquad \therefore\quad \mathrm{AP}=1$$

OA＝OP＝AP＝1 より，△OAPは1辺の長さが1の正三角形である。したがって，点Aは点Pを原点のまわりに $\pm\frac{\pi}{3}$ だけ回転して得られる点である。

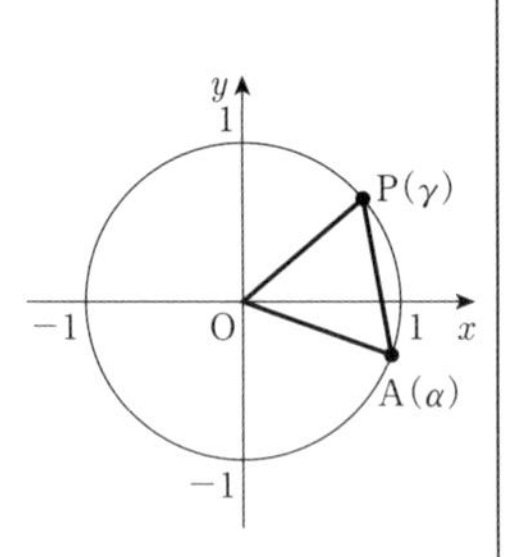

α の虚部が負の数であるとすると

$$\alpha=\left\{\cos\left(-\frac{\pi}{3}\right)+i\sin\left(-\frac{\pi}{3}\right)\right\}\gamma \qquad \cdots\cdots③$$

⬅ PをOのまわりに $-\frac{\pi}{3}$ 回転する。

$$=\left(\frac{1}{2}-\frac{\sqrt{3}}{2}i\right)\left(\frac{1}{\sqrt{2}}+\frac{1}{\sqrt{2}}i\right)$$

$$=\frac{1}{2\sqrt{2}}+\frac{\sqrt{3}}{2\sqrt{2}}+\left(\frac{1}{2\sqrt{2}}-\frac{\sqrt{3}}{2\sqrt{2}}\right)i$$

$$=\frac{\sqrt{6}+\sqrt{2}}{4}+\frac{\sqrt{2}-\sqrt{6}}{4}i \quad (❸,\ ❺)$$

②，③より

$$\beta=1-\frac{\gamma}{\alpha}=1-\frac{1}{\cos\left(-\frac{\pi}{3}\right)+i\sin\left(-\frac{\pi}{3}\right)}$$

$$=1-\left(\cos\frac{\pi}{3}+i\sin\frac{\pi}{3}\right)$$

$$=1-\left(\frac{1}{2}+\frac{\sqrt{3}}{2}i\right)$$

$$=\mathbf{\frac{1}{2}}-\mathbf{\frac{\sqrt{3}}{2}}i$$

改③ 20241029